21世纪高等学校计算机类课程创新系列教材 · 微课版

Go语言程序设计

微课视频版

肖建良 赵文丽 编著

清华大学出版社
北京

内容简介

本书主要讲述Go语言的基础语法，从最基本的标识符、数据类型、操作符等开始，主要内容包括Go语言程序的主要设计元素，程序流程控制，数组、切片与映射，函数与错误处理，字符串与指针，结构体与方法，接口与反射，输入输出与文件处理，并发编程基础等。

本书通过大量的程序实例来演示Go语言的语法细节，每个知识点对应的所有细节都做了详述，并辅以大量的编程实践案例揭示其实际应用。

通过本书的学习，读者可以全面掌握Go语言最核心的基础语法，能为Go语言应用项目开发打下坚实的基础。

本书既可以作为零基础读者的程序设计入门自学用书，也可以供有一定语言基础，有志于利用Go语言作为工具，开发云计算、区块链等项目的软件开发人员参考。

本书每章附有针对性的上机训练项目及大量的练习题，特别适用于高等院校相关专业作为编程基础类教材。

图书在版编目(CIP)数据

Go语言程序设计：微课视频版/肖建良，赵文丽编著．—北京：清华大学出版社，2022.3(2025.1重印)
21世纪高等学校计算机类课程创新系列教材·微课版
ISBN 978-7-302-56597-0

Ⅰ．①G… Ⅱ．①肖… ②赵… Ⅲ．①程序语言－程序设计－高等学校－教材 Ⅳ．①TP312

中国版本图书馆CIP数据核字(2020)第187004号

责任编辑：贾　斌
封面设计：刘　键
责任校对：胡伟民
责任印制：刘海龙

出版发行：清华大学出版社
网　　址：https：//www.tup.com.cn，https：//www.wqxuetang.com
地　　址：北京清华大学学研大厦A座　　**邮　　编**：100084
社 总 机：010-83470000　　**邮　　购**：010-62786544
投稿与读者服务：010-62776969，c-service@tup.tsinghua.edu.cn
质量反馈：010-62772015，zhiliang@tup.tsinghua.edu.cn
课件下载：https：//www.tup.com.cn，010-83470236
印 装 者：三河市龙大印装有限公司
经　　销：全国新华书店
开　　本：185mm×260mm　　**印　张**：28　　**字　　数**：700千字
版　　次：2022年4月第1版　　**印　　次**：2025年1月第3次印刷
印　　数：2001～2500
定　　价：79.80元

产品编号：085721-01

前 言

计算机技术的发展日新月异，尤其是硬件技术不断更新换代，运行速度越来越快，存储容量越来越大，处理性能越来越高。软件技术更是飞速发展，云计算、大数据、人工智能、区块链等应用层出不穷。作为各种应用软件开发的基础——开发工具，也在不断地更新换代，不断地完善。软件开发业界也期望软件开发工具能越来越轻量，越来越易于上手好用，越来越易于提高编程效率，Go 语言就是在这样的背景下诞生的。

2018 年 5 月 20 日，工业和信息化部信息中心发布《2018 中国区块链产业白皮书》，深入分析了我国区块链技术在金融领域和实体经济的应用落地情况，系统阐述了中国区块链产业发展的六大特点和六大趋势，充分揭示了区块链技术的应用前景。区块链技术日渐落地，在金融领域的应用也日渐成熟，其各行各业对区块链技术的应用也在深入研究。在国外，主要的区块链项目均由 Go 语言开发。因此，Go 语言被认为是区块链技术的主要开发工具之一。随着国内各行各业在数字化、信息化方面的高速发展，可以预料，Go 语言与区块链技术将成为"数字中国"建设的重要支撑。

Go 语言从 2012 年发布第一版 G1 至今，也就是短短的几年时间，与拥有四十多年"高龄"的 C 语言相比，确实是太年轻了。可是，年轻就是本钱，Go 语言有绝对的后发优势。它汲取了各种开发语言的优点，摈弃了那些多为人诟病、烦琐、易于出现歧义的语法，并补充了最先进的编程理念，将面向过程编程与面向对象编程的优点结合于一体。可以说，后发语言就是早期语言优点的集大成者。

从 TIOBE 于 2018 年 10 月发布的编程语言热度排行榜来看，尽管 Java 和 C 仍然是王者风范，但 Go 语言表现也极其出色，从 2017 年 10 月排名 20 进位到 2018 年 10 月的 12 位，如图 0-1 所示，眼看突破前 10 有望了。而且，TIOBE 也认为，按照此前的趋势来看，编程语言的 TOP10 很有可能在 Swift、Go 和 R 之中产生。

Go 语言的官方曾自称，之所以开发 Go 语言，是因为"近 10 年来开发程序之难让我们有点沮丧"，并且认为已经有十多年没有出现新的系统语言了，而计算机的环境却发生了巨大的变化。因此，Go 语言的开发，几乎要集其他开发语言优点之大成，以期成为一种更新的、更易于使用及流行的通用开发语言。

Go 语言号称是互联网时代的 C 语言，最根本原因是来自于其语言级别的对并发的原生支持以及其独有的非常轻量级的 goroutine。普通的一台桌面计算机，运行几百个线程就已深感吃力，可是，Go 语言程序却可以运行成千上万个 goroutine，仍显轻松自如。可见，Go 语言对并发的支持有多强大。对于云计算、大数据、人工智能、区块链等这些后台服务器每时每刻都要面对海量的访问请求服务来说，如果并发处理能力不足，就根本应付不过来，势必造成用户的漫长等待，甚至引起服务请求超时退出。因此，后台服务器并发处理性能是最

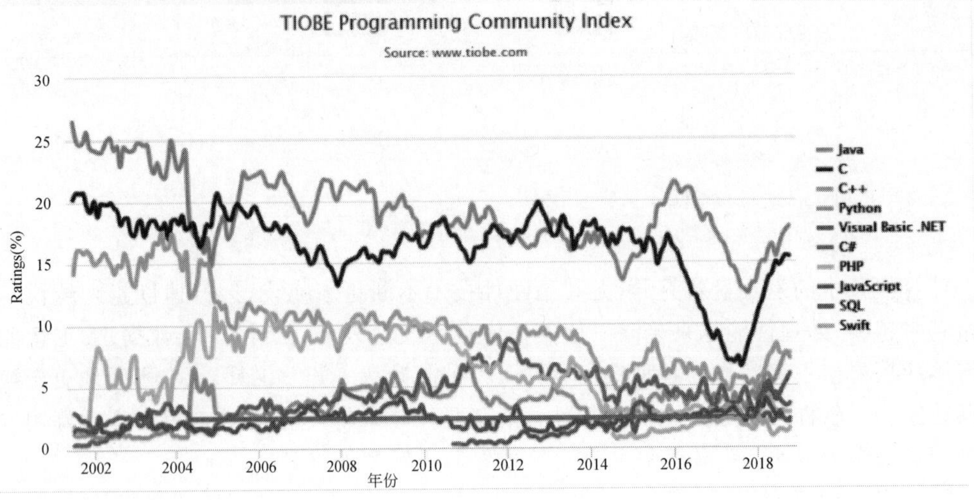

图 0-1 编程语言排行榜

重要、最为优先考虑的因素。而 Go 语言的天生优势恰恰就是并发处理能力，可以说双方一拍即合，是天然盟友。可见，Go 语言最适合于高并发的服务器后台程序开发。

Go 语言在设计之初，就糅合了静态编译型语言的高效和安全，以及动态解释型语言的易编程特点，又充分考虑了当代计算机网络以及多核多 CPU 的硬件系统，非常强调速度及效率，原生支持并发及垃圾自动回收。

编程语言的学习没有任何捷径，只有经过不断的编程实践，上机调试，在错误中不断地摸爬滚打，熬过多少个不眠之夜后，才能成为一个编程高手。

因此，本书不但在正文内容里提供了非常丰富厚实的实践案例，而且在每章习题里还提供了大量短小精练的小程序，供读者分析学习。每章理论内容学习结束后还提供了几个针对性的上机训练项目，有助于对所学理论内容的进一步理解与掌握。

本书分为 10 章，主要内容简述如下：

第 1 章　认识 Go 语言：从一个小程序入手，认识 Go 语言是什么样子的，接着介绍了 Go 语言的风格及输入输出格式，Go 语言及编辑开发工具的安装等。

第 2 章　Go 语言设计元素：包括 Go 语言的关键字、标识符、数据类型、常量、变量、操作符、表达式等。

第 3 章　程序流程控制：主要介绍 Go 语言的分支、循环、选择、跳转等流程控制语句。

第 4 章　数组、切片与映射：主要介绍自定义类型数组、切片及映射的概念、操作及应用等。

第 5 章　函数与错误处理：主要介绍函数的定义，参数的传递，匿名函数与闭包，init 函数与 main 函数，错误与恢复机制，递归函数及内置函数等。

第 6 章　字符串与指针：主要介绍字符串的定义、操作，标准库 strings 包及 strconv 包的使用，指针的概念及使用等。

第 7 章　结构体与方法：主要介绍自定义结构体类型的概念、定义、操作、嵌套，匿名结构体，复合结构体，以及结构体方法的定义、继承及重写等。

第 8 章　接口与反射：主要介绍接口的定义、实现、赋值、查询以及接口的多态性，空接口及 error 接口介绍，反射的概念、类型、操作等。

第 9 章　输入输出与文件处理：主要介绍输入输出基本概念，标准库中有关输入输出的函数及使用，对文件的各种操作处理等。

第 10 章　并发编程基础：主要介绍并发的概念，Go 语言支持并发的基本原理，goroutine 及 channel 的概念、使用，select 的使用，以及锁与同步等。

本书配有同步辅导教材《Go 语言程序设计习题解答及上机指导》，供读者参考使用。为便于教学，还为全书所有章节制作了 PPT，免费下载，供教学参考。

本书理论及实践内容丰富，建议安排 76 学时用于教学，其中理论教学 40 学时，上机操作 36 学时。

在本书的编写过程中，得到了赵文丽高工的大力支持与帮助，她不但认真细致地审阅了书稿，还提出了很多宝贵意见；清华大学出版社贾斌老师在本书的出版过程中，做了大量的编辑校对工作。在此，对他们的辛勤付出一并表示衷心感谢！

由于作者水平有限，书中不足或错误之处在所难免，欢迎广大读者批评指正。

编　者

2022 年 2 月

目　　录

第 1 章　认识 Go 语言 …… 1

1.1　Go 语言简史 …… 1
1.2　Go 语言小程序 …… 2
1.3　Go 语言的注释 …… 3
1.4　Go 语言格式化 …… 3
1.4.1　格式化控制字符 …… 4
1.4.2　格式化输出 …… 5
1.4.3　格式化输入 …… 8
1.5　Go 语言安装 …… 13
1.6　Go 语言编辑工具 …… 16
上机训练 …… 18
习题 …… 21

第 2 章　Go 语言设计元素 …… 25

2.1　标识符 …… 25
2.1.1　关键字 …… 25
2.1.2　预定义标识符 …… 26
2.1.3　分隔符 …… 27
2.2　数据类型 …… 28
2.2.1　基本数据类型 …… 28
2.2.2　复合数据类型 …… 30
2.2.3　自定义数据类型 …… 30
2.3　常量 …… 31
2.3.1　字面量 …… 31
2.3.2　常量的定义 …… 31
2.3.3　常量的赋值 …… 31
2.3.4　枚举 …… 33
2.4　变量 …… 34
2.4.1　变量的声明 …… 34
2.4.2　变量初始化 …… 36

2.4.3 变量赋值 …… 39
2.4.4 变量的类型转换 …… 39
2.5 操作符 …… 40
2.6 表达式 …… 42
2.6.1 逻辑表达式 …… 42
2.6.2 算术表达式 …… 43
2.7 类型及值的属性 …… 44
2.7.1 类型相同 …… 44
2.7.2 别名及类型定义 …… 45
2.7.3 可赋值问题 …… 47
2.7.4 无类型常量的表示 …… 47
上机训练 …… 48
习题 …… 50

第3章 程序流程控制 …… 55

3.1 代码块与作用域 …… 55
3.1.1 代码块 …… 55
3.1.2 作用域 …… 55
3.1.3 变量的可见性 …… 57
3.2 if语句 …… 57
3.2.1 基本语法 …… 58
3.2.2 省略else …… 58
3.2.3 带子句的if …… 59
3.2.4 if语句的嵌套 …… 61
3.2.5 if…else if语句 …… 61
3.3 switch语句 …… 62
3.3.1 表达式switch …… 63
3.3.2 类型switch …… 65
3.3.3 switch的嵌套 …… 66
3.3.4 break语句 …… 68
3.3.5 fallthrough语句 …… 69
3.4 select语句 …… 71
3.5 for语句 …… 74
3.5.1 基本语法 …… 74
3.5.2 for子句 …… 75
3.5.3 range子句 …… 77
3.5.4 break语句 …… 80
3.5.5 continue语句 …… 81
3.5.6 goto语句 …… 82

上机训练 …… 83
习题 …… 86

第 4 章 数组、切片与映射 …… 93

4.1 值和引用 …… 93
4.1.1 值传递 …… 93
4.1.2 引用传递 …… 94
4.2 数组 …… 94
4.2.1 数组的声明 …… 95
4.2.2 数组的初始化 …… 95
4.2.3 数组的赋值 …… 96
4.2.4 数组的类型 …… 98
4.2.5 数组的传递 …… 101
4.2.6 多维数组 …… 103
4.3 切片 …… 105
4.3.1 切片的定义 …… 105
4.3.2 切片的检索及赋值 …… 107
4.3.3 切片的操作 …… 108
4.3.4 切片的遍历 …… 110
4.3.5 切片的扩容 …… 112
4.3.6 切片的复制 …… 113
4.3.7 切片的插入与删除 …… 114
4.3.8 切片的排序与检索 …… 117
4.4 映射 …… 120
4.4.1 映射的概念 …… 120
4.4.2 映射的创建 …… 121
4.4.3 映射的填充及修改 …… 123
4.4.4 映射的查找与遍历 …… 124
4.4.5 映射的删除及键的修改 …… 127
4.4.6 映射的反转 …… 129
上机训练 …… 129
习题 …… 132

第 5 章 函数与错误处理 …… 139

5.1 函数的声明 …… 139
5.1.1 内部函数的声明 …… 139
5.1.2 匿名函数的声明 …… 140
5.1.3 外部函数的声明 …… 140
5.1.4 函数类型的声明 …… 141

5.2 函数的参数 …… 142
5.2.1 参数列表的格式 …… 142
5.2.2 可变参数 …… 144
5.2.3 值传递和引用传递 …… 145
5.2.4 空接口作为参数 …… 153
5.3 函数的返回值 …… 153
5.3.1 返回值列表的格式 …… 154
5.3.2 函数作为返回值 …… 154
5.3.3 多返回值处理 …… 155
5.3.4 return 语句 …… 156
5.4 匿名函数与闭包 …… 156
5.5 init 函数和 main 函数 …… 160
5.5.1 init 函数 …… 160
5.5.2 main 函数 …… 160
5.6 错误与恢复机制 …… 160
5.6.1 错误信息提示 …… 161
5.6.2 defer 语句 …… 161
5.6.3 panic 函数 …… 164
5.6.4 recover 函数 …… 165
5.7 递归函数 …… 168
5.8 内置函数简介 …… 170
上机训练 …… 170
习题 …… 173

第6章 字符串与指针 …… 181

6.1 字符表示 …… 181
6.2 字符串变量的声明 …… 181
6.3 字符串的输入/输出 …… 182
6.3.1 从键盘输入字符串 …… 182
6.3.2 从字符串中扫描文本 …… 184
6.3.3 往标准 I/O 设备上输出字符串 …… 185
6.3.4 格式化串联字符串 …… 186
6.4 字符串的操作 …… 187
6.4.1 字符串搜索 …… 188
6.4.2 字符串的遍历 …… 190
6.4.3 字符串的截取 …… 192
6.4.4 字符串的连接 …… 192
6.4.5 字符串的修改 …… 193
6.4.6 字符串的删除 …… 194

6.4.7 字符串的插入…………………………………………………………………… 194
6.4.8 字符串的比较…………………………………………………………………… 195
6.5 strings 包使用 ……………………………………………………………………… 195
6.5.1 字符串包含……………………………………………………………………… 196
6.5.2 字符串索引……………………………………………………………………… 199
6.5.3 字符替换………………………………………………………………………… 201
6.5.4 字符统计………………………………………………………………………… 202
6.5.5 大小写转换……………………………………………………………………… 203
6.5.6 字符串修剪……………………………………………………………………… 204
6.5.7 字符串分割……………………………………………………………………… 206
6.5.8 字符串连接……………………………………………………………………… 207
6.6 strconv 包使用……………………………………………………………………… 208
6.7 UTF-8 包 …………………………………………………………………………… 210
6.8 指针 ………………………………………………………………………………… 211
6.8.1 指针的概念……………………………………………………………………… 211
6.8.2 指针变量声明…………………………………………………………………… 212
6.8.3 指针的初始化及赋值…………………………………………………………… 212
6.8.4 指针应用………………………………………………………………………… 214
6.9 多级指针 …………………………………………………………………………… 217
上机训练………………………………………………………………………………… 218
习题……………………………………………………………………………………… 220

第 7 章 结构体与方法……………………………………………………………… 225

7.1 结构体的定义 ……………………………………………………………………… 225
7.1.1 基本语法………………………………………………………………………… 225
7.1.2 使用 new 创建结构体 ………………………………………………………… 226
7.1.3 结构体的赋值…………………………………………………………………… 227
7.1.4 结构体的别名与转换…………………………………………………………… 230
7.2 结构体操作 ………………………………………………………………………… 231
7.2.1 访问结构体成员………………………………………………………………… 231
7.2.2 结构体参数传递………………………………………………………………… 233
7.2.3 结构体复制……………………………………………………………………… 234
7.2.4 结构体字段加标签……………………………………………………………… 235
7.3 结构体嵌套 ………………………………………………………………………… 236
7.3.1 匿名字段结构体………………………………………………………………… 236
7.3.2 内嵌结构体……………………………………………………………………… 237
7.3.3 字段及方法隐藏………………………………………………………………… 238
7.3.4 递归结构体……………………………………………………………………… 240
7.4 匿名结构体 ………………………………………………………………………… 242

7.4.1 匿名结构体的声明 …… 242
7.4.2 匿名结构体的应用 …… 243
7.5 复合数据类型结构体 …… 247
7.5.1 数组作为结构体的字段 …… 247
7.5.2 切片作为结构体的字段 …… 247
7.5.3 映射作为结构体的字段 …… 248
7.5.4 接口作为结构体的字段 …… 249
7.5.5 函数作为结构体的字段 …… 250
7.6 结构体的方法 …… 250
7.6.1 方法的声明 …… 251
7.6.2 为类型添加方法 …… 252
7.6.3 内嵌结构体的方法 …… 255
7.6.4 方法重写和多重继承 …… 257
上机训练 …… 261
习题 …… 262

第 8 章 接口与反射 …… 269

8.1 接口的定义 …… 269
8.1.1 接口声明 …… 269
8.1.2 接口的嵌套与组合 …… 270
8.2 接口的实现 …… 271
8.2.1 以值类型接收者实现方法 …… 271
8.2.2 以指针类型接收者实现方法 …… 273
8.2.3 判断类型是否实现接口 …… 274
8.3 接口赋值 …… 275
8.3.1 类型给接口赋值 …… 275
8.3.2 接口给接口赋值 …… 276
8.4 接口查询 …… 280
8.4.1 类型断言 …… 280
8.4.2 类型开关 …… 282
8.4.3 类型反射 …… 284
8.5 接口多态性 …… 285
8.5.1 多态的概念 …… 285
8.5.2 多态的实现 …… 286
8.6 空接口 interface{} …… 288
8.7 error 接口 …… 289
8.8 反射 …… 293
8.8.1 反射类型 …… 293
8.8.2 反射值 …… 295

8.8.3 反射结构体…… 296
8.8.4 设置值…… 297
8.8.5 反射方法…… 299
上机训练…… 300
习题…… 303

第 9 章 输入输出与文件处理…… 311

9.1 输入输出基础 …… 311
9.2 io 包的输入输出函数 …… 321
9.2.1 变量定义…… 321
9.2.2 类型定义…… 321
9.2.3 部分函数及方法介绍…… 322
9.3 os 包的输入输出函数 …… 328
9.3.1 常量与变量定义…… 328
9.3.2 类型定义…… 329
9.3.3 目录操作相关函数…… 330
9.3.4 文件操作相关函数…… 341
9.4 bufio 包的输入输出函数…… 351
9.4.1 包中的常量变量及类型定义…… 351
9.4.2 常用输入输出函数及方法介绍…… 352
9.5 io/ioutil 包的输入输出函数 …… 363
上机训练…… 367
习题…… 368

第 10 章 并发编程基础 …… 375

10.1 基本概念 …… 375
10.1.1 同步与异步通信 …… 375
10.1.2 并行与并发 …… 376
10.1.3 进程线程与协程 …… 376
10.2 Go 语言的并发编程元素…… 377
10.2.1 goroutine …… 378
10.2.2 channel …… 384
10.2.3 select…case …… 396
10.3 锁与同步 …… 401
10.3.1 基本概念 …… 401
10.3.2 sync.Mutex …… 401
10.3.3 sync.RWMutx …… 405
10.3.4 sync.Cond …… 408
10.3.5 sync.WaitGroup …… 412

上机训练 …… 415
习题 …… 418

附录 A　ASCII 表 …… 426

附录 B　习题参考答案 …… 427

参考文献 …… 431

第1章 认识Go语言

1.1 Go语言简史

视频讲解

Go 语言是一门发展历史并不悠久的语言，始于 2007 年。当时，谷歌有三位非常著名的软件工程专家，罗勃·派克(Rob Pike)、肯·汤普逊(Ken Thompson)和罗伯特·格瑞史莫(Robert Griesemer)，他们认为现有的编程语言编程困难，编译速度慢，运行效率低，而计算机硬件却已飞速发展，编程工具软件迫切需要改变，以适应计算机技术的发展。于是他们就利用谷歌的"20%工作时间"创建了个内部研究项目，以 C 语言为基础，参照其他的编程语言，如 C++、Java 等，扬优去劣，去繁就简，兼收并蓄，设计了一套全新的静态编译型语言——Go 语言。2009 年 11 月 10 日谷歌首次向全世界公布了 Go 语言项目，项目源代码完全公开，使得 Go 语言成为一个完全开源的项目。2011 年 3 月 16 日，Go 语言的第一个稳定(stable)版本 r56 正式发布，随后于 2012 年 3 月 28 日，正式版本 Go1 发布。此后，大概每半年更新一次，直至本书截稿时，版本已更新至 Go1.11。本书的所有例子均在 Go1.11 环境下调试通过，根据 Go 语言官方承诺，Go 语言版本更新后是向前兼容的，因而本书的例子在后续新版本环境下应该是能够编译通过的。

关于谷歌的"20%工作时间"，是一个很有价值的理念。谷歌允许所有工程师在工作之余，拿出 20%的时间来研究自己喜欢的事情，几个同事可以组成一个小组来推动一些他们自己感兴趣的项目。谷歌的语音服务(Google Now)、谷歌新闻(Google News)、谷歌地图(Google Map)上的交通信息，以及 Go 语言等，都是 20%工作时间的产物。他们初步研究出结果后，谷歌发现其潜在价值，就会重点扶持，加以发展，最终成为产品，推向市场。

Go 语言被称为更好的 C 语言，也被称为互联网的 C 语言，或称为云计算的 C 语言，是与其极好的性能及易用性、并发处理能力有关的。Go 语言不使用预处理器，也不使用包含文件，更加简洁的变量或函数声明，比 C 语言具有更快的编译速度。Go 语言的编程范式既支持面向过程的编程，也支持面向对象的编程，形式上更加灵活方便。Go 语言具备自动垃圾回收器，使得程序员避免了烦琐的内存管理工作，从而让编程工作变得更加轻松惬意。

Go 语言原生支持并发编程，支持多核，非常适合于分布式计算领域，如云计算、数据挖掘、区块链等。Go 语言支持轻量级线程(也称为协程(goroutine))，对资源占用极少，能够支持成千上万个 goroutine 并发运行，使得 Go 语言更为适合后台服务器应用程序开发。

1.2 Go 语言小程序

下面以一个 Go 语言小程序为例，来认识一下其简单的程序结构。这个程序可以从 Go 语言官方网站(http://www.golang.org)下载。

视频讲解

程序代码如下：

```
package main
import "fmt"
func main() {
    fmt.Println("Hello, 你好!")
}
```

运行结果：

```
Hello,你好!
```

从上述小程序可以看出，一个 Go 语言程序由包声明模块(由关键字 package 标识)、包导入模块(由关键字 import 标识)、主程序模块(由关键字 func 及 main()标识)等三大部分组成。

包声明模块：用来声明包的名称。Go 语言程序的组成以包为单位，以包来组织程序。package 为包声明关键字，main 为包的名字。程序的开始一定要先声明包，以明确程序代码属于哪个包。一个程序有且仅有一个 main 包，它是程序运行的入口，必须声明。包的命名是随意的，但是同一个项目内包名不能重复。Go 语言规定包声明中的包名必须是代码所在目录路径中的最后一级子目录名。例如，包路径为.../src/student，则“student”子目录下所有包的包声明语句为：

```
package student
```

包导入模块：用来导入后续编程中用到的所有包，import 为包导入关键字。在 Go 语言标准库或第三方库中有大量编制好的、功能强大的软件包，我们可以直接导入所需的软件包，以实现代码的重用，减少编程工作量。“fmt”就是标准库当中的一个格式化包，用来格式化输入输出。包的名字必须用双引号括起来，可以一次性导入多个包，每个包都要用双引号括起来，单独占据一行，将全部包用小括号“()”括起来。左边小括号“(”必须与关键字 import 同行，而右边小括号“)”一般单独一行，小括号内每行输入一个包名，包名字须带双引号。

主程序模块：为程序入口，由主函数 main 组成。func 为函数关键字，用来定义函数和方法。main 函数不带输入参数，也没有返回值，由操作系统调用。函数体由一对大括号“{}”组成，Go 语言的语法要求左边大括号必须与函数名处于同一行，不得另起一行，而右边大括号则必须独占一行。在上述小程序中，函数体只有一句话，就是调用 fmt 包中的格式化输出函数 Println，输出一个字符串“Hello,你好!”，输出后自动换行。

从上述程序中还可以看到，Go 语言不像 C 语言那样，语句结束需要加分号，即使习惯性地在语句后面加上了分号，在保存时，编辑器也会把它删除。

1.3 Go 语言的注释

视频讲解

一个良好的编程习惯是加强注释，完善程序设计文档。所谓"好记性不如烂笔头"，时间长了，不但自己想不起来当时的编程思路，也让后继者难以看懂代码，给代码维护工作带来极大的困扰。因此，在编写代码的过程中，要不断加入注释，养成良好习惯。不过，在本书的例子中，为了代码的简洁性，避免读者看得眼花缭乱，而尽可能地少在代码中加注释，反而在后续的程序分析中，增加了详细的文字说明。少了大量文字的插入，使代码变得简短紧凑，前后逻辑清晰，更容易阅读。在每个程序案例的后面，都给出了比较详细的文字说明，有助于对程序功能的理解。

Go 语言和其他语言一样，提供源代码注释语法。注释仅供代码阅读，不影响程序运行。Go 语言编译器在编译阶段会完全忽略注释。

注释有两种方法：行注释和块注释。

行注释：由两个左斜杠"//"开头，直至回车换行结束，行注释可以放在语句的后面，也可以单独占一行。例如，下述两种方式都是合法的：

```
//  下述语句为格式化输出
fmt.Println("Hello, 你好!")  //  按默认格式输出并换行
```

块注释：用来注释一段文字，用法是以"/ * "开头，" * /"结束。在这两个注释符之间可以使用任何文字及符号，可以由多行文字组成。如：

```
/* Go 语言富有表现力、简洁、干净、高效.它的并发机制使编写能够充分利用多核和联网机器的程序
变得容易，而其新颖的类型系统可实现灵活的模块化程序构建. */
```

需要注意的是在 Go 语句的后面不能使用块注释，只能使用行注释。在程序编写过程中，可以用块注释来注释一个程序块。

1.4 Go 语言格式化

视频讲解

Go 语言标准库中的 fmt 包提供了很多打印函数和扫描函数，用来格式化输入输出。常用标准设备输出函数有 fmt. Print、fmt. Printf、fmt. Println；格式化输入函数有 fmt. Scan、fmt. Scanf、fmt. Scanln 等。其中 fmt. Print 及 fmt. Scan 使用默认格式；fmt. Println 及 fmt. Scanln 使用默认格式，并以换行结束。

此外，还有用于文件或字符串的输入输出函数，如 fmt. Fprint、fmt. Fprintf、fmt. Fprintln、fmt. Fscan、fmt. Fscanf、fmt. Fscanln、fmt. Sprint、fmt. Sprintf、fmt. Sprintln、fmt. Sscan、fmt. Sscanf、fmt. Sscanln 等。其使用方法与标准设备相似，读者也可以参考 Go 语言有关文档。

标准设备格式化输入输出函数的使用格式为：

```
fmt.Printf("格式串",变量列表)
fmt.Scanf("格式串",地址变量或指针变量列表)
```

格式串主要由文字说明加格式化控制符构成,格式符见1.4.1节,具体应用举例请参看后续章节内容。本书所有程序案例输入输出都要用到本节介绍的格式化输入输出函数。

1.4.1 格式化控制符

格式串中包含格式化控制符,控制符均以百分号"%"开头,后接一个字母组成,常用的格式化控制符如表1-1所示。

表1-1 Go语言格式化控制符

类型	格式符	语　义
通用型	%v	值的默认格式表示
	%+v	类似%v,但输出结构体时会添加字段名
	%#v	值的Go语法表示
	%T	值类型的Go语法表示
	%%	输出百分号%
布尔值	%t	用单词true或false表示逻辑表达式的值
整数	%b	二进制格式
	%c	该值对应的Unicode码值,或显示ASCII字符
	%d	十进制格式
	%o	八进制格式
	%q	显示该值对应的单引号括起来的Go语法字符字面值,必要时采用安全的转义字符表示
	%x	十六进制格式,字母使用a~f
	%X	十六进制格式,字母使用A~F
	%U	表示为Unicode格式: U+0080,等价于"U+%04X",数值用十六进制表示
浮点数与复数	%b	无小数部分的二进制指数表示
	%e	科学计数法,用小写字母"e"表示
	%E	科学计数法,用大写字母"E"表示
	%f	浮点数或复数的实部及虚部表示,含整数和小数部分
	%F	等价于%f
	%g	对于浮点数系统将根据实际情况采用%e或%f格式表示
	%G	对于浮点数系统将根据实际情况采用%E或%F格式表示
字符串和切片	%s	直接输出字符串或者切片[]byte
	%q	该值对应的双引号括起来的Go语法字符串字面值,必要时采用安全的转义字符表示
	%x	每个字节用两字符十六进制数表示(使用a~f)
	%X	每个字节用两字符十六进制数表示(使用A~F)
指针	%p	表示为十六进制,并加上前导的0x,数值为内存地址

为了实现规范化输出,在格式符"%"之后,控制字符之前可以插入修饰符,以规范化输入输出行为,Go语言的修饰符如表1-2所示。

表 1-2　Go 语言格式化修饰符

类型	格式符	语　　义
修饰符	"+"	总是输出数值的正负号；对%q(%+q)会生成全部是 ASCII 字符的输出(通过转义)
	" "	空格修饰符,对数值,正数前加空格而负数前加负号
	"-"	含符号位的左对齐(默认右对齐),不足部分填充空白
	"#"	切换格式： 对字符串采用%x 或%X 时(%#x 或%#X)会给各打印的字节之间加空格； 对%U(%#U),输出 Unicode 格式后,如字符可打印,还会输出空格和单引号括起来的 Go 字面值； 对%q(%#q),如果 strconv.CanBackquote 返回真会输出反引号括起来的未转义字符串； 八进制数前加 0(%#o),十六进制数前加 0x(%#x)或 0X(%#X),指针去掉前面的 0x(%#p)
	"0"	使用 0 而不是空格填充空白处,对于数值类型会把填充的 0 放在正负号后面或小数点后
	"n.m"	n 表示宽度,m 表示精度,n 和 m 均可以用"*"代替

格式串及修饰符的使用见 1.4.2 节。

1.4.2　格式化输出

下面以格式化输出函数 fmt.Printf 为例,介绍一些常用的格式控制符和修饰符,书中没有介绍到的内容,请参考 Go 语言官网上的相关文档,会有更详细的说明。对于例中用到的变量声明,看不懂的话,可以忽略,后续章节会具体介绍相关内容。

1. %b——二进制数输入输出

例如,定义两个变量 x,y,然后格式化输出,如下所示：

```
var x byte = 25
y := 20
fmt.Printf("%b,%b\n", x, y)
```

输出：

```
11001,10100
```

其中,var 为变量声明关键字,":="为短变量声明操作符,相关内容请参考后续章节。

格式串中可以有多个格式控制符,中间用逗号隔开,最后用转义字符"\n"结尾表示换行(关于转义字符请参考下章内容)。变量列表中的变量个数必须与%格式符的个数相同,而且类型也要相匹配,并用逗号隔开。例如：

```
x = 10,y = 3.14
fmt.Printf("%d,%f",x,y)        // 正确
fmt.Printf("%d,%d",x,y)        // 错误,与 y 类型不匹配
fmt.Printf("%f,%d",x,y)        // 错误,与 x,y 类型不匹配
fmt.Printf("%f,%d",y,x)        // 正确
```

```
fmt.Printf("%d",x,y)            // 错误,缺少格式符
fmt.Printf("%f,%d",x)           // 错误,缺少变量且类型不符
```

2. %d——十进制整数输入输出

假设 x 为 25,y 为 20,打印输出该两个变量,如下所示:

```
var x, y = 25, 20
fmt.Printf("%d,%d\n", x, y)
```

输出:

```
25,20
```

%d 仅用于格式化整数,如果输入的是浮点数,则运行时会提示格式错误。如果变量的个数与格式符的个数不同,编译不会报错,但运行时会报错。如下所示:

```
var x, y = 23.5, 20
fmt.Printf("%d,%d,%d\n", x, y)
```

输出:

```
%!d(float64=23.5),20,%!d(MISSING)
```

原因是 x 为浮点数,不能用%d 格式化,必须用%f,否则运行时报错。另外,格式符数量多于变量个数,也导致输出报错。所有的错误都以字符串"%!"开始,有时会后跟单个字符(格式符),以小括号的描述结束。

3. %f——浮点数输入输出

已知:x=10,y=12.5,z=0.0188,请打印输出其值。

```
var x, y, z = 10, 12.5, 0.0188
fmt.Printf("%d,%f,%f\n", x, y, z)
```

输出:

```
10,12.500000,0.018800
```

对于浮点数,系统默认输出精度是六位小数。格式符必须与变量类型匹配,否则运行时会报错。

4. %c——字符输入输出

格式符%c 用于输出字符本身,而%d 将输出字符的 Unicode 编码值,对于可打印字符将输出其 ASCII 码值,字符“P”的 ASCII 码为 80。

注意:输入字符的时候需要用单引号表示,而双引号表示字符串,属于不同的数据类型。

```
var ch = 'P'
fmt.Printf("%c,%d\n", ch, ch)
```

输出:

```
P,80
```

%U 表示输出 Unicode 码,可以用%U 显式地输出 Unicode 编码值,U 表示 Unicode,编码用十六进制表示,如 0x0050,等于十进制的 80。

如打印字符“P”，会输出 ASCII 字符及其 Unicode 值，如下所示：

```
var ch = 'P'
fmt.Printf("%c, %U\n", ch, ch)
```

输出：

```
P,U+0050
```

对于单个可打印字符，也可以使用%d 和%v 输出其 ASCII 值。如：

```
fmt.Printf("%d, %v\n", ch, ch)
```

输出：

```
80,80
```

%d 表示输出十进制，%v 表示按默认格式输出。

5. %s——字符串输入输出

字符串是用双引号括起来的一连串字符，例如给变量 str 赋值为“好好学习，天天向上”，打印输出该字符串，如下所示：

```
str := "好好学习,天天向上"
fmt.Printf("%s\n", str)
```

输出：

```
好好学习,天天向上
```

字符串可以直接放在打印语句的格式串中，原封不动地输出。例如，如果仅仅是为了输出一句话用以提示用户操作，可以不使用字符串变量，直接在打印函数的格式串中输入即可，如下所示（注意，不要遗漏\n，该转义字符用于换行）：

```
fmt.Printf("请输入变量的值: \n")
```

输出：

```
请输入变量的值:
```

6. %t——以 true 或者 false 输出布尔值

对于逻辑变量，仅有两个取值：逻辑真为 true，逻辑假为 false。因此，对于输出逻辑变量的值，一定要用专门的格式符%t。假设变量 a=2，b=3，请判断 a 与 b 的大小，并打印输出结果，如下所示：

```
a, b := 2, 3
fmt.Printf("%t\n", a < b)
```

输出：

```
true
```

通常，为了输出整齐美观，在格式控制符的%与字母之间可以插入修饰符，不同的修饰符作用不同，参见表 1-2。下面举几个常用修饰符应用的例子。

(1) 加号“+”，使得输出的负数在其前面加上一个负号“-”，正数在其前面加上正号“+”。如果输出的是字符串，则输出其 ASCII 码（别的字符会被转义），如果输出的是结构体，则输出其字段名。

例如，a=－2，b=＋3，请带符号输出两个变量的值，如下所示：

```
a, b := -2, 3
fmt.Printf("%+d,%+d\n", a, b)
```

输出：

```
-2,+3
```

（2）减号“－”，按左对齐输出值(默认为右对齐)。

（3）数字零“0”表示输出格式中用数字0而不是空格来填充。

（4）n.m修饰符用来规范输出的宽度和精度。对于数字输出，n表示输出总宽度，也就是输出字符位数，m表示小数点后位数，小数点要独占一位，所以，实际数字是n－1位。对于字符串，n表示输出总宽度，m表示实际截取的字符数，如果n>m，则用空格填充，如果n<m，则输出m个字符。如果字符串长度小于m，则全部截取，否则，从左边开始截取m个字符。举例如下：

已知变量a,b,c,str的值，用上述各种修饰符打印变量的输出，如下所示：

```
a, b, c := -2435, 34, 3.14
str := "asdfg"
fmt.Printf("No1: %-d,%+d,%f\n", a, b, c)
fmt.Printf("No2: %+6d,%+6d,%6f\n", a, b, c)
fmt.Printf("No3: %-6d,%-6d,%10f\n", a, b, c)
fmt.Printf("No4: %-6d,%-6d,%10.4f\n", a, b, c)
fmt.Printf("No5: %06d,%06d,%010.4f\n", a, b, c)
fmt.Printf("No6: %s6.4\n", str)
fmt.Printf("No7: %0s6.4\n", str)
fmt.Printf("No8: %s10.6\n", str)
```

输出：

```
No1: -2345,+34,3.140000
No2: -2345,+34,3.140000
No3: -2345,34,3.140000
No4: -2345,34,3.1400
No5: -02345,000034,00003.1400
No6: asdf
No7: 00asdf
No8: asdfg
```

特别注意的是浮点数输出，系统默认为六位小数输出，如果仅指定宽度，不指定小数位，则系统还是默认输出六位小数，如果宽度n小于7，则忽略宽度限制。

1.4.3 格式化输入

fmt包中还提供了一系列的输入函数，用于格式化扫描文本以生成期望的结果。如fmt.Scan、fmt.Scanf和fmt.Scanln表示从标准输入设备os.Stdin读取文本；而fmt.Fscan、fmt.Fscanf、fmt.Fscanln表示从指定的io.Reader接口读取文本；还有fmt.Sscan、fmt.Sscanf、fmt.Sscanln表示从字符串中读取文本。

其中,fmt. Scanln、fmt. Fscanln、fmt. Sscanln 会在读取到换行时停止,并要求一次提供一行所有条目;而 fmt. Scanf、fmt. Fscanf、fmt. Sscanf 只有在格式化文本末端有换行时会读取到换行为止,回车键结束扫描。

fmt. Scanf、fmt. Fscanf、fmt. Sscanf 将根据格式字符串解析参数,类似 fmt. Printf。例如%x 会读取一个十六进制的整数,%v 会按对应值的默认格式读取。格式规则类似 fmt. Printf,有如下区别:

(1) 宽度会在输入文本中被使用(%10s 表示最多读取 10 个 rune 格式字符来生成一个字符串),但没有使用精度的语法(例如,不能用%8.2f,只能用%8f 来规范)。

(2) 当使用格式字符串进行扫描时,多个连续的空白字符(除了换行符)在输入和输出中都被等价于一个空白符。在此前提下,格式字符串中的文本必须匹配输入的文本;如果不匹配扫描会中止,函数的整数返回值说明已经扫描并填写的参数个数。

(3) 在所有的扫描函数里,\r、\n 都被视为\n。

扫描函数中有些格式化控制符没有实现,如表 1-3 所示。

表 1-3　Go 语言中 Scan 函数没实现的格式

Scan 函数没实现的格式	%p	未实现
	%T	未实现
	%e %E %f %F %g %G	效果相同,用于读取浮点数或复数类型
	%s %v	用在字符串时会读取空白分隔的一个片段
	flag '#'和'+'	未实现

常用格式化输入函数 fmt. scanf 的使用举例如下,其他函数的使用类似,后续章节中用到时再说明。

1. 整型数输入

所谓整型数就是不带小数点的数字,int 表示整型数据,关于数据类型我们在下章再叙述。

```
var x, y int
fmt.Printf("请输入变量 x,y 的值: \n")
fmt.Scanf("%d,%d", &x, &y)
fmt.Printf("x=%d, y=%d, x+y=%d\n", x, y, x+y)
```

输出:

```
请输入变量 x,y 的值:
12,23
x=12, y=23, x+y=35
```

注意:格式串中两个格式控制符之间用逗号分隔,输入时也要用逗号分隔;如果没有分隔符,输入时要用空格分隔。

输入函数 fmt. Scanf 的变量列表中一定要使用地址变量(指针),方法是在变量前面加上取地址操作符"&",从而获得变量的内存地址。输出函数的变量表中可以用表达式(如 x+y)。

输入格式串中出现的字符除了格式符号外,其他字符必须原样输入,否则输入会出错。也就是说,在输入的时候,格式符号所在的地方用输入的数值代替,而其他符号或字符必须原样输入。如果将上述扫描语句的格式串中用空格分隔两个格式符号，则输入时必须用空格分隔输入项，如下所示。

```
var x, y int
fmt.Printf("请输入变量 x,y 的值: \n")
fmt.Scanf("x = %d y = %d", &x, &y)
fmt.Printf("x = %d, y = %d, x + y = %d \n", x, y, x + y)
```

输出：

```
请输入变量 x,y 的值:
x = 25 y = 34
x = 25, y = 34, x + y = 59
```

注意：在上述输入的格式串中加入了变量名及等号，分隔符用的是空格(也可以是任何其他字符)。在输入参数的时候，除了数值其他必须原样输入，包括分隔符、变量名、等号。如果是用空格分隔(或没有任何分隔符)，则输入的时候可以用空格键，也可以用 Tab 键，效果相同。

上述两个变量用一个扫描函数输入，如果用两个扫描函数是否可以呢？看看下例：

```
var x, y int = 1,2
fmt.Printf("请输入变量 x,y 的值: \n")
fmt.Scanf("%d", &x)
fmt.Scanf("%d", &y)
fmt.Printf("x = %d, y = %d, x + y = %d \n", x, y, x + y)
```

输出：(第一次运行)

```
请输入变量 x,y 的值:
25 34
x = 25, y = 34, x + y = 59
```

输出：(第二次运行)

```
23,45
x = 23, y = 45, x + y = 68
```

输出：(第三次运行)

```
132
x = 132, y = 2, x + y = 134
```

两个 Scanf 语句，是连续扫描的，如果输入一个数据后按回车键，则会结束两个 Scanf 函数的扫描，导致第二个参数无法输入。这样就无法单独给变量 x，y 赋值，原因是什么呢？

实际上，键盘输入的时候，是以回车键结束的。回车键结束输入后，输入到缓存中的数据就被赋值给了 x。但是，缓存中还有两个控制符存在，执行第二个 Scanf 语句的时候，直接扫描到缓存中的回车及换行，就立即结束了扫描。这样没有任何数据输入，扫描函数不会修改 y 的值，所以第二个变量的值就保持初值不变。

那么，该如何用两个回车键对应两个 Scanf 语句呢？其实，很简单，清空输入缓存即可。如何操作呢？加一个 Scanln 语句就行。请看下例：

```
var x, y int = 1,2
fmt.Printf("请输入变量 x,y 的值: \n")
```

```
fmt.Scanf(" % d", &x)
fmt.Scanln()
fmt.Scanf(" % d", &y)
fmt.Printf("x = % d, y = % d, x + y = % d \n", x, y, x + y)
```

输出：

```
请输入变量 x,y 的值:
25
34
x = 25, y = 34, x + y = 59
```

当有连续多条 Scanf 语句工作时，一定要记住，在每条 Scanf 语句后加一条 Scanln 语句，以清空缓存，保证后续 Scanf 语句正确读取。

2. 浮点数输入

浮点数是带小数点的数字，其类型符号为 float32 或 float64，变量定义及输入输出如下所示。

```
var x, y float64
fmt.Printf("请输入变量 x,y 的值: \n")
fmt.Scanf("x = % f,y = % 4f ", &x, &y)
fmt.Printf("x = % f, y = % f, x + y = % f \n", x, y, x + y)
```

输出：

```
请输入变量 x,y 的值:
x = 2578, y = 34.123
x = 2578.000000, y = 34.100000, x + y = 2612.100000
```

浮点数默认输出六位小数的精度，不足就自动补 0。输入的时候，如果限定了宽度，则可能会截取小数点后面的位数，如“%4f”，仅取 4 位宽度(含小数点)。输入 34.123，最后变成 34.1，小数点也占一位。

3. 字符串输入

若要输入字符串，先要声明一个字符串变量。Go 语言没有字符类型，只有字符串类型。Go 语言使用 rune 类型来表示单个 Unicode 字符，如果要输入单个字符，需要把变量声明成 rune 类型，输入字符时使用单引号。

注意：即使字符串由 1 个字符构成，也是字符串类型，不代表字符(rune 类型)。

```
var ch rune
var str string
fmt.Printf("请输入单个字符及字符串值: \n")
fmt.Scanf(" % c", &ch)
fmt.Scanln()
fmt.Scanf(" % 4s ", &str)
fmt.Printf("ch = % c \n", ch)
fmt.Printf("str = % s \n", str)
```

输出：

```
请输入单个字符及字符串值:
a
```

```
asdfgh
ch = a
str = asdf
```


输入字符串的时候，需要格外小心，一定要按照每个 Scanf 格式串中指定的宽度输入，按回车键结束输入，如果输入过多字符，则按格式符规定的长度截取后，其余字符会被丢弃。

另外，使用一个 Scanf 函数给多个字符串变量赋值的时候，需要格外注意。首先，格式串中多个“%s”要连在一起，不能插入其他字符；其次，各个字符串输入项，要用空格分隔。如果以逗号分隔字符串输入项，逗号不起作用，系统会把从开始到空格结束的全部字符赋给第一个变量，第二个及以后的变量为空值。所以，当使用多个%s 格式化字符串输入时，字符串输入项一定要以空格分隔。程序示例如下：

```
package main
import (
    "fmt"
)
func main() {
    var str1, str2 string
    fmt.Printf("请输入变量 str1,str2 的值: \n")
    fmt.Scanf("%s,%s\n", &str1, &str2)
    fmt.Printf("str1 = %s  str2 = %s \n", str1, str2)
}
```

运行结果：(第一次运行，逗号分隔输入)

```
请输入变量 str1,str2 的值:
asdfgh,zxcvb
str1 = asdfgh,zxcvb   str2 =
```

运行结果：(第二次运行，空格分隔输入)

```
请输入变量 str1,str2 的值:
SDFSDSDF edgkmdfkm
str1 = SDFSDSDF   str2 =
```

显然，逗号分隔输入项，扫描函数把它当成正文的一部分，不会截断，而用空格分隔输入项，扫描函数扫描到空格就结束。系统会把扫描到的全部字符当成一个字符串，赋给第一个变量 str1。格式串中逗号以后的格式符被忽视了，str2 自然就为空了。第二次输入时，尽管使用空格分隔了输入项，但是，由于格式串中使用了逗号，事实上第二个%s 没起作用。

如果将上述的扫描函数：

```
fmt.Scanf("%s,%s\n", &str1, &str2)
```

改成

```
fmt.Scanf("%s%s\n", &str1, &str2)
```

再运行看看，结果如下：

运行结果：(第一次运行，逗号分隔输入项)

```
请输入变量 str1,str2 的值:
SDHSDFK,dskflasdf
str1 = SDHSDFK,dskflasdf   str2 =
```

运行结果：(第二次运行，空格分隔输入项)

```
请输入变量 str1,str2 的值:
DIFUAS,DF: KJN od.sfnvd,an
str1 = DIFUAS,DF: KJN    str2 = od.sfnvd,an
```

可见，当需要给多个字符串变量赋值时，扫描函数格式串中多个%s 必须连在一起，中间不能加逗号分隔(但可以加空格)。同时，键盘输入的时候只能以空格分隔字符串输入项，其他标点符号均被看成正文的一部分，而直接赋值给对应的字符串变量。

1.5 Go 语言安装

视频讲解

Go 语言安装包可以到 Go 语言官网(https://golang.org/)上下载。进入官网后在首页上会有 Download Go 按钮，如图 1-1 所示。

图 1-1　官网下载指引

单击“Download Go”图标进入下载页面，可以看到官网上提供的不同平台、不同版本以及不同格式的安装包，如图 1-2 所示。

Stable versions

go1.11.1 ▾

File name	Kind	OS	Arch	Size
go1.11.1.src.tar.gz	**Source**			**20MB**
go1.11.1.darwin-amd64.tar.gz	Archive	macOS	x86-64	118MB
go1.11.1.darwin-amd64.pkg	**Installer**	**macOS**	**x86-64**	**118MB**
go1.11.1.linux-386.tar.gz	Archive	Linux	x86	105MB
go1.11.1.linux-amd64.tar.gz	**Archive**	**Linux**	**x86-64**	**121MB**
go1.11.1.linux-armv6l.tar.gz	Archive	Linux	ARMv6	97MB
go1.11.1.windows-386.zip	Archive	Windows	x86	112MB
go1.11.1.windows-386.msi	Installer	Windows	x86	96MB
go1.11.1.windows-amd64.zip	Archive	Windows	x86-64	129MB
go1.11.1.windows-amd64.msi	**Installer**	**Windows**	**x86-64**	**111MB**

图 1-2　不同平台产品

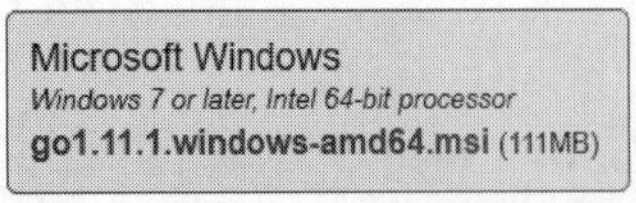

Microsoft Windows
Windows 7 or later, Intel 64-bit processor
go1.11.1.windows-amd64.msi (111MB)

图 1-3　Windows 平台版本下载

官网上提供了多种格式的文件，msi 格式为 Microsoft Windows installer 格式，自动化安装配置，会省去用户很多配置工作，建议 Windows 平台用户选择这个格式的文件包。单击图 1-3 自动进入下载链接。

下载到本地后请直接单击文件名(go1. 11. 1. windows-amd64)安装，进入安装页面，如图 1-4 所示。

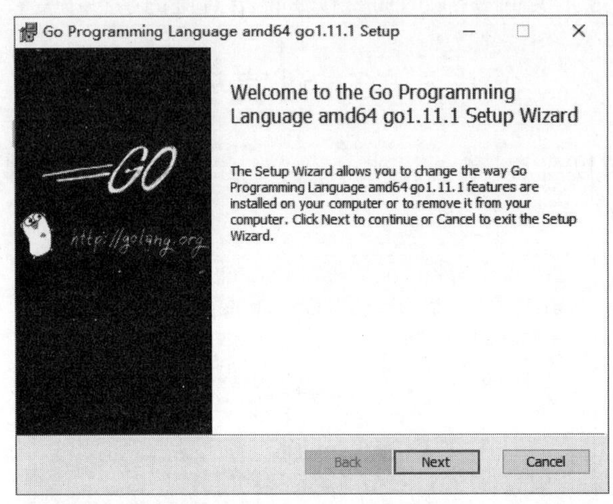

图 1-4　Go 语言安装界面

单击“Next”按钮进入许可协议界面，如图 1-5 所示。

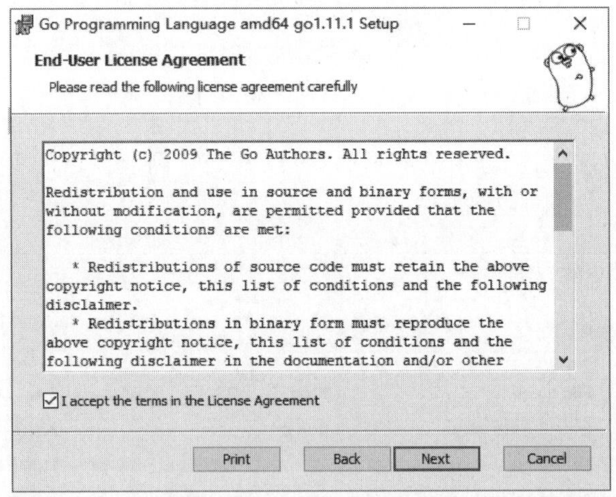

图 1-5　Go 语言许可协议界面

勾选“I accept the terms in the License Agreement”后单击“Next”按钮，进入安装目录设置界面，如图 1-6 所示。

多数情况下选择默认安装目录(C:\Go\)即可，也可以更改安装目录(单击“Change”按钮进入更改)。单击“Next”按钮进入正式安装过程，系统完全自动安装，无须人工干预，耐心等待安装完毕提示，单击“Finish”按钮结束安装。

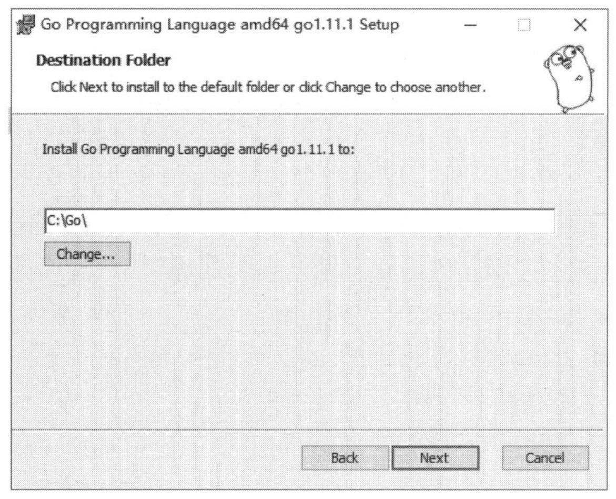

图 1-6　Go 安装目录设置界面

下面验证是否安装成功。进入 Windows 的 CMD 命令行画面，输入“go version”命令，如果能出现 Go 语言的版本信息，说明安装成功，如图 1-7 所示。

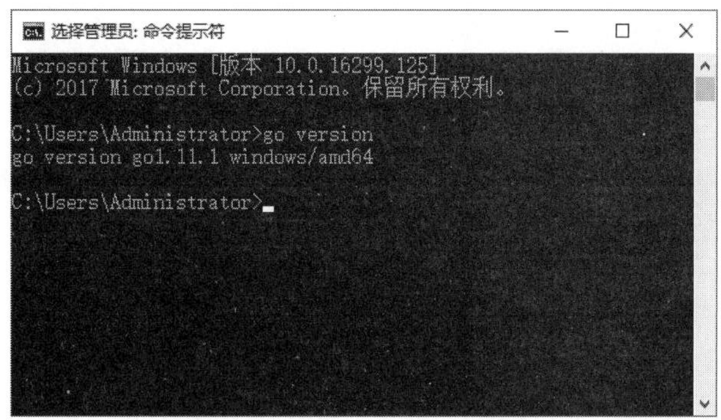

图 1-7　验证 Go 语言安装成功

将上面正文第 1 小节提到的欢迎小程序，用文本编辑器编辑好，以 hello. go 命名存放到 CMD 的当前目录 C:\Users\Administrator >下，然后输入命令“go run hello. go”，可以看到运行结果如图 1-8 所示。

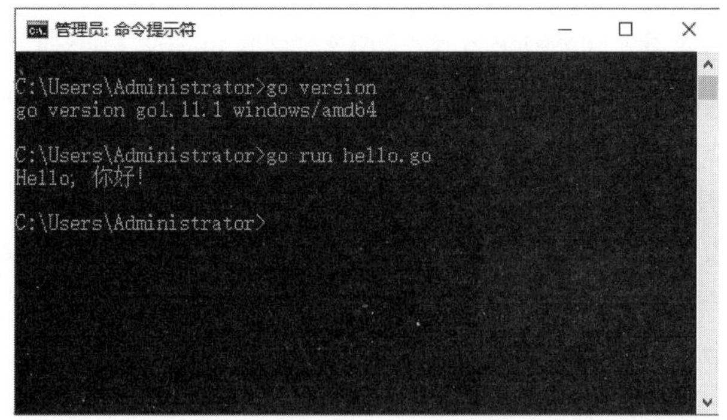

图 1-8　运行 hello 小程序

至此，说明 Go 语言环境安装搭建完毕，以后就可在这台机器上运行 Go 语言程序了。

1.6 Go 语言编辑工具

视频讲解

Go 语言是一种静态编译型语言，原则上说，任何文本编辑工具都可以用来编辑 Go 语言源程序。但是，为了编辑方便直观，错误信息提示清晰准确，而且自带语法高亮，甚至自带语法检查等原因，还是建议下载 Go 语言官网上提供的编辑工具。适用于 Windows 平台的一款轻量级 IDE 编辑工具（liteidex34.3.windows-qt5.9.5）就非常好用，其下载地址为 https://www.golangtc.com/download/liteide。

进入下载页面后主要选择平台就行，如图 1-9 所示。

LiteIDE 下载

LiteIDE 是一款简单、开源、跨平台的 Go 语言 IDE。

下载地址在 sourceforge 上，可能会有下载困难，因此在这里提供下载。

如果单线程下载慢，可以使用下载工具。

X32.1

Filename	Size	Download
liteidex32.1.linux32-qt4-system.tar.bz2	9 M	本地下载
liteidex32.1.linux32-qt4.tar.bz2	22 M	本地下载
liteidex32.1.linux64-qt4-system.tar.bz2	9 M	本地下载
liteidex32.1.linux64-qt4.tar.bz2	22 M	本地下载
liteidex32.1.macosx-qt4.zip	26 M	本地下载
liteidex32.1.macosx-qt5.zip	20 M	本地下载
liteidex32.1.windows-qt4.zip	27 M	本地下载
liteidex32.1.windows-qt5.zip	23 M	本地下载

图 1-9 LiteIDE 下载

图 1-9 中最后一行的 qt5 版适合于 Windows 平台，下载这个版本即可。下载后需要解压才能使用，解压到任意一个目录下都行。但建议最好下载到自己的源程序的工作目录中。LiteIDE 不需要安装，解压后直接可用。

找到解压后存放的目录，定位到.../litelide/bin/liteide.exe 文件，按鼠标右键，发送到"桌面快捷方式"。在桌面上建立快捷方式，以后直接从桌面上单击快捷方式图标""就可以打开编辑工具，编辑 Go 语言源程序了。

第一次进入的是 LiteIDE 欢迎页面，如图 1-10 所示。

单击左上角"文件"菜单，打开如图 1-11 所示的对话框，首先选择"Go Source File"，在下面的文本框中输入文件名，以".go"作扩展名。文件名是任意的，自己知道意义就行，扩展名也可以不写，系统会自动添加".go"。源文件存放目录最好不要用默认值，应该自己新建一个工作目录，系统会创建该目录并在该目录下创建源文件，最后提示用户加载，如图 1-12 所示。

系统会直接创建一个 hello.go 新文件，用户就可以在其上面编辑自己的程序。

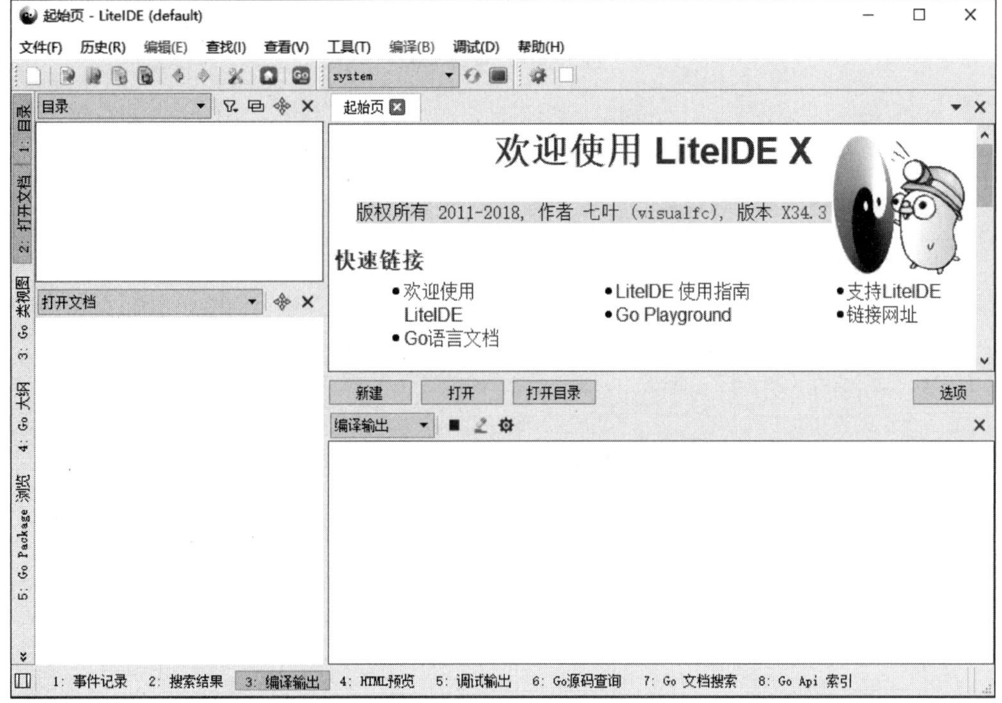

图 1-10 LiteIDE 主页面

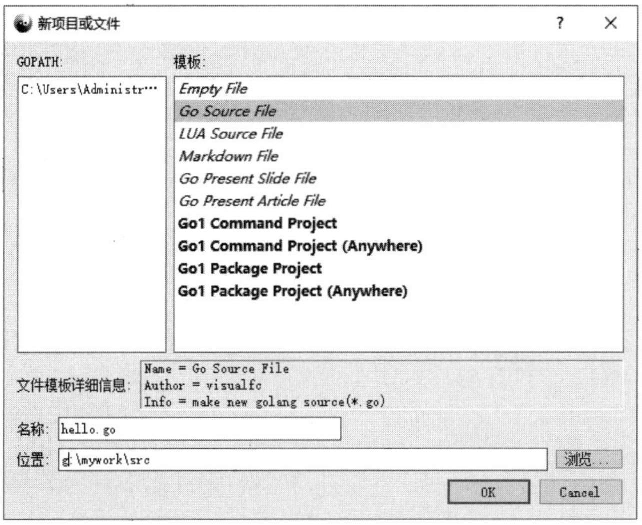

图 1-11 新建项目或文件页面

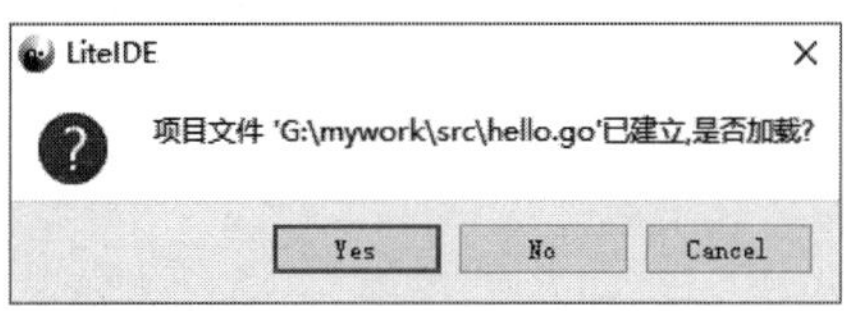

图 1-12 加载文件页面

上 机 训 练

一、训练内容

1. 整型数的输入输出训练。

```
package main
import "fmt"
func main() {
    var (
    x1, y1 int
    x2, y2 int
    x3, y3 int
    x4, y4 int
    x5, y5 int
    )
    fmt.Printf("请输入 x1 及 y1 的数值(只能用空格及 Tab 键分隔输入项)\n")
    fmt.Scanf(" %d %d", &x1, &y1)
    fmt.Scanln()
    fmt.Printf("x1 = %d, y1 = %d\n", x1, y1)
    fmt.Printf("请输入 x2 及 y2 的数值(只能用逗号分隔输入项)\n")
    fmt.Scanf(" %d, %d", &x2, &y2)
    fmt.Scanln()
    fmt.Printf("x2 = %d, y2 = %d\n", x2, y2)
    fmt.Printf("请输入 x3 及 y3 的数值(只能用空格及 Tab 键分隔输入项)\n")
    fmt.Scanf(" %d %d", &x3, &y3)
    fmt.Scanln()
    fmt.Printf("x3 = %d, y3 = %d\n", x3, y3)
    fmt.Printf("请输入 x4 及 y4 的数值(注意输入宽度限制,用逗号分隔)\n")
    fmt.Scanf(" %2d, %3d", &x4, &y4)
    fmt.Scanln()
    fmt.Printf("x4 = %5d, y4 = %6d\n", x4, y4)
    fmt.Printf("x4 = %-5d, y4 = %06d\n", x4, y4)    // 注意左右对齐及空格或者 0 填充
    fmt.Printf("请输入 x5 及 y5 的数值(请输入一个正数,一个负数,逗号分隔)\n")
    fmt.Scanf(" %d, %d", &x5, &y5)
    fmt.Printf("x5 = %+5d, y5 = %+06d\n", x5, y5) // 注意观察正负号及宽度的变化
}
```

2. 浮点数的输入输出训练。

```
pakage main
import "fmt"
func main(){
    var (
    x1, y1 float64
        x2, y2 float64
        x3, y3 float64
    )
    fmt.Printf("请输入任意两个浮点数 x1,y1(用逗号分隔)\n")
```

```
    fmt.Scanf(" % f, % f", &x1, &y1)
    fmt.Scanln()
    fmt.Printf("x1 = % f, y1 = % f\n", x1, y1)
    fmt.Printf("x1 = % 6f, y1 = % 6.f\n", x1, y1)      //注意格式串宽度精度定义
    fmt.Printf("x1 = % 5.2f, y1 = % .5f\n", x1, y1)
    fmt.Printf("请再输入任意两个浮点数 x2,y2(注意宽度限制,包含小数点及正负号,用逗号
分隔)\n")
    fmt.Scanf(" % 4f, % 4f", &x2, &y2)
    fmt.Scanln()
    fmt.Printf("x2 = % 6f, y2 = % 6f\n", x2, y2)
    fmt.Printf("x2 = % - 6.2f, y2 = % 02.3f\n", x2, y2)  // 注意左右对齐及空格或者 0 填充
    fmt.Printf("请再输入任意两个浮点数 x3,y3(一个正数,一个负数,逗号分隔)\n")
    fmt.Scanf(" % f, % f", &x3, &y3)
    fmt.Printf("x3 = % + 8.3f, y3 = % + 08.2f\n", x3, y3) // 注意观察正负号及宽度的变化
}
```

3. 字符串的输入输出训练。

```
pakage main
import "fmt"
func main(){
     var (
      ch rune
     str, str1, str2, str3 string
    )
    fmt.Printf("请输入任意一个字符 ch: ")
    fmt.Scanf(" % c", &ch)                          // 单字符输入
    fmt.Scanln()
    fmt.Printf("ch = % c\n", ch)

    fmt.Printf("请输入任意一个字符串 str: ")
    fmt.Scanf(" % 6s", &str)                        // 请输入不同长度字符串
    fmt.Scanln()
    fmt.Printf("str = % 4s\n", str)                 // 观察不同长度字符串的输出结果

    fmt.Printf("请输入任意两个字符串 str1,str2: ")
    fmt.Scanf(" % 2s % 4s", &str1, &str2)            // 请测试各种长度的字符串及分
                                                       隔符
    fmt.Scanln()
    fmt.Printf("str1 = % 4s,str2 = % 6s\n", str1, str2)
    fmt.Printf("str1 = % 06s,str2 = % - 6s\n", str1, str2)

    fmt.Printf("请输入任意长度的一个字符串 str3: ")
    fmt.Scanf(" % s", &str3)                        // 输入各种宽度的字符串,看看输
                                                      出结果
   fmt.Printf("str3 = % 6s, str3 = % 8s\n", str3, str3)  // 注意格式不同的内容显示
}
```

4. 简单编程题训练。

(1) 请用打印函数输出由“ * ”构成的三角形,如下图所示。

```
                    *
                   ***
                 *******
               ***********
```

(2) 请用打印函数输出以下海报内容。

```
"                           海          报                          "
"                                                                   "
"                                                                   "
"                                                                   "
"       欢迎新生入学!                                                "
"                                                                   "
"                                                                   "
"                                                                   "
"报到处: 教学楼   1205 室                  缴费处: 教学楼    1102 室 "
```

二、参考程序

简单编程题训练。

(1) 请用打印函数输出由"＊"构成的三角形,如下图所示。

参考程序

```go
package main
import "fmt"
func main() {
    fmt.Println("                    * ")
    fmt.Println("                   *** ")
    fmt.Println("                 ******* ")
    fmt.Println("               *********** ")
}
```

运行结果

```
                    *
                   ***
                 *******
               ***********
```

(2) 请用打印函数输出以下海报内容。

参考程序

```go
package main
import "fmt"
func main() {
    fmt.Println("                           海          报")
    fmt.Println()
    fmt.Println()
    fmt.Println()
    fmt.Println("    欢迎新生入学! ")
    fmt.Println()
    fmt.Println()
    fmt.Println()
    fmt.Println("报到处: 教学楼   1205 室                  缴费处: 教学楼    1102 室 ")
}
```

续

运行结果	海　　报 欢迎新生入学! 报到处：教学楼 1205 室　　　　缴费处：教学楼 1102 室

习　　题

一、单项选择题

1. 包声明使用的关键字是(　　)。
   A. Declare　　B. Package　　C. declare　　D. package
2. 包引入使用的关键字是(　　)。
   A. Import　　B. pull　　C. import　　D. package
3. 每个程序都要有一个主函数,它的名字是(　　)。
   A. func　　B. main　　C. import　　D. package
4. 函数声明使用的关键字是(　　)。
   A. Declare　　B. Main　　C. func　　D. var
5. 以特定格式进行输出的函数是(　　)。
   A. print()　　B. Println()　　C. Printf()　　D. printf()
6. 按特定格式化扫描输入函数是(　　)。
   A. Scan()　　B. Scanf()　　C. Scanln()　　D. scanf()
7. 格式化字符串所用的控制符是(　　)。
   A. "%t"　　B. "%d"　　C. "%s"　　D. "%f"
8. 以下 Scanf()函数没有实现格式化控制符的是(　　)。
   A. "%T"　　B. "%t"　　C. "%d"　　D. "%f"
9. 若要 Printf 函数输出一个百分号"%",以下格式正确的是(　　)。
   A. "%"　　B. "\%"　　C. "%%"　　D. "/%"
10. 为了输出左对齐,应该在格式串中加入(　　)符号。
   A. "+"　　B. "-"　　C. "*"　　D. "/"
11. 以下(　　)符号可以用来注释行。
   A. "##"　　B. "||"　　C. "\\"　　D. "//"
12. 以下(　　)符号可以用来注释块。
   A. "*...*\"　　B. "/*...*/"
   C. "*/.../*"　　D. "*\...*"

13. 一次性导入多个包,以下用法正确的是(　　)。

A.
```
import("fmt","os","errors")
```

B.
```
import(
    "fmt",
    "os",
    "errors")
```

C.
```
import (
fmt,
os,
errors)
```

D.
```
import (
"fmt"
"os"
"errors")
```

14. 要想输出变量的类型名称,可以使用下面(　　)格式符。

A. “%d”　　B. “%T”　　C. “%G”　　D. “%E”

15. 若要打印输出字符,使用下面(　　)格式符。

A. “%d”　　B. “%c”　　C. “%t”　　D. “%f”

二、判断题

1. 一个 Go 语言程序中必须有一个 main 包。(　　)
2. 一个 Go 语言程序中必须有一个 main 函数。(　　)
3. main 函数可以放在 main 包中,也可以放在其他的包中。(　　)
4. 包的名字必须与包中的函数同名。(　　)
5. 一个包中可以有多条包导入语句,用来同时导入多个包。(　　)
6. 一条包导入语句可以导入多个包,之间必须用逗号隔开。(　　)
7. 包导入语句可以放在 main 函数内部。(　　)
8. Go 语言程序每行必须以分号结尾。(　　)
9. Go 语言程序每行可以输入多条语句,用分号隔开。(　　)
10. 一条 import 语句导入的多个包必须用小括号括起来,每个包独占一行。(　　)
11. 一条 package 语句可以同时声明多个包,用逗号隔开。(　　)
12. main 函数必须带 return 语句。(　　)

三、分析题

1. 写出以下各题的输出结果(用“□”表示空格)。

(1) `x = 123,fmt.Printf("%6d",x)`

(2) `x = 123,fmt.Printf("%-06d",x)`

(3) `x = 12.345,fmt.Printf("%6f",x)`

(4) `x = 12.345,fmt.Printf("%-6.2f",x)`

(5) `x = 1247.345,fmt.Printf("%12.5f",x)`

(6) `x = 12.345,y = 45,fmt.Printf("%T,%T",x,y)`

(7) `x = 44.73,fmt.Printf("%08.3f",x)`

(8) `str = "asdfghjk",fmt. Printf("%6s",str)`

(9) `str1 = "asd",str2 = "fghj",fmt. Printf("%-6s,%6s",str1,str2)`

(10) `x = 12,y = 3.1416,z = "ch", fmt.Printf("%-4d,%06.2f,%4s", x, y, z)`

2. 找出以下各个程序段中的错误并改正。

(1)
```
Package Main()
import "fmt";
func main(){
fmt.println("Welcome!")
}
```

(2)
```
package main()
 import "fmt","os","input"
 main(){
 fmt.println("Welcome!")
}
```

(3)
```
var  x = 12 int;
var  y = "sdfsfs"
var  z = 34.567 float64
fmt.Print (" % 2f",x)
fmt.println(" % 6.4f",z)
fmt. Printf(" % 4d",y)
```

(4)
```
package main
import "fmt"
int main()
{
      fmt. Printf("hello")
}
```

(5)
```
Package main
import "fmt"
func main  {
fmt.Printf("hello");
return 0;
}
```

(6)
```
package main
import "fmt"
func main(){
  var x = 100 int8
fmt.printf(" % 5s",x)
}
```

3. 根据程序运行结果补全各程序段的格式串字符。

(1) 已知 x=25.38,执行 fmt. Printf("　　　",x)　结果：□□□25.3800

(2) 已知 x=125,执行 fmt. Printf("　　　",x)　结果：□□□125

(3) 已知 x=12.5,执行 fmt. Printf("　　　",x)　结果：0012.50

(4) 已知 x=125,执行 fmt. Printf("　　　",x)　结果：125□□□□

4. 根据给定条件写出相应的语句("↵"表示回车键)。

(1) 已知 x=12,y=34,写出输出 x,y 的语句。

(2) 写出按格式 12□34 ↵ 输入参数的 Scanf()语句。

(3) 写出按格式 12,34 ↵ 输入参数的 Scanf()语句。

(4) 写出按格式 12 ↵34 ↵ 输入参数的 Scanf()语句。

(5) 写出按格式 a ↵b ↵输入字符串参数的 Scanf()语句。

(6) 写出按格式 abc bnmh ↵输入字符串参数的 Scanf()语句。

四、简答题

1. 一般 Go 语言程序包含几个模块？
2. 一般 Go 语言程序必须包含什么包？
3. Go 语言程序执行的入口函数是哪一个？
4. Go 语言标准库中用于从标准设备输出的函数有哪些？
5. Go 语言标准库中用于从标准设备输入的函数有哪些？
6. Go 语言中的逻辑变量的值有哪些？
7. Go 语言中输入输出函数的变量列表有什么不同？
8. 用于格式化字符串输出的格式控制符是什么？
9. 用一个 Scanf 语句输入多个字符串，应该如何设置格式控制符？
10. 格式化输出左对齐应该如何选择修饰符？
11. 格式化输出修饰符 n. m 中的 n 和 m 分别表示什么？
12. 按默认格式输出任何类型的数据应该选用什么格式控制符？
13. Go 语言的行注释用什么符号？
14. Go 语言的块注释用什么符号？
15. 如果扫描函数中用空格分隔控制符，则数据输入时用什么分隔数据？

五、编程题

1. 编制程序，实现以下的倒三角形输出。

2. 编制程序，从键盘输入三个数，然后按倒序输出，如输入 1,2,3，则输出 3,2,1。
3. 编制程序，分三行输入三个整数，然后在同一行输出，用逗号分隔。

第2章 Go语言设计元素

2.1 标 识 符

视频讲解

标识符是Go语言编译器能够认识的语言符号，是程序员与机器交互的工具，也是程序设计的基本元素。Go语言的标识符注重大小写，也就是说，相同的名字，其大小写意义不同。Go语言中用到的语言符号大致有关键字、预定义标识符、常量、变量、运算符、分隔符、字面量等，下面分别说明。

2.1.1 关键字

关键字也称为系统保留字，具有特定的含义，为系统专用，主要用于编程中的语句标识。用户自定义的变量名、函数名、类型名等不得与关键字同名。Go语言的关键字均为小写，如表2-1所示。

表2-1 Go语言关键字

分类	关键字	含 义
包操作	package	包声明
	import	包引入
实体的声明及定义	var	变量声明
	const	常量声明
	func	函数声明
	type	类型定义
	struct	结构体类型
	interface	接口类型
	map	映射类型
	chan	通道类型
程序流程控制	if	条件判断
	else	条件分支
	range	迭代
	for	循环
	break	中断流程
	continue	中断当前循环并进入下一轮循环
	goto	跳转
	switch	开关语句

续表

程序流程控制	select	通道选择
	case	分支选项
	default	缺省选项
	fallthrough	穿越 case
	defer	滞后执行
	return	函数返回
	go	协程(goroutine)创建

2.1.2 预定义标识符

Go语言使用了一些符号来表示诸如数据类型、内置函数等，这些预先定义好用途的符号称为预定义标识符。预定义标识符也是全部用小写字母表示，当使用大写字母时，则表示不同含义。用户自定义的变量名、函数名、类型名等也不能与这些预定义标识符同名。Go语言预定义标识符如表2-2所示。

表2-2 Go语言预定义标识符

分 类	标 识 符	含 义
数据类型	bool	布尔型，用于逻辑表达式，取 true 和 false
	byte	字节型，取值范围 0～255
	int	有符号整型，长度由系统内部决定
	int8	有符号8位整型，取值范围－128～127
	int16	有符号16位整型，取值范围－32768～32767
	int32	有符号32位整型，取值范围－2147483648～2147483647
	int64	有符号64位整型
	uint	无符号整型，长度由系统内部决定
	uint8	无符号8位整型，同字节型，取值范围 0～255
	uint16	无符号16位整型，取值范围 0～65535
	uint32	无符号32位整型，取值范围 0～4294967295
	uint64	无符号64位整型
	uintptr	无符号整型指针，取值范围与操作系统有关
	float32	有符号32位浮点型
	float64	有符号64位浮点型
	string	字符串类型
内置函数	append	用于切片扩容
	copy	用于切片复制
	len	用于计算数组切片字符串通道等的长度及容量
	cap	
	new	用于新建切片映射通道等对象
	make	
	complex	用于创建复数对象
	real	
	image	

续表

分　类	标识符	含　　义
内置函数	panic	用于错误处理和恢复
	recover	
	close	用于关闭管道文件等
	delete	用于删除映射项
	print	用于底层打印
	println	
其他	iota	用于枚举，自动加 1，初始值为 0
	nil	表示空
	_	用于匿名变量或抛弃变量

2.1.3　分隔符

分隔符是用来分隔变量名、语句或者表达式的各项。分隔符主要采用可键盘输入的 ASCII 字符，如逗号、分号、冒号、双引号、单引号、反单引号、反斜杠、空格、小括号、方括号、大括号及各种运算符等。此外，还有个别字符不能使用键盘输入的，就采用转义字符的形式，Go 语言中常用的转义字符如表 2-3 所示。

表 2-3　Go 语言转义字符

转义字符	ASCII 码值（十进制）	含 义 说 明
\a	007	响铃(BEL)
\b	008	退格(BS)，将当前位置移到前一列
\f	012	换页(FF)，将当前位置移到下页开头
\n	010	换行(LF)，将当前位置移到下一行开头
\r	013	回车(CR)，将当前位置移到本行开头
\t	009	水平制表(HT)（跳到下一个 TAB 位置）
\v	011	垂直制表(VT)
\\	092	代表一个反斜线字符"\"
\'	039	代表一个单引号(撇号)字符"'"
\"	034	代表一个双引号字符"""
\?	063	代表一个问号"?"
\0	000	空字符(NULL)
\ddd	三位八进制	1～3 位八进制数所代表的任意字符
\xhh	二位十六进制	1 或 2 位十六进制所代表的任意字符

Go 语言使用 UTF-8 格式来编码 Unicode 字符，我们知道，Unicode 用两个字节表示一个字符，它把所有语言都统一到一套编码里，为每种语言中的每个字符都设定了统一并且唯一的二进制编码，以满足跨语言、跨平台进行文本转换、处理的要求。

UTF-8(8-bit Unicode Transformation Format)是一种针对 Unicode 的可变长度字符编码，又称万国码，由 Ken Thompson 于 1992 年创建，现在已经标准化为 RFC 3629。UTF-8 用 1～6 个字节编码 Unicode 字符。Unicode 的前 128 个字符与 ASCII 字符相同，UTF-8 将其

编码成一个字节,与 ASCII 编码完全相同。这体现了 UTF-8 与 ASCII 的兼容性,还大大缩小了 Go 语言程序所占空间。Go 语言用 rune(int32)来表示字符类型,它是 32 位的整数,代表一个 Unicode 字符,Unicode 码值通常用 U+xxxx 四位十六进制数表示。

2.2 数据类型

视频讲解

Go 语言的数据类型主要是为编译器预分配内存单元所做的一些约定。不同数据类型占用不同长度的内存空间。因此,实际使用的时候,需要根据实际情况来定义,避免内存浪费,另一方面,也要避免定义得过窄,导致内存溢出。Go 语言的数据类型包括基本数据类型、复合数据类型及自定义数据类型。

2.2.1 基本数据类型

Go 语言的基本数据类型包括布尔型、整型、浮点型、字符串型等,如表 2-4 所示。

表 2-4 Go 语言基本数据类型

分类	标识符	宽度/字节	缺省值	含　义
数据类型	bool	1	false	布尔型,逻辑表达式的值,取 true 和 false
	byte	1	0	字节型,取值范围 0～255
	rune	4	0	Go 语言专用字符类型,等同 int32
	int	—	0	有符号整型,长度由系统内部决定
	int8	1	0	有符号 8 位整型,取值范围 −128～127
	int16	2	0	有符号 16 位整型,取值范围 −32768～32767
	int32	4	0	有符号 32 位整型,取值范围 −2147483648～2147483647
	int64	8	0	有符号 64 位整型
	uint	—	0	无符号整型,长度由系统内部决定
	uint8	1	0	无符号 8 位整型,同字节型,取值范围 0～255
	uint16	2	0	无符号 16 位整型,取值范围 0～65536
	uint32	4	0	无符号 32 位整型,取值范围 0～4294967296
	uint64	8	0	无符号 64 位整型
	float32	4	0.0	有符号 32 位浮点型
	float64	8	0.0	有符号 64 位浮点型
	complex64	8	0.0+0.0i	有符号复数,实部虚部均为 32 位
	complex128	16	0.0+0.0i	有符号复数,实部虚部均为 64 位
	string	—	“”	字符串类型,缺省值为空

基本数据类型是复合数据类型和自定义数据类型的基础,下面分别说明各种数据类型。

1. 布尔型

布尔型用于表示逻辑运算的结果,仅有两个值: true 和 false,代表真和假。布尔型不能与其他类型相互转换,也不接受自动转换或者强制转换。

2. 整型

整型数用于表示不带小数点的数据,如学号、身份证号码、商品编码等。整型数可以参与运算,运算结果仍是整型。如果运算结果有小数部分,则无论其大小都会直接舍去,仅保留整数部分,而不会进行四舍五入操作。

Go 语言为用户提供了多种不同长度的整数类型,有 8 位、16 位、32 位、64 位等,用于存储有符号或无符号整数。编程人员可以根据数据的实际长度需求选择,原则是宁大勿小。实际使用起来可能比较难以选择,大多数情况下还是交由编译系统智能选择,这时用户直接使用 int,由编译器智能地根据计算机平台确定。例如,386 架构的计算机平台,int 宽度为 32 位,而 AMD64 架构的计算机平台,int 宽度则取 64 位。

3. 浮点型

浮点型用于有小数的场合,由于有小数部分,特别强调精度要求,Go 语言默认精度是小数点后面 6 位数字。由于长度较大,浮点型适合于存储大数据、高精度的场合。浮点型大数据一般采用科学计数法,以小写的"e"或者大写的"E"表示,如 1.25e-6 与 1.25E-6 等价。

由于浮点数精度较高,无法精确表示一个数,经常会有舍入截尾的情况。因此,两个浮点数进行比较的时候,千万不能用等号"==",而要用大于等于或小于等于。例如:

$$0.314+0.237\neq 0.551$$

可以用下面程序来验证。

```
package main
import "fmt"
func main() {
    var s, t float64 = 3.14e - 1, 2.37e - 1
    q := 0.551
    s = s + t
    fmt.Printf("s = %v    t = %v\n", s, t)
    fmt.Printf("s > q %t\n", s > q)
    fmt.Printf("s < q %t\n", s < q)
    fmt.Printf("s = q %t\n", s == q)
}
```

输出:

```
s = 0.5509999999999999 t = 0.237
s > q   false
s < q   true
s = q   false
```

显然,计算结果 s 并不是 0.551,如果用等式判断,结果为 false。

可见,牵涉浮点数比较的时候,一定要注意,不要用"=="。

4. 复数型

复数型由实部和虚部组成,复数型 complex 64 由 32 位的实部与 32 位的虚部组成,而复数型 complex 128 则由 64 位的实部与 64 位的虚部组成,实部和虚部的数据类型都是浮点型,遵循浮点型运算规则。实部或者虚部为 0 时,可以不写出来。

5. 字符串型

字符串型是用双引号或反单引号括起来的字符序列。Go 语言中只有字符串型,而没有字符型,需要的时候就用 rune 类型来表示单个字符,并用单引号括起来。

字符串就是 UTF-8 编码的多个 rune 字符序列，它的长度固定。当字符串长度为 1 时就成了单一字符，但仍然属于字符串类型。字符串在内存中为常量，不可更改。系统中有专门的库函数用来处理字符串，后面有专门章节叙述。

字符串分两种类型：原生型和解释型。原生型也称为非解释型，原生型字符串用反单引号"`"括起来，输入时可以换行，不可以输入转义字符，即使输入了转义字符，编译器也不会解释该转义字符，而是把它当作两个普通字符输出。解释型字符串需用双引号括起来，必须一次性输入，不许换行。但可以插入转义字符，编译器会正常解释转义字符。具体例子见第 6 章相关内容。

2.2.2 复合数据类型

复合数据类型由基础数据类型组合而成，其内存分配要复杂得多，有些还与计算机平台有关，如指针，不同的计算机平台，占用不同的字节数。有关复合数据类型的定义、声明、使用等细节，将在后续章节中细述。Go 语言的主要复合数据类型如表 2-5 所示。

表 2-5 复合数据类型

分类	标 识 符	含 义
复合数据类型	array	数组
	slice	切片
	map	映射
	chan	通道
	interface	接口
	pointer	指针
	error	错误类型
	func	函数类型
	struct	结构体

2.2.3 自定义数据类型

自定义数据类型是使用关键字 type，以基础数据类型或复合数据类型为基础而声明的一种数据类型。最常用的自定义类型包括结构体类型、函数类型等，但任何其他的数据类型都可以使用关键字 type，定义成一个新类型，例如：

```
type  Integer  int
```

定义 Integer 为一个整型类型，是基于 int 而创建的一种新类型，与 int 不是同一类型，不可以相互赋值比较等。

例如：
```
var x Integer = 100
var y int
y = x
```

上述赋值会导致编译错误：cannot use x (type Integer) as type int in assignment。

自定义数据类型非常灵活，后续章节中用到的时候再详细叙述。

2.3 常　　量

2.3.1 字面量

字面量是 Go 语言一个很重要的概念,可以简单地说,一切可以用来赋给常量或变量的值都叫字面量。数字、字符、字符串等都是字面量,但是,表达式不属于字面量。字面量的本质是一个值,有明确的含义,可以存取,可以赋给其他变量。自定义的函数、结构体等也有字面量,可以用于赋值。

2.3.2 常量的定义

常量就是指在编译器编译期间明确的量,包含常量与常量表达式,通常由各种字面量构成。常量表达式是在编译期间就可以明确得出结果的表达式,如果是运行期间才有明确值的表达式,不可以作为常量表达式。常量可以有类型也可以无类型,在常量表达式中如果有不同类型的数值型常量,则计算结果会被强制类型转换,转换结果是往高精度类型靠拢,即低精度数据会被强制转换成高精度数据。以下表达式均为常量表达式:

```
12 + 13
12 + 23.0 / 2
'a' + 2
12 >> 2
2.0 << 3
12 < 34
```

上述常量表达式都有明确的结果,而且都是无类型的。有类型的常量需要显式地指定,定义方法是使用常量声明关键字"const"。注意是小写字母,不可以改成大写。

程序员可以命名常量,名称是任意的,最好与需求的物理意义挂钩,便于程序解读。Go 语言常量的命名规则是由字母、数字、下画线组成,并且首字母不能是数字。名字首字母大写为可导出型(后文再说明),小写字母为包内专用。常量声明语法格式如下:

```
关键字   常量名   数据类型   =   字面量
```

例如:

```
const   w1 int8   = 23
const   w2        = 36
const   PI        = 3.1416
```

上述声明了一个 int8(Byte)类型的常量 w1,以及无类型的常量 w2 及 PI。常量声明中的数据类型不是必须的,忽略的话就是无类型常量。无类型常量由赋值时的字面量决定类型,编译系统会智能地判别输入字面量的类型,使用最佳精度匹配,不必程序员显式地使用数据类型符号。

2.3.3 常量的赋值

如果常量用某个自定义的标识符来表示,则编译系统会将该标识符与某个字面量绑定,字面量就是该常量的值。常量赋值必须与常量声明同时进行,常量在其整个生命周期中只

可以被赋值一次。一行可以声明一个常量,也可以声明多个,各个常量标识符之间用逗号隔开,如下所示:

```
const   a = 123
const   q1,q2,q3,q4 = 12,23.4,"asdf",3 > 8
```

上述第一条常量声明语句声明了一个无类型的常量 a,在程序内部它会与数字字面量 123 绑定,在程序的整个生命周期内不会解绑。第二条声明语句使用平行声明方式,一次性声明多个无类型常量,赋值操作符右边的字面量类型各自独立。但是,一旦左边的常量标识符指定了类型,则右边的字面量必须是同类型可赋值的。

上式中,q1 绑定了数字 12,为整型;q2 绑定了 23.4,为浮点型;q3 绑定了字符串"asdf",为字符串型;q4 绑定了逻辑运算 3>8 的结果值 false,为布尔型。常量不可以先声明,后赋值,如下所示是非法的,编译的时候会提示语法错误。

```
const  x
x = 123
```

多个常量也可以分多行声明,每行可以声明一个常量,也可以声明多个。同一行的多个常量如果有一个不赋值,则全部都必须不赋值。当需要同时声明多个常量的时候,第一个常量必须赋值,后续的常量如果不赋值,其值将默认与第一个常量相同,这称为隐式赋值。不赋值行的常量个数必须与赋值行的常量个数相同,不赋值的常量将默认取上一行同位置常量的值。声明多个常量时使用一个 const 关键字,分多行用小括号括起来,如下所示:

```
const(
        w1 = 133
        w2,w3 int32 = 321,25
        w4,w5
)
```

上述声明中的 w4,w5 没有赋值,编译系统会将 w4 与 w2,w5 与 w3 取相同的类型和值。如果不赋值行的常量个数与赋值行的常量个数不同,编译时会报错,如下所示:

```
const(
        x = 12
        q1,q2,q3 = 1,2,3
        q4,q5
)
```

上述常量声明中的第二行有三个常量声明及赋值,第三行仅声明两个常量,不赋值。编译时编译器会报错(extra expression in const declaration)。解决办法就是多增加一个常量声明,使得隐式赋值的常量与显式赋值的常量个数相同,甚至使用一个空标识符"_"来代替。常量声明后可以不使用,编译系统不会报错,这点与变量不同,变量声明后必须使用。上述声明改成如下方式,就合法了。

```
const(
        x = 12
        q1,q2,q3 = 1,2,3
        q4,q5,_
)
```

2.3.4 枚举

给多个相关联的常量顺序赋值，是常见的需求。最常用的场景就是给一周七天，或者给一年十二个月这样的变量赋值。对于这种有确定个数的元素的集合，通常称之为枚举。集合元素之间可以有序，也可以无序。对于一周的天数，或者一年的月份数，这种场景元素之间是有序的，而且是顺序增加的，每个常量之间只相差 1。对于这种情况，Go 语言预定义了一个标识符 iota，它是个无类型的连续的整数常量，仅用于 const 赋值。每出现一次 const，iota 的值会被重置成常数 0，每增加一行，其值会自动加 1。而在同一行无论赋给多少个常量 iota 值均不变。请看以下例子：

```
const(
    Sunday     = iota
    Monday
    Tuesday
    Wednesday
    Thursday
    Friday
    Saturday
)
```

上述声明 7 个常量，表示一周七天，周一为 1，周二为 2，……，周日为 0。iota 初值为 0，每声明一个常量 iota 都自动加 1，遇到下一个 const 后又会重置为 0。请继续观察以下例子：

```
const(
      q1 = iota                          //   q1 = 0
      q2 = 123                           //   q2 = 123
      q3 = "sjdh"                        //   q3 = "sjdh"
      q4 = iota                          //   q4 = 3
      q5 = 12.45                         //   q5 = 12.45
      q6 = iota                          //   q6 = 5
)
const  q7 = iota                         //   q7 = 0
const  q8,q9 = 3.14,36                   //   q8 = 3.14, q9 = 36
const  q10 = iota                        //   q10 = 0
```

通过以上例子可以看出，在一个 const 里面使用 iota，首先被重置成常数 0，赋值给第一个常量，以后每经历一次赋值（增加一行），iota 自动加 1，不管是否赋给常量标识符，均会自动加 1，只要不是平行赋值，iota 就每行自增 1。如果是同一行的平行赋值，iota 的值不变，请看以下例子：

```
const (
       x,y     = iota,iota + 5           //  x = 0, y = 5
       z       = 6    + 2.0              //  z = 8.000000
       a,b,c = iota,iota,iota            //  a = b = c = 2,不能仅写一个 iota
       d       = 3 << 2                  //  d = 12(3 左移 2 位)
       e       = 1 << ( iota + 3 )       //  e = 128(1 左移 7 位)
)
```

上述常量声明中第一句尽管 iota 出现了两次，但是在同一行中，说明只有一条常量声明，iota 的值保持不变，第三句的情况也一样。第四句和第五句是常量表达式赋值，注意 iota 的递增变化。

当 iota 用于常量表达式的时候，注意隐式赋值时 iota 的递增情况，如下所示：

```
const (
        a,b = 1 << iota,( iota + 1 )        //  a = 1,b = 1
        x,y                                 //  x = 2,y = 2
        m,n                                 //  m = 4,n = 3
)
```

上述常量声明中，iota 的变化为 0，1，2，其中 a，x，m 执行左移操作，各左移 iota 次；而 b，y，n 执行简单的加法操作，每次增加 1。

此外，利用隐式赋值，还可以跳过部分不需要的 iota 值，这时需要使用空标识符“_”，如下所示：

```
const (
        a,b = iota,( iota + 10 )            // a = 0,b = 10
        _,_                                 // 放弃特定 iota 值
        m,n                                 // m = 2,n = 12
)
```

视频讲解

2.4 变　　量

2.4.1 变量的声明

变量是程序设计中用来存储中间值与计算结果的标识符，本质上是计算机内存的编号，类似于大楼房间编号。例如：总经理室 1001，财务室 1002，其中 1001、1002 就相当于内存编号；总经理室、财务室相当于变量名。编译器根据变量的类型来申请内存空间分配。变量相对于常量而言，就是指在程序运行期间发生变化的量，而常量在整个程序运行期间是不变的。变量一般都有特定的物理含义，例如用来表示学生的姓名、学号、班级、成绩以及成绩统计等。每个学生都有不同的姓名、学号、班级以及成绩，如用一个变量 Name 来表示通用的名字，当给它赋予具体的值时就代表了某一个具体的学生的名字，这就是变量的真实含义。

Go 语言的变量命名规则与常量一样，都是由字母、数字、下画线组成，并且首字母不能是数字。Go 语言的变量名大小写敏感，相同名字的大写与小写代表不同的变量，哪怕只有其中某一个字母改变了大小写，也代表不同的变量。

Go 语言规定，变量名首字母大写为可导出型变量，可以被其他包引用，而小写字母开头的变量只能在本包内使用，对其他的包不可见。

一个良好的变量命名习惯是采用驼峰命名法：首个单词小写，之后每个单词首字母大写，尽量以多字母形式命名变量，突出变量的物理含义，如 setName，getNumber 等。在本书中，主要目的在于语法知识讲解，以简单、直观为目的，因而，变量命名一般采用简单的 x，y，i，j 等这样的单字母。当然，在实际的大型项目开发中还是建议采用驼峰法，以长变量

名的方式命名，这样比较易于程序的移植及维护。

变量声明必须使用关键字"var"，而且必须小写，也不允许首字母大写。变量声明的语法格式为：

关键字　变量名　数据类型

例如：

```
var  id  int
var  score  float64
var  studentName  string
```

Go语言的变量声明方法与C语言不同，它把变量名放在前面，数据类型放在后面，并且必须有关键字"var"。对于熟悉C语言等其他语言的程序员一下子可能不太适应，但是使用多了会发现，Go语言这样规定更符合人类的认知习惯。例如，"请声明(var)一个名字为(studentName)的字符串(string)变量"，这样的语言顺序正好是Go语言规定的语法结构。

基础数据类型变量通常使用关键字var声明，而自定义类型标识符通常用关键字type声明，使用type声明的类型，Go语言称为defined，即已定义类型。已定义类型与基础数据类型地位平等，属于独一无二的，哪怕与其定义用的底层基础数据类型也不同。自定义数据类型定义后就可以使用var关键字声明其实例变量。关于变量声明，英文原文为"declaration"。在国内，有些书籍喜欢使用中文"定义"来表示声明，"变量声明"与"变量定义"意思也差不多。在本书中，"声明"和"定义"经常交叉使用，大家明确其本质含义就行。

Go语言允许一行定义多个变量，变量名之间须用逗号隔开，如：

```
var x,y,z int
```

Go语言在很多地方都使用了语法糖这样的概念。所谓"语法糖"，简单来说，就是在不至于引起歧义的地方，尽可能地让程序员少敲键，减轻程序员的负担。例如，在需要声明多个变量的时候，并不需要输入多个关键字"var"，而是通过一个var加小括号的方式，就可以同时定义多个变量。这种语法糖在常量声明、变量声明、包引入等处都有用到。使用语法糖声明多个变量如下所示：

```
var(
    a,b,c       int                          // 同类型变量可以在一起声明
    u,v         float64                      // 不同类型的变量要单独一行
    t           bool                         // 布尔型变量仅能赋值"true"或"false"
    str,std     string                       // Go 语言只有字符串类型,没有"char"类型
)
```

Go语言规定，变量必须先声明后使用，这个规则尤其在函数内适用。Go语言的变量分为全局变量和局部变量。对于全局变量，可以在包内任意位置定义，只要定义在函数体外就行。限制条件是：必须使用var关键字声明，可以在声明的同时初始化，但不可以赋值(注意：初始化与赋值不是同一个概念)。如果在函数体外给变量赋值会导致编译错误，如：syntax error: non-declaration statement outside function body。

以下程序x,y,z是全局变量，在函数main及Add内均可见；而a,b,c是局部变量，仅在main内可见，在Add内不可见；而变量w也是局部变量，仅在Add内可见。变量在函

数内是否可见，牵涉变量的作用域问题，这个问题我们以后再细述。

```
package main
import "fmt"
var x int
func Add(w int) int {
    return x + y + w
}
var y int
func main() {
    var a, b = 14, 23
    x, y = 34, 58
    c := Add(12)
    z = a + b + c
    fmt.Printf("c = %d\n", c)
    fmt.Printf("z = %d\n", z)
}
var z int
```

运行结果：

```
c = 104
z = 141
```

对于刚入门的学生可能看不懂上述程序，但不要紧，当学完函数这章内容的时候再回过头来看这个程序，就会觉得简单了。

上述程序主要说明全局变量和局部变量的区别。全局变量可在包内任意位置声明，如上述程序中的 x，y，z 分别在程序的前中后位置声明，只要在函数体外声明即可。而局部变量只能在函数体内声明。全局变量可以被所有函数访问，局部变量只能被声明它的函数访问。

2.4.2 变量初始化

对于大多数编程语言，变量声明后必须经过初始化才能使用。如果变量不经初始化，变量的值将是内存单元的随机值，无法预料，这样会给程序运行带来不确定的结果。

Go 语言为了避免这种不确定性，也是为了减轻程序员的负担，在编译期间会给所有变量设置一个缺省零值。例如：对于数值型变量，零值为 0；对于字符串型变量，零值为空""；对于布尔型变量，零值为“false”。只有在用户不显式初始化变量时，编译系统才会给变量初始零值。

关于 Go 语言的零值，总结如下：

以下这段内容信息量比较大，初入 Go 语言门槛的读者可能看不懂。但是，为了本书内容的逻辑完整性，这些内容不得不放在这里。看不懂的读者可以直接跳过，不影响后续内容的学习。

Go 语言中的零值是变量没有被显式初始化时系统默认设置的值，不同的数据类型，其零值是不同的，如：

```
var b bool                        // bool 型零值是 false
var s string                      // string 的零值是""
```

以下 6 种数据类型都为引用型：

```
var a * int                    // 指针
var a []int                    // 切片
var a map[string] int          // 映射
var a chan int                 // 通道
var a func(string)int          // 函数
var a error                    // 接口
```

以上 6 种类型零值都是 nil。除此以外，所有其他数值型的类型(包括复数 complex64/128)零值都是 0。

对于以上各种类型都可以通过"=="条件判断来确定是不是零值，例如：

```
if <变量> == <零值表达式> {
    block
}
```

注意类型不能混用，变量类型和零值类型必须匹配。

结构体也有零值。如果所有(递归的)字段都是零值，那么整个结构体就是零值。但是没有零值常量用来表示某个结构的零值，所以也就无法用判断语句来识别一个结构体是否处于零值。而且零值状态的结构体也没有一个通用的语义，处于零值状态的结构体可能意味着没有初始化，也可能是一个正常有用的状态。例如，sync.Mutex 零值状态就是处于没有锁住的状态，是有意义的。所以不需要结构的零值常量。

数组和结构体类似，也有零值，但是没有相应的零值常量。

对于引用类型，尽管有零值 nil，但也不是就可以直接使用的，要视情况而定，某些类型可能仍然需要进一步处理后才可以使用。

例如：

```
var a []int
a[0] = 1
```

是不允许的，runtime 系统会报错：index out of range。

需要进一步使用 make 函数确定切片长度及容量后才可以使用上式赋值。通道也一样，以下使用是非法的：

```
var a chan int
a <- 12          // invalid operation: a <- 12 (send to non - chan type int)
b := <- a        // chan receive (nil chan)
```

一个 nil 类型的通道是不可以使用的，需要 make 函数进一步初始化后才能使用。

有关引用型数据类型变量的使用细节比较多，这里不再举例，后续章节还会详细说明。

以上对 Go 语言零值的总结，有助于以后对各种复合数据类型的学习，建议学习到相关内容时再回来查阅。

如果业务流程需要用户自己设定变量初值，则可以用以下最原始的方法，先声明变量，然后逐个给变量赋值，如下所示。

```
var(
    a   int
    b   float64
    c   bool
    d   string
)
    a = 200
    b = 105.2
    c = true
    d = "student"
```

这种先声明后赋值的做法显得有点烦琐，Go 语言不建议这么做。事实上，可以在变量声明的同时就赋初值。例如，上述变量的声明及赋值可以合并成以下形式。

```
var(
    a   int       = 200
    b   float64   = 105.2
    c   bool      = false
    d   string    = "student"
)
```

其实，Go 语言编译器具有智能推断数据类型的能力，上述定义中完全可以不写数据类型，让编译系统自动确定类型，如下所示是合法的。

```
var(
    a   = 200
    b   = 105.2
    c   = false
    d   = "student"
)
```

除上述声明及初始化方式外，Go 语言还支持平行赋值，即一行同时给多个变量初始化赋值，这样会让程序变得更加简洁。例如，上述的变量声明可以继续改成以下形式：

```
var  a,b,c,d = 200,105.2,false,"student"
```

也是合法的。

为了进一步解放程序员的生产力，Go 语言甚至允许不写关键字 var，而用以下方式声明并初始化变量：

```
x      := 100
a,b := 23,45
```

上述方式称为“短变量声明方式”。操作符“:=”包含了两个动作：变量声明和初始化。使用短变量声明方式时，变量必须是全新的，没有用关键字 var 声明过的，否则，系统会提示重复声明。

需要注意的是，操作符“:=”仅适用于函数体内，函数体外的全局性变量不可以用它，而必须用 var 关键字声明。

2.4.3 变量赋值

在Go语言的语法中，变量初始化和变量赋值是两个不同的概念。初始化更本质的含义是内存环境清理，使得内存准备好后续的存取操作。外在表现上，就是给变量一个初值，要么由用户显式给定，要么系统给出默认零值。

变量初始化在声明时一次性完成，或者用系统默认的零值，或者由程序员显式地确定。初值表示变量静态时所具有的值。而变量赋值主要是指动态赋值，使用专门的操作符"="，由操作符右边的表达式给左边的变量赋值，是单向地从右往左，不能反过来。变量赋值是程序运行期间的行为，本质上具有动态的概念。

赋值操作符右边的一般是表达式，可以是数值表达式，也可以是逻辑表达式，变量本身也可以是表达式的构成元素之一。表达式可以包含多种数据类型，其计算结果赋给左边的变量。赋值符左边的变量类型有可能与右边表达式中的变量类型不一致，这时需要人为地强制类型转换，编译系统不会自动转换。对于赋值符两边数据类型不一致的情况，编译系统会有不同的处理方法。如果表达式中仅有常量，则编译系统会自动进行类型强制转换，转换的标准是参照赋值符左边的变量类型；如果表达式中有变量，则必须由程序员人为地进行强制转换，否则编译系统会报错。

一个变量在程序运行期间可以被反复多次赋值，无论赋什么样的值，其类型始终如一，不会变化。如果主函数与子函数有同名的变量，则在子函数内，内部变量会覆盖外部变量，内部变量赋值不会影响外部同名变量。这个问题也牵涉变量的作用域问题，在第3章的代码块与作用域中会详细说明。

变量赋值使用操作符"="，在Go语言中"="表示赋值，如果要表示两个数相等，须用操作符"=="，即两个"="相连。相等"=="操作符仅用于关系表达式(逻辑表达式)。

以下变量赋值语句都是合法的。

```
var  x,y = 10.25,36          // 声明变量并初始化
var z int                    // 声明一个整型变量,默认零值
z = int(x) + y               //  z = 46,由于 z 为整型,浮点型 x 需要程序员强制转换
z = 100 + y                  //  z = 136 100 为无类型常量,编译系统会强制转换成 int 型
x = x + float64(y)           //  x = 46.250000,整型 y 需要程序员强制转换成浮点型
```

在程序运行中改变上述变量x,y的值，就称为给变量赋值，如下所示：

```
x = 100                      //  x = 100.000000,强制转换常量
y = 20                       //  y = 20,int 型
z = int(x) + y               //  z = 120
x = x + float64(y) + 25      //  x = 145.000000
```

2.4.4 变量的类型转换

2.4.3节中叙述了变量类型的强制转换，类型转换分为自动转换和强制转换，自动转换由编译系统自动根据被赋值标识符的类型进行转换。Go语言的自动转换仅对无类型常量而言，有类型常量仍然需要程序员显式强制转换。而变量的强制转换则由程序员显

式进行，必须在程序编译之前就要完成，如果程序员忽略了，编译系统会报错，提示语法错误。例如：

```
const(
     c      = 20
     d   int = 30
)
var(
    x   int     = 10
    y   float64 = 3.14
    z   int
)
     z = x + c                 //  z = 30,无类型常量 c 系统自动转换成 int 型
     y = y + c                 //  y = 23.140000,无类型常量 c 系统自动转换成 float64 型
     z = x + y                 //  非法,y 需要强制转换成 int 型
     z = x + int(y)            //  z = 33
     y = y + d                 //  非法,int 型常量 d 需要强制转换成 float64 型
     y = y + float64(d)        //  y = 53.140000
```

从上述例子可以看出，类型自动转换仅对无类型常量有效。如果常量被显式声明为有类型，则必须采用类型强制转换。而对于变量而言，Go 语言不会自动进行类型转换，需要程序员显式进行强制转换。

布尔型变量只能是布尔型的，不允许强制转换成其他类型。字符串类型也不允许强制转换成数值类型，但是 rune 字符类型是可以转换成数值型的。例如：

```
var (
     x   int     = 10
     y   float64 = 3.14
     z   int
     r = '&'                                  // 字符型默认为 rune 类型,等同 int32
     s = "123"
     b = false
)
    z = x + int(y) + int(r)                  //  合法,z = 51,ASCII(&) = 38
    y = y + float64(x) + float64(r)          //  合法,y = 51.140000
    z = x + int(s)                           //  非法,字符串类型不可以转换成整型
    b = b + float64(x)                       //  非法,类型不匹配
```

视频讲解

2.5 操 作 符

操作符是程序运行中参与算术运算或逻辑运算的符号，是构成表达式的主要元素。常量、变量、操作符及分隔符等一起构成表达式，完成特定功能。Go 语言的操作符包括一元操作符和二元操作符，没有三元操作符。一元操作符表示仅有一个操作数，二元操作符表示需要两个操作数，个别一元操作符还可以用作二元操作符。Go 语言全部操作符如表 2-6 所示。

表 2-6　Go 语言操作符

分类	操作符	含　　义
一元运算	!	逻辑非
	＋	表示正数,如＋5,＋号可省略
	－	表示负数,如－5
	*	间接取变量的值,或用于指针定义
	&	取变量地址,用于赋值给指针
	<-	通道取值,或将值写入通道
	^	按二进制逐位取反,如^3＝－4
逻辑运算	||	逻辑或
	&&	逻辑与
	＞	大于
	＜	小于
	＝＝	等于
	!＝	不等于
	＜＝	小于等于
	＞＝	大于等于
算术运算	＋	算术加
	－	算术减
	*	算术乘
	/	算术除
	%	算术取余
位操作	>>	按位右移
	<<	按位左移
	&	按位与
	|	按位或
	^	按位异或
	&^	按位清除,如 7&^3＝4
赋值	＝	赋值
	:＝	声明及赋值

一元操作符"＋,－"仅用于数值数据,表示数据的正负,正号可省略。"!"表示逻辑非,用于逻辑表达式。

位操作符"&^"稍微有点特殊,它是组合操作符,表示按位与非,采用右结合的顺序操作,可以写成"&(^)"。假设某个字节内容二进制为 11111111(255),需要屏蔽其某些位,例如从左至右让其奇数位为 1,偶数位为 0,即让其二进制变成 10101010(170),那么我们就要对该数据的偶数位清零,把所有清零的位置设为 1,其他位置设为 0,构成一个数 01010101(85),然后执行:

```
255 &^ 85 = 170                         //  等同于 255 & (^85)
```

就可以达到按位清除的目的了。因此,操作符"&^"用来清除某个字节的特定位非常方便,尤其适用于底层程序状态字的置位与复位。

操作符“&”及“*”有多种含义，取决于其所在的位置。“&”有两种含义：处于变量前面是一元操作符，表示取地址；处于两个操作数中间，是二元操作符，表示按位逻辑与。“*”有三种含义：处于变量声明语句中，表示指针声明；处于表达式中某一个指针的前面，表示间接取值；处于两个操作数之间，表示乘法运算符。

视频讲解

2.6 表达式

表达式是由操作数、操作符、分隔符等构成的，用于算术运算或逻辑运算，以获得某种结果的式子。可以由基础数据类型的常量、变量构成简单表达式，也可以由基础数据类型加复合数据类型，甚至加函数构成复杂表达式。无论如何，表达式最终都会产生某种类型的值。

表达式中如果出现多个操作符，则各操作符的执行顺序按优先级进行。Go语言中，一元操作符的优先级最高，二元操作符的优先级分为5级，如表2-7所示。

表2-7 Go语言操作符优先级

运算符	优先级	备注
* / % << >> & &^	最高	同级按从左到右顺序依次操作，有小括号则先算小括号内的表达式
+ - | ^	高	
== != < <= > >=	中	
&&	低	
||	最低	

以下都是合法的表达式：

```
123
a12
's'
3.14
2 * 3 + 4
x = y + z/7
```

2.6.1 逻辑表达式

逻辑表达式由逻辑运算符及关系运算符构成，逻辑表达式的运算只有真“true”和假“false”两种结果。在进行逻辑与“&&”和逻辑或“||”运算的时候，需要注意逻辑短路问题。也就是说，操作符左边的运算结果会屏蔽掉右边的运算，根据左边的结果直接得出最终逻辑表达式的值，请看以下两式：

```
(false) && (true or false) = false
(true) || (true or false) = true
```

上述两个式子中小括号内表示局部表达式的计算结果，其结果可以为true或false。第一个表达式说明，在逻辑与运算中，如果操作符&&左边表达式结果为假，则整个表达式的

值也为假，表达式右边的值不必再计算，无论其真假都不影响整个表达式的值。第二个式子是逻辑或的情况，说明只要操作符||左边为真，则整个表达式的值为真，操作符右边的式子不必再计算。这就是逻辑运算中的短路概念。再看看具体的例子：

```
var   x,y,m,n = 1,2,3,4
bool( x > y )  &&  bool( m < n )                      //  逻辑表达式的值为 false,右边短路
bool( x < y )  &&  bool( m > n )                      //  逻辑表达式的值为 false,右边需计算
bool( x < y )  ||  bool( m > n )                      //  逻辑表达式的值为 true,右边短路
bool( x > y )  ||  bool( m < n )                      //  逻辑表达式的值为 true,右边需计算
bool((x + y << 2)< m) || bool(!(x > m)&&(n >> 1 < y))  // 逻辑表达式的值为 false
```

上述格式的 bool(s)表示类型强制转换。

对于复杂的逻辑表达式，可能包括逻辑与、非、移位及算术运算等，这时特别需要注意优先级。

2.6.2 算术表达式

算术表达式包含一般的四则运算及求余运算，除了注意优先级以外，还要注意变量的类型，Go 语言不会对变量进行强制类型转换，需要程序员在编程时显式进行类型转换。特别需要强调的是求余运算，求余二元运算符"%"两边必须为无类型常量或整型，如果是无类型常量，则求余结果亦为无类型常量，编译系统会根据其赋值对象进行强制类型转换；如果是整型，则求余结果亦为整型，赋值符号两边类型必须一致，请看以下各式：

```
var x,y = 12,3.5
x = 15 % 4        //  x = 3
y = 15 % 4        //  y = 3.000000
x = y % 2         //  非法,% 左边 y 类型不符,须为 int 型
y = x % 2         //  非法,由于 x 为 int 型,要求 y 也为 int 型
```

算术表达式也可以包含复合数据类型，但不可以包含逻辑表达式，对于包含多种数据类型及多个运算符的复杂算术表达式，需要注意优先级以及同优先级的计算次序。有关复合数据类型我们后面章节再叙述。

Go 语言中也有和 C 语言那样的操作符"++"和"--"，但是意义不同，在 C 语言中表示自增 1 或自减 1，操作符可以在变量的左边也可以在右边，如 i++和++i。但是，Go 语言中，仅有 i++和 i-- ，而没有++i 和--i。而且，其意思不再是表达式，而是语句，只能出现在语句出现的地方。例如：

```
var i,j = 1,2
i++                  //  i = 2 ,  等同于 i = i + 1
j--                  //  j = 1 ,  等同于 j = j - 1
i = j++              //   非法
j = 2 * i++          //   非法
```

上述最后两行都是非法的，编译系统会报错(syntax error: unexpected ++ at end of statement)。

2.7　类型及值的属性

本节内容稍深，看不懂的读者可以暂时跳过，等以后学到相关知识时再回来查阅。

视频讲解

2.7.1　类型相同

两种类型之间要么相同，要么不同。Go 语言规定，已命名的类型总是不同的，就像 int 与 int8 不是同一种类型一样。匿名类型也是彼此不同的。如果两个类型的底层基础类型的字面量是相同的，则这两个类型就是同类型。如果底层类型的字面量及其元素均相同，则两个类型是相同的。相同类型具体来说如下：

(1) 具有相同元素类型及长度的两个数组类型是相同的；

(2) 具有相同元素类型的两个切片类型是相同的；

(3) 具有相同基础类型的两个指针类型是相同的；

(4) 具有相同键及值类型的两个映射类型是相同的；

(5) 具有相同元素类型及方向的两个通道类型是相同的；

(6) 具有相同的字段名称、字段类型、字段顺序、字段标记的两个结构体类型是相同的，匿名字段视为同名，来自不同包的未导出字段名称总是不同的；

(7) 具有相同的参数个数、返回值个数以及每个参数对应的类型均相同，这样的函数类型是相同的；

(8) 如果两个接口类型具有相同方法集且每个方法名称及签名均相同，则它们是相同的。而来自不同包的未导出方法名称总是不同的。方法集中方法的顺序无关紧要。

参看 Go 技术文档提供的例子：

```
type (  //  Alias Definition
    A0 = []string
    A1 = A0
    A2 = struct{ a, b int }
    A3 = int
    A4 = func(A3, float64) *A0
    A5 = func(x int, _ float64) *[]string
)

type (  //  Type Definition
    B0 A0
    B1 []string
    B2 struct{ a, b int }
    B3 struct{ a, c int }
    B4 func(int, float64) *B0
    B5 func(x int, y float64) *A1
)

type    C0 = B0
```

上述定义中，以下变量是相同的：

```
A0, A1, and []string
A2 and struct{ a, b int }
A3 and int
A4, func(int, float64) *[]string, and A5

B0 and C0
[]int and []int
struct{ a, b *T5 } and struct{ a, b *T5 }
func(x int, y float64) *[]string, func(int, float64) (result *[]string), and A5
```

而 B0 和 B1 是不同的，因为它们是由 type definitions 创建的新类型；func(int,float64) * B0 和 func(x int,y float64) * []string 是不同的，因为 B0 与[]string 类型不同。

2.7.2 别名及类型定义

1. 别名声明(Alias)

Go 语言对任何基础类及自定义类型都可以声明一个别名，别名与其原类型等价，在标识符的作用范围内，它充当该类型的别名。Go 语言认为，别名声明就是将标识符绑定到给定类型，如下所示：

```
AliasDecl = identifier "=" Type   // 别名等于标识符等于类型
```

别名通常用以下语法格式声明：

```
type (
    nodeList = []*Node          // nodeList and []*Node 为相同类型
    Polar    = polar            // Polar and polar 为相同类型
)
```

2. 类型定义

类型定义就是采用关键字 type 基于已有的类型创建一个新的、不同的类型。新类型具有与给定类型相同的基础类型和操作，并将新的标识符绑定到该基础类型。新类型称为已定义类型(defined)，它与任何类型不同，包括创建它的类型。类型定义的语法格式如下：

```
type (
    Point struct{ x, y float64 }  // Point and struct{ x, y float64 } 为不同类型
    polar Point                   // polar and Point 表示不同的类型
)

type TreeNode struct {
    left, right *TreeNode
    value *Comparable
}
```

TreeNode 为一种新的结构体类型。

```
type Block interface {
    BlockSize() int
    Encrypt(src, dst []byte)
```

```
    Decrypt(src, dst []byte)
}
```

Block 为一种新的接口类型。

例如，若有以下定义：

```
type A [2]int
type B [2]int
type C = [2]int
```

则 A 和 B 为不同类型，但 A 和 C 及 B 和 C 都为同类型。A，B 称为 Type Definition，Go 认为是已定义类型(defined)；而 C 称为 Type Alia，Go 认为是基础类型[2]int 的别名(alia)，与[2]int 等价。这就是 Type Alia 及 Type Definition 的区别。

已定义的类型可能具有与之关联的方法(如结构体)，它不继承绑定到给定类型的任何方法，但接口类型的方法集或方法中复合类型的元素会保持不变。然而，对于互斥锁而言，Go 语言的语法规范稍有不同，请看以下官方说明：

```
//互斥锁是一种数据类型,有两种方法: 锁定和解锁
type Mutex struct          { /* Mutex 的字段结构 */ }
func (m *Mutex) Lock()     { /* 锁的实现 */ }
func (m *Mutex) Unlock() { /* 解锁的实现 */ }

// 下述定义 NewMutex 与 Mutex 具有相同的组成,但其方法集为空
type NewMutex Mutex

// PtrMutex 的基础类型 *Mutex 的方法集保持不变,
//但是 PtrMutex 的方法集为空
type PtrMutex *Mutex

// 下述 *PrintableMutex 的方法集包含了其嵌入字段 Mutex 的锁定和解锁方法
type PrintableMutex struct {
    Mutex
}

// MyBlock 是一种接口类型,具有与 Block 相同的方法集
type MyBlock Block
```

类型定义可用于定义不同的布尔、数字或字符串类型，可为新类型添加方法，如下所示：

```
type TimeZone int

const (
    EST TimeZone = -(5 + iota)
    CST
    MST
    PST
)

func (tz TimeZone) String() string {
    return fmt.Sprintf("GMT%+dh", tz)
}
```

2.7.3 可赋值问题

如果满足下列条件之一，则值 x 可赋予类型为 T 的变量：

(1) 值 x 的类型与 T 相同。

(2) 值 x 的类型 V 和 T 具有相同的基础类型，并且 V 或 T 中的至少一个不是已定义的类型(即不是 type definition 类型)。

(3) T 是接口类型，而值 x 的类型实现了 T。

(4) 如果 x 是双向通道的值，而 T 是通道类型，x 的类型 V 和 T 具有相同的元素类型，并且 V 或 T 中的至少一个不是已定义的类型。

(5) 如果 x 是预先声明的标识符 nil，T 是指针、函数、切片、映射、通道或接口类型。

(6) 如果 x 是一个无类型常量，可由类型 T 的值表示。

2.7.4 无类型常量的表示

如果满足下列条件之一，则常量 x 可由类型 T 的值表示：

(1) x 是由 T 确定的值集合。

(2) T 是浮点类型，x 可以舍入到 T 的精度而不会溢出。舍入使用 IEEE 754 舍入到偶数规则，但 IEEE 负零进一步简化为无符号零。请注意，常量值永远不会导致 IEEE 负零、NaN 或无穷大。

(3) T 是复数类型，x 的组件 real(x)和 imag(x)可由 T 的组件类型(float32 或 float64)的值表示。

请参看下表：

x	T	x 可用 T 的值来表示，因为
'a'	byte	97 在 byte 字节集范围内
97	rune	rune 是 int32 的别名，而 97 在 32 位整数集内
"foo"	string	"foo" 在字符串集内
1024	int16	1024 在 16 位整数集内
42.0	byte	42 在无符号 8 位整数集内
1e10	uint64	1e10 在无符号 64 位整数集内
2.718281828459045	float32	2.718281828459045 可以舍入到 2.7182817，在 32 位浮点数集合内
-1e-1000	float64	-1e-1000 舍入到 IEEE -0.0，可以进一步简化为 0.0，可以用 64 位浮点数集表示
0i	int	0 为整数值 e
(42+0i)	float32	实部为 42.0(虚部为零)且在 float32 值的集合中

而下述无类型常量是不可以使用 T 类型值来表示的：

x	T	x 不可以用 T 的值来表示，因为
0	bool	0 不在布尔值集中
'a'	string	'a'是 rune 类型，它不在字符串集合中
1024	byte	1024 不在无符号 8 位整数集中
-1	uint16	-1 不在无符号 16 位整数集中

```
1.1                 int          1.1不是整数值
42i                 float32      (0+42i)不在float32值的集合中
1e1000              float64      舍入后,1e1000溢出到IEEE+Inf
```


上机训练

一、训练内容

"失败是成功之母",人们需要在挫折中成长才能变得成熟。对于编程语言的学习也是这样,在错误中学习是最快最好的方式。

下面的程序包含有数量众多的错误,如概念错误、语法错误、击键错误及运行时错误。

要求学生将以下程序不加修改地输入计算机中,然后反复编译修改,直至程序全部编译通过,并且正确运行,获得所需结果。

```
// test2.go
package main
import (
    "fmt"
)
xq1 := 123
int Ft = 456
int main() {
    i := 0
    i = i++
    var tr, a, Ch = false, int 100, "stud"
    var ch char
    ch = "D"
    tr = 3 < = 4
    const (
        st, rr ,hn = iota, (iota + 10),"horse"
        su, ar
    )
    const q1, q2, q3, q4 = 23.4, "asdf", 3 > 5

    )

     const (
c      = 20
d int = 30
)
Var   (
  x   int      = 10
        y float64 = 3.14
        z,e   int
       )
      x = x + c
            y = y + c
            z = x + y
```

```
            y = y + d
        var  w1,w2 = 17,34.5
        var  int w3,w4
             w3 = w1  % 3
             w4 = w2  % 5
        var   f,g,h,j = 11,25,36,14
        tr = g + j << 2 < h - 21 || !(f + 8 > h)&&(g >> 1 < j)
          fmt.println(x,y,z)
    fmt.println(w1, w2, w3, w4)
    fmt.println(q1, q2, q3, q4)
    fmt.printf(" %d, %c, %s, %d, %d, %d, %f\n", tr, ch, Ch, st, rr, su,ar)
```

二、参考程序

说明：程序中由于个别地方有多种可能的修改方式，不同的程序员修改会导致最后的输出结果不大相同。以下的参考程序仅提供一种修改方式参考。实际上机中可以任意修改，只要最后能通过编译，就算成功。

参考程序

```
package main
import (
    "fmt"
)
// 包级别的全局变量必须用 var 声明，" := "不能用于函数体外
var xq1 = 123
var Ft int = 456                       // 变量类型要放在变量名后面
func main() {                          // 必须使用关键字"func"
    i := 0
    i++                                // i++是语句，不能这样用，直接写 i++即可
    var tr, a, Ch = false, 100, "stud"
/* 赋值号右边不许出现类型关键字，系统会自动推断类型，
    变量 a 有定义没使用，改正方法是在后续打印语句中打印输出 */
    var ch rune                        // Go 语言没有 char 类型，可以使用 rune 类型别名
    ch = 'D'                           //  单个字符需要用单引号
    tr = 3 <= 4
    const (
    st, rr, hn = iota, (iota + 10), "horse"  // 注意中文双引号及逗号
    su, ar, _
//  隐式赋值常量个数少于前一行显式赋值变量个数，可以加一个空标识符"_"

    )
    // 少赋值一个常量，任意加一个就行
    const q1, q2, q3, q4 = 23.4, "asdf", 3 > 5, 45
    const (
    c   = 20
    d int = 30
    )
    var (                              // var 首字母不能大写，注意中文小括号
    x  int     = 10
    y  float64 = 3.14
```

续

参考程序	`z, e, w int // 注意中文逗号,增加一个变量`
	`)`
	`x = x + c`
	`y = y + c`
	`z = x + int(y) // 需要根据赋值号左边的类型来强制转换右边的操作数类型`
	`y = y + float64(d) // d 是整型常量,需要根据赋值号左边类型进行强制转换`
	`var w1, w2 = 17, 34.5 // 注意中文逗号`
	`var w3, w4 int // 类型关键字要放在变量名后边,注意中文逗号`
	`w3 = w1 % 3`
	`w4 = int(w2) % int(5) // w2 为浮点型,不满足 % 语法要求,必须强制转换`
	`var f, g, h, j = 11, 25, 36, 14`
	`tr = g + j << 2 < h - 21 || !(f + 8 > h) && (g >> 1 < j)`
	`fmt.Println(x, y, z, w) // Print 首字母大写,注意中文逗号,w 没定义`
	`fmt.Println(w1, w2, w3, w4)`
	`fmt.Println(q1, q2, q3, q4)`
	`fmt.Printf(" %t, %c, %s, %d, %d, %d, %d\n", tr, ch, Ch, st, rr, su, ar)`
	`/* tr 为布尔型,需用"%t",ar 为 int 型,需用"%d" */`
	`fmt.Println(a, e) // 变量 a,e 有定义没使用,故加一个打印语句`
	`} // main 函数结尾大括号不能缺`

运行结果	30 53.14 53 0 17 34.5 2 4 23.4 asdf false 45 true,D,stud,0,10,1,11 100 0

习　　题

一、单项选择题

1. 以下(　　)是Go语言合法的关键字。
   A. conter　　B. interage　　C. func　　D. next
2. 以下(　　)不是Go语言合法的关键字。
   A. import　　B. int　　C. var　　D. goto
3. 以下(　　)是Go语言合法的预定义标识符。
   A. append　　B. if　　C. const　　D. package
4. 以下(　　)不是Go语言合法的预定义标识符。
   A. copy　　B. internet　　C. int　　D. imag
5. 以下(　　)是Go语言合法的变量名。
   A. 2ab　　B. ＃xc　　C. _qw　　D. @cv
6. 以下式子正确的是(　　)。
   A. i=i++　　B. i=i--　　C. i++　　D. i+-

7. 已知 i 为 int 型，以下式子正确的是(　　)。

A. i=23.0 % 4　　B. i=23 % 4.0

C. i=int(23.0) % 4　　D. i=int(23.8) % 4

8. 声明常量所用的关键字是(　　)。

A. var　　B. func　　C. type　　D. const

9. 声明变量所用的关键字是(　　)。

A. const　　B. var　　C. func　　D. package

10. 每遇一次 const，标识符 iota 会被重置成以下(　　)值。

A. 1　　B. −1　　C. 0　　D. 空值

11. 以下表达式正确的是(　　)。

A. ^1　　B. !1　　C. &1　　D. <1

12. 表达式 3 << 2 & 2 << 3 的值是(　　)。

A. 1　　B. −1　　C. 0　　D. 2

二、判断题

1. 关键字 import 用来引入包。(　　)
2. 关键字 package 用来声明包。(　　)
3. 由于 Go 语言大小写敏感，可以用大写的关键字作变量名。(　　)
4. 常量可以先定义后赋值。(　　)
5. 变量必须先声明后使用。(　　)
6. 常量和变量都可以在声明的同时赋初值。(　　)
7. 算术表达式可以给布尔变量赋值。(　　)
8. 逻辑表达式可以给布尔变量赋值。(　　)
9. 逻辑表达式可以给整型变量赋值。(　　)
10. 操作符"++"是一元操作符。(　　)
11. "i--"是算术表达式。(　　)
12. 求余运算符"%"适用于整型和浮点型数据。(　　)
13. 求余运算符"%"只适用于整型数据。(　　)
14. 逻辑与"&&"优先级高于算术加减(+ −)运算符。(　　)

三、分析题

1. 已知 x=1，y=3，z=5，计算以下各表达式的值。

(1) 4x−5%2+y(z−x)+10

(2) x += y+2

(3) x *= y * z+4

(4) y /= z+4 * 3

(5) z %= 3

(6) x++

(7) −23+x * 4+27%12+(y * z−3)%3

(8) 5 * 23-4 * y+39%5-z

(9) x+5<y-1&&x+y-2>4 * z%2

(10) 45%7+x<32-y * x||z * 5%7-3>3x+y * 21/3

(11) !(x+5y>31%5)&&(3x+z) * y<36+5z

(12) x<<4+25-y+z<<1

(13) 48>>1+10>3y-x&&z<<2-14>3x+y

2. 已知 m=4,n=-2,u=6.25,判断以下各表达式的正确性并改正。写出各表达式的值。

(1) m * n/4

(2) n * 5m-6/2

(3) m+n * u

(4) m%3+n-u

(5) m+u%2

(6) m+int(u)-15

(7) u+float64(n)-38/4

(8) m<<2%3+n

(9) m<<4+3-u

(10) (float64(m)+u * 13y%4

(11) 23-(m-n)%3

3. 已知 x,y,z 初始化为整型,判断以下赋值语句的正确性,并指出错误之处。

(1) x=23

(2) x=y=45

(3) x=12=y=38

(4) x=y * 12%4

(5) x=12<<4-36>34 * y

(6) x=y^23+z

(7) x=(y+13/4)%4

(8) x=12y&8-4

(9) x=23 * 4/y-(10/3)%2

(10) x=x>y|y<z

4. 如果初始化 a=3145,求以下各式的值(结果为 int 型)。

(1) a%10

(2) a/10

(3) a * 10%10

(4) (a/10)%10

(5) a/100

(6) a/100%10

(7) (a/100)%10

(8) a%10/10

(9) a%(10/10)

(10) (a%10)/10

5. 请根据以下文字叙述,写出 Go 语言语句。

(1) 往屏幕输出一行提示文字“请输入两个变量的值”。

(2) 声明两个整型变量 x,y。

(3) 从键盘输入两个整数,赋给变量 x, y。

(4) 打印输出两个整数 x, y 的值。

(5) 计算两个整数 x,y 的和并打印输出。

(6) 计算两个整数 x,y 的乘积并打印输出。

(7) 计算两个整数 x,y 的平均值并打印输出。

四、简答题

1. Go 语言的编程元素有哪些?
2. 什么是标识符?
3. Go 语言的标识符包括哪几类?
4. 什么是关键字?
5. Go 语言关键字有哪些?
6. 什么是预定义标识符?
7. Go 语言预定义标识符有哪些?
8. 什么是操作符?
9. Go 语言操作符有哪些?
10. 什么是优先级?
11. Go 语言的优先级有哪些?
12. 什么是常量?
13. 什么是字面量?
14. 什么是变量?
15. 变量的命名规则是什么?
16. 什么是变量的初始化?
17. 什么是变量的零值?
18. 变量初始化与变量赋值有什么不同?
19. 什么叫算术表达式?
20. 什么叫逻辑表达式?
21. 逻辑短路是什么意思?
22. Go 语言的基础数据类型有哪些?
23. Go 语言类型强制转换的原则是什么?
24. Go 语言有自增自减运算符吗?

五、编程题

1. 编程实现从键盘输入三个整数,求它们的和及平均值,并打印输出。
2. 编程实现从键盘输入一个浮点数,求其整数部分和小数部分,并打印输出。

3. 编程实现从键盘输入一个浮点数,求其整数部分的个位数,并打印输出。

4. 编程实现从键盘输入一个浮点数,求其整数部分的十位数,并打印输出。

5. 编程实现从键盘输入一个浮点数,求其整数部分的最后两位数,并打印输出。

6. 编程实现从键盘输入一个圆的半径,求其周长及面积并打印输出。

7. 编程实现从键盘输入一个摄氏温度值C,求其对应的华氏温度值F,并打印输出。转换公式如下:

$$F=32+(C*180/100)$$

8. 请使用一个变量实现一个序列,每个序列输出10位数字并打印输出。

(1) 0,5,10,15,20,25,?,?,?,?

(2) 0,2,4,6,8,10,?,?,?,?

(3) 0,1,0,1,0,1,?,?,?,?

(4) 0,3,6,9,12,15,?,?,?,?

第 3 章　程序流程控制

3.1　代码块与作用域

3.1.1　代码块

从宏观上来说，一个项目程序由多个包构成，每个包由若干个函数构成，函数又由若干个代码块形成，当然也可以把整个函数看成一个代码块。代码块是一个相对独立的执行单元，通常用大括号“{}”括起来(或者由两个 case 关键字分隔)。例如，下述函数体是一个代码块：

```
func sum(a int,b int)int{
    return a + b
}
```

以下循环体也属于一个代码块：

```
var sum = 0
for i := 0;i < 5;i++{
    sum  += i
    fmt.Println("sum = ",sum)
}
```

以下条件分支的大括号内也属于一个代码块：

```
if a > b{
   c = a
   a = b
   b = c
}
```

在多分支 switch 及 select 中的两个 case 之间的语句也构成一个代码块，但不含大括号。上述代码块的特点是定义在大括号内，大括号内的所有语句成为一个整体。当然，大括号内的语句块还可以嵌套，包含子语句块，子语句块又成为一个独立的语句块，嵌套的数量不受限制。

可见，代码块就是相对独立的一段程序，有一定的边界。

3.1.2　作用域

一般而言，代码块内部定义的变量具有 private 属性，只在这个代码块内可用，称为在代码块内可见，这种可见性称为变量的作用域。Go 语言规定任何对象只有在其作用域内才可被访问，或者说它们的名字才可以被使用。

在代码块内定义的变量其作用域为整个代码块内；函数体内定义的变量其作用域为整个函数体内；而主函数体外定义的变量其作用域为整个包，称为全局变量，在整个包内可见。根据 Go 语言的命名规则，如果全局变量或函数名字的首字母为大写，那么这样的变量或函数具有外部可见性，其作用域超出本包，可为其他包所引用。以下例子演示各种变量在不同的作用域内的使用情况：

```
package main
import (
    "fmt"
)
var StuId = 0                    //  作用域为包内外，即包外可见
var a = 10                       //  作用域为包内
func main() {
    a++                          //  取全局变量的值
    StuId++                      //  取全局变量的值
    fmt.Println("函数体内 StuId = ", StuId)
    var x = 1
    for i := 0; i < 3; i++{
        a++                      //  取全局变量的值
        x++                      //  取局部变量的值
        StuId++                  //  取全局变量的值
        fmt.Println("循环体内 StuId = ", StuId)
        fmt.Println("循环体内全局 a = ", a, "局部 x = ", x, "块内 i = ", i)
        var a, x = 10, 20        // 块内变量覆盖块外变量
        fmt.Println("内部声明 a = ", a, "x = ", x)
        x = Add(a, x)
        fmt.Println("求和后 a = ", a, "x = ", x, "i = ", i)
        a++                      //  取内部变量的值
        x++                      //  取内部变量的值
        fmt.Println("循环体内求和自增后 a = ", a, "局部 x = ", x, "块内 i = ", i)
    }
    a++                          //  取全局变量的值
    x++                          //  取局部变量的值
    StuId++                      //  取全局变量的值
    fmt.Println("循环体外 StuId = ", StuId)
    fmt.Println("循环体外全局 a = ", a, "局部 x = ", x)
//  fmt.Println("循环体外 i = ",i)    语法错误，块内定义的变量块外不可见
}
func Add(x int, y int) int {
    return x + y
}
```

输出结果：

```
函数体内 StuId = 1
循环体内 StuId = 2
循环体内全局 a = 12   局部 x = 2   块内 i = 0
内部声明 a = 10 x = 20
求和后 a = 10 x = 30 i = 0
循环体内求和自增后 a = 11   局部 x = 31   块内 i = 0
```

```
循环体内 StuId = 3
循环体内全局 a = 13   局部 x = 3   块内 i = 1
内部声明 a = 10   x = 20
求和后 a = 10 x = 30 i = 1
循环体内求和自增后 a = 11   局部 x = 31   块内 i = 1
循环体内 StuId = 4
循环体内全局 a = 14   局部 x = 4   块内 i = 2
内部声明 a = 10 x = 20
求和后 a = 10 x = 30 i = 2
循环体内求和自增后 a = 11   局部 x = 31   块内 i = 2
循环体外 StuId = 5
循环体外全局 a = 15   局部 x = 5
```

上述例子中，声明了一个公共变量 StuId，为全局变量，包内外均可见，即可以被别的包引用。在函数体内或循环体内均可以修改全局变量的值。

此外，还声明了一个全局变量 a、局部变量 x 以及三个块内变量 i，a，x。i 为块内定义的循环计数变量，在关键字 for 后面用短变量声明操作符"：="声明并赋值，称为 for 的子句。for 子句仅允许声明一个变量，其作用域仅在循环体内，循环结束即被注销。在循环体内声明的 a，x 为内部变量，与外部变量同名，是合法的，本质上是不同的变量，在内存中处于不同的位置。内部变量的值会屏蔽外部同名变量的值，但不会真实覆盖。循环程序运行时使用的是内部变量的值，直至当前循环结束。整个循环结束后，变量 a，x 又恢复了被覆盖的值。

函数 Add 首字母大写，表明为一个全局性函数，可以被别的包引用。

循环和函数等知识将在后面相关章节中叙述，有兴趣的读者可以提前查阅。

3.1.3 变量的可见性

变量在其作用域内是可见的，一个可见的变量可以被访问及赋值。3.1.2 节的程序例子看起来有点复杂，不细心分析比较，很难看出其表达的意思。这里就变量的可见性总结以下几点：

(1) 全局变量 StuId 在函数体内外，及函数体内嵌的程序块内均可见；

(2) 函数体内局部变量在函数体及其内嵌的程序块内均可见；

(3) 函数体内嵌程序块定义的变量仅在该块内可见；

(4) 程序块定义的变量可与外部变量同名、同类型或不同类型；

(5) 同名的内部变量会屏蔽外部变量，但不会改变外部变量的值；

(6) 在循环体内定义的变量仅在当前循环内起作用，对下一轮次循环无效；

(7) 循环体一次循环就是一个作用域，第二次循环为新的作用域。

变量必须可见才可以操作，使用不可见的变量会引起编译错误。从安全的角度来说，应该尽量缩小变量的可见性，仅为需要的地方提供可见性即可。

因此，谨慎定义全局变量，因为为其可见性覆盖整个包的所有函数，任何一个函数内对该变量的不正确引用都可能带来灾难性后果。

视频讲解

3.2 if 语句

if 语句称为条件语句，通常用于选择"yes"和"no"的逻辑判断场合。if 语句是 Go 语言基本的条件分支语句，使用的时候必须带有逻辑表达式。

3.2.1 基本语法

if 语句为条件分支语句,用于条件判断后至少有两种可能的程序执行流的情况。在实际编程中有时候需要面对各种不同的情况,针对不同的情况采取不同的措施,这时就要用到条件分支语句。最常用到的条件分支语句是 if…else 语句,该语句有多种语法格式,其典型的语法格式如下:

```
if 条件表达式{
    语句块 1
  }else{
    语句块 2
  }
```

条件表达式为任意的逻辑表达式,其计算结果必须为布尔值。左大括号必须紧接着条件表达式,不得另起一行,否则将导致编译错误。条件表达式可以用小括号"()"括起来,也可以不用。如果条件表达式的值为真 true,则执行语句块 1,否则执行语句块 2。

关键字 else 必须紧接在语句块 1 的右大括号后面与其同行,同时语句块 2 的左大括号必须与 else 同行,不允许另起一行。

语句块 1 和语句块 2 可以有多条语句,也可以没有语句,但是,大括号是必须有的,例如:

```
if a > b{
   fmt.Println("a > b")
}else{}
```

或

```
if a > b{

}else{
     fmt.Println("a < b")
}
```

都是合法的。

但是,上述情况中如果语句块 2 为空,则 else 可以省略。

3.2.2 省略 else

如果只有两种情况,也就是说只有二分支,而第二个分支没有需要执行的语句,此时可以忽略 else,例如:

```
if i < 100{
     i++
}
```

这时就成了简单的 if 语句,在实际编程中很常见。实际上,有多种情况需要判断也可以使用简单的 if 语句,例如学生成绩等级划分就可以使用简单的 if 语句。假如学生成绩为 x,等级划分程序如下所示:

```
package main
import "fmt"
func main() {
    var x float64
    fmt.Println("请输入学生的成绩: ")
    fmt.Scanf(" % f", &x)
    if x >= 90 {
        fmt.Println("学生成绩等级为: 优秀")
    }
    if x >= 80 && x < 90 {
        fmt.Println("学生成绩等级为: 良好")
    }
    if x >= 70 && x < 80 {
        fmt.Println("学生成绩等级为: 中等")
    }
    if x >= 60 && x < 70 {
        fmt.Println("学生成绩等级为: 及格")
    }
    if x < 60 {
        fmt.Println("学生成绩等级为: 不及格")
    }
}
```

运行结果：

```
请输入学生的成绩:
45
学生成绩等级为: 不及格

//再次运行:
请输入学生的成绩:
85
学生成绩等级为: 良好

//再次运行:
请输入学生的成绩:
95
学生成绩等级为: 优秀
```

上述程序中，每一个 if 语句只考虑自己的条件，满足就执行语句块，不满足就跳过。多种条件分别用不同的 if 语句判断，这样使用简单的 if 语句可以使程序的逻辑性变得清晰，让人易读易懂。

3.2.3 带子句的 if

Go 语言允许在 if 关键字之后，条件表达式之前插入一个简单语句，称为 if 语句的子句，与条件表达式之间用分号隔开。if 子句是可选的，一旦有，必须为简单语句（区别于由多条语句构成的复合语句）。带子句的 if 语句其语法格式如下：

```
if  可选子句 ; 条件表达式{
     语句块
}
```

以下子句写法都是正确的：

```
if i := 0; x < 5{
    i++
}
```

或

```
var x, y int
x = 10
if y = 10 + x; x < 5{
    x++
}
```

显然，上述子句都是简单语句，包括表达式、通道操作、增减值语句、赋值语句或短变量声明等语句均可。

上述变量 i 定义在 if 的子句里面，属于 if 语句块的局部变量，其可见性仅在当前 if 语句块及其块内嵌套的其他块内可见，结束 if 语句块后 i 不可用。如果有多层 if 嵌套，i 的作用域包括所有 else if 及 else 分支。但变量 x，y 在 if 语句块外定义，结束 if 语句块后仍然有效。

可选子句的执行可为其后续的逻辑表达式提前准备条件，如变量初始化赋值等。当然，可选子句也可以与条件表达式无关，仅仅用来声明及初始化一个变量，而且仅能声明一个变量，为后续程序块做准备。可选子句也可以是函数调用，如下所示：

```
package main
import "fmt"
func main() {
    UU := 1
    vv := 2
        if i := add(UU, vv); i < 8 {
        fmt.Println("UU = ", UU)
        var UU int = 10
        UU++
        fmt.Println("UU = ", UU, "i = ", i)
    }
    fmt.Println("UU = ", UU, "vv = ", vv)
}
func add(x int, y int) int {
    return x + y
}
```

运行结果：

```
UU = 1
UU = 11 i = 3
UU = 1 vv = 2
```

程序分析：

上述程序的 if 子句是一个函数调用，先执行函数计算，获得其计算结果的返回值赋给 i，然后 i 作为条件表达式的参数，计算条件表达式的值。如果该值为 true，则执行 if 语句块；如果该值为 false，则跳过 if 语句块。add 为一个独立的加法子函数，可被主函数调用。

上述程序中主函数 main 中有一个变量 UU，在 if 语句块中又声明了一个变量 UU。主函数内的 UU 在 if 语句块内可见，因此，第一个打印语句的输出是 main 函数内 UU 的值。第二个打印语句打印的 UU 是 if 语句块内自己定义的 UU，它会覆盖外部 UU 的值，因此，打印结果是内部 UU 的值，同时，i 是调用函数的返回值。第三个打印语句已经退出了 if 语句块，这时打印的 UU 又恢复了外部 UU 的值。显然，内部 UU 只是遮挡了外部 UU，并不是真正地改变了外部 UU 的值。

3.2.4 if 语句的嵌套

if…else 语句还允许嵌套，在其语句块 1 和语句块 2 内部还可以有 if…else 语句，形成语句块 3 和语句块 4；语句块 3 和语句块 4 还可以嵌套 if…else 形成语句块 5 和语句块 6。这样一层套一层，层数没有限制，只需要保持大括号配对即可。实际编程中，最好不要超过三层，例如：

```
package main
import "fmt"
func main() {
    var a, b, c, d, e, f = 11, 2, 1, 4, 15, 6
    if a > b {
        if c < d {
            if e > f {
            fmt.Println("a > b and c < d and e > f")
        } else {
            fmt.Println("a > b and c < d and e < f")
        }
        } else {
        fmt.Println("a > b and c > d")
        }
    } else {
    fmt.Println("a < b ")
    }
}
```

运行结果：

```
a > b and c < d and e > f
```

注意：if 嵌套会占用大量系统资源，极大地影响系统性能，应尽量避免使用。

上述主要采用两分支的情况进行嵌套判断，很容易导致逻辑复杂混乱，程序也难以看懂。如果分支不多，可以采用 3.2.5 节介绍的 if…else if 语句，逻辑会更清晰一些。

3.2.5 if…else if 语句

对于多分支的情况，如果采用 if…else 嵌套，则很容易导致逻辑复杂、混乱且易出错，程序难懂，这时可以考虑用 if…else if 语句替代。该语句格式是专门用来处理 if 语句多分支的情况。例如，上述为学生成绩分档的示例，可以用 if…else if 格式改写如下：

```
package main
import "fmt"
```

```
func main() {
    var x float64
    fmt.Println("请输入学生的成绩：")
    fmt.Scanf("%f%", &x)
    if x >= 90 {
        fmt.Println("学生成绩等级为：优秀")
    } else if x >= 80 {
        fmt.Println("学生成绩等级为：良好")
    } else if x >= 70 {
        fmt.Println("学生成绩等级为：中等")
    } else if x >= 60 {
        fmt.Println("学生成绩等级为：及格")
    } else {
        fmt.Println("学生成绩等级为：不及格")
    }
}
```

运行结果：

```
请输入学生的成绩：
56
学生成绩等级为：不及格

// 再次运行：
请输入学生的成绩：
78
学生成绩等级为：中等

// 再次运行：
请输入学生的成绩：
98
学生成绩等级为：优秀
```

程序分析：

通过上述 if…else if 改写后，条件表达式变得更加简洁，程序更容易为人读懂，逻辑思路也清晰。因此，对于多分支的 if 语句建议采用这种处理方式。但是，这种方式也有不足，当分支过多的时候，大括号的配对比较麻烦，容易出错。其实，对于多分支条件表达式有更好的语句，这就是 3.3 节要介绍的 switch…case 语句。

视频讲解

3.3 switch 语句

switch 语句称为开关语句，是 Go 语言专门为多分支选择执行而设计的语句。switch 作为多分支开关，后接一个开关表达式，而用 case 表示多分支出口。每个 case 后面也要带同类型的表达式，case 后边还可以带多个表达式。case 表达式的计算顺序是从上到下，从左到右，计算结果会与 switch 表达式的计算结果相比较，结果相同的 case 分支将得到执行。如果所有 case 表达式的值都与 switch 表达式的值不同，则执行 default case 分支；如果没有该分支，则直接结束 switch 语句。

Go 语言提供的 switch 分为两种类型：表达式 switch(expression switch)和类型 switch (type switch)。表达式 switch 就是常用的多分支选择语句，类型 switch 主要用于类型判断，使用类型断言表达式，根据不同的数据类型执行不同的动作。

3.3.1 表达式 switch

表达式 switch 是常用的格式，适用于大多数的多分支选择情况，其语法格式如下：

```
switch 可选子句; 可选表达式 {
case 表达式列表 1: 语句块 1
case 表达式列表 2: 语句块 2
...
case 表达式列表 n: 语句块 n
default: 语句块 d
}
```

可选子句：为 Go 语言的简单语句，与 if 子句相同。如果有可选子句出现，则必须用分号与后面的可选表达式隔开，即使后面的可选表达式没有，分号也不能省略。如果变量是在可选子句里用短变量声明的，则其作用域为从声明处到 switch 结尾，包括所有 case 分支和 default 分支。如果各个 case 包含了嵌套的子语句块，则在该子语句块也可见。

可选表达式：可以是算术表达式，也可以是逻辑表达式，甚至可以没有。如果没有可选表达式，则编译系统会默认为逻辑表达式，其值为 true，这种情况下要求所有 case 表达式为逻辑表达式。

case：后面必须有表达式列表，其类型必须与 switch 表达式匹配，表达式数量不限，必须用逗号隔开。多个表达式对应同一个分支，执行相同动作。

default：为缺省分支，不是必须的，如果有的话，位置不限，可放置在任何地方。若没有任何 case 匹配，流程控制将执行 default 分支，执行结束退出 switch 语句。如果没有任何 case 匹配，也没有 default 分支，则直接退出 switch 语句。

语句块：可以含有 0 到多条语句，甚至还可以嵌套其他的语句块，但是不用大括号括起来，两个 case 之间就等同于大括号。语句块内的语句顺序执行，执行完毕自动退出 switch 语句。

下面，仍然以上述成绩等级划分为例，看看用 switch 多分支语句，如何改写该程序。

```
package main
import "fmt"
func main() {
    var x float64
    fmt.Println("请输入学生的成绩: ")
    fmt.Scanf("%f%", &x)
    switch int(x / 10) {
    case 9, 10:
        fmt.Println("学生成绩等级为: 优秀")
        var x, y = 10, 20 // x,y 为局部变量,会屏蔽外部变量 x
        x = x + y
        fmt.Println("x + y = ", x)
    case 8:
        fmt.Println("学生成绩等级为: 良好")
```

```
        case 7:
            fmt.Println("学生成绩等级为: 中等")
        case 6:
            fmt.Println("学生成绩等级为: 及格")
        default:
            fmt.Println("学生成绩等级为: 不及格")
        }
        fmt.Println("x + y = ", x) // y 变量不可用,x 为 switch 外部变量
}
```

运行结果：

```
请输入学生的成绩:
95
学生成绩等级为: 优秀
x + y = 30
x + y = 95
```

程序分析：

从上面的例子可以看出，case 表达式的值类型必须与 switch 表达式的值类型相匹配。一个 case 后可以有多个值，每个值匹配成功后均执行相同的语句块。语句块为一个独立的作用域，其内部定义的变量(如 x，y)只在该块内有效，退出 switch 后该变量不可用。

如果忽略 switch 表达式，则其默认为 true，其后的所有 case 表达式必须为逻辑表达式，其值为布尔型，这样才能匹配 switch。可将上述成绩分级程序改写如下：

```
package main
import "fmt"
func main() {
    var x float64
    fmt.Println("请输入学生的成绩: ")
    fmt.Scanf(" %f% ", &x)
    var y = int(x / 10)
    switch {
    case y >= 9:
        fmt.Println("学生成绩等级为: 优秀")
    case y >= 8:
        fmt.Println("学生成绩等级为: 良好")
    case y >= 7:
        fmt.Println("学生成绩等级为: 中等")
    case y >= 6:
        fmt.Println("学生成绩等级为: 及格")
    default:
        fmt.Println("学生成绩等级为: 不及格")
    }
}
```

运行结果：

```
请输入学生的成绩:
52
学生成绩等级为: 不及格
```

可见,两种形式的 switch 本质上没什么不同,完全可以互换使用。第一种形式是经典形式,与其他编程语言一样。第二种形式逻辑更清晰,程序更容易读懂,感觉更符合人类的思维习惯,实际使用时可以依据个人习惯来选择。

3.3.2 类型 switch

类型 switch 本质上与表达式 switch 差不多,都是 switch 后面带表达式,根据表达式的计算结果来匹配每个 case。不同的地方是,类型 switch 的表达式为类型断言表达式,用关键字"type"代替实际类型,其表达式的计算结果值是变量的类型(Type)字面量。而其每个 case 表达式是各种数据类型的字面量,为常数。语法格式如下:

```
switch 可选子句; 类型开关守护 {
case 类型列表 1: 语句块 1
case 类型列表 2: 语句块 2
...
case 类型列表 n: 语句块 n
default: 语句块 d
}
```

可选子句与表达式 switch 语句及 if 语句中可选子句一样,为简单语句或短变量声明等。

类型开关守护(type switch guard)是一个结果为类型的表达式 x.(type),如果其采用短变量声明的方式赋值给一个变量,则变量的值即为该表达式的值。该变量的类型将与所有 case 子句的类型表达式匹配,匹配成功将执行该分支的语句块。default 分支也不是必须的,有的话其位置是任意的。

参看以下的例子:

```
package main
import "fmt"
func main() {
    var x interface{}
    var (
    ch  rune      = 'a'
    ct  int       = 12
    cf  float32   = 12.34
    cff float64   = 34.56
    cb  bool      = true
    cs  string    = "asdfgh"
    i             = 0
    )
    fmt.Println("请输入数字 1 -- 6!")
    fmt.Scanln(&i)
    switch i {
    case 1:
        x = ch
    case 2:
        x = ct
    case 3:
```

```
            x = cf
        case 4:
            x = cff
        case 5:
            x = cb
        case 6:
            x = cs
        default:
            x = i
        }
        switch z := x.(type) {
        case rune:
            fmt.Printf("你输入字符 a(ASCII 97)! %T, %v\n", z, z)
        case int,int8,int16,int64:
            fmt.Printf("你输入的是整型数字! %T, %v\n", z, z)
        case float32:
            fmt.Printf("你输入的是浮点数! %T, %v\n", z, z)
        case float64:
            fmt.Printf("你输入的是浮点数! %T, %v\n", z, z)
        case string:
            fmt.Printf("你输入的是字符串! %T, %v\n", z, z)
        case bool:
            fmt.Printf("你输入的是布尔型! %T, %v\n", z, z)
        default:
            fmt.Printf("未知类型! %T, %v\n", z, z)
        }
}
```

运行结果：

```
请输入数字 1 -- 6!
6
你输入的是字符串!string,asdfgh
```

上述例子中，首先定义了一个空接口类型的变量 x，它可以接受任意类型的赋值，类型守护开关就是常用接口类型。然后声明了 6 种数据类型（rune，int，float32，float64，bool，string）的 6 个变量，rune 是 int32 的别名。要求用户从键盘上读入一个 1～6 的数字，从而确定让哪一个变量赋给 x，然后执行类型断言表达式 x.(type)获得接口变量的类型及值，由 switch…case 来判断输出该类型的名字。

实际工作中，很少用到 type switch，只有牵涉外部数据源需要判断数据类型的时候才用到 type switch。

3.3.3 switch 的嵌套

switch 语句和 if 语句一样，允许嵌套使用。在每个 case 后面的语句块中如果又包含了多种可能条件需要判断执行，就可以继续使用 switch…case 进行多分支选择，从而形成了 switch 的嵌套。例如：

```
package main
import "fmt"
```

```
func main() {
    var (
    cff float64
    i   int
    ch  rune
    )
    fmt.Println("请输入参数：")
    fmt.Scanln(&cff)
    i = int(cff / 10)
    ch = 'c'
    switch i {
    case 0:
        switch ch {
        case 'a':
            fmt.Printf("i = 0,ch = a\n")
        case 'b':
            fmt.Printf("i = 0,ch = b\n")
        case 'c':
            fmt.Printf("i = 0,ch = c\n")
        default:
            fmt.Printf("i = 0,ch = _\n")
        }
    case 1:
        switch ch {
        case 'd':
            fmt.Printf("i = 1,ch = d\n")
        case 'e':
            fmt.Printf("i = 1,ch = e\n")
        case 'f':
            fmt.Printf("i = 1,ch = f\n")
        default:
            fmt.Printf("i = 1,ch = _\n")
        }
    case 2:
        switch ch {
        case 'g':
            fmt.Printf("i = 2,ch = g\n")
        case 'h':
            fmt.Printf("i = 2,ch = h\n")
        case 'i':
            fmt.Printf("i = 2,ch = i\n")
        default:
            fmt.Printf("i = 2,ch = _\n")
        }
    default:
        fmt.Printf("输入超范围!\n")
    }
}
```

运行结果：

```
请输入参数 i:
21
i = 2,ch = _
```

程序分析：

上述外层 switch 根据变量 i 的取值来选择分支，而内层 switch 根据字符变量 ch 的取值来选择分支。switch 嵌套层数是没有限制的，建议不要嵌套太深，以免造成阅读、调试困难。

3.3.4 break 语句

与 C 语言不同，Go 语言不需要显式地在每一个 case 分支最后加一个 break 语句。因为系统默认在每一个 case 分支最后隐含一个 break。如果要在 case 分支语句块中提前退出程序的执行，则必须人为地插入一个 break 语句，退出当前的 switch 语句。

例如：

```
var x,a,b,c = 0,1,2,3
switch x{
case 0:
      if a == 0{
         break
      }
      c = b/a
case 1:
      if b == 0{
         break
      }
      c = a/b
}
```

在任何一个 case 语句块中，如果不需要程序继续执行，就可以插入一个 break，退出当前 switch 语句。需要注意的是，break 仅中断当前所在的 switch 语句。如果 break 是在子语句块的 switch 语句里面，则仅退出子语句块所在的 switch，其外层 switch 的语句仍在执行。

break 语句也可以一次退出多层 switch，只需在 break 后面加一个标签即可。要退出哪一层 switch，就跳转到该 switch 前面的标签处。标签是一个带有冒号结束的标识符，只可以放置在 for、switch 和 select 前面，如下所示：

```
package main
import "fmt"
func main() {
     var (
     x         = 0
     a, b, c = 1, 2, 3.14
     )
     NEXT:
     switch x {
```

```
        case 0:
            if a > 0 {
          switch y := 0; y {
          case 0:
              c = float64(b) / float64(a)
              fmt.Println("y = 0")
              break                // No.1
          case 1:
              c = float64(5 * b) / float64(a)
              fmt.Println("y = 1")
              break NEXT           // No.2
          }
            }
            a++
        case 1:
            if b == 0 {
                break              // No.3
            }
            c = float64(a) / float64(b)
            fmt.Printf("c = %f\n", c)
        default:
            break                  // No.4
        }
        fmt.Printf("a = %d,c = %f\n", a, c)
    }
```

运行结果：（我们改变 x,y 的值观察不同的运行结果）

```
x = 0,y = 0 的输出：y = 0
                 a = 2,c = 2.000000

x = 0,y = 1 的输出：y = 1
                 a = 1,c = 10.000000

x = 1,y = 1 的输出：c = 0.500000
                 a = 1,c = 0.500000
```

程序分析：

上述程序中，在最外层 switch 前面加了一个标签 NEXT，在内层 switch 中有两个 break：第一个 break 不带标签，执行后将退出内层子 switch，外层 switch 仍在运行；第二个 break 带了标签 NEXT，一旦执行该 break 语句，程序流程将直接跳转到 NEXT 标签处。由于该标签在外层 switch 的前面，意味着退出该层 switch，执行该 switch 语句下面一条语句。

第三条和第四条 break 语句处于外层 switch，如果执行的话直接退出外层 switch。

3.3.5 fallthrough 语句

switch 语句中在每个 case 语句块最后隐含了一条 break 语句，语句块执行结束后直接退出 switch。而不是像 C 语言那样，会穿越下一个 case 继续执行后续分支的语句块。这对大多数实际编程应用来说是有利的，减少了程序员敲键盘的数量，减轻了工作量。

但是，在某些情况下，还是有需要穿越 case，执行后续的语句。Go 语言专门提供了一条语句：fallthrough，用来穿越 case，去执行下一个 case 分支的语句块。一条 fallthrough 语句，仅穿越一个 case，如果需要连续穿越多个 case，则需要多条 fallthrough 语句，在每个需要被穿越的 case 前面放置一条 fallthrough。fallthrough 语句穿越 case 后直接执行该 case 后第一条语句。如果没有语句，即该 case 语句块为空，则直接退出 switch。

需要注意的是，fallthrough 仅适用于表达式 switch，对类型 switch 及 select 语句无效，且非法。

举个例子，假如需要对某类果汁饮料浓度进行分等级，原汁含量超过 80％的为上等，50％～80％的为中等，低于 50％的为下等，则可以编制以下程序实现。

```
package main
import "fmt"
func main() {
    var (
        cff float64
        i   int
    )
    fmt.Println("请输入原汁含量百分比：")
    fmt.Scanln(&cff)
    i = int(cff / 10)
    switch i {
    case 0:
        fallthrough
    case 1:
        fallthrough
    case 2:
        fallthrough
    case 3:
        fallthrough
    case 4:
        fmt.Printf("该饮料品质等级为：下等\n")
    case 5:
        fallthrough
    case 6:
        fallthrough
    case 7:
        fmt.Printf("该饮料品质等级为：中等\n")
    default:
        fmt.Printf("该饮料品质等级为：上等\n")
    }
}
```

运行结果：

```
请输入原汁含量百分比：
75
该饮料品质等级为：中等
```

程序分析：

从上述例子可以看出，需要在每个被穿越的 case 前面加一个 fallthrough 语句，这样重复劳动太多，显得烦琐。Go 语言允许一个 case 有多个值，可以省略写多个 case 的情况。例如上述程序可以改写如下：

```
func main() {
    var cff float64
    fmt.Println("请输入原汁含量百分比：")
    fmt.Scanln(&cff)
    switch int(cff / 10) {
    case 0,1,2,3,4:
        fmt.Printf("该饮料品质等级为：下等\n")
    case 5,6,7:
        fmt.Printf("该饮料品质等级为：中等\n")
    default:
        fmt.Printf("该饮料品质等级为：上等\n")
    }
}
```

一个 case 含多个值，等同于多个 case 的串联，同时也隐含了多个 fallthrough，就像本例一样，把多个值写在一个 case 后面，就省略了给每个 case 写 fallthrough，这样程序就显得简洁多了。

对于需要共同执行同一动作的多种情况，使用这种方式最适宜。

3.4 select 语句

视频讲解

Go 语言是原生支持并发编程的语言，Go 语言的 goroutine 是其专有的执行单元，是非常轻量级的线程（也称为协程），程序执行期间可以创建成千上万个 goroutine。所有 goroutine 共享相同进程的内存空间，而各 goroutine 之间使用 channel 进行同步与通信。select 语句就是用来随机选择一个 channel 通信的。有关并发及通信的相关知识将在第 10 章介绍，这里仅仅说明 select 语句的一些语法知识。

从形式上来说，select 语句与 switch 语句类似，都是根据表达式的值来匹配多分支 case，匹配成功则执行该 case 分支；匹配不成功则执行 default 分支。但是，它们计算 case 表达式的顺序是不同的，switch 采用从上到下，从左到右的顺序，一旦匹配成功马上执行该 case 分支。而 select 不同，select 语句的 case 表达式只有通道操作语句，select 语句从上到下，从左到右扫描计算所有 case，寻找所有非阻塞的 case，然后随机选择一个非阻塞的 case 执行。下面通过一个例子来看看 select 语句的执行情况。

```
package main
import (
    "fmt"
    "math/rand"
)
func main() {
    a := make(chan int, 10)
    b := make(chan int, 10)
    c := make(chan int, 10)
    d := make(chan int, 10)
```

```
        for i := 0; i < 10; i++ {
        q := rand.Intn(6)
        fmt.Printf("第 %d 次读取,rand = %d ", i, q)
        switch q {
        case 0:
            a <- 1
        case 1:
            b <- 1
        case 2:
            c <- 1
        case 3:
            d <- 1
        default:
            a <- 1
        }
        select {
        case <- a:
            fmt.Printf("通道为: %c\n", 'a')
        case <- b:
            fmt.Printf("通道为: %c\n", 'b')
        case <- c:
            fmt.Printf("通道为: %c\n", 'c')
        case <- d:
            fmt.Printf("通道为: %c\n", 'd')
        default:
            <- a
            fmt.Printf("通道为: %c\n", 'a')
        }
        }
}
```

运行结果:

```
第 0 次读取,rand = 5 通道为: a
第 1 次读取,rand = 3 通道为: d
第 2 次读取,rand = 5 通道为: a
第 3 次读取,rand = 5 通道为: a
第 4 次读取,rand = 1 通道为: b
第 5 次读取,rand = 0 通道为: a
第 6 次读取,rand = 1 通道为: b
第 7 次读取,rand = 2 通道为: c
第 8 次读取,rand = 4 通道为: a
第 9 次读取,rand = 0 通道为: a
```

程序分析:

上述程序首先定义了 4 个通道,然后通过一个随机数来控制通道赋值(往通道里写入 1),接着让 select 语句随机选择一个有数据的通道进行读取,并打印通道号。如果不用随机给通道赋值,可以每次循环都给全部通道赋值。尽管每个 case 都有数据,但 select 语句仍然是每次随机选择一个有数据的通道读取。

同样,select 也支持 break 语句,在任意 case 分支上,如果提前结束程序流程,可以插入一条 break 语句。如果有多层嵌套的 select 语句,需要一次性退出多层 select,可以加标签,将程序流程直接退出标签标注的 select 语句。参看以下例子:

```
package main
import "fmt"
func main() {
    a := make(chan int, 10)
    b := make(chan int, 10)
    c := make(chan int, 10)
    d := make(chan int, 10)
    for i := 0; i < 10; i++{
        fmt.Printf("第%d次读取,", i)
        a <- 1
        b <- 1
        c <- 1
        d <- 1
            out:
        select {
        case <- a:
            fmt.Printf("通道为: %c\n", 'a')
        case <- b:
            fmt.Printf("外层退出,放弃 b!\n")
        break
            fmt.Printf("通道为: %c\n", 'b')
        case <- c:
            fmt.Printf("通道为: %c\n", 'c')
        case <- d:
            select {
            case <- a:
                fmt.Printf("内层退出至外层,放弃 a:\n")
                break out      // out 指向外层 select 语句
                fmt.Printf("通道为: %c\n", 'a')
            case <- b:
                fmt.Printf("内层通道为: %c\n", 'b')
            }
        default:
            fmt.Printf("退出通道!\n")
        }
    }
}
```

运行结果:

```
第 0 次读取,通道为: c
第 1 次读取,内层退出至外层,放弃 a:
第 2 次读取,外层退出,放弃 b!
第 3 次读取,外层退出,放弃 b!
第 4 次读取,通道为: c
第 5 次读取,通道为: a
第 6 次读取,外层退出,放弃 b!
第 7 次读取,内层退出至外层,放弃 a:
第 8 次读取,通道为: a
第 9 次读取,通道为: c
```

程序分析：

仔细分析上述程序的运行结果，就能看清楚什么时候执行的是外层 break，什么时候执行的是内层 break。执行内层 break 的时候才能退出标签所在的 switch。

但是，fallthrough 语句不适用于 select 语句，加入了该语句，编译系统会报错(错误提示：fallthrough statement out of place)。

视频讲解

3.5 for 语句

循环是编程实践中使用最多的语法结构，重复执行的动作都需要用循环完成。Go 语言不同于其他语言，它仅有 for 循环，而没有 while 和 do…while 循环。

3.5.1 基本语法

for 循环的基本语法格式如下：

```
for 可选前置子句; 布尔表达式; 可选后置子句{
    循环体
}
```

for 关键字后面由三部分构成：可选前置子句、布尔表达式、可选后置子句。各部分之间必须用分号“;”隔开。事实上，可选子句及表达式都是可以省略的，省略子句后分隔符“;”也要跟着省略。

如果可选子句及布尔表达式均省略，编译系统默认为逻辑真 true，则 for 循环就成了以下格式：

```
for{
        循环体
}
```

这是一个无限循环，如果需要退出循环，必须在循环体内设置退出条件，比如加上一条 break 语句。

大多数情况下的循环语句是以下格式的：

```
for 布尔表达式{
    循环体
}
```

当布尔表达式的值为 true 时，执行循环体。循环体执行结束之后程序流程将返回布尔表达式，再次计算布尔表达式的值，如果其值为 false，则退出循环；为真就继续执行循环体。

前置子句：必须为 Go 语言的简单语句，多用于变量的初始化，通常是短变量声明语句。需要注意的是，用短变量操作符“:=”声明的变量，其作用域仅为循环体内，循环体外不可见。大多数情况下，子句中声明的变量都是作为循环控制变量，用来控制循环次数。

布尔表达式：也称逻辑表达式，是循环的条件，可省略。省略的逻辑表达式其结果默认为 true。

后置子句：通常用来控制循环的次数，通过修改循环控制变量的值来影响逻辑表达式的值，目标是使得循环控制变量逐渐脱离循环条件，最终结束循环。

后置子句是可选的，如果没有，则控制循环的表达式放在循环体内，在循环体内控制循环结束的条件。

for 循环程序的执行顺序是：

① 执行前置子句；

② 执行条件表达式，如果为假，则直接退出循环；为真，则执行循环体；

③ 执行循环体；

④ 执行后置子句；

⑤ 返回②继续执行条件表达式。

以下程序利用循环实现输出 20 以内的奇数。

```
package main
import (
    "fmt"
)
func main() {
    fmt.Printf("20 以内的奇数是: \n")
    for i := 1; i <= 20; i++{
        if i % 2 != 0 {
           fmt.Printf(" % 3d   ", i)
        }
    }
    fmt.Printf("\n")
}
```

运行结果：

```
20 以内的奇数是:
1 3 5 7 9 11 13 15 17 19
```

程序分析：

上述程序中利用模 2 运算，也就是求余运算，从 1 开始，能被 2 整除的数就是偶数，不能被 2 整除的数就是奇数。因此，通过 2 的求余运算，只要余数为 0 就抛弃，不为 0 就打印输出。奇数打印的时候是连续打印，不换行(不加转义字符\n)，待全部打印完毕后打印一个“\n”，表示换行。

3.5.2 for 子句

for 子句主要是指前置子句和后置子句，它们都是可选的。所有子句必须为简单语句。前置子句多用来声明循环变量，后置子句多用来修改循环变量。仅当需要明确控制变量的作用域时，才把控制循环次数的变量放在前置子句中定义，一旦循环结束，该变量将不可见。这样做既可以节省内存，还可以提高变量使用的安全性。3.5.1 节例子就是在前置子句中声明的循环变量。当然也可以把变量声明及初始化表达式放在循环语句前面，变成以下形式：

```
func main() {
    fmt.Printf("20 以内的奇数是: \n")
```

```
    i := 1
    for ; i <= 20; i = i + 1{
        if i % 2 != 0 {
            fmt.Printf(" %d   ", i)
        }
    }
    fmt.Println()
}
```

上述 fmt.Println()语句起到换行的作用。

如果有必要，还可以把后置子句省略掉，在循环体内修改循环条件，如下所示：

```
func main() {
    fmt.Printf("20 以内的奇数是: \n")
    i := 1
    for i <= 20{
        if i % 2 != 0 {
            fmt.Printf(" %d   ", i)
        }
        i++
    }
    fmt.Printf("\n")
}
```

效果是一样的，这种方式更符合一般的逻辑。

将变量声明及初始化放在 for 前面，把循环控制语句放在循环体内最后一句，逻辑更加清晰，程序也更容易让人读懂。

for 关键字后省略掉前置和后置两个子句后，实际上变成以下形式：

```
for ; i <= 20; {
   循环体
}
```

可选子句省略了，但保留了两个分号，不算错，编译系统会自动把它去掉。但是位置不能出错，如果是下面的形式：

```
for ; ; i <= 20{
    循环体
}
```

或者

```
for i <= 20 ; ; {
  循环体
}
```

则编译系统会报错，程序无法执行。如果只是省略前置子句或后置子句其中一个，则分号不能省略，必须是如下形式：

```
for ; i <= 20 ; i++{
    循环体
}
```

或者

```
for i:= 0; i<= 20 ; {
    循环体
}
```

这是合法的,可以正常编译通过。

3.5.3 range 子句

通过循环来遍历一棵树的全部元素,或者一个数组的全部元素等,类似的应用在编程实践中经常遇到,这种一遍一遍的重复动作称为迭代。Go 语言专门提供了一个迭代关键字 range,用来完成迭代操作。range 配合 for 在循环中使用,其语法格式如下:

```
for 变量 1,变量 2 := range 迭代对象{
    循环体
}
```

迭代对象:可以是数组(array)、切片(slice)、字符串(string)、映射(map)及通道(channel)。不同的迭代对象,其返回的值也不同,具体见表 3-1。

表 3-1 range 返回值

变量 1(key)	变量 2(value)	迭代对象(object)
index	arrayName[index]	array
index	sliceName[index]	slice
index	stringName[index]	string
key	mapName[key]	map
element		chan

循环次数取决于迭代对象的内容长度,其长度可用内部函数 len 求得,如遇到空的字符串等会直接退出,不会遍历。

从表中可以看出,数组、切片、字符串、映射等都有两个返回值,变量 1 为索引值,其值从 0 开始,直至其长度 len−1;变量 2 为迭代对象的内容值。映射没有索引值,返回的是映射项中的键,第二个返回映射项中的值。而通道仅返回一个值,就是通道里的元素值。

变量 1 和变量 2 不需要预先定义,可以在 for 子句里采用短变量声明操作符声明并赋值。当然,这也不是必须的,在 for 子句里给已声明过的变量赋值也是允许的。关于数组、切片、字符串等知识尚未讲到,后续章节中会陆续说明,目前我们暂时用字符串来说明 range 子句的用法。以下例子是从键盘输入一个字符串,然后遍历每一个字符并输出。

```
package main
import (
    "fmt"
)
func main() {
    fmt.Printf("请输入一个给定的字符串: \n")
    var str string
    fmt.Scanf(" % s", &str)
```

```
        for i, ch := range str {
            fmt.Printf("i = %d   ch = %c\n", i, ch)
        }
        fmt.Printf("\n")
}
```

运行结果：

```
请输入一个给定的字符串：
abcde
i = 0 ch = a
i = 1 ch = b
i = 2 ch = c
i = 3 ch = d
i = 4 ch = e
```

程序分析：

使用 range 子句遍历字符串的时候，其遍历的第一个变量是其索引值，为 int 型，序号从 0 开始，是其 UTF-8 字节编码的下标。遍历的第二个变量为 rune 类型的字符的 Unicode 码值。如果遇到非法的 UTF-8 顺序，则第二个遍历的值为 0xFFED，并从下一个字节再次遍历。

上述变量 i 和 ch 在 for 子句里声明，其作用域仅在循环体内，遍历的结果也仅在循环体内有效，结束循环后 i 及 ch 均不可见。为了保存遍历结果，可以定义一个外部的字符串数组，将遍历出来的每一个字符存放数组里。

如果只是提取字符串中的每一个字符，也可以使用标准库函数来获取每一个字符，如下所示。

```
package main
import (
    "fmt"
    "unicode/utf8"
)
func main() {
    fmt.Printf("给定字符串: xαy zγ \n")
    var str string = "xαy zγ"
    for i := range str {
        char, size := utf8.DecodeRuneInString(str[i:])
        fmt.Printf("i = %d   char = %c   size = %d \n", i, char, size)
    }
    fmt.Printf("\n")
}
```

运行结果：

```
给定字符串: xαy zγ
i = 0   char = x   size = 1
i = 1   char = α   size = 2
i = 3   char = y   size = 1
i = 4   char =     size = 2
i = 6   char = z   size = 1
i = 7   char = γ   size = 2
```

程序分析：

上述程序使用了库函数，没有前一种方法方便直接，因此，推荐使用前一种方法。

需要注意的是，range 迭代字符串给出的 index 是字节偏移值，如果是纯 ASCII 码字符串，如“abcde”，则 index 的值为 0,1,2,3,4。如果是 UTF-8 字符串，如“xαyβzγ”这样的字符串，则 index 的值为 0,1,3,4,6,7。UTF-8 字符使用 Unicode 码点值，占两个字节。所以，遍历字符串字符用 UTF8 包的库函数比较安全可靠。

从上述程序中可以看出，在 range 中迭代出索引值，然后在循环体里根据索引获得元素值，这种用法在数组、切片的编程实践中经常使用。

在实际编程实践中，变量 1 和变量 2 有时可能只需要其中一个，这个时候可以用一个空字符“_”代替，作用是忽略该变量，如下所示。

```
_, ch = range str
```

或

```
i, _ = range str
```

甚至一个变量都不要，也是允许的，如下所示。

```
package main
import (
    "fmt"
)
func main() {
    var str = "astring"
    i := 1
    for range str {
        fmt.Printf("str[%d] = %c \n", i, str[i])
        if i++; i == len(str) {
            break
        }
    }
}
```

运行结果：

```
str[1] = s
str[2] = t
str[3] = r
str[4] = i
str[5] = n
str[6] = g
```

程序分析：

上述索引 i 从 1 开始，因此 str[0]的字符 a 并没有输出，这进一步说明了，用下标方式索引字符串、数组、切片等，下标值一定要从 0 开始。

如果赋值号左边只写一个变量，默认是变量 1(index)，如果需要获取数组或切片元素的值及其索引，则必须有第二个变量。

for …range 遍历语句中的 for 后面不再支持加入子句，如果加入了子句会编译出错，如下所示。

```
func main() {
    var y = []int{1,2,3,4,5,6}
    for sum := 0; _, value := range y {
        sum += value
    }
    fmt.Println("sum = ", sum)
}
```

上述程序中把变量 sum 的声明及初始化放在了 for 后面的子句里，导致编译出错，syntax error：unexpected range，expecting expression。

如果把初始化语句提到 for 前面一行，编译就通过了，如下所示。

```
func main() {
    var y = []int{1, 2, 3, 4, 5, 6}
    sum := 0
    for _, value := range y {
        sum += value
    }
    fmt.Println("sum = ", sum)
}
```

运行结果：

```
sum = 21
```

3.5.4 break 语句

for 循环的结束由其逻辑表达式的值决定，当出现逻辑假时，循环结束。如果有必要，可以人为地结束循环，这就是 break 语句的使用。上述例子中就是使用 break 结束循环的。break 结束的是离它所在位置最近的最内层循环，如果需要退出到最外层循环，或者是某一层循环，则可以在 break 后面加标签，指定退出的是哪一层循环。想要结束哪一层循环，就在该层循环前面加一个标签，如下述例子所示。

假设在一个有 i 行 j 列的二维矩阵 Matrix 中搜索一个特定值 x，搜索成功就将标志符 flag 置 1，失败就将 flag 清零，程序实现如下。

```
package main
import (

    "fmt"
)
func main() {
    var Matrix = [][]int{{12, 25, 14, 29}, {32, 58, 41, 42}, {24, 31, 56, 63}}
    flag := 0
    x := 42
    Found:
    for i := range Matrix {
    for j := range Matrix[i] {
        if Matrix[i][j] == x {
```

```
            flag = 1
            fmt.Printf("\n 搜索成功!flag = %d\n", flag)
            fmt.Printf("Matrix[%d][%d] = %d \n", i, j, Matrix[i][j])
            break Found
        }
        }
    }
}
```

运行结果：

```
搜索成功!flag = 1
Matrix[1][3] = 42
```

程序分析：

上述例子中首先定义了一个 3 行 4 列的数组切片，假设一个被搜索数据 42，通过两层循环来扫描所有数据。

搜索成功后置 flag 为 1，并打印标志位及该矩阵位置的值。break 后加了标签 Found，指明是外层循环，break 直接退出外层循环。如果不加标签，则退出的是内层循环，内层循环之外还得加一个 break 才能退出外层循环。

3.5.5 continue 语句

在循环编程实践中，常常会碰到这种情况：循环体程序运行到某一处，已经获得了期望的结果，不需要继续执行后续的语句了，这时该怎么做呢？这就要用到 continue 语句了。

continue 语句的执行逻辑是中断本轮循环，将程序控制流程返回到 for 后置子句，重新计算循环次数，接着计算逻辑表达式的值。如果为 true，则进入下一轮循环；如果为 false，则直接退出循环，等同执行 break 语句。

需要注意的是，如果 for 语句省略了后置子句，而将循环控制变量的计算放在循环体末尾，这时执行 continue 中断循环，并不会执行循环控制变量的运算，而是直接返回执行逻辑表达式计算。由于循环变量没改变，逻辑表达式的值也就不会改变，从而又重复执行本次循环，反复执行同一轮循环将导致程序死锁。

另外，continue 语句只适合于 for 循环，不适合于 switch 和 select 语句。

以下程序实现求一个最小的四位整数，要求该整数的个位为 2，十位是 4，且减去 3 后能被 3 整除，减去 7 后能被 7 整除。

```
package main
import (
    "fmt"
)
func main() {
    for i := 1000; i <= 9999; i++{
        if i%10 != 2 {
            continue
        } else if i/10 %10 != 4 {
            continue
        } else if (i - 3) %3 != 0 {
```

```
                continue
            } else if (i-7) % 7 != 0 {
                fmt.Printf("\n满足条件的数是: %d\n", i)
                break
            }
        }
    }
```

运行结果：

```
满足条件的数是: 1242
```

程序分析：

上述程序多次使用 continue 中断当前循环轮次，进入下一轮次循环，当所有条件都满足之后，由 break 退出循环体。

上述程序的执行逻辑是：只要第一个条件不满足，则其余条件就不用检查了，直接用 continue 中断当前循环轮次，进入下一轮次循环，继续比对下一个数据。

3.5.6 goto 语句

goto 语句是程序流程跳转语句，改变程序流程，直接跳转到同一函数内某个标签所在的位置。goto 语句不允许跨越函数，否则编译系统会报错。

在很多编程语言中 goto 语句已经被取消，人为控制程序流程极容易导致程序逻辑混乱，程序难以移植，难以读懂，不易维护。Go 语言保留了 goto 语句，主要是为了编程的灵活性，适应某些需求。但是，编程实践中建议尽量少使用 goto 语句。goto 语句的使用非常简单，在函数体内有需要的地方插入标签，在 goto 语句后边加上标签即可。

参看下例，寻找 10 以内减 3 且能被 3 整除的数：

```
package main
import (
    "fmt"
)
func main() {
    i := 10
    for i > 0 {
        i--
            if i == 0 {
        break
        }
        if (i-3) % 3 == 0 {
            goto cont
        } else {
            continue
        }
        cont:
        fmt.Printf("10 以内减 3 且能被 3 整除的数是: %d\n", i)
    }
}
```

运行结果：

```
10 以内减 3 且能被 3 整除的数是：9
10 以内减 3 且能被 3 整除的数是：6
10 以内减 3 且能被 3 整除的数是：3
```

程序分析：

上述程序算法比较简单，仅用求余运算就可以解决问题。程序中加入了 goto 语句，goto 语句后必须带标签，表示跳转的目的地。

上机训练

一、训练内容

1. 请用循环语句实现以下圣诞树。

2. 请编程实现从键盘输入一门课程成绩，为其分级，等级为优秀、良好、中等、及格和不及格，要求用两种方式实现：if…else if 和 switch case。

二、参考程序

1. 圣诞树参考程序。

参考程序

```
package main

import (
    "fmt"
)

func main() {
    mid := 30                                    // 控制树顶的打印位置
```

续

<table>
<tr><td>参考程序</td><td>

```
    for a := 0; a < 5; a += 2 {                    // 控制圣诞树层数
        // 打印树叶
        for i := 0; i < 5; i++{                    // 打印行数
            for j := 0; j < mid - i - a; j++{      // 打印空格数
                fmt.Printf(" ")
            }
            for j := -(i + a); j <= i + a; j++{    // 打印 * 数量
                fmt.Printf(" * ")
            }
            fmt.Printf("\n")
        }
    }
    for i := 0; i < 3; i++{                        // 打印树干
        for j := 0; j <= mid - 3; j++{
            fmt.Printf(" ")
        }
        fmt.Printf(" ***** \n")
    }
}
```

</td></tr>
<tr><td>运行结果</td><td>

```
        *
       ***
      *****
     *******
    *********
      *****
     *******
    *********
   ***********
  *************
    *********
   ***********
  *************
 ***************
*****************
      *****
      *****
      *****
```

</td></tr>
</table>

2. 成绩等级划分参考程序。

(1) if…else if 方式。

<table>
<tr><td>参考程序</td><td>

```
package main
import (
    "fmt"
)
func main() {
    fmt.Println("请输入一门课程的成绩: ")
    var score int
```

</td></tr>
</table>

参考程序	<pre> fmt.Scanf(" % d", &score)
	    if score > = 90 && score < 100 {
	        fmt.Println("成绩等级为：优秀")
	    } else if score > = 80 && score < 90 {
	        fmt.Println("成绩等级为：良好")
	    } else if score > = 70 && score < 80 {
	        fmt.Println("成绩等级为：中等")
	    } else if score > = 60 && score < 70 {
	        fmt.Println("成绩等级为：及格")
	    } else if score > = 0 && score < 60 {
	        fmt.Println("成绩等级为：不及格")
	    }
	}</pre>

运行结果	请输入一门课程的成绩： 89 成绩等级为：良好

（2）switch case 方式。

参考程序	<pre>package main
	import (
	    "fmt"
	)
	func main() {
	    fmt.Println("请输入一门课程的成绩：")
	    var score int
	    fmt.Scanf(" % d", &score)
	    switch score / 10 {
	    case 9, 10:
	        fmt.Println("成绩等级为：优秀")
	    case 8:
	        fmt.Println("成绩等级为：良好")
	    case 7:
	        fmt.Println("成绩等级为：中等")
	    case 6:
	        fmt.Println("成绩等级为：及格")
	    default:
	        fmt.Println("成绩等级为：不及格")
	    }
	}</pre>

运行结果	请输入一门课程的成绩： 76 成绩等级为：中等

习　题

一、单项选择题

1. 以下全局变量定义正确的是(　　)。

A. var X int=10　　B. X :=10　　C. int X=10　　D. var X=10

2. 以下全局可导出变量的定义正确的是(　　)。

A. set Name　　B. int Name　　C. var Name int　　D. var name int

3. 以下局部变量定义正确的是(　　)。

A. int x :=10　　B. var x :=10　　C. x :=10　　D. int x=10

4. 已知：a=10,b=3.14,c=20,以下表达式正确的是(　　)。

A. a=100 * b−c　　B. a+=b　　C. c=10%3+a　　D. c=10 * a/b

5. 已知：a=1,b=3.2,c=20,以下表达式正确的是(　　)。

A. a=++b−c　　B. a++=b

C. c=10/3+a++　　D. c=10 * a/c

6. 已定义 c 为字符型变量,则下列语句中正确的是(　　)。

A. c='97'　　B. c="97"　　C. c=97　　D. c="a"

7. 以下 if 语句格式正确的是(　　)。

A. if (x>y && y+1) {block}　　B. if x+y {block}

C. if x>0 && y>1 {block}　　D. if x=5 {block}

8. 以下 if 语句格式正确的是(　　)。

A. if x:=0>y {block}　　B. if x=x+y; x>y {block}

C. if x>0||y=1 {block}　　D. if !(x=5){block}

9. 以下 if 语句格式正确的是(　　)。

A. if x:=0; y<=10 {block}　　B. if x>y; x=x−1 {block}

C. if x>0;; {block}　　D. if x>=5; x=x−1 {block}

10. 以下 switch 语句格式正确的是(　　)。

A.
```
switch x :=0; y<=10{
    case 0: block0
    case 1: block1
    default: blockd
}
```

B.
```
switch x :=0; y=10 {
    case 0: block0
    case 1: block1
    default: blockd
}
```

C.
```
switch y <=10 {
    case 0: block0
    case 1: block1
    default: blockd
}
```

D.
```
switch x :=0; y {
    case 0: block0
    case 1: block1
    default: blockd
}
```

二、判断题

1. if 语句的表达式必须为算术表达式。(　　)

2. if 语句的表达式必须为逻辑表达式。(　　)

3. if 语句中的表达式子句是必须的。(　　)

4. if 语句中的表达式是可选的。(　　)

5. if 语句中的前置子句是可选的。(　　)

6. for 语句中的后置子句是可选的。(　　)

7. 当 for 语句中的前置及后置子句其中之一缺省时,缺省子句前面或后面的分号不可省略。(　　)

8. 在外层 if 前置子句声明的变量在嵌入的内层 if 表达式中是可见的。(　　)

9. 当 switch 语句不带表达式时,其 case 子句的表达式必须为逻辑表达式。(　　)

10. 当 switch 语句带逻辑表达式时,其 case 子句的表达式必须为逻辑表达式。(　　)

11. 当 switch 语句带逻辑表达式时,其 case 子句的表达式可以是算术表达式。(　　)

12. 当 switch 语句带算术表达式时,其 case 子句的表达式必须为逻辑表达式。(　　)

13. 当 switch 语句带算术表达式时,其 case 子句的表达式必须为算术表达式。(　　)

14. fallthrough 语句可以穿越"表达式 switch"的 case 分支。(　　)

15. fallthrough 语句可以穿越"类型 switch"的 case 分支。(　　)

16. fallthrough 语句可以穿越 select 语句的 case 分支。(　　)

17. break 语句可以退出 for 循环语句。(　　)

18. break 语句可以退出 switch…case 语句。(　　)

19. break 语句可以退出 if…else 语句。(　　)

20. continue 语句可以用于 switch…case 语句。(　　)

21. continue 语句只能用于 for 循环语句。(　　)

22. 标签 lable 只能用于 break 语句或 goto 语句。(　　)

23. 标签 lable 也可以用于 continue 语句或 fallthrough 语句。(　　)

24. break 语句一次性退出多层循环必须使用标签 lable。(　　)

三、分析题

1. 分析以下程序,写出运行结果,并分析其实现的功能。

```
package main
import (
        "fmt"
)
func main() {
    UU := 0
    for i := 0; i < 2; i++{
    fmt.Printf("这是外部变量 UU 的值: %d     循环变量 i = %d\n", UU, i)
    var UU int = 1
        UU++
        fmt.Printf("这是内部变量 UU 的值: %d     循环变量 i = %d\n", UU, i)
```

```
}
fmt.Println("这是退出循环后外部变量 UU 的值: ", UU)
}
```

2. 分析以下程序,写出运行结果,并分析其实现的功能。

```
package main
import (
    "fmt"
)
func main() {
    var i = 10
    switch i++; {
        case i >= 10:
            i++
        case i >= 11:
            i++
        case i >= 12:
            i++
        default:
            i++
    }
    fmt.Println("i = ", i)
}
```

3. 分析以下程序,写出运行结果。

```
package main
import "fmt"
func main() {
    var a, b = 'a', 'b'
    a++
    fmt.Printf(" %c,", a)
    a = b  + 10
    b = a
    fmt.Printf(" %c\n", b)
}
```

4. 分析以下程序,写出运行结果。

```
package main
import "fmt"
func main() {
    var i int
    for i = 0; i < 3; i = i + 1 {
        switch i {
          case 1:
         fmt.Printf(" %d,", i)
          case 2:
         fmt.Printf(" %d\n", i)
        }
    }
}
```

5. 分析以下程序,写出运行结果。

```
package main
import "fmt"
func main() {
    var ch = 'W'
    if ch > 'A' && ch < 'Z' {
        ch = ch + 32
    } else {
        ch = ch - 32
    }
    fmt.Printf(" % c\n", ch)
}
```

6. 分析以下程序,写出运行结果。

```
package main
import "fmt"
func main() {
    var a, c, b, d, x = 2, 6, 5, 4, 10
    if a < b {
        if c < d {
            x = 1
        } else if a < c {
            if b < d {
                x = 2
            } else {
                x = 3
            }
        } else {
            x = 6
        }
    } else {
        x = 7
    }
    fmt.Printf(" % d\n", x)
}
```

7. 分析以下程序,写出运行结果。

```
package main
import "fmt"
func main() {
    var a, c, b, x = 5, 2, 3, 35
    x --
    if !(a < b) && ^c > a {
        if c < b {
            x = 1
        } else if a > c {
            x = 2
        } else {
            x = 3
```

```
        }
    } else {
        x = 6
    }
    fmt.Printf(" %d\n", x)
}
```

8. 分析以下程序，写出运行结果。

```
package main
import "fmt"
func main() {
    var x, y, z = 16, 21, 0
    switch x % 3 {
    case 0:
        z++
    case 1:
         z++
        switch y % 2 {
        case 0:
            z++
            break
             default:
            z++
        }
    }
    fmt.Printf(" %d\n", z)
}
```

9. 若 x=－4，y=8，z=1，m=－13，计算下列各表达式的值。

A. x+y<z+m%4

B. x+3 * y+z >=2 * x−m

C. 4 * y/x−m>y%2−z

D. !(x>2 * y)||(z+m)<x

E. x<3 * m/4&&y%5<z

10. 下列代码执行后，x，y，z 的值各是多少？

```
package main
import "fmt"
func main() {
    var x, y, z = 0, 0, 1
    switch x {
    case 0:
        x = 2
        y = 3
    case 1:
        x = 4
    default:
        x = 1
        y = 3
    }
    fmt.Printf("x = %d, y = %d, z = %d\n", x, y, z)
}
```

11. 下列代码执行后，x,y,z 的值各是多少？

```
package main
import "fmt"
func main() {
    var x, y, z = 2, 1, 1
    switch x % 2 {
    case 0:
        x = 2
        y = 3
    case 1:
        x = 4
    default:
        x = 1
        y = 3
    }
    fmt.Printf("x = %d, y = %d, z = %d\n", x, y, z)
}
```

12. 下列代码执行后，x,y,z 的值各是多少？

```
package main
import "fmt"
func main() {
    var x, y, z = 1, 3, 0
    switch x + y % 2 {
    case 0:
        x = 5
        y = 7
    case 1:
        x = 4
    default:
        x = 9
        y = 8
    }
    fmt.Printf("x = %d, y = %d, z = %d\n", x, y, z)
}
```

四、简答题

1. Go 语言流程控制语句主要包括哪些？
2. if 语句的子句有什么限制条件？
3. if 语句的语法格式有什么样的规定？
4. 什么情况下可以省略 else 子句？
5. if 语句中子句声明的变量其作用域到哪里结束？
6. 什么叫代码块？
7. 什么是变量的可见性？
8. 什么叫变量的作用域？
9. 什么是全局变量？

10. 什么叫局部变量?
11. 内部变量对外部变量的覆盖是什么意思?
12. 如何快速退出嵌套的 switch 语句?
13. 什么是标签? 有什么作用?
14. switch 有几种类型? 各有什么特点?
15. 表达式 switch…case 和 select…case 有什么区别?
16. switch 语句的执行流程是什么样的?
17. select 语句的执行流程是什么样的?
18. switch 子句声明的变量作用域在哪里?
19. break 语句的适用范围是什么?
20. break 语句的标签应该放在程序中什么位置?
21. fallthrough 语句的功能和适用范围是什么?
22. for 的前置子句省略后,其后面的分号也要省略吗?
23. range 子句迭代数组输出两个变量,分别是什么?
24. continue 语句的适用范围是什么?

五、编程题

1. 请编程实现从键盘输入一个任意位数的整数,按逆序打印输出每一位数据。
2. 请编程实现从键盘输入三个整数,按从小到大顺序打印输出。
3. 判断 100～200 有多少个素数,并输出所有素数。
4. 编程实现从键盘输入两个正整数 m 和 n,求其最大公约数和最小公倍数。
5. 请编程从键盘输入一行字符,分别统计出其中大写英文字母、小写英文字母、数字和其他字符的个数。
6. 请编程实现从键盘输入一个任意整数,求该数的阶乘并输出。
7. 请编程实现求 1＋2＋3＋…＋100 的和并打印输出。
8. 请编程实现从键盘输入四门课程的成绩,求其最高分、最低分及平均分并打印输出。
9. 请编程输出 9×9 乘法口诀表(分别用两种形式输出: 正方形和三角形)。
10. 一球从 100 米高度自由落下,每次落地后反跳回原高度的一半; 再落下,求它在第 10 次落地时,共经过多少米? 第 10 次反弹多高?

第 4 章　数组、切片与映射

4.1　值 和 引 用

所谓"值"，就是变量在内存单元中的具体内容。而"引用"往往是指变量的内存单元地址。Go 语言函数中的变量传递分为"值传递"和"引用传递"。传递的本质就是被传递变量的使用问题，不同的传递方式，反映被传递变量的不同使用方式。值传递使用的是被传递变量值的副本，函数中对副本操作后并不影响该变量的原值。如果是引用传递，则使用的是被传递变量的地址，基于地址的指针操作会影响被传递变量原值。

4.1.1　值传递

所谓值传递，是指字面量给常量及变量赋值，或变量给变量赋值的一种方式。值占内存几个字节完全由变量的类型决定，例如一个 ASCII 码字符占 1 个字节，而一个汉字占 3 个字节。int8 类型占 1 个字节，int32 类型占 4 个字节，float 64 浮点型占 8 个字节等。因此，必须知道变量的类型，才能准确地获取它的值，否则都可能少读或多读字节数。Go 语言规定，变量必须先声明后使用，声明的本质就是告诉编译系统，这个变量的值要占用几个字节，以便编译系统能正确地预分配存储单元。

在前面的章节中提到，变量声明后要初始化。初始化的本质就是给变量预分配存储单元并给单元初始化赋值。如果程序员不主动显式赋值，则系统会给变量赋予默认的零值。程序员主动显式赋值就是往变量所指的内存单元中存入某个字面量。初始化赋值属于静态赋值，如果是程序运行过程中给变量赋值，那是动态赋值。

变量的动态赋值就是在程序执行过程中，改变变量所指内存单元的内容。使用赋值操作符，将操作符右边表达式的值赋给左边的变量，操作符右边表达式中所有变量均使用其值的副本。

表达式计算结果存入被赋值变量所在的内存单元。赋值结束后，所有参与运算的变量值的副本失效，而其原值不变，只有被赋值变量的值发生了变化，这就叫作"值传递"。

值传递不但发生在动态赋值时，在函数调用时也常被采用。值传递的这个特性对保护变量的原值是有利的，但是，在函数或方法调用的场景中，可能希望被调用的函数有改变外部变量值的能力，而使用值传递模式是做不到的，这就要用到 4.1.2 节所说的"引用传递"了。

4.1.2 引用传递

要理解引用传递,首先要理解计算机的内存结构,见表 4-1。

表 4-1 内存结构示意

<table>
<tr><th>内存编号</th><th>存储内容</th><th>内容含义</th></tr>
<tr><td>0x81000010</td><td>0x61</td><td>字符 a</td></tr>
<tr><td>0x81000011</td><td>0x24</td><td>字符 %</td></tr>
<tr><td>0x81000012</td><td>0x34</td><td>数字 4</td></tr>
<tr><td>0x81000013</td><td>0x2D</td><td rowspan="2">中</td></tr>
<tr><td>0x81000014</td><td>0x4E</td></tr>
<tr><td>0x81000015</td><td>0xFD</td><td rowspan="2">国</td></tr>
<tr><td>0x81000016</td><td>0x56</td></tr>
<tr><td>0x81000017</td><td>0x3D</td><td>字符=</td></tr>
</table>

表中内存编号的编码方法可能会因计算机平台的不同而不同,但是,意义是一样的,均表示内存单元的编号。

Go 语言采用 UTF-8 编码来存储所有字符包括数字,长度为 1~6 个字节。ASCII 码占 1 个字节,汉字占 3 个字节,复杂的 Unicode 字符可能要占到 4~6 个字节。不过,在我们的编程实践中,极少会用到 4~6 个字节的字符。

一个汉字的 Unicode 编码仅占两个字节,如"中国"的 Unicode 编码为"U+4E2D U+56FD"。如果使用 UTF-8 编码,则需占用 3 个字节,如"中国"的 UTF-8 编码为"E4B8AD E59BBD"。因此,在字符串检索的时候谨慎使用字节检索,对于非 ASCII 字符,使用字节检索会导致失败。

变量的值就是内存中存储的内容,在表达式中参与运算的所有变量,实质上就是使用其存储内容的副本。问题是,该如何定位变量所在的位置呢?找不到变量值的存储单元,就取不来它的值,因此,必须明确知道变量的存储单元地址,才可以操作变量。变量的地址就是内存编号。知道了变量的内存地址编号,就可以取出该单元的内容,或往该单元存入新的内容。通过单元地址来存取单元的值就不再是操作副本了,而是直接操作该单元的原值了。这种通过变量的内存单元地址来存取变量值的方式就是"引用传递"。

"引用"指的就是单元地址,要获得单元地址,只需在变量前面加一个取地址操作符"&"。后续章节讲到的指针就是引用的典型应用。

引用传递在数组、切片、结构体等这些复合数据类型作为参数的函数调用中使用极为普遍,在讲述到相关内容的时候,应该作为重点,认真学习且掌握好。

视频讲解

4.2 数　组

数组是一种复合数据类型,由同类型的基础数据类型组合而成,其数学含义是相同类型元素的集合。在日常生活中用数组来描述的数据结构有很多,如每小时一次记录一天的温度变化;记录每人每周的体重变化;记录学生一个学期全部课程的成绩等,这种数据结构都是同类型数据的集合,最适合用数组来描述。

4.2.1 数组的声明

数组是相同元素的集合，不同类型的数据是不能放在一起构成一个数组的。例如，记录一天的温度，可以把所有数据放在一个数组里。但是，记录一个学生的信息，包括姓名、身高、体重、性别、住址、电话等不同的数据类型，是不能用一个数组来实现的，必须用结构体类型来实现。

Go 语言数组声明的格式如下：

```
var 数组名 [数组长度]数据类型
```

由于用到了关键字 var，说明数组也是变量，一切变量适用的规则数组也适用，这点后面再述。

数组名：为用户自定义标识符，遵循变量的定义规则。

数组长度：为一个常量表达式，必须用方括号括起来。长度决定了编译系统给数组预分配的空间，在编译期就必须是确定的值。这就意味着不能用变量来定义数组，但可以用常量及常量表达式，如下所示。

```
const NUM = 20
var x = 5
var array  [10 * 2]int             // 合法
var array  [NUM]int                // 合法
var array  [10 + NUM]int           // 合法
var array  [x + 10]int             // 不合法
var array  [x]int                  // 不合法
```

数组长度是数组的一个重要属性，一旦确定则在整个程序运行期间不可变。因此，合理规划数组长度尤为重要。规划过小，满足不了实际需求；规划过大，会浪费大量内存资源。

数据类型：是指数组元素的类型，可以包含任何基础数据类型，甚至还可以包括复合数据类型。不同的类型占用不同长度的内存单元，因此，声明数组的时候就要明确数据类型，便于编译系统准确预分配空间。

4.2.2 数组的初始化

数组的初始化就是数组存储空间的工作准备过程，通过在编译期间静态地给所有数组元素赋一个初值来实现。无论数组元素是基础数据类型还是其他复合类型，其最核心的仍然是基础数据类型。如果用户不显式给数组初始化赋值，则编译系统会自动地给所有基础数据类型的元素赋一个默认零值。因此，程序员人为地给数组赋初值不是必须的。如果在某些场景下必须程序员显式初始化数组，则必须在数组声明的时候使用字面量按以下任意格式初始化数组。

```
var array1 = [5]int{1, 2, 3, 4, 5}         // 格式 1
var array2 = [...]int{1, 2, 3, 4, 5}       // 格式 2
array3 := [5]int{1, 2, 3, 4, 5}            // 格式 3
array4 := [...]int{1, 2, 3, 4, 5}          // 格式 4
```

上述 4 种格式都是合法的，格式 1 是最普遍的用法，适合于任何位置；格式 2 是格式 1 的简化，由于大括号内的元素个数是确定的，编译系统自动推导出数组的长度，所以可以用省略号来代替长度，省略号是必不可少的；格式 3 是短变量声明的形式，仅适用于函数体内部定义，其作用域也仅限于函数内部；格式 4 是格式 3 的简化，元素数量确定，可省略数组长度。

声明期间初始化，方括号是不能省略的，即使省略了长度值，也要用三个小数点来代替。初值列表一定要用大括号，每个元素之间必须用逗号隔开。元素存储是严格按照从左至右顺序存储的。

数组元素用数组名加方括号索引的方式来访问，元素的索引值即下标从 0 开始，最大值为数组长度减 1。第一个元素为 array[0]，最后一个元素为 array[len(array)-1]。需要注意的是，如果指定了数组的长度，则大括号内元素的个数不得超过数组的长度；反过来，大括号内元素的个数是可以少于数组长度的，没赋值的元素系统会自动给一个默认零值。数组的长度可以用系统内置函数 len(array)获得。

如果确定了数组的长度，则可以给特定下标的元素赋初值，如下所示。

```
var array = [5]int{0:1,4:5}
```

上述声明给第一个元素和最后一个元素赋了初值，其中 0 和 4 是索引值，分隔符冒号是必须的，冒号后是初值 1 和 5。不赋初值的元素忽略，仅写出需要赋初值的元素，各元素间用逗号隔开。赋值结果是：

```
array[0] = 1
array[4] = 5
```

没被赋值的元素，其值为 0(int 类型的零值)。

4.2.3 数组的赋值

数组赋值是指在程序运行期间给某一个数组元素赋值。数组一旦声明，则每一个数组元素都有一个变量与其对应：变量 array[0]代表第一个元素，变量 array[1]代表第二个元素，变量 array[i]代表第(i+1)个元素。可见，数组下标可以是常量、常量表达式，也可以是变量或算术表达式，但不可以是逻辑表达式。因此，以下赋值是合法的：

```
const NUM = 1
var x = 2
var array [5]int
array[0] = 12
array[NUM] = 5
array[NUM + 1] = 8
array[x] = 25
array[4 * x - 5] = 42
```

而以下赋值是不合法的：

```
array[0] = true            // int 型数组不能赋布尔型值
array[NUM] = 3.5           // int 型数组不能赋浮点型值
array[3] = "adadasd"       // int 型数组不能赋字符串型值
```

同一个数组的元素类型必须相同，不同类型的数据，只能赋给不同的数组。array 被声明为 int 型，只能给它赋 int 型的值。

数组元素变量也可以采用平行赋值的方式，如下所示：

```
array[0],array[1],array[2] = 14,21,36
```

赋值符右边可以是算术表达式，但是表达式的计算结果类型必须与数组元素的类型一致。如果是一次性给全部数组元素赋值，也可以使用数组声明赋初值那样的方法，使用大括号把待赋的值括起来，如下所示：

```
array = [5]int{12,35,1}
```

采用大括号赋值实质是一次性给所有数组元素赋值，如果大括号内的元素个数少于数组长度，则按索引顺序赋值，余下的元素保持原值不变。

实际编程中，无论是赋值还是取值，往往是通过循环来遍历整个数组，逐个元素操作。可以用普通的 for 循环，也可以用带关键字 range 的迭代循环，分别举例如下。

```
package main
import (
    "fmt"
)
func main() {
    const NUM = 5
    var array [5]int
    array = [5]int{}
    for i := 0; i < 5; i = i + 1 {
        array[i] = i * 2 + NUM * 8/3
        fmt.Printf("array[ %d] = %d\n", i, array[i])
    }
}
```

运行结果：

```
array[0] = 13
array[1] = 15
array[2] = 17
array[3] = 19
array[4] = 21
```

事实上，遍历数组更常使用的是 for…range 循环，如下所示。

```
package main
import (
    "fmt"
)
func main() {
    var array = [...]int{1, 2, 3, 4, 5, 6}
    for index, item := range array {
        fmt.Printf("index = %d,    item = %d\n", index, item)
    }
}
```

运行结果：

```
index = 0, item = 1
index = 1, item = 2
index = 2, item = 3
index = 3, item = 4
index = 4, item = 5
index = 5, item = 6
```

range 遍历完数组全部元素后自动退出循环，遍历出来的索引值是从 0 开始顺序增加的，可以作为数组下标，定位具体元素。

4.2.4 数组的类型

大家知道，数组是一种自定义类型，是由相同元素的集合构成的。所谓数组的类型，就是指由长度和元素类型两个属性构成的数组。我们可以为自定义的数组类型设定一个别名，来代表数组类型。如下所示：

```
type Int5 = [5]int
type Int10 = [10]int
```

上述定义了两个整型数组类型：Int5 和 Int10，这是完全不同的两种数据类型。根据 Go 语言规定，不同长度的数组，即使其元素类型相同，也不能看成是同类型的数组。因此，[5]int 和[10]int 是完全不同的两个类型，不同类型的数组是不能相互整体复制的，例如：

```
var a1 = Int5{1,2,3,4,5}
var a2 Int10
a2 = a1      // 非法：cannot use a1 (type [5]int) as type [10]int in assignment
```

a1 和 a2 属于两种不同类型的数组，不能相互整体复制，但其元素同为整型，相互之间是可以赋值的。只有同类型的数组才可以相互整体复制，所谓同类型，是指两个数组的长度及其元素类型完全相同。例如：

```
package main
import (
    "fmt"
)
func main() {
    type arrayType = [5]int
    var a1   = arrayType{1, 2, 3, 4, 5}
    var a2, a3 arrayType
    var a4 [10]int
    a2[1] = a1[0]
    a4[2] = a1[2]
    a3 = a1
    fmt.Println("a1 = ", a1)
    fmt.Println("a2 = ", a2)
    fmt.Println("a3 = ", a3)
    fmt.Println("a4 = ", a4)
}
```

运行结果：

```
a1 = [1 2 3 4 5]
a2 = [0 1 0 0 0]
a3 = [1 2 3 4 5]
a4 = [0 0 3 0 0 0 0 0 0 0]
```

可见，数组类型具有两个属性：长度及元素类型。任何时候、任何地方，声明及使用数组类型都必须强调其长度及元素类型这两个属性。上述 a1，a2，a3 均为同类型数组，故可以相互赋值及整体复制，而 a4 类型不同，不能与之整体复制，但元素间可以赋值。

上述程序中的 arrayType 为数组类型[5]int 的别名，任何数据类型都可以使用关键字 type 定义一个别名。别名与原数组类型共享同一个底层数据结构，各自声明的变量为同类型，可以相互复制及赋值。例如：

```
func main() {
    type arrayType = [5]int
    var a1 = arrayType{1, 2, 3, 4, 5}
    var a2,a3 [5]int
    a2[1] = a1[0]
    a3 = a1
    fmt.Println(a1, a2, a3)
}
```

运行结果：

```
[1 2 3 4 5] [0 1 0 0 0] [1 2 3 4 5]
```

从上述示例可以看出，变量是有类型的，不同类型的变量占用不同长度的内存空间。数组的长度就是其占用存储空间的主要标志，数组作为变量，长度是其重要特征。若两个数组变量属于同类型的变量，则长度一定相同。不同长度的同类型数组(如 int 型)不能视为同类型的数组变量，例如：

```
var array1 = [10]int{1,2.3,4,5,6,7,8,9,10}
var array2 = [20]int{1,2,3,4,5,6,7,8,9,10}
var array3  [10]int
```

这里定义了三个不同长度的 int 型数组，数组变量 array1 和 array2 并不是两个同类型的变量，但是，array1 和 array3 是同类型的变量，也就是说

```
array2 = array1
```

是非法的，而

```
array3 = array1
```

是合法的。

数组间整体赋值本质上就是数组的复制，是数组内容的复制，即元素值的复制。复制结果是两个内容完全相同的数组，这里的相同，当然指的是元素类型、值及数组长度均相同。如果数组的元素是指针，则复制的数组元素仍然是指针，而指针指向的内容，也就是值并不会复制。复制完成后，结果是两个指针型数组指向同一组值，请参看以下例子：

```
package main
import (
    "fmt"
)
func main() {
    var array1 [3] * string
    array2 := [3] * string{new(string), new(string), new(string)}
    *array2[0] = "张三"
    *array2[1] = "李四"
    *array2[2] = "王老五"
    array1 = array2        //  同类型数组可以相互赋值,等同复制
    for j := 0; j < 3; j = j + 1 {
        fmt.Printf(" * array1[ %d] = %s\n", j, *array1[j])
    }
}
```

输出:

```
*array1[0] = 张三
*array1[1] = 李四
*array1[2] = 王老五
```

可见,两个指针型数组复制后,指向了同一个值,有关指针的知识请参看第 6 章有关内容。程序中用到了一个 Go 语言内置函数 new(T),该函数的作用是为数据类型 T 分配一块内存并初始化,返回指向该内存的指针。

在前面的例子中,使用了数组类型[5]int 的别名 arrayType。使用别名的好处是可以将别名当作基础数据类型那样来使用。例如,声明变量、声明函数参数类型及返回值类型、定义结构体字段类型、定义映射类型及定义通道类型等,可以直接使用别名,使用极为方便灵活。举例如下:

```
type ats = [10]string          // 别名
type aty  [10]string           // 新类型
var v1 ats
var v2 aty                     // v1,v2 为不同的类型,不可以相互赋值
var ch1 chan ats
func test( ch chan ats) (r ats){block}
type at struct{x, y ats}
m := make(map[int]ats)
```

以上变量 v1,v2 声明,通道 ch1 声明,函数 test 及结构体 at 类型定义,映射 m 定义等都是合法的。注意 ats 和 aty 的声明方式不同,代表不同的意义,一个是别名,另一个是类型定义,尽管其基础数据类型都是字符串数组[10]string,但是它们却属于不同的类型。其应用程序如下所示:

```
package main
import (
    "fmt"
)
type ats = [10]string
type at struct{ x, y ats }
```

```
func test(ch chan ats) (r ats) {
    s := <- ch
    fmt.Println("s = v1 = ", s)
    return s
}
func main() {
    var v1 ats = ats{"a", "b", "c"}
    var v2 at = at{x: ats{"x"}, y: ats{"y"}}
    m := make(map[int]ats)
    m = map[int]ats{0: {"m1"}, 1: {"m2"}}
    var ch1 chan ats = make(chan ats, 1)
    go test(ch1)
    ch1 <- v1
    fmt.Println("v1 = ", v1)
    fmt.Println("v2 = ", v2)
    fmt.Println("m = ", m)
}
```

运行结果：

```
v1 = [a b c ]
v2 = {[x ] [y ]}
s = v1 = [a b c ]
m = map[0: [m1 ] 1: [m2 ]]
```

上述例子没有什么特殊意义，只是以别名定义其他数据类型的一个应用举例，里面用到了很多后续章节的内容，一时看不懂的读者可以直接跳过，不影响本章的学习。

4.2.5 数组的传递

Go 语言规定，数组是值类型，说明数组也是可以给其他变量赋值的，同时意味着对数组的使用是副本。例如，以数组作为函数的实参调用函数，就表示以实参数组给形参变量赋值。被调用函数内对形参数组的操作不会影响实参数组的原值。程序示例如下：

```
package main
import (
    "fmt"
)
func main() {
    const NUM = 5
    var array [5]int
    array = [5]int{1}
    for i := 0; i < 5; i = i + 1 {
        array[i] = i * 2 + NUM * 8/3
        add(array)
        fmt.Printf("main 函数的 array[ %d] = %d\n", i, array[i])
    }
}
func add(array [5]int) {
    for j := 0; j < 5; j = j + 1 {
        array[j] = array[j] + 5
```

```
        fmt.Printf("add 函数的 array[ %d] =    %d\n", j, array[j])
    }
    return
}
```


运行结果：

```
add 函数的 array[0] = 18
add 函数的 array[1] = 5
add 函数的 array[2] = 5
add 函数的 array[3] = 5
add 函数的 array[4] = 5
main 函数的 array[0] = 13
add 函数的 array[0] = 18
add 函数的 array[1] = 20
add 函数的 array[2] = 5
add 函数的 array[3] = 5
add 函数的 array[4] = 5
main 函数的 array[1] = 15
add 函数的 array[0] = 18
add 函数的 array[1] = 20
add 函数的 array[2] = 22
add 函数的 array[3] = 5
add 函数的 array[4] = 5
main 函数的 array[2] = 17
add 函数的 array[0] = 18
add 函数的 array[1] = 20
add 函数的 array[2] = 22
add 函数的 array[3] = 24
add 函数的 array[4] = 5
main 函数的 array[3] = 19
add 函数的 array[0] = 18
add 函数的 array[1] = 20
add 函数的 array[2] = 22
add 函数的 array[3] = 24
add 函数的 array[4] = 26
main 函数的 array[4] = 21
```

程序分析：

程序运行结果很长，乍一看，眼花缭乱，不知所谓。但是认真地对照程序，是可以发现问题的。

上述程序的本质就是验证数组作为参数，是采用值传递的，传的仅仅是其值的副本，被调用函数内对副本的操作对原数组的值没有影响。

从程序运行结果也可以看出，add 函数内的同名数组只是外部数组的一个副本，对该数组的任何修改，都作用在副本上，对原数组元素的值没影响。

同理，在一般的赋值表达式中数组给其他变量赋值，使用的仍然是副本。如果函数要修改外部数组的值，那就不能采用值传递，而要改成引用传递，这就要用到后续章节所描述的指针，我们将在后续章节的相关内容中叙述，这里不再举例其应用。

4.2.6 多维数组

前面介绍的是一维数组,数组元素是由简单数据类型构成。大家已经知道,数组元素可以由简单的基础数据类型构成,也可以由复合数据类型构成,甚至可以由另一个数组构成。如果一维数组的元素均为一维数组,则构成了二维数组。同理,如果二维数组的元素均为一维数组,则构成了三维数组,以此类推,可以构造出 n 维数组。

反过来,一个 n 维数组可以把其某一行看成是一个一维数组,这样就变成了 n-1 维数组,以此类推,可以不断降维,最后变成一维数组来处理。因此,一维数组的处理规则同样适用于多维数组。

线性代数中的矩阵就可以用一个二维数组来描述,因此,一个 m×n 的矩阵可以转换成一个 m 行 n 列的二维数组,实际编程中二维数组是最常用的。一个二维数组可用下述方式声明:

```
var array [row][column] int
```

一维数组只用一个下标来检索元素,二维数组需要两个下标来检索元素,以此类推,n 维数组需要 n 个下标来检索元素。在这里,我们主要讲述二维数组的检索方法。

二维数组描述的是 m×n 的矩阵,m 表示行,n 表示列,其在内存中的存储与一维数组一样,采用连续存储的方式,先存储行,后存储列。二维数组声明的时候可以不赋初值,编译系统会自动赋零值。程序员也可以在声明的同时赋初值,如下所示:

```
package main
import (
    "fmt"
)
func main() {
   var array = [2][3]int{{1, 2, 3}, {4, 5, 6}}
   for i := 0; i < 2; i = i + 1 {
        for j := 0; j < 3; j = j + 1 {
            fmt.Printf("array[ %d][ %d] = %d\n", i, j, array[i][j])
        }
    }
}
```

运行结果:

```
array[0][0] = 1
array[0][1] = 2
array[0][2] = 3
array[1][0] = 4
array[1][1] = 5
array[1][2] = 6
```

程序分析:

从上述程序可以看出,一个 2 行 3 列的二维数组,可以看成是一个由 2 个元素构成的一维数组,该一维数组的每一个元素由一个包含 3 个元素的一维数组构成。

声明的时候可以使用大括号赋初值,大括号当中每一行的元素再用大括号括起来,两行之间用逗号隔开。每行元素内的每列元素之间也需要用逗号隔开。所有大括号内的字面量的个数可以少于但不得大于行列数,即行和列的长度。所有没有被显式地赋值的元素,编译系统都会赋零值。

如果赋值字面量数量确定,则定义的时候行列数是可以省略的,但行方括号必须用省略号代替,列方括号必须为空。如下所示:

```
var array = [...][]int{{1, 2, 3}, {4, 5, 6}}
```

是合法的。

由于二维数组具有两个下标,所以检索其元素的时候需要使用两层循环完成,如下所示。

```
package main
import (
    "fmt"
)
func main() {
    const NUM = 5
    var array = [...][]int{{1, 2, 3}, {4, 5, 6}}
    for i := 0; i < 2; i = i + 1 {
        for j := 0; j < 3; j = j + 1 {
            array[i][j] = 2 * (i + j) + (i + NUM) * 13 % 4
            fmt.Printf("array[ %d][ %d] = %d\n", i, j, array[i][j])
        }
    }
}
```

运行结果:

```
array[0][0] = 1
array[0][1] = 3
array[0][2] = 5
array[1][0] = 4
array[1][1] = 6
array[1][2] = 8
```

上述程序检索输出整个二维数组的元素。

实际上,也可以使用 for…range 循环来遍历二维数组,不过需要注意遍历的范围,第一次遍历的是行,它的值是一维数组(称为行数组),需要遍历第二次才能获得元素值,如下所示。

```
package main
import (
    "fmt"
)
func main() {
    var array = [...][]int{{1, 2, 3}, {4, 5, 6}}
    for row, col := range array {
        for column, item := range col {
            fmt.Printf("row = %d,  column = %d,   item = %d\n", row, column, item)
        }
    }
}
```

运行结果：

```
row = 0, column = 0, item = 1
row = 0, column = 1, item = 2
row = 0, column = 2, item = 3
row = 1, column = 0, item = 4
row = 1, column = 1, item = 5
row = 1, column = 2, item = 6
```

使用 range 循环会更加方便一些。

前面介绍了数组的值传递方式，由于传递的是副本，需要复制整个数组，对于大型数组会占用极大的内存资源，因此，应该尽可能地使用引用传递，或者使用 4.3 节提到的切片进行传递。事实上，在 Go 语言编程中很少用到数组，基本使用切片来代替数组。下面就来详细研究一下切片的应用。

4.3 切　　片

4.3.1 切片的定义

数组是固定长度的同类型元素的集合，实际生活中数组的长度往往不太好掌握，如果定义过短不能解决问题，过长又浪费空间。为此，Go 语言提供了一种可变长度的数组，称为切片（slice）。

切片到底是什么意思呢？想象一下切片面包，人们想吃前面两片就吃前面两片，想吃后面两片就吃后面两片，甚至想吃中间两片也可以，非常灵活。类似数组的切片与面包切片一样，可以灵活自由抽取。从一个切片中取出来的小切片就构成了一个新的切片，可应用于不同的地方。数组也可以被切片，不过切出来的不再是数组，而是切片。

Go 语言中的切片就是长度可变、容量固定的相同类型元素的集合。在后文中将看到，使用系统内置函数 append 可以改变切片容量。

Go 语言的切片与数组不一样，它是引用传递，不是值传递。因此，无论切片多长，它传递的仅仅是切片的地址（指针），其长度固定，对内存的消耗很少。

切片的语法格式有多种，分别说明如下：

```
格式 1    var slice []type
```

上述格式仅声明了切片的名称及类型，为一个空切片，其长度及容量均为 0。需要注意的是：

（1）关键字 var 是必须的；

（2）切片的名称 slice 为符合 Go 语言规范的任何标识符；

（3）方括号[]是必须的，而且括号内必须为空；

（4）类型 type 为 Go 语言任何合法的数据类型，包括复合数据类型。

例如：

```
var s1 []int
```

声明了一个名字为 s1，长度及容量均为 0 的 int 型切片。

格式 2　var slice = [ ]type{value1,value2,value3...valueN}

上述格式声明了一个名称为 slice,长度为 N,类型为 type 的切片,并且在声明切片的同时给切片赋初值,大括号中元素数量决定了切片的长度及容量。例如:

```
var sw = []float64{14.21,25.3,31,48,41}
```

上述声明了一个名字为 sw,长度及容量均为 5 的 float 64 型切片,即使个别元素为整数,系统也会视为浮点型。

格式 3　slice := [ ]type{value1,value2,value3...valueN}

这是一种短变量声明的方式,也可以用于切片的声明。与变量一样,在声明的同时赋初值。例如:

```
str := []string{"张三", "李四", "王老五"}
```

上述声明了名为 str 且由三个字符串构成的字符串切片,其长度及容量均为 3。

格式 4　var slice = make([ ]type, length)

上述格式使用内置函数 make 生成一个名称为 slice,长度及容量均为 length,类型为 type 的切片。例如:

```
var sa = make([]int, 10)
```

上述声明了一个名称为 sa,长度及容量均为 10 的 int 型切片。

格式 5　qw := make([ ]string,100)

上述格式使用短变量声明方式及 make 函数生成了一个名称为 qw,长度及容量为 100 的 string 型切片。

格式 6　var slice = make([ ]type, length, capacity)

上述格式使用内部函数 make 来生成一个名称为 slice,长度为 length,容量为 capacity,类型为 type 的切片。

Go 语言规定,length 不得大于 capacity,否则编译系统会报错,例如:

```
var se = make([]int,20,10)       // 非法!无法编译通过
var sx = make([]int,10,50)       // 合法
  sw := make([]rune,12, 25)      // 合法
```

上述定义了一个名称为 sx,长度为 10,容量为 50 的 int 型切片;一个名称为 sw,长度为 12,容量为 25 的 rune 型切片。

格式 7　slice := make([ ]type, length, capacity)

上述格式使用短变量声明方式及内置函数 make 生成一个名称为 slice,长度为 length,容量为 capacity,类型为 type 的切片。

```
sz := make([]int, 10,100)
```

上述声明了一个名称为 sz，长度为 10，容量为 100 的 int 型切片。

格式 6 及格式 7 为显式指定容量，其他格式默认容量为其长度值。

内置函数 make 用于创建切片、映射及通道。当用于创建一个切片时，它会创建一个隐藏的初始化为零值的数组，然后返回一个引用该隐藏数组的切片。该隐藏数组与 Go 语言中所有数组一样，都是固定长度的。如果指定了 capacity，则其长度为 capacity。如果没有给出 capacity，则其长度为 length。

下面几种方式等价，都是定义一个 int 型空切片，即 nil 切片：

```
var sla = make([]int, 0)
var sla  []int
var sla = []int{}
    sla := []int{}
```

空切片长度为 0，如果为其赋值会引起运行时错误，提示下标出界，例如：

```
var sla []int
sla[0] = 1
```

将导致运行时错误：panic: runtime error: index out of range

下面小节专门介绍有关切片的检索及赋值问题。

4.3.2 切片的检索及赋值

切片与数组一样，通过带方括号及下标索引来检索元素，不同的是，数组的检索范围是整个数组，而切片的检索范围是其长度值，而不是整个切片容量。当用某个变量 index 来表示切片 slice 的元素索引时，slice[index]就称为切片元素变量，可以用常规的表达式给该切片元素变量赋值。如下所示：

```
i++
slice[i] = 25
```

变量 i 为切片元素索引或下标，必须为整数，其值从 0 开始，最大值为 len(slice)－1。

切片除了在定义的时候初始化赋值外，在运行期间也可以给元素赋值，若要同时给多个元素赋值可以使用大括号，请看以下程序。

```
package main
import (
    "fmt"
)
func main() {
    var ar []int
    ar = []int{1, 2, 3, 4, 5, 6, 7, 8}
    ar[0] = 77
    ar[1] = 88
    for j := 0; j < 8; j ++{
    fmt.Printf("ar[ %d] = %d\n", j, ar[j])
    }
}
```

运行结果：

```
ar[0] = 77
ar[1] = 88
ar[2] = 3
ar[3] = 4
ar[4] = 5
ar[5] = 6
ar[6] = 7
ar[7] = 8
```

可见，切片的检索要使用索引，索引是从 0 开始递增的自然数。利用索引可以给任意元素变量赋值。

4.3.3 切片的操作

无论数组还是切片 s，均可以使用表 4-2 的操作语法来进行切片操作。

表 4-2 切片操作的语法含义

语　　法	含　　义
s[n]	切片 s 中索引位置为 n 的项
s[n:m]	从切片 s 的索引位置 n～m-1 处所获得的切片
s[n:]	从切片 s 的索引位置 n～len(s)-1 处所获得的切片
s[:m]	从切片 s 的索引位置 0～m-1 处所获得的切片
s[:]	从切片 s 的索引位置 0～len(s)-1 处所获得的切片
cap(s)	切片 s 的容量，cap(s)总是大于 len(s)
len(s)	切片 s 的长度，len(s)总是小于 cap(s)
s[:cap(s)]	如果 len(s)＜cap(s)，增加 s 的长度到其容量

假设现有切片

```
s = []int{1,2,3,4,5,6,7,8,9,10}
```

若 n＝3，m＝6，则上表中的各项取值如下：

```
s[3] = 4
s[3:6] = [4 5 6]
s[3:] = [4 5 6 7 8 9 10]
s[:3] = [1 2 3]
s[:] = [1 2 3 4 5 6 7 8 9 10]
cap(s) = 10
len(s) = 10
```

最后一项 s[:cap(s)]切片扩容（调整长度），在其长度小于其容量时有效。这里的扩容是指增加长度 length，而不是容量 capacity。例如：

```
s := make([]int ,3,10)
s[0] = 1
s[3] = 2     //  非法!下标出界
```

执行以下扩容语句

```
s = s[:10]
```

后，就可以执行 s[3]=2 了，扩容赋值后的切片如下所示：

```
[1 0 0 2 0 0 0 0 0 0]
```

对已有切片进行重新切片后，形成的不同切片，等同于对原切片的不同视图。原切片及新切片都共享一个底层数组，通过任意一个新切片对其元素进行修改，都会影响底层数组，进而会影响其他的切片视图。请看下例：

```
package main
import (
    "fmt"
)
func main() {
    s := []rune{'A', 'B', 'C', 'D', 'E', 'F', 'G', 'H'}
    u := s[:4]
    v := s[3:6]
    w := s[5:]
    fmt.Printf("u = %c, v = %c, w = %c\n", u, v, w)
}
```

运行结果：

```
u = [A B C D], v = [D E F], w = [F G H]
```

上例在切片 s 的基础上创建了三个局部视图切片，分别处于前、中、后。下面对 w 切片进行修改，观看其对其他切片的影响。

```
package main
import (
    "fmt"
)
func main() {
    s := []rune{'A', 'B', 'C', 'D', 'E', 'F', 'G', 'H'}
    u := s[:4]
    v := s[3:6]
    w := s[5:]  // 只修改 w 切片，其他切片保持不变
    w[0] = 'X'
    fmt.Printf("u = %c, v = %c, w = %c\n", u, v, w)
}
```

运行结果：

```
u = [A B C D], v = [D E X], w = [X G H]
```

从运行结果可以看出，修改了 w 切片，影响的是底层数组，连带没修改的切片 v 也受到了影响。

上述对切片的操作也可以用于数组，一般建议是先将数组转换成切片，如下所示。

```
var array = [6]int{1,2,3,4,5,6}
    s := array[:]
```

这样就将数组 array 转换成了切片 s，以后就可以对 s 进行切片操作了。不转换直接在

数组 array 上做切片操作也是允许的,切出来的子切片类型就变成切片而不再是数组了。

4.3.4 切片的遍历

遍历切片和遍历字符串及数组相似,可以采用普通的 for 循环来完成。for 循环多用来修改某些元素值,如果不修改,可以使用后面的 range 循环。举例如下:

```
package main
import (
    "fmt"
)
func main() {
    s := []rune{'A', 'B', 'C', 'D', 'E', 'F', 'G', 'H'}
    for i := 0; i < len(s); i = i + 1 {
        if i % 2 == 0 {
            s[i] = 'x'
        }
    fmt.Printf("s[%d] = %c\n", i, s[i])
    }
}
```

运行结果:

```
s[0] = x
s[1] = B
s[2] = x
s[3] = D
s[4] = x
s[5] = F
s[6] = x
s[7] = H
```

上述程序用 for 循环来输出切片的所有元素值。

如果仅是为了获得切片的元素值,可以采用 for…range 来循环,程序会显得更加简洁。上例可改写如下:

```
package main
import (
    "fmt"
)
func main() {
    s := []rune{'A', 'B', 'C', 'D', 'E', 'F', 'G', 'H'}
    for i, item := range s {
        fmt.Printf("s[%d] = %c\n", i, item)
    }
}
```

运行结果:

```
s[0] = A
s[1] = B
s[2] = C
s[3] = D
```

```
s[4] = E
s[5] = F
s[6] = G
s[7] = H
```

从上面例子可以看出,使用 range 子句使得程序更简洁。range 子句返回的是两个值:index 和 item。index 表示切片元素的索引值,从 0~len(s)-1,item 表示切片内各项元素值。实际编程中,可以忽略其中一项,用空字符"_"代替,如果不用空字符,只取一项值,默认是 index 值。

如果不想遍历切片全部内容,也可以仅仅遍历一部分,如下所示。

```
package main
import (
    "fmt"
)
func main() {
    s := []rune{'A', 'B', 'C', 'D', 'E', 'F', 'G', 'H'}
    for i, item := range s[:4] {
        fmt.Printf("s[%d] = %c\n", i, item)
    }
}
```

运行结果:

```
s[0] = A
s[1] = B
s[2] = C
s[3] = D
```

上述程序仅遍历了切片的前 4 个元素,如果有必要,也完全可以遍历后 4 个元素,如:

```
package main
import (
    "fmt"
)
func main() {
    s := []rune{'A', 'B', 'C', 'D', 'E', 'F', 'G', 'H'}
    for i, item := range s[len(s) - 4:] {
        fmt.Printf("s[%d] = %c\n", i, item)
    }
}
```

运行结果:

```
s[0] = E
s[1] = F
s[2] = G
s[3] = H
```

尽管切片在函数或方法调用的参数传递中是引用传递,但是,遍历切片返回的却是切片内容各项实际的值,而不是引用,这点需要注意。也就是说,在函数调用时传递的是切片的地址,而在函数内部操作的却是切片的原值,包括遍历切片,返回项也是切片的元素,而不是元素的地址。

4.3.5 切片的扩容

切片定义的时候都有一个初始容量，或者是用make函数显式地指明，或者是由字面量给出的长度确定。正常使用的时候其容量是固定不变的，只有使用内部函数append才能改变其容量。

append函数的基本作用是为切片追加元素，使得原切片长度增加。如果长度还没达到切片的容量，则切片容量不会增加。当切片长度已等于其容量时继续增加元素，则会导致切片扩容，扩容大小取决于原来切片的容量。

append函数会智能地处理底层数组的容量。如果原切片的容量少于1023个，则扩容100%，使得切片的容量增加1倍。如果原切片的容量大于等于1024个，则扩容为原容量的125%，即扩容25%，扩容算法也是随着容量增加变化的，由系统决定，用户不用理会。例如：

```
package main
import (
    "fmt"
)
func main() {
    s := make([]int, 3, 4)
    s[0] = 1
    s[1] = 2
    s[2] = 3
    fmt.Printf("s = %d,  len(s) = %d,  cap(s) = %d\n", s, len(s), cap(s))
    s = append(s, 10)
    fmt.Printf("s = %d,  len(s) = %d,  cap(s) = %d\n", s, len(s), cap(s))
    s = append(s, 20)
    fmt.Printf("s = %d,  len(s) = %d,  cap(s) = %d\n", s, len(s), cap(s))
}
```

运行结果：

```
s = [1 2 3],  len(s) = 3,  cap(s) = 4
s = [1 2 3 10],  len(s) = 4,  cap(s) = 4
s = [1 2 3 10 20],  len(s) = 5,  cap(s) = 8
```

程序分析：

从输出结果可以看出，make函数创建的切片s长度为3，容量为4；追加一个元素10，长度变成4，等于容量，切片没扩容；再追加一个元素20，长度变为5，超过了容量，触发容量倍增，变为8。

这就是使用切片的好处，不但长度可以增加，容量也可以增加。

需要注意的是，append函数的第一个参数必须为切片类型，第二个以后为可变参数。append函数追加的元素必须是与其前面的切片同类型的。如果第二个参数为切片，则需要在切片后面加上省略号"..."，以便通知Go语言编译器，将切片拆开变成多个元素，再追加到前面的切片中去。

如
```
s1 = []int{1,2,3,4}
s2 = []int{5,6,7,8}
```

则　　s1 = append(s1,11,22,33)　　　　　//　合法

结果：s1 = [1 2 3 4 11 22 33]

　　　s1 = append(s1,s2...)　　　　　　//合法

结果：s1 = [1 2 3 4 11 22 33 5 6 7 8]

利用 append 函数，还可以将字节序列和字符串序列连接起来，请看下例：

```
package main
import (
   "fmt"
)
func main() {
     s := []byte{'x', 'y', 'z'}
     dd := "asdf"
     s = append(s, dd...)
     fmt.Printf("s = %s,   dd = %s\n", s, dd)
}
```

运行结果：

```
s = xyzasdf,   dd = asdf
```

显然：

```
s = append(s[:m],s[m:]...)
```

如果原始容量定得过大，想缩小容量，又该怎么做呢？其实，很简单，只需用一个同名的切片，按实际长度需要设定，覆盖原来的切片即可。如下所示：

```
package main
import (
     "fmt"
)
func main() {
     s := make([]int, 3, 400)
     s[0] = 1
     s[1] = 2
     s[2] = 3
     fmt.Printf("s = %d,   len(s) = %d,   cap(s) = %d\n", s, len(s), cap(s))
     s = []int{1, 2, 3, 4, 5, 6, 7, 8, 9, 10}
     fmt.Printf("s = %d,   len(s) = %d,   cap(s) = %d\n", s, len(s), cap(s))
}
```

运行结果：

```
s = [1 2 3],   len(s) = 3,   cap(s) = 400
s = [1 2 3 4 5 6 7 8 9 10],   len(s) = 10,   cap(s) = 10
```

可见，切片 s 的初始容量是 400，用 10 个元素重新初始化 s，其容量就变成 10 了。

4.3.6　切片的复制

切片也可以使用内置函数 copy 来复制，快速创建切片。其使用语法格式如下：

```
n = copy(s1,s2)
```

内置的 copy 函数接受两个包含相同类型元素的切片作为参数，函数的功能是将第二个切片 s2(源切片)复制到第一个切片 s1(目标切片)中，并返回复制元素的数量 n。如果源切片为空，则没有任何操作；如果目标切片长度不够用来容纳复制过来的项，则超出部分将被忽略；否则，就将原切片全部复制到目标切片中。

当第一个参数为[]byte 类型的切片时，第二个切片(源切片)可以是[]byte 类型，也可以是字符串类型。

将切片 s2 的内容复制到切片 s1，如果两个切片长度不一致，则以较短的切片长度为参考，复制后的新切片存在 s1 中，s2 的值不变。如下所示：

```
package main
import (
    "fmt"
)
func main() {
    s1 := []int{1, 2, 3, 4, 5, 6}
    s2 := []int{7, 8, 9}
    n := copy(s1, s2)
    fmt.Printf("s1 = %d,  s2 = %d,  n = %d\n", s1, s2, n)
}
```

运行结果：

```
s1 = [7 8 9 4 5 6],  s2 = [7 8 9],  n = 3
```

可见，复制是按相同索引值进行的，没有相同的索引值的元素被忽略。s1 的前 3 项被 s2 的值覆盖，完成了 s2 的复制。修改上述两个切片的复制方向，如下所示：

```
package main
import (
   "fmt"
)
func main() {
    s1 := []int{1, 2, 3, 4, 5, 6}
    s2 := []int{7, 8, 9}
    copy(s2, s1)
    fmt.Printf("s1 = %d,  s2 = %d\n", s1, s2)
}
```

运行结果：

```
s1 = [1 2 3 4 5 6],  s2 = [1 2 3]
```

在这里，s1 比 s2 长，复制元素的个数要以 s2 为准，因而只有前 3 项被复制。

可见，复制并不会改变目标切片的长度，如果目标切片的长度不足，还有容量，可以先扩容，后复制。

4.3.7 切片的插入与删除

有时候需要对切片进行插入和删除操作，利用内置函数 append 及切片的操作语法很容易实现。操作结果会改变原切片的底层数组，共享这一底层数组的任何子切片都可能受到影响。

1. 插入操作

插入操作是指在现有切片上插入一个元素，或一个子切片。插入位置可分为前、中、后不同位置，而不同位置有不同的处理方法，下面分别举例说明。

假设现有切片：

```
s1 = []int{1,2,3,4}
s2 = []int{7,8,9}
```

要求将 s2 插入 s1 的不同位置中。

(1) 插入位置在最前面。

要将 s2 插入 s1 最前面，可以简单地将 s1 追加到 s2 的尾部，生成新的切片，并将新的切片赋给 s1 即可，s2 的内容不变。如下所示：

```
package main
import (
   "fmt"
)
func main() {
    s1 := []int{1, 2, 3, 4}
    s2 := []int{7, 8, 9}
    s1 = append(s2, s1...)
    fmt.Printf("s1 = %d,  len(s1) = %d,  cap(s1) = %d\n", s1, len(s1), cap(s1))
}
```

运行结果：

```
s1 = [7 8 9 1 2 3 4],  len(s1) = 7,  cap(s1) = 8
```

如果要在 s1 前面插入一个元素 88，如何实现呢？只需让切片 s2 的长度为 1，仅包含一个元素 88，即可按上述方法进行操作，实现一个元素的插入。

(2) 插入位置在中间。

要将 s2 插入 s1 中间，首先要确定 s1 上插入点的索引值 index，将 s1 分割成两段 s1[:index]和 s1[index:]。然后将后半段 s1[index:]追加到 s2 的后面，生成一个新的切片赋值给 s2，这个新的切片包含了 s2 和 s1 的后半段。然后，将新生成的切片 s2 再追加到 s1 的前半段 s1[:index]后面，再次生成一个新切片，将这个新切片赋值给 s1，就完成了切片中间插入的操作。

如下所示，假如插入点索引为 index=2。

```
package main
import (
    "fmt"
)
func main() {
    s1 := []int{1, 2, 3, 4}
    s2 := []int{7, 8, 9}
    s1 = append(s1[:2], (append(s2, s1[2:]...))...)
    fmt.Printf("s1 = %d,  len(s1) = %d,  cap(s1) = %d\n", s1, len(s1), cap(s1))
}
```

运行结果：

```
s1 = [1 2 7 8 9 3 4],  len(s1) = 7,  cap(s1) = 8
```

(3) 插入位置在最后面。

要将 s2 插入 s1 的最后面，简单地将 s2 追加到 s1 后面即可，这正是 append 函数的基本功能，直接执行追加操作就行，如下所示：

```
package main
import (
    "fmt"
)
func main() {
    s1 := []int{1, 2, 3, 4}
    s2 := []int{7, 8, 9}
    s1 = append(s1, s2...)
    fmt.Printf("s1 = %d,  len(s1) = %d,  cap(s1) = %d\n", s1, len(s1), cap(s1))
}
```

运行结果：

```
s1 = [1 2 3 4 7 8 9],  len(s1) = 7,  cap(s1) = 8
```

2. 删除操作

删除操作就是从切片中删除某一个元素，或者连续几个元素(即一个子切片)，被删除元素所在位置也分前、中、后，基本思路仍然是利用 append 函数，将原切片删除掉一些元素后留下的切片片段重新连接起来，构造成新的切片。假设现有字节切片：

```
s = []byte{'a','b','c','d','e','f','g','h'}
```

现在分前、中、后三种情况来看看如何删除切片元素。

(1) 删除前面两个元素。

这种情况比较简单，直接截取从第 3 个元素开始直到结尾的所有元素，重新赋值给原切片，就生成了删除元素后的新切片。如下所示：

```
package main
import (
    "fmt"
)
func main() {
    s := []byte{'a', 'b', 'c', 'd', 'e', 'f', 'g', 'h'}
    s = s[2:]
    fmt.Printf("s = %c,  len(s) = %d,  cap(s) = %d\n", s, len(s), cap(s))
}
```

运行结果：

```
s = [c d e f g h],  len(s) = 6,  cap(s) = 6
```

可见，删除两个元素后，切片的长度和容量均减少了。

（2）删除中间两个元素。

删除切片中间哪几个元素，需要确定两个索引值：start 和 end。删除元素的个数是 end-start。在这里，我们设定 start=3，end=5，则删除 2 个元素。如下所示：

```
package main
import (
    "fmt"
)
func main() {
    s := []byte{'a', 'b', 'c', 'd', 'e', 'f', 'g', 'h'}
    s = append(s[:3], s[5:]...)
    fmt.Printf("s = %c,  len(s) = %d,  cap(s) = %d\n", s, len(s), cap(s))
}
```

运行结果：

```
s = [a b c f g h],  len(s) = 6,  cap(s) = 8
```

从输出结果可以看出，删除中间几个元素后，改变了切片的长度，但是并没有改变切片的容量。Go 语言对切片容量的缩减，以索引 0 为参考点，删除 index0，容量－1，删除 index0～indexn，则容量缩减 n+1 个元素，只要不删除 index0，则容量不变。

（3）删除后面两个元素。

这种情况跟删除前面两个元素情况差不多，直接取原切片前面一段形成一个新切片，长度和容量都是新的，然后再赋值给原切片，等同覆盖了原切片，保留了新切片，实现了元素的删除功能，如下所示：

```
package main
import (
    "fmt"
)
func main() {
    s := []byte{'a', 'b', 'c', 'd', 'e', 'f', 'g', 'h'}
    s = s[:len(s) - 2]
    fmt.Printf("s = %c,  len(s) = %d,  cap(s) = %d\n", s, len(s), cap(s))
}
```

运行结果：

```
s = [a b c d e f],  len(s) = 6,  cap(s) = 8
```

4.3.8 切片的排序与检索

切片与数组一样，由相同类型的元素构成。元素的排列可能是无序的，如果在一个无序的数组或切片中检索某一个关键值会耗费不少资源。为加快检索速度，一般都会先对数组或切片进行排序，然后在有序的数组或切片中查询检索关键值。

可以使用简单的冒泡排序法对数组或切片进行排序，也可以直接使用 Go 语言标准库 sort 包中提供的排序及检索函数。Go 语言标准库 sort 包中的部分排序检索函数如表 4-3 所示。

表 4-3　sort 包中的部分函数

语　法	含　义
sort. Float64s(fs)	将[]float64 型切片 fs 按升序排列
sort. Float64sAreSorted(fs)	如果切片 fs 是有序的,则返回 true
sort. SearchFloat64s(fs,f)	在 fs 中检索 float64 类型的值 f,返回其索引
sort. Ints(is)	将[]int 型切片 is 按升序排列
sort. IntsAreSorted(is)	如果切片 is 是有序的,则返回 true
sort. SearchInts(is,i)	在 is 中检索 int 类型的值 i,返回其索引
sort. Strings(ss)	将[]string 型切片 ss 按升序排列
sort. StringsAreSorted(ss)	如果字符串切片 ss 是有序的,则返回 true
sort. SearchStrings(ss,s)	在字符串 ss 中检索 string 类型的值 s,返回其索引

上表中,在一个序列中检索一个同类型的值,其前提必须是有序序列。如果在一个无序的序列中检索一个值,其返回的索引是随机的,不可信。另外,被检索值若与序列中某一元素相等,则返回该元素的索引。如果与序列中任何元素都不相等,则返回被检索值在有序序列中的相应位置。也就是说,将该值插入序列中,保持序列仍然有序,其应当插入的位置,就是函数返回的索引值。

下面举例对上表中排序及检索函数的应用。

1. 浮点型切片的排序与检索

浮点数切片的排序与检索请参看以下程序:

```
package main
import (
    "fmt"
    "sort"
)
func main() {
    fs := []float64{109.25, 27.31, 35.14, 41.25, 5.5, 62.3, 25.21, 78.21, 49.36}
    if sort.Float64sAreSorted(fs) {
    fmt.Println("原切片 fs 是有序的.")
    } else {
    fmt.Println("原切片 fs 是无序的.")
    }
    sort.Float64s(fs)
    fmt.Println("切片 fs 排序后为", fs)
    f := 78.21
    index := sort.SearchFloat64s(fs, f)
    if index < len(fs) && fs[index] == f{
    fmt.Printf("检索成功!f = %.2f 的索引为: %d\n", f, index)
    } else {
    fmt.Printf("检索失败!\n")
    }
}
```

运行结果：

```
原切片 fs 是无序的.
切片 fs 排序后为 [5.5 25.21 27.31 35.14 41.25 49.36 62.3 78.21 109.25]
检索成功!f = 78.21 的索引为: 7
```

浮点数的检索以比较大小来决定返回索引的位置，被检索值可能处于序列最前边、中间或者最后，因此，返回的 index 为 0～len(fs)。当 index=len(fs)时，表示被检索值大于序列中的最大值，意味着检索失败。而 index 小于 len(fs)时，需要进一步判断 fs[index]元素是否与被检索值相等，如果相等就表示检索成功；如果不相等就表示检索失败，意味着被检索值不在序列中。

下面再看看整数切片的排序与检索情况。

2. 整型切片的排序与检索

整数切片的排序与检索程序示例：

```go
package main
import (
    "fmt"
    "sort"
)
func main() {
    is := []int{10, 27, 3, 125, 55, 63, 251, 721, 46, 19}
    if sort.IntsAreSorted(is) {
        fmt.Println("原切片 is 是有序的!")
    } else {
        fmt.Println("原切片 is 是无序的!")
    }
    sort.Ints(is)
    fmt.Println("切片 is 经排序后为", is)
    i := 22
    index := sort.SearchInts(is, i)
    if index < len(is) && is[index] == i {
        fmt.Printf("检索成功!i = %d 的索引为: %d\n", i, index)
    } else {
        fmt.Printf("检索失败!\n")
    }
}
```

运行结果：

```
原切片 is 是无序的!
切片 is 经排序后为 [3 10 19 27 46 55 63 125 251 721]
检索失败!
```

整数的检索与浮点数一样，都是基于有序序列，返回的索引 index 为 0～len(is)，需要进一步比较元素 is[index]与被检索值是否相等，相等则检索成功，不相等则检索失败。

下面再看看字符串的排序与检索。

3. 字符串型切片的排序与检索

假设有一个切片用来存储一年 12 个月的英文单词，次序是随机的，采用标准库函数进行排序与检索。先用一个与元素不相等的值去检索，得出失败的提示，再用一个存在的元素

值去检索,得出检索成功,并返回索引值。程序示例如下:

```
package main
import (
    "fmt"
    "sort"
)
func main() {
    ss := [ ]string{ "January", "September", "November", "December", "April", "August", "
October", "February", "July", "June", "March", "May"}
        if sort.StringsAreSorted(ss) {
    fmt.Println("原切片 ss 是有序的!")
    } else {
        fmt.Println("原切片 ss 是无序的!")
    }
    sort.Strings(ss)
    fmt.Println("切片 ss 经排序后为", ss)
    s1 := "student"
    index1 := sort.SearchStrings(ss, s1)
    if index1 < len(ss) && ss[index1] == s1 {
        fmt.Printf("检索成功!s1 = %s 的索引值为: %d\n", s1, index1)
    } else {
        fmt.Printf("检索失败!找不到 s1 = %s\n", s1)
    }
    s2 := "December"
    index2 := sort.SearchStrings(ss, s2)
    if index2 < len(ss) && ss[index2] == s2 {
        fmt.Printf("检索成功!s2 = %s 的索引值为: %d\n", s2, index2)
    } else {
        fmt.Printf("检索失败!找不到 s2 = %s\n", s2)
    }
}
```

运行结果:

```
原切片 ss 是无序的!
切片 ss 经排序后为 [April August December February January July June March May November October
September]
检索失败!找不到 s1 = student
检索成功!s2 = December 的索引值为: 2
```

字符串的检索采用 Unicode 码点比较,是精确比较,只要有一个码点不符,该检索失败。

视频讲解

4.4 映　射

4.4.1 映射的概念

映射是一种数据结构,由两个字段构成,一个字段称为"键(key)",另一个字段称为"值(value)"。键和值是一一对应的,就像一张二维表,由两列构成,左边一列为键,右边一列为值,而每一行为一个键值对(也称为项 item,后文将不加区分地使用),行数不限,可以无限扩展。所有键值对的存储是无序的，除非采用有序的数据结构进行转换后按键序输出，否则映射项的输出每次出现的次序都可能不同。映射的底层实现是哈希散列表，因此，原生就是无序的。

4.4.2 映射的创建

映射是键值对，有键和值两个参数，需要分别指定类型。Go 语言规定，在一个映射里所有的键都是唯一的而且必须支持==和 !=操作符的类型。键一般用于检索，最好使用简单类型，当然也可以使用复合数据类型，但是不可以使用切片数组等不可比较的引用类型。值没有这些限制，可以是任意数据类型。映射的创建有以下几种方式：

```
格式 1    var myMap map[type1]type2
```

语法说明：

① var 为变量声明关键字，不可省略；

② myMap 为映射名，任何合法的 Go 语言标识符均可；

③ map 为映射关键字，小写，不可省略；

④ [type1] 方括号是必须的，type1 为键的数据类型，为可比较的值类型；

⑤ type2 为值的数据类型，可以是 Go 语言任何数据类型，包括自定义类型。

下列映射声明都是合法的：

```
var m1 map[int]string
var m2 map[int]float64
var m3 map[byte]string
var m4 map[string]string
var m5 map[int][]byte
```

而下述声明

```
var m6 map[[]byte]string
```

是不合法的，切片类型不可以作键，但可以作值。

上述声明的是未经初始化的空映射，零值为 nil。nil 映射必须初始化，否则不能用来存储键值对。例如：

```
var m map[int]string
m[0] = "red"
```

上述映射 m 的声明是合法的，但是赋值非法，导致运行时错误：panic: assignment to entry in nil map，原因就是映射没有初始化。

Go 语言允许在声明的同时初始化映射，如下所示：

```
package main
import (
    "fmt"
)
func main() {
    var m1 = map[int]string{0: "red", 1: "blue", 2: "yellow"}
```

```
    var m2 = map[int]float64{0: 1.25, 1: 3.68, 3: 5.79}
    var m3 = map[byte]string{'a': "teacher", 'b': "student", 'c': "worker"}
    fmt.Printf("%v\n%v\n%v\n", m1, m2, m3)
}
```


输出：

```
map[0: red 1: blue 2: yellow]
map[3: 5.79 0: 1.25 1: 3.68]
map[98: student 99: worker 97: teacher]
```

可以看出，输出结果与输入的顺序无关，每次打印输出的键值对的顺序可能都不同，这就是 map 无序的本质。

```
格式 2    myMap := make(map[type1]type2)
格式 3    myMap := make(map[type1]type2,200)
```

格式 2 和格式 3 使用内置函数 make 来创建映射，格式 3 显式地定义了映射的容量，这是初始容量，随着加入的项越来越多，映射会自动扩容。

注意：一定要采用短变量声明的方式使用 make 函数，否则需要在变量名前面加关键字 var。例如：

```
var myMap = make(map[type1]type2)
```

用 make 函数创建的映射默认已初始化，可以正常赋值，如下所示：

```
package main
import (
    "fmt"
)
func main() {
    m4 := make(map[int]int)
    m4[0] = 12
    m4[1] = 23
    fmt.Printf("m4 = %v\n", m4)
}
```

输出：

```
m4 = map[0:12 1:23]
```

实际上，不必指定 map 容量，系统会默认一个初始容量，随着内容的增加，会自动扩容，用户不必关注映射容量。

```
格式 4    myMap := map[type1]type2){key1: value1,key2:value2}
```

格式 4 是一种短变量声明方式，声明的同时初始化。如下所示：

```
m1 := map[int]string{}
m1[1] = "blue"
m1[2] = "yellow"
```

或者

```
m1 := map[int]string{1: "blue",2: "yellow"}
```

输出：

```
map[1: blue 2: yellow]
```

映射的键不可以是切片，但是它的值是可以的，如下所示：

```
package main
import (
    "fmt"
)
func main() {
     s := []byte{'a', 'b', 'c', 'd'}
     s1 := map[int][]byte{}
     s1[0] = s[:2]
     s1[1] = s[2:]
     fmt.Printf("s1 = %v\n", s1)
}
```

输出：

```
s1 = map[0:[97 98] 1:[99 100]]
```

可见，一个键 key 对应一个切片，切片成了键值对中的值 value。

同样，可以用一个键 key 来对应一个结构体，而结构体用来描述一个学生的个人信息，这时结构体就是值，而学号就是键，因为它唯一且可比较。

4.4.3 映射的填充及修改

Go 语言中映射支持的操作如表 4-4 所示。

表 4-4　Go 语言映射的操作

语　法	含　义
m[k]=v	用键 k 来将值 v 赋给映射 m，如果 m 中 k 已存在，则覆盖原值
delete(m,k)	将键 k 及其对应的值删除，如果 k 不存在，则不操作
v:=m[k]	将映射 m 中键 k 对应的值赋给 v，如果 k 不存在，则将映射类型的零值赋给 v
v,found:=m[k]	将映射 m 中键 k 对应的值赋给 v，并将 true 赋给 found；如果 k 不存在，则将映射类型的零值赋给 v，并且将 false 赋给 found
len(m)	返回映射 m 中项的数量，即键值对的数量

映射可以使用内置函数 len 获得键值对的数目，但不可以用 cap 函数来获得容量，映射的容量由系统自动确定。

映射是一组键值对的无序集合，键和值必须成对出现，且相互绑定。键和值的建立可以通过赋值来完成。赋值时，键在赋值操作符左边，定位映射项位置，而值在赋值操作符右边，等同于把值存给键，形成键值对。

映射赋值程序示例如下：

```
package main
import (
```

```
    "fmt"
)
func main() {
    myMap := make(map[int]string)
    myMap[0] = "I"
    myMap[1] = "am"
    myMap[2] = "a"
    myMap[3] = "student"
    fmt.Printf("myMap = %v\n", myMap)
}
```

运行结果：

```
myMap = map[3: student 0: I 1: am 2: a]
```

很显然，我们填入映射时是按键 key 的顺序填入的，但是，打印出来的结果和填入时的顺序并不一致，这充分说明映射存储的无序性。

映射的填入就是往现存的映射增加项，如果映射里已存在该键对应的项，则用新的值代替该项原来的值，这相当于修改原来的项；如果不存在，则直接增加一项，为新增项。

4.4.4 映射的查找与遍历

映射项的查找，主要是根据键来查找值，有可能找到，也有可能找不到。找到了表示有键值对存在，找不到就是不存在。Go 语言提供了两种格式来查找值。

格式 1　　value, ok := myMap[key]

根据 key 来确定 value，ok 是布尔值，true 表示映射项存在，其值为 value；false 表示映射项不存在，返回的 value 是映射类型的零值。例如：

```
package main
import (
    "fmt"
)
func main() {
    myMap := map[string]byte{"str1": '!', "str2": '@', "str3": '&'}
    v, k := myMap["str1"]
    u, w := myMap["str5"]
    fmt.Printf("v = %v  k = %v\n", v, k)
    fmt.Printf("u = %v  w = %v\n", u, w)
    if k || w {
        fmt.Println("指定的键值对存在!")
    }
}
```

运行结果：

```
v = 33  k = true
u = 0  w = false
指定的键值对存在!
```

键为 str1 的项是存在的，所以返回了 v=33(字符"!"的 ASCII 值)，k=true，表示取值成功。而键值 str5 对应的值不存在，所以返回值 u 为 byte 类型的零值 0，w 为 false，表示项不存在。

Go 语言提供的第二种格式是返回一个值，如下所示：

格式 2　　value := myMap[key]

这种格式需要根据 value 是否为零值来判断键值对是否存在。例如：

```
package main
import (
    "fmt"
)
func main() {
    myMap := map[byte]int{0: 1, 10: 2, 20: 3}
    value := myMap[20]
    fmt.Printf("value = %v \n", value)
    if value != 0 {
        fmt.Println("指定的键值对存在!")
    } else {
        fmt.Println("指定的键值对不存在!")
    }
}
```

运行结果：

```
value = 3
指定的键值对存在!
```

上述两种格式都可以用来查找特定的键值对是否存在。第一种格式比较简单，根据 ok 值就完全可以作出判断。第二种格式需要进一步判断零值，不同类型的零值是不同的，判断时需要根据映射键值对中值的类型来确定其零值。

如果只是想判断键是否存在，则不使用 value，用"_"代替，仅根据 ok 是否为 true 就可以判定该特定的 key 是否存在。

要遍历 map 里的所有项，和遍历数组或切片一样，使用关键字 range，其格式如下：

```
for key, value := range myMap{
    block
}
```

遍历结果将每个映射项的键赋给 key，对应的值赋给 value。如果 key 和 value 两个参数中仅取一个，其中一个可以用空字符"_"代替；如果仅声明一个变量，则仅返回 key。

例如：

```
package main
import (
    "fmt"
)
func main() {
    myMap := map[int]string{0: "A", 1: "B", 2: "C"}
```

```
        for key, value := range myMap {
            fmt.Printf("key = %d    value = %s\n", key, value)
        }
    }
```

运行结果：

```
key = 0 value = A
key = 1 value = B
key = 2 value = C
```

如果不需要映射项的值，可以仅声明一个变量，如下所示：

```
package main
import (
    "fmt"
)
func main() {
    myMap := map[int]string{0: "A", 1: "B", 2: "C"}
    for key := range myMap {
        fmt.Printf("key = %d \n", key)
    }
}
```

运行结果：

```
key = 0
key = 1
key = 2
```

由于映射是无序的，遍历出来的结果也是无序的，每次遍历出来的顺序都不同。如下所示：

```
package main
import (
    "fmt"
)
func main() {
    myMap := map[int]string{0: "A", 1: "B", 2: "C", 3: "G", 4: "H", 5: "U"}
    for key, value := range myMap {
        fmt.Printf("key = %d    value = %s\n", key, value)
    }
}
```

运行结果 1：

```
key = 3 value = G
key = 4 value = H
key = 5 value = U
key = 0 value = A
key = 1 value = B
key = 2 value = C
```

再次运行 2：

```
key = 0 value = A
```

```
key = 1 value = B
key = 2 value = C
key = 3 value = G
key = 4 value = H
key = 5 value = U
```

再次运行 3：

```
key = 4 value = H
key = 5 value = U
key = 0 value = A
key = 1 value = B
key = 2 value = C
key = 3 value = G
```

显然，每次输出都是随机顺序，没有规律可循。那么，该如何按键序输出项呢？

一个可行的办法是通过遍历把所有键找出来放在一个切片里，然后对切片进行排序，再按切片里的键去查询映射，获得对应项并输出，这样就是按键序输出映射项了。

程序示例如下：

```
package main
import (
    "fmt"
    "sort"
)
func main() {
    myMap := map[int]string{13: "A", 54: "B", 22: "C", 21: "G", 14: "H", 35: "U"}
    temp := make([]int, 0, len(myMap))
    for key := range myMap {
        temp = append(temp, key)
    }
    sort.Ints(temp)
    for _, key := range temp {
        value := myMap[key]
        fmt.Printf("key = %d   value = %s\n", key, value)
    }
}
```

运行结果：

```
key = 13 value = A
key = 14 value = H
key = 21 value = G
key = 22 value = C
key = 35 value = U
key = 54 value = B
```

按上述方法操作后，无论怎么运行，每次都是按键序输出映射项。

4.4.5 映射的删除及键的修改

1. 映射项的删除

要删除映射中的某一项，可以使用系统内置函数 delete。delete 函数是专门用来删除映射项的，对数组、切片等无效。delete函数的使用格式为：

```
delete(m,key)
```

表示从映射m中删除键为key的项。例如：

若　　`myMap := map[int]string{0: "A", 1: "B", 2: "C"}`

执行　`delete(myMap,1)`

则

映射将变成：[0："A"，2："C"]，键值对"1："B""被删除了。

需要注意的是，delete函数是基于键来操作的，只有映射中包含该键，才能删除对应的映射项。如果映射中不存在该键，则不会做任何不安全的事情。

2. 映射键的修改

我们知道，通过赋值的方式可以更改映射里某键对应的值，但反过来是不行的，即不能通过赋值的方式来简单地改变键。但是，通过delete函数可以间接实现修改键，而保持其对应的值不变。

假设有映射myMap包含一年十二个月及每个月对应的天数：

```
myMap := map[string]int{"January": 31, "September": 30, "November": 30, "December": 31,
"April": 30, "August": 31, "October": 31, "February": 28, "July": 31, "June": 30, "March": 31,
"May": 31}
```

现在要把键"July"改成"Mid_Month"，其对应的值31不变。具体做法是先取出键"July"对应的值31，赋给变量value；然后删除键"July"对应的项，接着以键"Mid_Month"及值value重新填入一项。新的键值对保留了原键值对的值31，又更改了原键July。程序示例如下：

```
package main
import (
    "fmt"
)
func main() {
    myMap := map[string]int{"January": 31, "September": 30, "November": 30, "December": 31,
"April": 30, "August": 31, "October": 31, "February": 28, "July": 31, "June": 30, "March": 31,
"May": 31}
    fmt.Println("原始映射 myMap = ", myMap)
    value := myMap["July"]
    delete(myMap, "July")
    myMap["Mid_Month"] = value
    fmt.Println("修改后映射 myMap = ", myMap)
}
```

运行结果：

```
原始映射 myMap = map[June: 30 November: 30 October: 31 February: 28 July: 31 August: 31 March:
                31 May: 31 January: 31 September: 30 December: 31 April: 30]
修改后映射 myMap = map[August: 31 March: 31 May: 31 January: 31 September: 30 December: 31
                April: 30 June: 30 November: 30 October: 31 February: 28 Mid_Month: 31]
```

注意，映射是无序输出的，要按照月份顺序输出，还要使用其他手段。

4.4.6 映射的反转

映射的反转是指映射项的键和值对调，前提是值必须是唯一的，且数据类型满足＝＝和！＝操作符，也就是映射支持的可作为键的数据类型。

例如，商品的名称和条码均是唯一的，这种情况用商品名称作键，或是用其条形码作键都可以，由商品和条码构成的映射，其键和值是可以反转的。

反转操作很简单，通过映射赋值的方式就可以做到，如下所示：

```
package main
import (
    "fmt"
)
func main() {
    productName := map[string]int{"苹果": 100116, "香蕉": 100120, "橘子": 100132, "鸡蛋": 110124, "牛奶": 130125, "饼干": 150147}
    productId := map[int]string{}
    fmt.Println("原始映射: ", productName)
    for key, value := range productName {
    productId[value] = key
    }
    fmt.Println("反转映射: ", productId)
}
```

运行结果：

```
原始映射: map [鸡蛋: 110124 牛奶: 130125 饼干: 150147 苹果: 100116 香蕉: 100120 橘子:
          100132]
反转映射: map[100120: 香蕉 100132: 橘子 110124: 鸡蛋 130125: 牛奶 150147: 饼干 100116:
          苹果]
```

结果是键和值进行了对调，由于键和值都是唯一，键值对变成了值键对，仍然是一一对应的，对调后对于使用没有任何影响。

上机训练

一、训练内容

1. 编程实现从键盘上输入 N 个整数，以 0 结束输入。将输入的整数存放在一个数组里，然后使用冒泡排序法对数组中的数按升序排列并输出。

2. 编程实现从键盘输入 20 个数，按降序排列，并将前 10 个数和后 10 个数整体交换位置并输出。

3. 已知切片 s1＝[A B C D E F G H]，s2＝[a b c d e f g h]，要求编程实现删除 s1 中的“D”和“F”，并在原“F”处插入 s2 中的前 4 个元素，然后打印输出。

二、参考程序

1. 排序输出

参考程序	<pre>package main
	
	import "fmt"
	
	func main() {
	    var myArray [30]int
	    var input, index = 0, 0
	    fmt.Println("请输入多个整数,每输入一个数按回车键,以 0 结束输入")
	    fmt.Scanf(" % d,", &input)
	    for input != 0 {
	        fmt.Scanln()
	        myArray[index] = input
	        fmt.Scanf(" % d,", &input)
	        index++
	        if index > = 30 {
	            break
	        }
	    }
	    fmt.Println("原始的数据", myArray)
	    for i := 0; i < index; i = i + 1 {
	        for j := index - 1; j > i; j = j - 1 {
	            if myArray[j] < myArray[j - 1] {
	                myArray[j], myArray[j - 1] = myArray[j - 1], myArray[j]
	            }
	        }
	    }
	    fmt.Println("排序后数据", myArray)
	}</pre>

运行结果	请输入多个整数,每输入一个数按回车键,以 0 结束输入。 32 34 45 56 67 6 56 67 78 89 67 546 34 56 67

运行结果	78 78 0 原始的数据 [32 34 45 56 67 6 56 67 78 89 67 546 34 56 67 78 78 0 0 0 0 0 0 0 0 0 0 0 0 0] 排序后数据 [6 32 34 34 45 56 56 56 67 67 67 67 78 78 78 89 546 0 0 0 0 0 0 0 0 0 0 0 0 0]

2. 排序与交换

参考程序

```
package main
import "fmt"
func main() {
    var mySlice = []int{12, 32, 3, 45, 66, 76, 34, 56, 76, 74, 32, 54, 24, 43, 45, 66, 75, 64,
67, 33}
    fmt.Println("原始的数据", mySlice)
    for i := 19; i >= 0; i = i - 1 {
        for j := 0; j < i; j = j + 1 {
            if mySlice[j] < mySlice[j + 1] {
                mySlice[j], mySlice[j + 1] = mySlice[j + 1], mySlice[j]
            }
        }
    }
    fmt.Println("排序后数据", mySlice)
    mySlice = append(mySlice[10:], mySlice[:10]...)
    fmt.Println("交换后数据", mySlice)
}
```

运行结果

```
原始的数据 [12 32 3 45 66 76 34 56 76 74 32 54 24 43 45 66 75 64 67 33]
排序后数据 [76 76 75 74 67 66 66 64 56 54 45 45 43 34 33 32 32 24 12 3]
交换后数据 [45 45 43 34 33 32 32 24 12 3 76 76 75 74 67 66 66 64 56 54]
```

3. 字符串连接

参考程序

```
package main
import "fmt"
func main() {
    s1 := []byte{'A', 'B', 'C', 'D', 'E', 'F', 'G', 'H'}
    s2 := []byte{'a', 'b', 'c', 'd', 'e', 'f', 'g', 'h'}
    s3 := append(s1[:3], s1[4:]...) // 取 s1 的前 3 个和后 4 个元素合并 = ABCEFGH
    s4 := append(s3[:4], s3[5:]...) // 取 s3 的前 4 个和后 2 个元素合并 = ABCEGH
    // 取 s2 的前 4 个元素和 s4 的后 2 个元素合并 = abcdGH
    s5 := append(s2[:4], s4[4:]...)
    // 取 s4 的前 4 个元素和 s5 的前 6 个元素合并 = ABCEabcdGH
    s6 := append(s4[:4], s5[:6]...)
    fmt.Printf("最终结果为 s6 = %c\n", s6)
}
```

运行结果

```
最终结果为 s6 = [A B C E a b c d G H]
```

习　题

一、单项选择题

1. 数组声明为 var myarray [10]float32,则其元素的类型是(　　)。

A. int　　B. string　　C. float32　　D. float64

2. 组声明为 var myarray [10]float32,则其长度是(　　)。

A. 9　　B. 10　　C. 32　　D. 0

3. 组声明为 var myarray [20]float32,则其元素索引的最大值是(　　)。

A. 19　　B. 20　　C. 21　　D. 22

4. 组声明不显式指定其长度的话,方括号内是(　　)。

A. []　　B. [...]　　C. [0]　　D. [n]

5. 组声明时方括号内的长度必须是(　　)。

A. 常量　　B. 变量　　C. 布尔值　　D. 以上均可

6. 符串数组声明的默认初值是(　　)。

A. 0　　B. nil　　C. ""　　D. "_"

7. 内置函数 make 可以用来创建以下(　　)数据类型实例。

A. 数组　　B. 切片　　C. 字符串　　D. 以上都可以

8. 两个数组可以相互赋值,则下面说法正确的是(　　)。

A. 长度类型必须一致　　B. 长度类型可以不同

C. 长度相同就行　　D. 类型相同就行

9. 数组声明后,其长度(　　)。

A. 可增加　　B. 固定　　C. 可减少　　D. 不确定

10. 切片中所有元素的类型(　　)。

A. 相同　　B. 不同　　C. 自由选择　　D. 不确定

11. 以下内部函数可以用来获得切片的长度的是(　　)。

A. len()　　B. cap()　　C. make()　　D. append()

12. 以下内部函数可以用来获得切片的容量的是(　　)。

A. len()　　B. cap()　　C. make()　　D. append()

13. 以下内部函数可以用来创建切片的是(　　)。

A. len()　　B. cap()　　C. make()　　D. append()

14. 以下内部函数可以用来合并切片的是(　　)。

A. len()　　B. cap()　　C. make()　　D. append()

15. 下列表达式能将切片 s 的长度增加到其容量的是(　　)。

A. s[:cap(s)]　　B. s[:len()]　　C. s[:len()−1]　　D. s[:cap(s)−1]

16. 下列内置函数能增加切片的容量的是(　　)。

A. len()　　B. cap()　　C. make()　　D. append()

17. 下列内置函数能增加映射的容量的是(　　)。

A. append()　　B. cap()　　C. make()　　D. 以上都不是

18. 下列类型不能作为映射的键的是(　　)。

A. int　　B. string　　C. []string　　D. [8]byte

19. 使用关键字 range 遍历映射时,如果仅赋值给一个变量,则返回值是(　　)。

A. value　　B. key　　C. index　　D. map

20. 内置函数 delete()可以用来删除以下(　　)数据类型。

A. []int　　B. [12]string　　C. map[int]string　　D. []chan

二、判断题

1. Go 语言中数组是值类型。(　　)
2. Go 语言中切片是引用类型。(　　)
3. Go 语言中映射是按值传递的。(　　)
4. Go 语言中两个数组只要类型相同就可以相互赋值。(　　)
5. Go 语言中两个同类型的切片可以相互赋值。(　　)
6. Go 语言中两个同类型的映射可以相互赋值。(　　)
7. Go 语言中数组可以转换成切片。(　　)
8. Go 语言中切片可以转换成数组。(　　)
9. 可以用内置函数 len()来获得数组的长度。(　　)
10. 可以用内置函数 len()来获得切片的长度。(　　)
11. 可以用内置函数 len()来获得映射的容量。(　　)
12. 可以用内置函数 cap()来获得数组的容量。(　　)
13. 可以用内置函数 cap()来获得切片的容量。(　　)
14. 可以用内置函数 cap()来获得映射的容量。(　　)
15. 可以用内置函数 make()来创建数组。(　　)
16. 可以用内置函数 make()来创建切片。(　　)
17. 可以用内置函数 make()来创建映射。(　　)
18. 可以用关键字 range 遍历数组、切片和映射。(　　)
19. 关键字 range 遍历数组时可以返回两个值:index 和 value。(　　)
20. 关键字 range 遍历切片时可以返回两个值:index 和 value。(　　)
21. 关键字 range 遍历映射时可以返回两个值:index 和 value。(　　)
22. 关键字 range 遍历映射时可以返回两个值:key 和 value。(　　)
23. 切片容量不够的时候可以用 make()函数来扩容。(　　)
24. 映射容量不够的时候可以用 append()函数来扩容。(　　)
25. 数组容量不够的时候可以用 append ()函数来扩容。(　　)
26. 可以用 delete()函数来删除切片中的某一个值。(　　)
27. 可以用 delete()函数来删除映射中的某一个值。(　　)
28. 从一个切片中切出来的各个小切片共享一个底层数组。(　　)
29. 切片可以作为映射的键。(　　)

30. 切片可以作为映射的值。(　　)
31. 数组可以作为映射的键。(　　)
32. 数组可以作为映射的值。(　　)
33. 映射中如果值是唯一的话,则值和键可以相互翻转。(　　)
34. 映射的存储是无序的,但是可以实现按键序输出。(　　)
35. 在数组上可以直接切片,切出来的切片仍然是数组。(　　)
36. 在切片上可以直接切片,切出来的切片仍然是切片。(　　)

三、分析题

1. 试分析下面关于切片的声明或创建,哪些是正确的? 哪些是错误的?

A. var slice int[string]

B. var slice []int

C. int slice[]

D. int []slice

E. slice :=make([]int,0,10)

F. slice :=make([]int,20,10)

G. slice :=make([]int,,10)

H. slice :=make([]int,200}

I. slice :=[]int{}

J. slice :=[]int{1,2,3,4}

K. slice :=[...]int{1,2,3,4}

2. 若常量 NUM=5,变量 x=5,试分析下面关于数组的声明,哪些是正确的? 哪些是错误的?

A. var arry int[NUM]

B. var arry [NUM]int

C. int arry[NUM]

D. int [NUM]arry

E. var arry [NUM+5]int

F. var arry [NUM+x]int

G. var arry [int]string

H. var arry=[NUM]int{}

I. arry=[NUM]int{}

J. arry :=[NUM]int{}

K. arry :=[...]int{1,2,3,4}

3. 试分析下面关于映射的声明或创建,哪些是正确的? 哪些是错误的?

A. var m map int[float64]

B. var m map[byte]int

C. var m map[[]byte]string

D. var m map[byte][]int

E. int m map[]int

F. m :=make(map[string]int)

G. m :=make(map[string]int,100)

H. m :=make(map[string]int,100,200)

I. m :=make([byte]int){}

J. m :=make(map[int]string{1: "south",3: "west",5: "north",7: "east",9: "middle"})

K. m :=make(map[[...]int{1,2,3,4}]string)

4. 试分析下面程序的执行结果。

```
func main() {
    list := [10]int{0}
    for i := 0; i < 5; i = i + 1 {
        list[2 * i + 1] = i + 2
        for i := 0; i < 10; i = i + 1 {
            fmt.Printf(" %d ", list[i])
        }
        fmt.Printf("\n")
    }
    fmt.Printf("\n")
}
```

5. 试分析下面程序的执行结果。

```
func main() {
    list := [10]int{2, 1, 2, 2, 1, 2, 3, 2, 1, 2}
    fmt.Printf(" %d\n", list[2])
    fmt.Printf(" %d\n", list[list[2]])
    fmt.Printf(" %d\n", list[list[2] + list[3]])
    fmt.Printf(" %d\n", list[list[list[2]]])
    fmt.Printf(" %d\n", list[(list[2] * 13) % 4 + 4])
}
```

6. 若切片 s=[1 2 3 4 5 6 7 8 9 10],请写出执行以下各表达式后的结果 s1(各表达式相互独立,前后没有影响)。

A. s[3:]

B. s[:6]

C. s[2:5]

D. len(s)

E. s[2:len(s)-3]

F. s[cap(s)-7:len(s)-2]

G. s[:cap(s)]

7. 请写出执行以下各表达式后的结果 s1～S6,以及最终结果。

```
func main() {
    s := []int{1, 2, 3, 4, 5, 6, 7, 8, 9, 10}
    t := []int{5, 4, 3, 2, 1}
```

```
    s1 := s[:4]              // 取 s 前 4 个元素
    s2 := s[5:]              // 取 s 后 5 个元素
    s4 := t[2:]              // 取 t 后 3 个元素
    s5 := append(s4, s2...)  // 将 s 后 5 个元素追加到 t 后 3 个元素后面
    s6 := append(s1, s5...)  // 将 s5 中 8 个元素追加到 s 前 4 个元素后面
    fmt.Println("最终结果: ", append(s6, t...))  // 将 t 追加新切片 s6 后面
}
```

8. 请写出以下程序的执行结果。

```
func main() {
    list := [5]int{2, 1, 2, 4, 5}
    var line [5]int
    for i := 0; i < 5; i = i + 1 {
        line[i] = list[4 - i]
        for i := 0; i < 5; i = i + 1 {
            fmt.Printf("list[ %d] = %d  line[ %d] = %d ", i, list[i], i, line[i])
        }
        fmt.Printf("\n")
    }
    fmt.Printf("\n")
}
```

9. 若已知映射 m=[0:teacher 9:student 2:worker 1:boy 5:girl 7:mother 10:father]，请分析以下程序实现的功能，并写出程序运行结果。

```
package main
import (
    "fmt"
    "sort"
)
func main() {
    m := map[int]string{0: "teacher", 9: "student", 2: "worker", 1: "boy", 5: "girl", 7: "
mother", 10: "father"}
    t := make([]int, 0, len(m))
    for k := range m {
        t = append(t, k)
    }
    sort.Ints(t)
    for _, k := range t {
        v := m[k]
        fmt.Printf("k = %d   v = %s\n", k, v)
    }
}
```

10. 请分析以下程序实现的功能，并写出程序运行结果。

```
func main() {
    Name := map[string]int{"语文": 108, "数学": 118, "英语": 208, "生物": 328, "地
理": 418, "音乐": 518}
    Id := map[int]string{}
    for i, j := range Name {
```

```
            Id[j] = i
        }
        fmt.Println("执行结果为: ", Id)
    }
```

四、简答题

1. 什么是值及值传递?
2. 什么是引用及引用传递?
3. 何谓静态赋值?
4. 何谓动态赋值?
5. 什么是数组?
6. 如何定位数组元素?
7. 什么是数组类型?
8. 什么情况下才是同类型的数组?
9. 数组复制的条件是什么?
10. 数组声明中必须指明长度吗?
11. 对数组下标有什么要求?
12. 指针型数组复制后会改变其指向的单元值吗?
13. 什么是切片?
14. 切片与数组有什么异同点?
15. 如何确定切片的长度?
16. 如何获取切片的长度?
17. 如何确定切片的容量?
18. 如何获取切片的容量?
19. 在容量不变的情况下如何改变切片的长度?
20. 如何缩小切片的容量?
21. 如何对数组进行切片操作?
22. 什么叫映射?
23. 映射的键可以是什么数据类型?
24. 映射的值可以是什么数据类型?
25. 映射在内存中是如何存储的?
26. 如何按键序输出键值对?
27. 如何删除映射中某一项?
28. 可以用 delete 函数删除数组或切片元素吗?
29. delete 函数根据什么来删除映射项?
30. 可以通过值的方式来改变键吗?
31. 如何实现映射的反转?

五、编程题

1. 假设有一个已经按升序排好的整数切片(在程序中直接建立),请编程实现从键盘输入一个任意整数,插入切片中的正确位置,使切片仍为有序。

2. 请编程实现键盘输入一个 3×3 矩阵,并计算每条对角线元素之和,最后打印输出该矩阵及每条对角线元素之和。

3. 请编程实现键盘输入一个有 10 个整数元素的数组,并将该数组按逆序输出。

4. 请编程实现键盘输入一个 8 位整数 a,并从其右端开始取第 4～第 7 位数字。

5. 请编程实现打印输出杨辉三角形(要求打印出 10 行,如下图)。

```
1
1 1
1 2 1
1 3 3 1
1 4 6 4 1
1 5 10 10 5 1
1 6 15 20 15 6 1
1 7 21 35 35 21 7 1
1 8 28 56 70 56 28 8 1
1 9 36 84 126 126 84 36 9 1
```

6. 请从键盘输入由多个元素组成的整型数组,实现数值最大的元素与第一个元素交换,数值最小的元素与最后一个元素交换,并打印输出整个数组。

7. 请编程实现键盘输入由 n 位数字组成的一个整数(n＜＝10)x,使其前面各数顺序向后移 m 个位置(m＜10),使得 x 最后 m 个数顺序不变地成为最前面的 m 个数。

8. 以映射作为数据结构,编程实现输入 10 个学生的学号及姓名构成的键值对,并按键序打印输出。

第5章 函数与错误处理

程序设计中有两种最基本的模式：面向过程编程和面向对象编程。面向过程的编程也叫顺序编程或结构化编程，而面向对象的编程没有严格的顺序关系，以事件驱动为基础，以类为程序单位。面向对象的编程语言主要有Java、C++、C#、python等。

严格来说，Go语言是属于面向过程的编程语言。Go语言作为一种结构化的编程语言，以模块作为程序单位，每一个模块独立完成特定任务，模块之间相互独立，只有调用与被调用的关系，这样的模块叫作函数。

Go语言程序就是由函数构成的：由一个到多个函数构成包，由一个到多个包构成一个Go语言程序或项目。

Go语言函数包括标准库函数、内置函数、第三方函数、用户自定义函数等。前面各章节用到的打印函数fmt.Printf、扫描函数fmt.Scanf等都是标准库函数。标准库函数需要用import关键字引入相应的标准包才能使用。

而前面章节中用到的make、append、len等函数称为内置函数，内置函数不需要引入，可以直接使用。

Go语言作为开源项目，有大量的第三方包及海量的开源函数可以供下载，下载安装后需要的时候用import引入即可。

Go语言原则上规定，所有函数必须以一条return语句结束，return语句可以带0个到多个返回值。

本章主要讲用户自定义函数，下面从函数的声明开始介绍。

5.1 函数的声明

视频讲解

5.1.1 内部函数的声明

内部函数是指函数的作用域是在包内或整个Go语言程序内（在各个包内可见）的函数。内部函数与变量一样，必须先声明后使用，函数声明的语法格式如下：

```
func 函数名称(参数列表)(返回值列表){
    函数体
}
```

Go语言的函数由两大部分组成：函数头和函数体。函数头包括关键字、函数名和函数签名构成；函数体由一对大括号和若干Go语句构成。下面分别说明。

func：为函数声明关键字，不能省略，必须为小写，不允许首字母大写。

函数名称：函数名称可以是任何合法的 Go 语言标识符，其命名规则与变量名一样，首字母小写，其作用域为本包内，首字母大写则包外可见，可以被其他包引用。函数名称是可以省略的，没有名称的函数称为匿名函数或闭包。

参数列表：为传入函数的所有参数，称为形参，必须用小括号括起来，参数的数量可以是 0 个到多个，即使没有参数小括号也不能省略。多个参数可以不同类型，参数之间必须用逗号隔开。

返回值列表：为函数调用后的返回值列表。Go 语言函数支持多返回值，因此采用列表的形式。多个返回值需要用逗号隔开，用小括号括起来。函数可以没有返回值，这时小括号可以省略。如果只有一个返回值，也可以省略小括号，仅写上返回值类型即可。

参数列表与返回值列表一起并称为"函数签名"。需要注意的是函数名和函数签名不是同一个概念。

函数体：函数体由一对大括号和若干 Go 语句构成，左大括号必须紧接函数签名，与函数头处于同一行，右大括号必须是函数体的最后一行，建议单独成行。函数体内不允许再声明命名函数，但可以声明匿名函数（称为闭包）。Go 语言函数不支持嵌套、重载及默认参数。

5.1.2 匿名函数的声明

所谓匿名函数就是没有名字的函数，采用以下格式声明：

```
func (参数列表)(返回值列表){
    函数体
}
```

匿名函数的声明除了没有函数名称之外，其他的与命名函数完全相同。对于命名函数，如果有返回值，它可以作为一个变量来参与表达式运算，完成函数调用，将运算结果赋给某一个变量；如果没有返回值，函数可以作为一个语句运行，完成调用。

但是，匿名函数由于没有名字，无法按名字调用，或者作为单独语句运行，必须在定义的时候就赋值给一个变量，然后以这个变量来代替匿名函数被调用；或者在其定义的右大括号外加上一对小括号，表示对该匿名函数的调用。例如：

```
Add := func (x, y int)int{
            return x + y
        }
sum := Add(3,4)     // sum = 7
```

上述 Add 就是一个匿名函数变量，可以替代匿名函数被调用。匿名函数也可以自执行，而不必借助某个变量，例如：

```
Add := func (x, y int)int{
            return x + y
        }(3,4)          // Add = 7
```

这时，Add 不再是匿名函数变量，而是普通变量，其值为 7，而函数变量的值为函数。

5.1.3 外部函数的声明

Go 语言除了可以引用标准库函数，第三方库之外，还可引用一些用其他语言实现的函数，例如汇编语言函数或 C 语言函数等。如果要引用外部定义的函数，需要在 Go 语言程序内部预先进行声明，声明格式如下：

```
func 函数名(参数列表)回值列类型
```

声明一个在外部实现的函数，只需要给出函数名及函数签名，不需要给出函数体，因而大括号及函数体是不需要的。例如：

```
func copmare(x int, y int) int
```

仅仅需要给出函数头，函数的具体实现在外部完成。

5.1.4 函数类型的声明

在 Go 语言中，函数属于一等值，也就是说函数可以当作变量来使用，可以给一个变量赋值。函数变量不同于基础数据类型变量，基础数据类型变量的类型由声明时指明的数据类型决定，而函数变量的类型就是函数，需要通过 type 关键字来声明，其语法格式如下：

```
type ftn func (参数列表)(返回值列表)
```

可见，函数类型由关键字 type、func 及函数签名构成，不需要函数体。函数类型变量可以像普通变量一样给其他变量赋值，不过其内容为函数，不是某个字面量。函数类型也可以作参数，无论实参还是形参，都可以是函数类型。

不同签名的函数类型不能相互比较，不能相互赋值。因此，函数签名就成了函数类型的关键特征。如果定义了一个函数类型的变量，给它赋值的只能是相同类型的函数，即签名相同的函数。

请认真阅读分析以下例子，体会函数类型的定义与作用。

下述程序的功能是实现求长方形、三角形和圆环的面积，只要输入长方形的两个边长或三角形的底和高以及圆环的外圆半径及内圆半径，就可以计算其面积。

```go
package main
import "fmt"
type areatype func(float64, float64) float64      // 定义一个函数类型
func rectangle(l, w float64) float64 {            // 计算长方形面积
    return l * w
}
func triangle(b, h float64) float64 {             // 计算三角形面积
    return b * h / 2.0
}
func ring(R, r float64) float64 {                 // 计算圆环面积
    return 3.1416 * (R*R-r*r)
}
func area(x, y float64, z areatype) float64 {     // 计算面积通用方法
    return z(x, y)
}
func main() {
    l, w := 22.3, 37.5
    rect := area(l, w, rectangle)                 // 采用通用方法 area 求面积
    fmt.Printf("长方形面积为: %.2f\n", rect)
    b, h := 52.33, 23.5
```

```
    tri := area(b, h, triangle)                    // 采用通用方法 area 求面积
    fmt.Printf("三角形面积为: %.2f\n", tri)
    R, r := 23.63, 13.45
    rin := area(R, r, ring)                        // 采用通用方法 area 求面积
    fmt.Printf("圆环的面积为: %.2f\n", rin)
}
```

运行结果：

```
长方形面积为: 836.25
三角形面积为: 614.88
圆环的面积为: 1185.87
```

程序分析：

上述 area 函数的参数列表里有三个参数：两个浮点数 x,y 以及一个函数类型变量 z。前两个变量用来表示边长等图形参数，后一个函数变量用来赋值不同的函数，计算不同形状的面积。

这就是函数变量的典型应用，也是函数作为参数的一种方式，称为引用传递，后续内容会详细介绍。Go 语言的这种用法极像面向对象程序设计的方法重载。这也就是为什么说面向过程的 Go 语言也具备一定的面向对象的编程特性。

视频讲解

5.2 函数的参数

函数定义时的参数称为形式参数，简称“形参”；而函数调用时传入的参数为实质参数，简称“实参”。形参只在函数体内使用，其作用域为从函数头的形参列表处延伸到函数体结束。如果函数体内又嵌入了匿名函数，则形参在匿名函数内仍然可见。

5.2.1 参数列表的格式

函数的参数列表可以包含 0 个到多个变量。参数必须是变量，不可以是常量及常量表达式，也不可以是变量表达式。例如，NUM 为常量，x,y 为变量，以下格式都是非法的：

```
func fa(x int ,80)int{...}          // 常量不可作参数
func fa(y int ,80 + NUM)int{...}    // 常量表达式不可作参数
func fa(x int ,y + 80)int{...}      // 变量表达式不可作参数
func fa(x + y int )int{...}         // 变量表达式不可作参数
```

参数列表里只允许出现变量名及变量类型，多个变量之间用逗号分隔。所有参数最后必须用小括号括起来，0 个参数也不能省略小括号。

如果多个参数类型相同，就不必每个变量都声明类型，在最后一个变量后面声明即可，如下所示：

```
func fa(x,y,z int,a,b,c float64)int{...}
```

原则上要求所有参数命名，尽管不命名，仅保留类型也是合法的，如下所示：

```
func fa(int, float64)int{...}
```

这种情况下，输入的实参实际上没起作用，因为函数体内没有传入实参，上述函数等同

于无参数函数

```
func fa()int{...}
```

如果需要外部传入实参，则形参一定要命名。尽管参数是命名的，但是传递实参的时候还得按照形参的顺序传递，并不能因为命名了就可以打乱顺序，哪怕实参与形参同名，也必须按顺序传递。这就意味着参数传递只按顺序不按名字，与名字无关，只与位置有关，这就意味着实参和形参可以不同名。

函数的参数可以是基础数据类型、字符串、数组、切片、函数、自定义类型等。其中，基础数据类型、字符串、数组、结构体等类型都是值传递，变量直接将值的副本传入函数，不改变变量的原值，比较简单。而切片、映射、通道、指针等均为引用传递，传入的是地址。Go 语言中数组是按值传递的，传递的是数组的副本。小数组没什么问题，大型数组会消耗大量的内存资源，应避免使用值传递，可以使用地址传递。数组作参数分两种情况：数组元素作参数及整个数组作参数，在定义形参的时候，其类型不同，需谨慎，下面分别说明。

(1) 数组元素作为参数。

如果以单个数组元素作为函数的参数，则在函数定义时其形参的数据类型必须与数组的元素类型相同。函数调用时，数组元素必须用元素变量的形式作实参，即用数组名称及方括号下标的形式，其中下标可以是常量，也可以是变量，甚至是表达式。

单个数组元素是不能作为函数形参的，只能以实参传入函数。单个数组元素作参数的应用比较少见，大多数情况下都是以整个数组作参数。

(2) 以整个数组作为参数。

若以整个数组作为实参传入函数，则在函数声明时，其形参类型必须为相同的数组类型。作为数组类型，其长度和元素类型是其关键特征。只有长度和元素类型都一致的数组实参才可以被传入。请看以下的例子：

```
package main
import "fmt"
func fa(x [3]int) int {        // 形参 x 为长度等于 3 的 int 型数组
    return x[1] * 8
}
func main() {
    var s = [3]int{1, 2, 3}
    //    var t = [4]int{1, 2, 3, 4}
    h := fa(s)                 // 实参 s 为长度等于 3 的 int 型数组
    // h := fa(t)              // 系统运行错误
    fmt.Println("结果 =", h)
}
```

运行结果：

```
结果 = 16
```

从上述程序可以看出，实参数组必须与形参数组的长度和类型一致，才能被传入的函数接收，以使函数可以正确运行。

如果执行 fa(t)，系统会提示错误，并给出以下错误信息：cannot use t (type [4]int) as type [3]int in argument to fa。

很显然,Go语言认为type [3]int与type [4]int不属于同一类型。因此,将数组作为参数的时候,数组是作为一种类型来定义的,也就是该参数类型为数组类型。我们把上述例子改成以下形式,大家可能更容易理解。

```
package main
import "fmt"
type stype [3]int           // 自定义一个类型为[3]int 的数组类型
func fa(x stype) int {      // 变量 x 为 stype 类型的数组
    return x[1] * 8
}
func main() {
    var s = stype{1, 2, 3} // 数组 s 满足 stype 类型的要求
    h := fa(s)
    fmt.Println("结果 h = ", h)
}
```

运行结果:

```
结果 h = 16
```

上述程序中直接定义一个类型stype来代替一个数组类型,程序接着就可以用该类型来声明数组变量及参数类型了。

5.2.2 可变参数

函数的参数个数事实上是可变的,由于参数不定,因此最后一个参数后面需要用省略号表示,省略号后面是参数类型。这就意味着所有的可变参数都与最后一个参数同类型。所以,可变参数一定要放在参数列表的最后,如下所示:

```
func fa(x int, y ...float64)int{block}
```

意味着变量y及以后所有变量都为float64类型。很显然,这就是一个float64类型的切片。因此,可变参数实质就是数据类型为Type的切片[]Type。既然参数可变,就意味着数量不确定,但函数调用执行的时候必须确定变量的具体数量,怎么做到这点呢?

前文已经指出了可变参数实质就是个切片,那么就可以使用关键字range遍历的方式准确获得全部参数。请参看以下的例子。

假设有以下可变参数函数,求所有参数值之和:

```
package main
import "fmt"
func fgh(x int, y ...int) int {
    sum := 0
    for _, value := range y {
        sum += value
    }
    return sum + x
}
func main() {
    var y = []int{1, 2, 3, 4, 5, 6}
    sum1 := fgh(10, y...)
```

```
    sum2 := fgh(1, 3, 6, 9, 12, 15)
    fmt.Println("sum1 = ", sum1)
    fmt.Println("直接输入多参数: sum2 = ", sum2)
}
```

运行结果：

```
sum1 = 31
直接输入多参数: sum2 = 46
```

函数 fgh 为可变参数函数，至少需要一个整型参数，可以有无数多个整型参数。上述程序使用了两种方法调用该函数，第一种采用一个整数切片 y 作为实参(用切片作实参的时候必须在切片名字后面加上省略号)；第二种直接使用多参数调用，参数数量可以多，也可以少，两种调用结果相同。

5.2.3 值传递和引用传递

函数调用的过程实质就是用实参代替形参，执行函数体的过程。实参代替形参有两种方式：值传递和引用传递。

值传递就是用实参值的副本赋给形参，形参以该副本值参与各种表达式运算，运算结果有可能影响形参，即实参的副本，对实参原值却没有影响。

引用传递就是以实参的地址传递给形参，因此要求形参必须是地址类型的变量，或指针变量。形参获得了实参的地址，访问该地址就可以获得实参的值。如果形参所在表达式修改了形参(指针)指向的值，则相当于修改了实参的值。因此，引用传递是有副作用的，对实参的原值会有影响。

Go 语言中默认基础数据类型、数组、字符串、结构体等都为值传递；切片、映射、通道、指针包括函数等为引用传递。Go 语言中字符串即使按值的方式传递，但是编译系统内部实际上还是按地址传递的，这点用户不用理会。因为，就算是地址传递，由于 Go 语言规定字符串是不可以更改的，因此传值和传地址，字符串内容都不变。Go 语言中数组也是按值传递的，如果是小数组，代价还不算大；如果是大数组则代价巨大。幸运的是，Go 语言中数组不常用，大多数情况下都可以用切片来代替，且情况良好。

函数作参数会有两种传递方式：如果是直接调用函数，利用其运行结果作为被调用函数的参数，则是值传递。对于值传递要求函数的返回值的类型和数量要严格满足被调用函数的形参要求，下文会用例子来说明这种应用。如果函数作为形参的类型，则是引用传递，传入的是可执行函数的首地址，如 5.2.2 小节函数类型声明中展示的例子。

结构体与函数类似，可以是按值传递，也可以是按引用传递。如果结构体的字段较少，是可以采用值传递的；如果是字段比较多的大型结构体，建议设计一个指针指向结构体，使用指针作参数，从而间接引用结构体，形成引用传递。这方面的例子等讲到结构体相关章节时再提供。下面举例说明两种参数传递方式的应用。

1. 值传递

(1) 整型、浮点型、字符串型的传递。

以下程序声明了三个变量，分别代表整型、浮点型和字符串型。在被调用函数内部也声明同名同类型的三个变量，让实参与形参同名，在函数内对该三个变量进行修改，然后作为返回值。在主函数处观察调用前后变量值的变化以及与返回值的关系。

```
package main
import "fmt"
func f1(x int, y float64, z string) (int, float64, string) {
    x = x + 10
    y = y + 10
    z = z + "abc"
    fmt.Printf("被调用函数内部变量 x = %d, y = %.2f, z = %s\n", x, y, z)
    return x, y, z
}
func main() {
    x, y, z := 1, 2.1, "student"
    fmt.Printf("函数调用前变量 x = %d, y = %.2f, z = %s\n", x, y, z)
    a, b, c := f1(x, y, z)
    fmt.Printf("函数调用后变量 x = %d, y = %.2f, z = %s\n", x, y, z)
    fmt.Printf("函数调用返回值 x = %d, y = %.2f, z = %s\n", a, b, c)
}
```

运行结果：

```
函数调用前变量 x = 1, y = 2.10, z = student
被调用函数内部变量 x = 11, y = 12.10, z = studentabc
函数调用后变量 x = 1, y = 2.10, z = student
函数调用返回值 x = 11, y = 12.10, z = studentabc
```

程序分析：

可以看出，程序的执行流程是主函数 main 调用子函数 f1。

子函数有三个形参，分别为整型变量 x、浮点型变量 y 及字符串型 z。

主函数中也定义了三个同名的变量并赋值。调用前及调用后主函数 main 定义的三个变量的值都没有发生变化。三个变量的值(副本)传入子函数后，在子函数内均被修改了，并将修改后的值作为返回值传给调用者。

主函数获得的返回值是变量值的副本被修改后的值，其原值保持不变，这就是值传递的本质。

(2) 数组的传递。

数组也是一种类型，其类型特征包含长度及元素类型。因此，形参的类型也必须是数组类型，才能将数组实参传递给数组类型的形参，参看以下程序。

```
package main
import "fmt"
func f1(x [3]int) {
    x[0] = x[0] + 10
    x[1] = x[1] + 10
    x[2] = x[2] + 10
    fmt.Printf("被调用函数内部变量 x = %d\n", x)
    return
}
func main() {
    x := [3]int{1, 2, 3}
```

```
    fmt.Printf("函数调用前变量 x = %d\n", x)
    f1(x)
    fmt.Printf("函数调用后变量 x = %d\n", x)
}
```

运行结果：

```
函数调用前变量 x = [1 2 3]
被调用函数内部变量 x = [11 12 13]
函数调用后变量 x = [1 2 3]
```

程序分析：

从程序的执行结果可以看出，数组也是按值传递的，调用前后并不改变数组元素的原值。

在被调用的子函数内修改的是数组元素值的副本，改变后的副本的值也可以用 return 返回。本例中没有返回值，只是演示子函数程序内修改数组的值，看是否能影响数组元素的原值。

（3）函数的传递。

函数作为值来传递是利用函数的返回值，本质上是以函数调用作为函数的参数。对于这种情况，被调用函数的形参列表与作为参数调用的函数的返回值列表必须完全相同。请参看以下例子：

```
package main
import "fmt"
func f1(x, y, z int) (sum, avg int) {
    sum = x + y + z
    avg = sum / 3
    return
}
func f2(a, b int) int {
    return a + 3 * b
}
func main() {
    x, y, z := 1, 2, 3
    q1 := f2(x, y)
    q2 := f2(f1(x, y, z))
    fmt.Printf("直接值传递调用 q1 = %d\n", q1)
    fmt.Printf("函数调用传递 q2 = %d\n", q2)
}
```

运行结果：

```
直接值传递调用 q1 = 7
函数调用传递 q2 = 12
```

程序分析：

上述程序中，子函数 f2 的形参为两个整型变量，直接使用两个整型实参就可以调用。如果用一个函数的返回值来代替两个整型的实参，则该函数的返回值列表必须是两个整型的返回值。

子函数 f1 的返回值列表正好是两个整型变量，满足 f2 的形参要求。因此，可以用函数

f1 的返回值来作为子函数 f2 的参数，实现一个函数(f1)的返回值作为另一个函数(f2)的参数，这就是函数的值传递方式。

(4) 结构体的传递。

结构体的知识还没讲解到，在这里为了函数内容叙述的完整性，先提供一个简单的例子，若是暂时看不懂也不要紧，待以后熟悉结构体相关知识后可以再回来了解。

```
package main
import "fmt"
type s struct {
    name   string
    height float64
    weight float64
}
func f1(x s) {
    x.name = "李四"
    x.height = 1.75
    x.weight = 78.96
    fmt.Printf("输入张三的参数,在子函数内修改成李四的参数!修改后的参数如下: \n")
    fmt.Printf("姓名: %s\n", x.name)
    fmt.Printf("身高: %.2f\n", x.height)
    fmt.Printf("体重: %.2f\n", x.weight)
    return
}
func main() {
    var q s
    q.name = "张三"
    q.height = 1.82
    q.weight = 85.85
    fmt.Printf("张三的参数原值是: \n")
    fmt.Printf("姓名: %s\n", q.name)
    fmt.Printf("身高: %.2f\n", q.height)
    fmt.Printf("体重: %.2f\n", q.weight)
    f1(q)
    fmt.Printf("张三的参数被调用修改后是: \n")
    fmt.Printf("姓名: %s\n", q.name)
    fmt.Printf("身高: %.2f\n", q.height)
    fmt.Printf("体重: %.2f\n", q.weight)
}
```

运行结果：

```
张三的参数原值是:
姓名: 张三
身高: 1.82
体重: 85.85
输入张三的参数,在子函数内修改成李四的参数!修改后的参数如下:
姓名: 李四
身高: 1.75
体重: 78.96
张三的参数被调用修改后是:
姓名: 张三
身高: 1.82
体重: 85.85
```

程序分析：

上述例子演示了结构体传递是按值传递的，张三的参数传入后被修改成了李四，但是调用返回后张三的参数并没有改变，说明子函数修改的是张三的副本，这就是值传递的原意。

程序中首先定义一个结构体类型 s，包含三个字段：姓名、身高和体重，分别是字符串型和浮点型。接着定义一个函数 f1，其参数 x 为结构体型 s，要调用这个函数，实参也必须是结构体型 s。

子函数的作用就是修改传入结构体的各字段值，用新的值覆盖原来的值，并打印输出，程序没有设计返回值。

主函数 main 里先定义一个结构体 s 类型的变量 q，然后给这个变量赋值。把张三的参数赋给结构体变量 q，然后打印原值，紧接着以结构体变量 q 为实参调用函数 f1。

子函数 f1 修改 q 的参数并打印。

主函数调用 f1 返回后再次打印 q 的参数，观察变化情况。

运行结果证明，q 的原值在调用前后均没发生变化，变化的是 q 的副本。这就是以值传递的结构体，下文中会再次演示以引用的方式传递结构体。

2. 引用传递

所谓引用传递，就是函数的形参类型为地址或指针，实参类型也必须为地址或者指针，这种地址传递就称为引用传递。

(1) 函数的传递。

函数类型变量的传递方式包括值传递和引用传递，值传递是以函数调用后的返回值作为实参，前面已经举例。引用传递是将函数作为实参传递给形参，要求形参的类型为函数类型，且传入的实参也必须是同类型的函数。

函数的引用传递程序示例，如下所示：

```
package main
import "fmt"
type ft func(int, int) int
func f2(a, b int) int {
    return a + b
}
func f1(x, y int, f ft) int {
    return f(x, y)
}
func main() {
    x, y := 1, 2
    q1 := f1(x, y, f2)
    fmt.Printf("函数类型传递   q1 = %d\n", q1)
}
```

运行结果：

```
函数类型传递 q1 = 3
```

程序分析：

上述程序首先定义一个函数类型，这个函数类型的函数签名是：

```
func (int,int)int
```

任何函数的具体实现，只要其函数签名与上述函数签名相同，就是同一类型函数，就可以相互比较或赋值。上述程序定义的函数 f2 就是上述类型的函数。

程序接着定义一个通用函数 f1，其形参包括两个整数型变量 x，y 以及一个函数型变量 f。函数变量用来传递 ft 类型的函数，本例中传入的是 f2 函数。

从运行结果来看，程序运行实现了预定的功能。

(2) 结构体的传递。

从上文例子中我们已经看到，结构体是以值传递的，如果要引用传递结构体，则需要用到指针。有关指针的知识将在后续章节中介绍，这里大家先有个感性认识。

下面以前文中已演示的结构体值传递的例子为基础加以改造，来演示结构体的引用传递如何实现。我们先定义一个指针指向结构体，然后以指针为实参传入子函数，则子函数内的形参就被赋值为指针，在子函数中修改指针指向的字段值，并在子函数内显示修改后的结果，返回主函数后继续关注修改的结果是否仍然有效。程序如下所示：

```
package main
import "fmt"
type s struct {
    name   string
    height float64
    weight float64
}
func f1(p * s) {
    p.name = "李四"
    p.height = 1.75
    p.weight = 78.96
    fmt.Printf("输入张三的参数,在子函数内修改成李四的参数!修改后的参数如下: \n")
    fmt.Printf("姓名: %s\n", p.name)
    fmt.Printf("身高: %.2f\n", p.height)
    fmt.Printf("体重: %.2f\n", p.weight)
    return
}
func main() {
    q := s{"张三", 1.82, 85.85}
    p := &q
    fmt.Printf("张三的参数原值是: \n")
    fmt.Printf("姓名: %s\n", p.name)
    fmt.Printf("身高: %.2f\n", p.height)
    fmt.Printf("体重: %.2f\n", p.weight)
    f1(p)
    fmt.Printf("张三的参数被调用修改后是: \n")
    fmt.Printf("姓名: %s\n", p.name)
    fmt.Printf("身高: %.2f\n", p.height)
    fmt.Printf("体重: %.2f\n", p.weight)
}
```

运行结果：

```
张三的参数原值是:
姓名: 张三
```

```
身高: 1.82
体重: 85.85
输入张三的参数,在子函数内修改成李四的参数!修改后的参数如下:
姓名: 李四
身高: 1.75
体重: 78.96
张三的参数被调用修改后是:
姓名: 李四
身高: 1.75
体重: 78.96
```

程序分析:

在上述主函数 main 中先定义一个结构体变量实例 q,并赋初值。然后定义一个指针 p 指向 q,打印 p 指向的字段值,就是 q 的初值。

然后以 p 为实参,调用函数 f1,在 f1 内形参也用 p 表示。修改 p 指向的字段内容,打印显示修改后的内容,然后退出子函数,没有返回值。

回到主函数后再次打印 p 指向的值,发现 q 的内容被改变了。

说明引用传递,不传递具体的值,只传递值的地址,在子函数中利用该值的地址,修改值的内容,退出调用程序后,修改仍然有效。

这表明子函数中修改的不是值的副本,而是值本身,这就是值传递与引用传递的区别。

(3) 指针的传递。

在 Go 语言中数组是值传递的,对于大型数组的传递,由于需要生成副本,会消耗系统大量的资源。所以,C 语言等编程语言都是以数组名为引用来传递参数。

事实上,在 Go 语言里我们也可以使用指向数组的指针来传递数组,以实现类似 C 语言的功能。

我们知道,值传递时数组元素的原值是不变的,子函数中修改的只是数组元素的副本。

以下程序采用数组的引用传递,通过子函数来修改数组的原值,执行完毕后请查看结果,看是否能达到预期的目的。

```go
package main
import "fmt"
func f1(p *[10]int) {
    for i, value := range p {
    p[i] = 2 * value
    }
    return
}
func main() {
    x := [10]int{12, 32, 3, 4, 5, 6, 7, 8, 23, 34}
    p := &x
    fmt.Printf("调用前数组的原值 x = %d\n", x)
    f1(p)
    fmt.Printf("调用后数组的现值 x = %d\n", x)
}
```

运行结果:

```
调用前数组的原值 x = [12 32 3 4 5 6 7 8 23 34]
调用后数组的现值 x = [24 64 6 8 10 12 14 16 46 68]
```

程序分析:

上述程序中定义了一个子函数 f1,它的参数是一个长度为 10 的 int 型数组指针,调用它时的实参也必须是指针,而且也必须是指向长度为 10 的 int 型数组,否则会导致类型不匹配。

在子函数中修改数组的值,让其每个元素的值加倍。返回主程序中再查询一下数组是否被改,以检验子程序的修改是否会影响数组原值。

从程序运行结果来看,达到了预期目的,数组的原值被修改成功,证明数组也是可以采用引用传递的。

(4) 切片的传递。

由于切片的灵活性,事实上,Go 语言中很少使用数组,完全可以使用切片来代替。切片原生就是按引用传递的,传递时对内存资源的占用极少。

对切片内容的操作也极为方便,可以使用 range 关键字遍历出全部切片内容及其索引值,然后根据需要进行操作,程序如下所示:

```go
package main
import "fmt"
func f1(slice []int) (int, int) {
    sum := 0
    for _, value := range slice {
    sum += value
    }
    aver := sum / len(slice)
    return sum, aver
}
func main() {
    x := []int{1, 2, 3, 4, 5, 6, 7, 8, 9, 10}
    sum, aver := f1(x)
    fmt.Printf("切片元素之和为 sum = %d\n", sum)
    fmt.Printf("切片元素均值为 aver = %d\n", aver)
}
```

运行结果:

```
切片元素之和为 sum = 55
切片元素均值为 aver = 5
```

程序分析:

上述程序中先定义一个子函数 f1,其参数为 int 切片类型。因此,调用它的主函数的实参也必须为切片,而且是同类型的 int 切片。

子函数实现了对切片元素的求和及求平均值。

(5) 映射的传递。

Go 语言默认映射也是按引用传递的。引用传递的最大特征是对内存资源的消耗极少,而且不是值的副本操作,因而对原值有直接影响。

以下例子是映射的引用传递，通过子函数往映射里添加项目，在调用返回后再查看映射，检查添加是否成功。

```
package main
import "fmt"
func f1(mp map[int]string) {
    mp[100] = "张三"
    mp[200] = "李四"
    return
}
func main() {
    mq := map[int]string{1: "teacher", 2: "stdent", 3: "boy", 4: "girl"}
    fmt.Printf("调用前的映射为 %v\n", mq)
    f1(mq)
    fmt.Printf("调用后的映射为 %v\n", mq)
}
```

运行结果：

```
调用前的映射为 map[3: boy 4: girl 1: teacher 2: stdent]
调用后的映射为 map[1: teacher 2: stdent 3: boy 4: girl 100: 张三 200: 李四]
```

程序分析：

从程序执行结果来看，在子函数中添加的两个映射项目在主程序也能查到，说明子函数的添加操作成功，程序达到了预期的目的。

同时也进一步说明，引用传递是可以修改原值的。

Go 语言默认通道也是按引用传递的，有关内容我们放到第 10 章并发编程中介绍。

5.2.4 空接口作为参数

在前文的叙述中，函数的参数必须是有明确类型的，且类型要在参数列表中明确表示。事实上，Go 语言允许使用空接口 interface{}来表示任意类型。回忆一下我们多次使用的打印语句 fmt.Printf，其原型是这样的：

```
func Printf(format string, a ...interface{}) (n int, err error)
```

上式中，format 为字符串类型的格式串，变量 a 为空接口类型，可变参数都为空接口类型。按 Go 语言规定，任何类型都实现了空接口，因此可用空接口代表任何数据类型。也就意味着打印语句的参数可以是任意数据类型。

任何函数的参数都可以使用空接口，尤其是可变参数，这为函数的使用提供了极大的方便。从此，函数调用者再也不必刻意改变或转换实参的类型了，任何类型的实参都可以直接传入函数，函数也能正确执行。

有关空接口方面的知识我们在后续章节中再叙述。以空接口作为参数的例子包括打印语句和扫描语句等，前文已有多处使用，这里不再举例。

视频讲解

5.3 函数的返回值

函数作为一个独立执行单元，其执行结果可以保留在内存中，也可以通过返回变量传递给调用者，其返回值的格式可有多种。

5.3.1 返回值列表的格式

函数的返回值可以有 0 个到多个,形成返回值列表,但不允许有可变参数。返回值列表必须用小括号括起来,不可以用省略方式表示可变返回值。返回值的类型可以是基础数据类型,也可以是复合数据类型,甚至是函数类型。0 个或者只有一个返回值的时候,小括号可以省略(非命名返回值)。而两个以上的返回值必须用小括号括起来。每个返回值必须明确指定数据类型,各个返回值之间用逗号隔开。

返回值可以仅仅给出数据类型,各个数据类型之间用逗号隔开。也可以采用命名返回值,命名的返回值也必须指定类型。多个命名的相同类型的返回值可以连续写,最后写一个数据类型标识符即可。

所有返回值要么全部命名,要么全部不命名,不可以部分命名,部分不命名。命名的返回值位置是任意的,如果不命名,则 return 的返回值类型必须与返回值列表中的类型匹配,而且数量、位置必须一致。

当只有一个返回值的时候可以不命名而只写类型,省略小括号;也可以命名,但是不能省略小括号。

以下的返回值列表写法是合法的:

```
func Name(para_list){block}                         // 无返回值
func Name(para_list)int{block}                      // 一个返回值
func Name(para_list)(sum int){block}                // 一个命名返回值
func Name(para_list)(x int,y int){block}            // 两个命名返回值
func Name(para_list)(x,y int){block}                // 同类型,可缩写
func Name(para_list)(int,int,float){block}          // 返回值不命名
```

而下述的返回值列表写法是非法的:

```
func Name(para_list)(){block}                       // 没有返回值,不用小括号
func Name(para_list)sum int{block}                  // 命名返回值需要小括号
func Name(para_list)(sum int,float64){block}        // 不允许部分命名返回值
func Name(para_list)(sum int,x...string ){block}    // 不允许用省略号
func Name(para_list)(x,y,z){block}                  // 缺少类型说明
```

5.3.2 函数作为返回值

函数作返回值用到了匿名函数的概念,以函数作为返回值的函数通常被称为工厂函数,顾名思义,就是生产函数的函数。返回的函数必须是匿名函数,或者称为闭包。

以下程序示例的函数 f1 就称为工厂函数,它可以产生 4 个不同的函数,分别用于"求和""求差""求积"及"求均值"。

根据传入的字符串内容不同返回不同的函数。调用工厂函数返回一个匿名函数,并赋值给一个变量,这个变量称为对匿名函数的引用。

匿名函数也必须经由变量的引用才能被执行。

```
package main
import "fmt"
func f1(a string) func(x, y float64) float64 {
```

```
    if a == "求和" {
        return func(x, y float64) float64 {
            return x + y
        }
    } else if a == "求积" {
        return func(x, y float64) float64 {
            return x * y
        }
    } else if a == "求均值" {
        return func(x, y float64) float64 {
            return (x + y) / 2
        }
    }
    return func(x, y float64) float64 {
        return (x - y)
    }
}
func main() {
    add := f1("求和")
    mul := f1("求积")
    ave := f1("求均值")
    dec := f1("求差")
    fmt.Printf("求和: %.2f  求差: %.2f  求积: %.2f  求均值: %.2f\n", add(2, 3),
dec(13, 7), mul(4, 5), ave(6, 7))
}
```

运行结果：

```
求和: 5.00 求差: 6.00 求积: 20.00 求均值: 6.50
```

程序分析：

上述程序中，add，mul，ave 及 dec 都是对闭包的引用，本身也成为闭包，被 fmt. Printf 引用。

函数作为返回值的时候一定要注意函数签名，返回的闭包的签名一定要和函数的返回值函数的签名一致。

例如，上述的 x，y 两个浮点型参数及一个浮点型返回值。如果返回的闭包的签名与返回值函数的签名不一致，会导致系统报错。

5.3.3 多返回值处理

如果被调用函数只有两三个返回值的时候，只需要在返回值列表里列出即可。但是，如果数量比较多的返回值需要处理，那就不能这么做了，例如，对结构体或数组等需修改的数据量比较大的情况。这时，可以采用引用传递的方式，直接操作实参，改变原值。

如果返回值都是同类型的则可以用切片作参数；如果是不同类型数据的返回值，则可以使用结构体，然后使用指向结构体的指针作参数。

多返回值的函数不建议作为语句单独执行，因为其返回值将会被丢弃。最好作为表达式来为变量赋值。

当多返回值函数作表达式赋值给变量的时候，一定要采用平行赋值的方式。赋值符左边的变量个数必须与返回值个数一致，且变量必须预先定义，否则必须采用短变量赋值操作符“:=”赋值。如下所示：

假设有函数

```
func f1(para_list)(a,b int,c string){block}
```

则必须用以下方式调用该函数

```
var x,y int
var z string
x,y,z = f1(real_list)
```

或者

```
x,y,z := f1(real_list)
```

x,y,z 严格对应 a,b,c 顺序，数量不能少，位置不能错，否则系统将报错。

5.3.4 return 语句

return 语句为函数的最后一个语句，用来指明返回值，原则上要求所有函数都要保留，以明示函数结束。但是，Go 语言为了程序员少敲键盘，允许程序员有条件地省略 return 语句。如果函数不带返回值，则可以省略 return 语句；如果函数带有返回值，则必须以 return 语句结束函数，无论 return 语句后面是否带有表达式，都不可省略。return 语句后面可以带返回值表达式，也可以为空。

如果函数的返回值为匿名函数，则 return 必须返回同类型匿名函数，不得为空。

如果函数的返回值列表里只有变量类型，没有命名变量，则 return 语句必须带返回值表达式，表达式的数量与返回值的类型数量一致，表达式计算结果的类型与返回值列表中的签名类型必须完全一致。

如果 return 语句后面带有多个表达式，每个表达式可以用小括号括起来，也可以没有，各表达式之间用逗号隔开。

如果返回值列表里所有变量都是命名的，那么 return 后面要么什么都不写，要么全写返回值变量，而且数目、顺序必须一致。

视频讲解

5.4 匿名函数与闭包

匿名函数就是没有函数名字的函数，在很多编程语言中都有。在 Go 语言中，匿名函数也称为闭包，在特定场合下很有用。

匿名函数与命名函数的唯一差别是没有名称，其他的都一样。

以下是一个简单的匿名函数声明：

```
func (a,b string)string{
    return a + b
}
```

上述匿名函数用来合并两个字符串，但是，因为没有名字，无法单独执行。

要执行匿名函数有两种方式，一种是在声明的同时加入实参，让其直接执行。方法是在函数体的右大括号外部加入一对小括号，小括号内输入参数，如下所示：

```
package main
import "fmt"
func main() {
    fmt.Printf("%s\n", func(a, b string) string {
     return a + b
    }("Hello, ", "World!"))
}
```

运行结果：

```
Hello, World!
```

另一种方法是将匿名函数赋给一个变量，通过变量的引用来执行函数，如下所示：

```
package main
import "fmt"
func main() {
    q := func(a, b int) int {
                return a + b
        }
    fmt.Printf("q = %d\n", q(2, 3))
}
```

运行结果：

```
q = 5
```

上述程序中变量 q 为匿名函数的引用，为一个函数类型变量。如果匿名函数在定义的时候直接给它赋值执行，则 q 就会成为一个普通的整型变量，为匿名函数的返回值，请看下例：

```
package main
import "fmt"
func main() {
    q := func(a, b int) int {
            return a + b
            }(12, 23)
    fmt.Printf("q = %d\n", q)
}
```

运行结果：

```
q = 35
```

从上述程序可以看出，变量 q 已不再是匿名函数的引用，而是匿名函数的返回值，只是个普通变量，打印的时候不能再以引用的方式 q(12,23)，而只能以普通的变量方式 q。

匿名函数在很多地方都很有用，例如定义函数类型就需要用匿名函数，以函数作为返回值也需要匿名函数，有些局部应用也常常使用闭包的形式。

闭包作为函数的返回值时，这样的函数也叫工厂函数。下例就是一个工厂函数的典型例子。

```
package main
import "fmt"
type fit func(int, int, int) int        /* 定义一个函数类型 */
func sum(x, y, z int) int {             // 求和
    return x + y + z
}
func mul(x, y, z int) int {             // 求乘积
    return x * y * z
}
func aver(x, y, z int) int {            // 求平均值
    return (x + y + z) / 3
}
func max(x, y, z int) int {             // 求最大值
    switch {
    case x >= y && x >= z:
        return x
    case y >= x && y >= z:
        return y
    case z >= y && z >= x:
        return z
    }
    return 0
}
func min(x, y, z int) int {             // 求最小值
    switch {
    case x <= y && x <= z:
        return x
    case y <= x && y <= z:
        return y
    case z <= y && z <= x:
        return z
    }
    return 0
}
func normal(s string, f []fit) fit {    // 工厂函数
    var x fit
    switch s {
    case "sum":
        x = f[0]
    case "mul":
        x = f[1]
    case "aver":
        x = f[2]
    case "max":
        x = f[3]
    case "min":
        x = f[4]
    }
```

```
    return x
}
func main() {
    var a, b, c int
    f := make([]fit, 5)              //  函数仓库
    f[0] = sum
    f[1] = mul
    f[2] = aver
    f[3] = max
    f[4] = min
    fmt.Println("请输入三个整数: ")
    fmt.Scanf("%d,%d,%d", &a, &b, &c)
    result := normal("sum", f)       // 采用工厂函数返回所需算法函数
    fmt.Printf("三个数之和为: %d\n", result(a, b, c))
    result = normal("mul", f)
    fmt.Printf("三个数之积为: %d\n", result(a, b, c))
    result = normal("aver", f)
    fmt.Printf("三个数平均值为: %d\n", result(a, b, c))
    result = normal("max", f)
    fmt.Printf("三个数之最大值为: %d\n", result(a, b, c))
    result = normal("min", f)
    fmt.Printf("三个数之最小值为: %d\n", result(a, b, c))
}
```

运行结果：

```
请输入三个整数:
32,53,78
三个数之和为: 163
三个数之积为: 132288
三个数平均值为: 54
三个数之最大值为: 78
三个数之最小值为: 32
```

程序分析：

要实现工厂函数，需要遵循几个步骤：

（1）要先定义一个通用的函数类型，工厂生产出来的函数保持类型一致；

（2）定义好类型相同的函数 n 个；

（3）定义一个函数类型的切片，将上述定义好的 n 个函数全部装入切片中，构成函数库；

（4）再定义一个工厂函数，该函数的参数为一个函数选择变量及一个函数类型切片。选择变量告诉工厂函数，应该产出什么函数，函数类型切片保存有 n 个用户自定义的函数，工厂函数根据用户的选择指令，从切片中选择一个函数返回；

（5）主程序以选择指令及切片函数库作为实参调用工厂函数，返回所需的子函数赋给一个变量；

（6）主函数中根据用户输入的参数作实参，调用该参数所代表的函数。

工厂函数有点类似面向对象的函数的多态。

5.5 init 函数和 main 函数

5.5.1 init 函数

视频讲解

init 函数为 Go 语言保留的用于包级别的初始化函数，该函数不能接收任何参数，也没有返回值。init 函数由用户实现，但用户不能显式调用它，只能由操作系统调用执行。每个包内可以有 0 到多个 init 函数，多个 init 函数的执行顺序默认按其出现的顺序。各个包内的 init 函数的执行顺序严格按照引入的顺序执行。一个包在不同的包中被引入多次，实际只有第一次会被执行，以后再次出现引入相同的包名会被编译系统忽略。每个被引入包内的 init 函数总是先于引入它的包被执行。每个包内的执行顺序总是先创建常量和变量，接着执行 init 函数，然后再返回引入它的上层包。Go 语言程序的具体执行顺序流程图如图 5-1 所示。

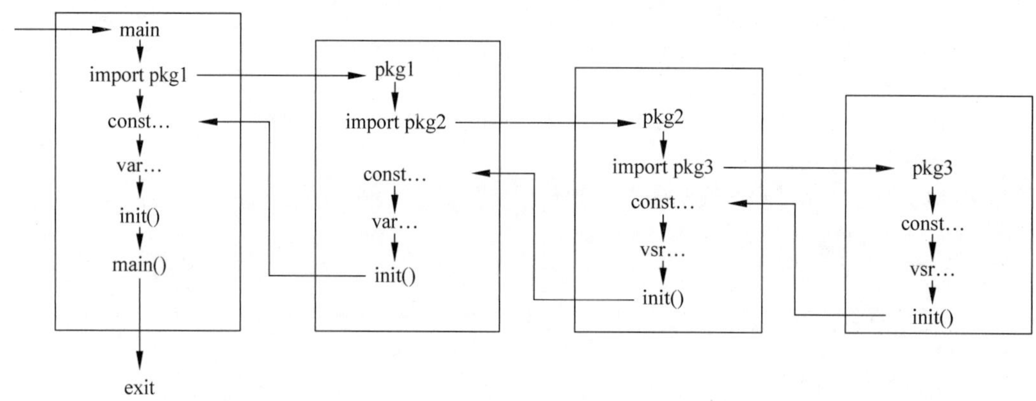

图 5-1　init 函数执行顺序图

5.5.2 main 函数

Go 语言规定 Go 程序必须有一个 main 包，main 包中必须有一个 main 函数，用作程序的入口。尽管有 init 函数的存在，先于 main 函数被执行，但是，init 函数仅仅是包级别的初始化，多用于环境变量、注册等应用，只有 main 函数才是用户程序的真正开始。main 函数没有参数，也没有返回值，不使用 return 语句。Go 语言在执行完所有包的 init 函数及常量、变量定义后开始执行 main 函数，main 函数执行完毕，将退出程序，返回操作系统。

视频讲解

5.6 错误与恢复机制

错误是不可避免的，无论是在编译期间还是在运行期间。在编译期间出现的问题都是小问题，好处理，易于解决。运行期间出现的错误往往导致程序崩溃，是大问题，需要提前于编程期间就做好预案。对于错误的处理，Go 语言提供了一些机制，比如提供了 error 错误类型接口，还有 errors 标准包、defer 语句、内置函数 panic 和 recover 等，下面分别说明。

5.6.1 错误信息提示

程序运行过程中都不可避免地会出现错误，例如我们使用浏览器的时候，有时候打不开网页；发送电子邮件的时候，有时发送失败；登录账号的时候输错密码；输入身份证号码的时候数字位数不足，或使用了非法字符等，诸如此类的错误，都会导致程序无法正常执行，甚至崩溃死锁等。当出现程序执行中断的时候，用户或者编程人员都想知道是什么原因导致程序执行失败。这时候如果程序能返回错误信息提示，将非常有利于用户及编程人员排查错误。Go 语言的内置函数 panic 就是用来抛出这种错误信息的。在 Go 语言标准库中有大量的函数都带有错误返回信息，请看我们经常使用的打印语句的格式：

```
func Printf(format string, a ...interface{}) (n int, err error)
```

上述打印语句有两个返回值：n 表示输出字符数，err 表示错误信息。这种错误信息就不是由内置函数 panic 抛出的，而是由程序员根据错误情况提前预置的。如果我们错误地使用了打印语句，系统就会根据错误类型，返回不同的错误信息，提示用户检查。如果是在运行时出现的未知错误，错误信息会由运行时系统使用 panic 函数抛出。根据错误提示，顺藤摸瓜，就很容易发现问题的根源。

5.6.2 defer 语句

defer 语句在 Go 语言中称为滞后执行语句，主要用于函数返回前清理现场使用。其语法格式是：

```
defer  函数或方法
```

defer 语句后边必须是已定义的函数或方法，表示由 defer 语句执行对函数或方法的调用。因而，defer 后不能是表达式，但可以是匿名函数或闭包。defer 语句可以放在函数体内任何位置，且一个函数体内允许有多条 defer 语句，其执行顺序采用堆栈机制，先出现后执行。defer 语句还可以嵌套，即 defer 语句执行的函数体内还可以包含其他的 defer 语句。

以下这段代码常常被用来说明不使用 defer 存在的隐患：

```
func CopyFile(dstName, srcName string) (written int64, err error) {
src, err := os.Open(srcName)
if err != nil {
    return
}
dst, err := os.Create(dstName)
if err != nil {
    return
}
written, err = io.Copy(dst, src)
dst.Close()
src.Close()
return
}
```

上述程序代码用来复制一份文件，如果源文件能正常打开，以及目标文件名能正常创建,则复制过程大致顺利。如果其中的创建目标文件出现错误,程序直接返回,则后续的文件关闭工作将被忽略,有可能导致已经打开的源文件受损。

为此,可以使用 defer 语句对上述程序进行修改,如下所示:

```
func CopyFile1(dstName, srcName string) (written int64, err error) {
src, err := os.Open(srcName)
if err != nil {
    return
}
defer src.Close()
dst, err := os.Create(dstName)
if err != nil {
    return
}
defer dst.Close()
return io.Copy(dst, src)
  }
```

利用 defer 的滞后执行特性,在函数 return 返回之前,执行 defer 语句,把文件关闭,就可避免出现安全隐患。

不管是正常的 return 返回,还是由于错误发生导致的返回都会触发 defer 的执行。

在一个函数中 defer 语句可以有多个,但是执行的时候是按逆序执行的,类似堆栈,先进后出,先出现的 defer 语句最后执行。

defer 的执行时间是在函数的返回值计算完毕之后马上返回到调用者之前执行,即 return 语句后的表达式计算完毕之后。

在程序中每遇到一个 defer 语句,会即时解析 defer 语句后函数的参数,并会暂存实参的当前值,但不执行该函数体。

defer 语句调用的函数或方法的作用域与 defer 语句所在函数的作用域相同,这就意味着 defer 语句所在函数的返回值可以被 defer 语句中调用的函数或方法修改。请仔细观察以下例子:

```
package main
import (
    "fmt"
)
func main() {
    var x [5]struct{}
    for i := range x {
    defer func(y int) { fmt.Println(y) }(i)
    }
}
```

运行结果:

```
4
3
2
1
0
```

从上述结果可以看出，defer 语句的打印语句是按逆序打印的，而且每个打印语句保留了 i 的值。再继续观察：

```
package main
import (
    "fmt"
)
func main() {
    var x [5]struct{}
    for i := range x {
    defer func() { fmt.Println(i) }()
    }
}
```

运行结果：

```
4
4
4
4
4
```

我们将上述程序进行了修改，将带参数的闭包改成不带参数，执行结果有点出乎预料。上述程序说明两个问题：

第一，Go 语言解析 defer 语句时仅保留当前传入函数的实参，不考虑函数体内的变量值，即不解析函数体；

第二，如果把 defer 语句后的函数称为子函数，defer 语句所在的函数称为母函数的话，那么子函数与母函数的作用域相同，子函数执行的时候能够读到母函数变量的当前值。因此，上述程序最后执行 defer 语句的时候能读到 i 的当前值为 4。在遍历 x 的时候，由于闭包不带参数，defer 后的函数不带参数，不需要传入实参，所以并没有暂存解析 defer 时 i 的当前值，只有执行到函数体的时候才会去读取 i 值，这时 i 值已经为 4，导致执行每一个 defer 输出都是 4。关于作用域的问题还可以参看以下例子：

```
package main
import (
    "fmt"
)
func F(a, b int) (s int) {
    defer func() { s = 2 * s }()
    return a + b
}
func main() {
    s := F(1, 2)
    fmt.Printf("s = %d\n", s)
}
```

运行结果：

```
s = 6
```

从上述程序可以看出，defer 语句后的函数能够读取母函数的命名返回值，并加以修改。当然，这种用法不太合乎常理，一般 return 的返回值就是函数的执行结果，不应该再被修改。上述用法只是用来证明 defer 执行函数的作用域与 defer 所在函数的作用域相同。

defer 语句最常见的使用是配合 recover 函数，恢复被 panic 函数中断的程序，下面两小节将详细说明。

5.6.3 panic 函数

panic 的中文意思叫"恐慌"，程序运行过程中出现恐慌那就意味着出现了异常，有可能导致程序崩溃。运行时 panic 由 runtime 系统触发，一旦触发将中断程序的运行，并给出相关错误信息。panic 也是 Go 语言的内置函数，可以由用户主动显式调用。panic 函数的格式为：

```
panic(v interface{})
```

由于 panic 函数的参数为空接口，意味着 panic 函数接受任意类型的参数，实际编程中主要是传入错误信息，多为字符串类型。

程序员在编程过程中也可以人为地插入一些 panic 函数，返回特定信息，以便于程序调试。显式调用 panic 函数举例如下：

```
package main
import (
    "fmt"
)
func main() {
    var w int
    fmt.Printf("panic()函数显式调用测试!请输入一个正数: \n")
    fmt.Scanf("%d\n", &w)
    if w <= 0 {
    panic("输入非法,程序异常退出!")
    }
    fmt.Printf("w = %d\n", w)
    fmt.Printf("程序结束,正常退出!\n")
}
```

运行结果：

```
panic()函数显式调用测试!请输入一个正数:
-9
panic: 输入非法,程序异常退出!

goroutine 1 [running]:
main.main()
C:/Users/Administrator/q1/q1.go: 12 +0x186
```

由于输入不满足要求，触发了 panic 函数的执行，程序异常退出，并打印 panic 函数的参数内容，以及层层退出堆栈的内容。

程序中断退出，无法正常执行后续的 w 参数打印输出。

请看下面的正常输出：

运行结果：

```
panic()函数显式调用测试!请输入一个正数:
9
w=9
程序结束,正常退出!
```

事实上，如果程序员能够预料到的错误，一般不用显式调用 panic 函数，因为该函数会导致程序非正常退出。通常的做法都是返回一个错误值，程序员会根据不同的错误值来处理异常。例如，上述程序可更改如下：

```go
package main
import (
    "errors"
    "fmt"
)
func getint() (w int, err error) {
    fmt.Printf("请输入一个正数: \n")
    fmt.Scanf("%d\n", &w)
    if w <= 0 {
        err = errors.New("输入非法,请按要求输入!")
        return
    }
    return
}
func main() {
    w, err := getint()
    fmt.Printf("w = %d   err = %v\n", w, err)
    fmt.Printf("程序结束,正常退出!\n")
}
```

运行结果：

```
请输入一个正数:
-9
w = -9    err = 输入非法,请按要求输入!
程序结束,正常退出!
```

用户输入了一个非法数字，程序正常退出，返回输入值及一个错误值。而且不影响调用者，调用者程序流程可以继续执行。这种程序设计思路更加合理，不会异常中断程序。

如果输入正确的数字，结果如下：

运行结果：

```
请输入一个正数:
6
w=6 err=<nil>
程序结束,正常退出!
```

因此，在程序中尽可能地不用 panic，如果是意料之外由 runtime 触发的 panic，程序员无法避免。但是，还是有办法不让程序直接退出的，这就需要配合 recover 函数来使用。

5.6.4 recover 函数

recover 函数是 Go 语言提供的专门用于“拦截”运行时 panic 信息的内建函数，它可以使当前的程序从运行时 panic 中断状态中恢复并重新获得流程控制权。recover 函数的格式如下：

```
func recover() interface{}
```

recover 函数不接收任何参数，但是能拦截 panic 抛出的错误信息，并以接口类型返回。recover 函数用来恢复被 panic 中断的程序。recover 函数只能在 defer 语句后的函数中被显式调用，在其他地方被调用不会产生任何效果，仅返回一个 nil 值。

由于运行时 panic 异常一旦被触发就会导致程序崩溃，因此，为免服务中断，一般都在函数中配备 defer 语句，让 defer 执行 recover 来捕获 panic 信息，根据捕获的信息执行相关的操作，以恢复被 panic 中断的程序。

如果 defer 语句所在的函数发生了 panic 异常，而 defer 语句又调用了内置函数 recover，则 recover 函数会使程序从 panic 中恢复，并返回一个 panic value，根据该 value 就可以判断错误类型，执行相关操作。

导致 panic 异常的函数不会继续运行，但能正常返回调用者，返回前会执行 defer 语句。在未发生 panic 时调用 recover 函数，recover 函数会返回 nil。

下面的示例说明不加 recover 函数的执行结果：程序层层退出至操作系统。

```
package main
import "fmt"
func Test1() {
    fmt.Println("recover 函数功能测试.Test1")
    return
}
func Test2() {
    panic("Test2 函数异常: panic")
    return
}
func Test3() {
    fmt.Println("recover 函数功能测试.Test3")
    return
}
func main() {
    Test1()
    Test2()
    Test3()
}
```

运行结果：

```
recover 函数功能测试.Test1
panic: Test2 函数异常: panic

goroutine 1 [running]:
main.Test2(...)
D:/Go 语言/src/ttqqq.go: 18
main.main()
D:/Go 语言/src/ttqqq.go: 29  + 0x45
```

执行 Test1 函数的时候，屏幕打印输出正常。

执行 Test2 函数的时候，由于显式调用了 panic 函数，导致程序中断，直接退出 Test2 函数，接着直接退出 main 函数，于是 main 函数中的 Test3 函数没得到执行。

如果使用了 recover 函数，则 Test3 函数就可以正常执行，如下所示：

```
package main
import "fmt"
func Test1() {
fmt.Println("recover 函数功能测试.Test1")
    return
}
func Test2() (err error) {
    defer func() {
    if p := recover(); p != nil {
        err = fmt.Errorf("发生异常： %v", p)
    }
    }()
    panic("Test2 函数异常: panic")
    fmt.Println("发生 panic 后,测试是否还正常执行本打印项目.")
    return
}
func Test3() {
    fmt.Println("recover 函数功能测试.Test3")
    return
}
func main() {
    Test1()
    err := Test2()
    fmt.Println(err)
    Test3()
}
```

运行结果：

```
recover()函数功能测试.Test1()
发生异常: Test2()函数异常: panic
recover()函数功能测试.Test3()
```

由于 Test2 函数中设置了 defer 语句，其中的闭包调用了 recover 函数，使得被 panic 中断掉的 Test2 函数能正常返回，主函数中调用 Test2 的返回值 err 有效，且其后的打印语句及 Test3 函数都可以正常执行。

这就是 recover 函数所起的作用。

细心的读者可能会发现，Test2 函数中的"fmt. Println"语句并没有被执行，而是直接执行 return 返回了。这就说明 recover 函数不是从 panic 引起的中断处恢复，而是直接从 return 处恢复。同时也说明任何情况下退出函数之前都会执行 defer 语句。

defer 语句后的函数执行过程中可能还会触发 panic，当有多个 panic 出现的时候，recover 函数捕获的是最后一个 panic 携带的信息；同理，当有多个 recover 函数执行的时候，只有第一个 recover 函数能够捕获 panic 的信息。参看以下例子：

```
package main
import "fmt"
func test1() {
    defer func() {
        fmt.Println("1: recover = ", recover())
    }()
    defer func() {
        fmt.Println("2: recover = ", recover())
    }()
    defer func() {
        panic("1: defer panic")
    }()
    test2()
    panic("2: test panic")
}
func test2() {
    defer func() {
        fmt.Println("3: recover = ", recover())
    }()
    defer func() {
        fmt.Println("4: recover = ", recover())
    }()
    defer func() {
        panic("3: defer panic")
    }()
    panic("4: test panic")
}
func main() {
    test1()
}
```

运行结果：

```
4: recover = 3: defer panic
3: recover = <nil>
2: recover = 1: defer panic
1: recover = <nil>
```

由上述函数的执行结果可以看出，两个 test 函数内的 panic 信息总是捕获不到，defer 后的 panic 信息总是能捕获到。说明后出现的 panic 信息会覆盖之前的 panic 信息，因而 recover 函数捕获的总是最后一个 panic 的信息。

一旦 panic 的信息被捕获成功后，panic 信息字段将被清空，因而后续的 recover 函数将捕获不到信息，只能返回 nil 值。

视频讲解

5.7 递归函数

在函数定义中，如果出现了直接或间接调用自身，这样的函数称为递归函数，这样的调用称为递归调用。

（1）直接递归调用。

直接递归调用形式如下所示：

```
func recu(x, y int)int{
   a := x + y
   b := x - y
   c := recu(a,b)
  …
   return m
}
```

显然，直接调用是在函数定义中自己调用自己，这是比较纯粹的递归调用。

（2）间接递归调用。

我们再来看看如下形式的函数调用：

```
func sum(x,y int)int{
     ...
   s := add (y,x)
   return s
}
func add(x,y int)int{
   c := sum(x,y)
    ...
   return c
}
```

这种调用方式是在被调用的函数中调用自己，这种调用称为间接调用。无论是直接还是间接调用自己，都称为递归调用。

递归调用表面上看来像死循环，但是，只要合理地设置结束条件，是可以避免死循环的。

递归函数算法在实际生活中也是很有意义的，如求 n 的阶乘，实现斐波那契数列，实现快速排序算法等。下面我们用递归函数来求 n 的阶乘，n 由键盘输入。

```
package main
import "fmt"
func multn(n int) (result int) {
    if n > 0 {
        result = n * multn(n - 1)
    return
    }
    return 1
}
var result int
func main() {
    var x int
    fmt.Println("请输入一个大于 1 的整数：")
    for {
        fmt.Scanf(" %d\n", &x)
            if x > 1 {
               break
        }
```

```
        fmt.Println("输入参数不合格,请重新输入.")
        }
        result = multn(x)
        fmt.Printf(" % d 的阶乘是: % d\n", x, result)
}
```

输出:

```
请输入一个大于 1 的整数:
7
7 的阶乘是: 5040
```

视频讲解

5.8 内置函数简介

Go 语言预定义了一些常用的函数,方便用户编程时直接引用。Go 语言的内置函数不用声明,可直接引用。各个内置函数简要介绍如下:

- append——切片追加函数,返回值为切片 slice。
- close——关闭函数,用于关闭 channel 或者 file。
- delete——从 map 中删除 key 对应的 value。
- panic——停止常规的 goroutine,抛出异常。
- recover——异常处理和恢复。
- real——返回复数 complex 的实部。
- imag——返回复数 complex 的虚部。
- make——创建并初始化 slice,map,channel。
- new——返回指向 Type 的指针。
- cap——返回切片或映射的容量 capacity。
- copy——复制 slice,返回复制的数目。
- len——返回切片、数组、映射的长度 length。

上 机 训 练

一、训练内容

1. 编程实现由键盘输入任意个整数,将其中的奇数和偶数构成两个切片输出。

2. 编程实现从键盘输入三个整数,用子函数方式求三个数的和及均值(浮点型),并打印输出。

3. 编程实现从键盘输入若干整数,找出其中的素数,以切片的形式输出,并统计所有素数之和。

二、参考程序

1. 编程实现由键盘输入任意个整数,将其中的奇数和偶数构成两个切片输出。

参考程序

```
package main
import (
    "fmt"
)
func getoddeven(slice []int) (sl1, sl2 []int) {
    for _, value := range slice {
        if value % 2 != 0 {
            sl1 = append(sl1, value)
        } else {
            sl2 = append(sl2, value)
        }
    }
    return
}
func main() {
    var (
    input, i   int
    slice     []int
    )
    slice1 := make([]int, 100)
    fmt.Println("请输入任意数目的整数,用逗号分隔,输入负数结束.")
    for input >= 0 {
        fmt.Scanf("%d,", &input)
        if input >= 0 {
            slice1[i] = input
            i++
        }
    }
    for _, value := range slice1 {
        if value == 0 {
            break
        }
        slice = append(slice, value)
    }
    fmt.Printf("输入的整数为 %v\n", slice)
    slice2, slice3 := getoddeven(slice)
    fmt.Printf("输入中的奇数为 %v\n", slice2)
    fmt.Printf("输入中的偶数为 %v\n", slice3)
}
```

运行结果

```
请输入任意数目的整数,用逗号分隔,输入负数结束.
12,43,54,23,45,65,78,76,45,32,97,57,342,4567,432,35,45,73,-9
输入的整数为 [12 43 54 23 45 65 78 76 45 32 97 57 342 4567 432 35 45 73]
输入中的奇数为 [43 23 45 65 45 97 57 4567 35 45 73]
输入中的偶数为 [12 54 78 76 32 342 432]
```

2. 编程实现从键盘输入三个整数,用子函数方式求三个数的和及均值(浮点型),并打印输出。

参考程序	```
	package main
	import "fmt"
	func sm(x, y, z int) (int, float64) {
	    sum := x + y + z
	    ave := float64(sum) / 3.0
	    return sum, ave
	}
	func main() {
	    var a, b, c int
	    fmt.Println("请输入三个整数：")
	    fmt.Scanf("%d,%d,%d", &a, &b, &c)
	    sum, ave := sm(a, b, c)
	    fmt.Printf("sum = %d ave = %.2f\n", sum, ave)
	}
	``

运行结果	请输入三个整数: 32,15,61 sum = 108 ave = 36.00

3. 编程实现从键盘输入若干整数,找出其中的素数,以切片的形式输出,并统计所有素数之和。

参考程序

```
package main
import (
    "fmt"
)
func getprime(slice []int) (sl1 []int) {
    for _, value := range slice {
        i := 2
        for i < value {
          if value % i == 0 {
              break
          }
          i++
        }
        if i == value {
            sl1 = append(sl1, value)
        }
    }
    return
}
func main() {
    var (
    input, i int
    slice    []int
    )
    slice1 := make([]int, 100)
    fmt.Println("请输入任意数目的整数,用逗号分隔,输入负数结束.")
```

续

参考程序	<pre> for input >= 0 {
	            fmt.Scanf("%d,", &input)
	            if input >= 0 {
	                slice1[i] = input
	                i++
	            }
	        }
	    for _, value := range slice1 {
	        if value == 0 {
	            continue
	        }
	        slice = append(slice, value)
	    }
	    fmt.Printf("输入的整数为 %v\n", slice)
	    sprime := getprime(slice)
	    sum := 0
	    for _, value := range sprime {
	        sum += value
	    }
	    fmt.Printf("输入其中的素数为 %v\n", sprime)
	    fmt.Printf("输入的素数之和为 %v\n", sum)
	}</pre>

运行结果	请输入任意数目的整数,用逗号分隔,输入负数结束. 123,23,34,45,56,67,78,809,87,67,5,45,45,34,2,323,,3445,456,65,723,23,23,45,-8 输入的整数为 [123 23 34 45 56 67 78 809 87 67 5 45 45 34 2 323 323 3445 456 65 723 23 23 45] 输入其中的素数为 [23 67 809 67 5 2 23 23] 输入的素数之和为 1019

习　　题

一、单项选择题

1. 以下关键字用来声明函数的是(　　)。

   A. var　　B. func　　C. type　　D. new

2. 以下关键字用来声明函数类型的是(　　)。

   A. make　　B. func　　C. type　　D. close

3. 假设函数声明为 func f(a,b int)(int,int){block},以下 return 正确的是(　　)。

   A. return b　　B. return a int　　C. return a+b　　D. return a,b

4. 以下函数声明的参数列表正确的是(　　)。

   A. func f(a,b)(int,int){block}　　B. func f(a int,b)(int,int){block}

   C. func f(a,b int)(int,int){block}　　D. func f(int a,b)(int,int){block}

5. 以下函数声明的返回值列表正确的是(　　)。

A. func f(a,b int)(x int,int){block}　　B. func f(a,b int)(int x,y int){block}

C. func f(a,b int)(int x, y){block}　　D. func f(a,b int)(x,y int){block}

6. 下列数据类型为引用型的是(　　)。

A. string　　B. [12]int　　C. []bype　　D. float64

7. 如果要实现函数参数可变,下列声明方式正确的是(　　)。

A. func f(a,b int...)(int,int){block}　　B. func f(a,b ... int)(int,int){block}

C. func f(a int,... b)(int,int){block}　　D. func f(... a, b int)(int,int){block}

8. 下列(　　)数据类型为值类型。

A. 映射　　B. 通道　　C. 数组　　D. 切片

9. Go 语言执行程序的入口是(　　)函数。

A. new()　　B. init()　　C. main()　　D. append()

10. 属于 Go 语言的内置函数的是(　　)。

A. new()　　B. init()　　C. main()　　D. app()

11. 获取数组长度的内置函数的是(　　)。

A. new()　　B. len()　　C. main()　　D. make()

12. 可以用来将切片扩容的函数是(　　)。

A. new()　　B. len()　　C. cap()　　D. append()

13. 以下(　　)是滞后执行语句。

A. delay　　B. defer　　C. late　　D. after

14. 以下(　　)函数可以用来中断程序执行并抛出异常。

A. close()　　B. delete()　　C. panic()　　D. recover()

15. 以下(　　)函数可以用来捕获 panic 抛出的信息。

A. recover()　　B. panic()　　C. defer()　　D. append()

16. defer 语句只能执行(　　)。

A. 算术表达式　　B. 逻辑表达式　　C. 函数　　D. 字符串表达式

二、判断题

1. 函数是独立可执行的一个程序块。(　　)
2. 函数只有被调用后才会执行。(　　)
3. 函数可以没有任何参数。(　　)
4. 函数可以没有任何返回值。(　　)
5. init()函数是一个不接收任何参数也没有返回值的函数。(　　)
6. Go 语言程序的入口为 init()函数。(　　)
7. Go 语言的 main()函数可以放入任何包中。(　　)
8. 用户可以在任何位置调用 init()函数。(　　)
9. 用户可以在任何位置调用 main()函数。(　　)
10. 函数的参数列表可以仅包含类型,不命名变量。(　　)
11. 函数的返回值列表可以仅包含类型,不命名变量。(　　)

12. 函数的返回值列表可以部分命名变量。(　　)
13. 函数的返回值列表可以全部命名变量,不使用类型。(　　)
14. 闭包可以通过赋值一个变量来被引用。(　　)
15. 闭包不赋值变量也可以直接执行。(　　)
16. 函数也可以作为函数的参数。(　　)
17. 函数也可以作为函数的返回值。(　　)
18. 函数可以嵌套调用。(　　)
19. 函数可以嵌套声明(匿名函数除外)。(　　)
20. 函数作为实参时是按值传递的。(　　)
21. 数组作为参数时是按引用传递的。(　　)
22. 映射作为参数时是按值传递的。(　　)
23. 结构体作为参数时是按引用传递的。(　　)
24. 切片作为参数时是按值传递的。
25. 以函数作为返回值的函数可以称为工厂函数。(　　)
26. 函数的可变参数实质是一个同类型的切片。(　　)
27. 函数的参数列表为空时小括号可以省略。(　　)
28. 函数的返回值列表为空时小括号可以省略。(　　)
29. 函数的返回值列表中各变量之间用分号隔开。(　　)
30. 声明类型函数时必须带函数名称标识符。(　　)
31. 滞后执行语句 defer 必须放置在函数的最后紧接着 return 语句。(　　)
32. recover 函数可以从 panic 引起的断点处恢复继续执行程序。(　　)
33. 在程序中任何位置调用 recover 函数效果是一样的。(　　)
34. 用户显式调用 panic 仅影响其所在函数,对调用方没有影响。(　　)
35. 程序中有多个 defer 语句的话,其执行顺序是按其出现的先后顺序执行。(　　)
36. defer 语句执行的只能是函数或方法。(　　)
37. 运行时 runtime 触发的 panic 是不可以恢复的。(　　)
38. 连续多个 panic 的话,recover 函数只能捕获到最后一个 panic 的信息。(　　)

三、分析题

1. 请找出以下函数声明中的错误并改正。

   A. func f(a,b)(int,int){block}

   B. func f(int a,int b)(int,int){block}

   C. func f(a,b)(x,y){block}

   D. func f(a,b int)(a int,int){block}

   E. func f(a,b int)(x,y){block}

   F. func f(a[2],b int)(int,int){block}

   G. func f(a,b struct)(int,int[3]){block}

   H. func f(a,b []type)x int{block}

   I. func f(a,b int)y {block}

   J. func f(a,b int[])(int,int){block}

2. 请找出以下函数调用中的错误并改正。

A. fun(x int)

B. fun(int)

C. fun(x int; y int)

D. fun([]int)

3. 请找出以下函数定义中的错误。

A.
```
func f(x int,y int){
        x :=10
        ...
        return x
    }
```

B.
```
func f(x int,y int)(a,b int){
        return x+y
    }
```

C.
```
func f(x int,y int)(a,b int){
        a=x+y-b
        return x-y
    }
```

D.
```
func f(x int,y int)int{
        z :=x+y
        return
    }
```

4. 请找出以下函数类型定义中的错误。

A. func ft(int,int)(int,int)

B. type func ft(int,int)(int,int)

C. func type ft(int)(int,int)

D. type ft func(int)(int,int){block}

E. type ft func(int)(x)

5. 请分析以下程序功能并给出执行结果。

```
package main
import "fmt"
func multn(n int) (result int) {
    if n > 0 {
        result = n * multn(n - 1)
        return
    }
    return 1
}
func main() {
    var x int
    fmt.Println("请输入一个大于 1 的整数: ")
    for {
        fmt.Scanf(" % d\n", &x)
        if x > 1 {
            break
        }
        fmt.Println("输入参数不合格,请重新输入.")
    }
    result := multn(x)
    fmt.Printf(" % d 的阶乘是: % d\n", x, result)
}
```

6. 请分析以下程序实现的功能并给出执行结果。

```
package main
import "fmt"
```

```
func sm(x, y, z int) (int, float64) {
    sum := (x + y + z)
    ave := float64(sum) / 3.0
    return sum, ave
}
func main() {
    var a, b, c int
    fmt.Println("请输入三个整数: ")
    fmt.Scanf("%d, %d, %d", &a, &b, &c)
    sum, ave := sm(a, b, c)
    fmt.Printf("sum = %d   ave = %.2f\n", sum, ave)
}
```

7. 请分析以下程序段的执行结果。

```
package main
import "fmt"
func main() {
    fg()
    fmt.Println("main over")
}
func fg() {
    defer func() {
        err := recover()
        if err != nil {
        fmt.Println("recover!   ", err)
        }
      }()
  defer func() {
    fmt.Println("defer end!")
  }()
  panic("internal error!")
  fmt.Println("fg over")
}
```

8. 请分析以下程序段的执行结果。

```
package main
import (
    "errors"
    "fmt"
)
func Divide(a, b float64) (result float64, err error) {
    if b == 0 {
    result = 0.0
    err = errors.New("runtime error: divide by zero")
    return
    }
    result = a / b
    err = nil
    return
}
```

```
func main() {
    r, err := Divide(10.0, 8) // 请输入不同值测试程序运行结果
    if err != nil {
    fmt.Println(err)
    } else {
    fmt.Println("计算结果: ", r)
    }
}
```

9. 请分析以下程序段,并写出运行结果。

```
package main
import (
    "fmt"
    "reflect"
)

func main() {
    defer func() {                        // 第一个 defer 后执行,
    err := recover()                      // recover 捕获的是后一个 No.2 panic 的信息——函数
    if err != nil {                       // err 为接口类型,其值为函数
        fmt.Println("err 的类型为: ", reflect.TypeOf(err))
        v, ok := err.(func() string) //   利用断言表达式求取接口类型的值
        if ok {
        fmt.Println("err 的值为: ", err)
        fmt.Println("v 函数的返回值为: ",v())
        fmt.Println("err 的类型名为: ", reflect.TypeOf(err).Kind().String())
        } else {
        fmt.Println("类型断言失败!")
        }
    } else {
        fmt.Println("fatal")              //  recover 未能捕获 panic 信息,输出"fatal"
        }
    }()
    defer func() {                        //  第二个 defer 先执行
        panic(func() string {             /*  No.2 panic  抛出一个函数(返回值为字符串),覆
                                              盖了 No.1 panic 抛出的信息"main panic"。 */
        return "defer2  panic"
        })
    }()
    panic("main panic")                   //  No.1 panic 先抛出错误信息"main panic"
}
```

四、简答题

1. 什么是面向过程的编程模式?
2. 什么是面向对象的编程模式?
3. 什么叫函数?
4. Go 语言函数的构成包括哪几个部分?
5. 函数名称的命名有什么要求?

6. 函数的参数列表格式有什么要求?
7. 函数的返回值列表格式有什么要求?
8. 什么叫函数签名?
9. 什么叫闭包(匿名函数)?
10. 匿名函数如何调用?
11. 什么叫内部函数?
12. 什么叫外部函数?
13. 外部函数如何声明?
14. 什么叫函数类型? 如何声明?
15. 什么叫形参? 有什么要求?
16. 什么叫实参? 有什么要求?
17. Go 语言默认的值传递有哪些数据类型?
18. Go 语言默认的引用传递有哪些数据类型?
19. 函数的可变参数有什么要求?
20. 什么叫值传递? 有什么特点?
21. 什么叫引用传递? 有什么特点?
22. 空接口作参数有什么好处?
23. 函数有多返回值时该如何获取?
24. 当函数作为返回值时有什么要求?
25. return 语句的使用规则是什么?
26. init 函数的作用及执行流程是什么样的?
27. main 函数的作用及要求是什么?
28. defer 语句的作用是什么? 有什么要求?
29. panic 函数的作用是什么?
30. recover 函数的作用是什么?
31. panic 函数的参数有什么要求?
32. recover 函数是如何捕获错误信息的?
33. recover 函数是如何使用的?
34. 什么叫递归函数?
35. 递归函数有哪些类型?
36. 内置函数 make 有什么作用?

五、编程题

1. 编程实现求梯形的面积并输出,要求梯形的边长及高由键盘输入。

2. 请编程实现输出一个 5×5 的矩阵,要求两条对角线的值为 1,其余的值为 0。

3. 编程实现一个统计函数,计算学生语文、数学、外语、政治等四门课程总成绩及平均分。从键盘输入 4 个学生的成绩,计算及输出结果。

4. 编程实现从键盘上输入一个字符串,统计输出各个字母出现的频度。

5. 编程实现三个子程序:第一个子程序读入任意 10 个整数;第二个子程序实现对这

10个整数从大到小的排序；第三个子程序实现对这10个整数从小到大的排序，并将两种排序结果输出。

6. 编写两个函数计算，输入n为偶数时，调用函数求1/2+1/4+…+1/n，当输入n为奇数时，调用函数1/1+1/3+…+1/n。

7. 编程实现从键盘上输入任意一个字符串，要求把重复的字符全部删除。

8. 编程实现一个工厂函数，该工厂函数能生产出计算三个多边形面积的函数（包括长方形、三角形、圆形），并从键盘输入三个多边形的数据加以验证。

第 6 章 字符串与指针

6.1 字 符 表 示

视频讲解

在 Go 语言中所有字符都是 Unicode 字符，用两字节表示。但是，在 Go 语言环境中每个 Unicode 字符都采用 UTF-8 编码，编码长度 1～6 字节不等。大家知道，ASCII 码字符是采用一字节编码的，UTF-8 编码的 ASCII 字符，长度也是一字节，而且其码值与 ASCII 编码的码值完全相同。因此，采用 UTF-8 编码后，大量的 ASCII 字符按一字节存储，这样可以节省大量的存储空间。而 UTF-8 编码汉字则采用三字节，比 Unicode 编码还多一字节。其他一些数学符号，小语种文字可能需要 2～6 字节。

可见，UTF-8 编码的字符长度不一，看起来好像很复杂。可是仔细想一想，在编程过程中大量使用的是 ASCII 码可打印字符，仅使用一个字节。意味着用 UTF-8 编码，可以节省大量的存储空间，这就是它最大的好处。

6.2 字符串变量的声明

视频讲解

Go 语言中没有内置的字符类型，只有字符串类型。字符串类型是 Go 语言基础数据类型，可以像声明整型变量一样声明字符串型变量，格式如下：

```
var s1 string
```

var 为变量声明关键字；

s1 为变量名，可以是任何合法的 Go 语言标识符；

string 为字符串类型预定义标识符。

Go 语言都会对变量作初始化，string 型的变量默认初始值为空""，即字符串的零值。用户也可以主动给变量赋初值来完成初始化工作，例如：

```
var q1 string = "teacher"
```

或

```
var q2 = "teacher and student"
```

Go 语言会足够聪明地根据赋值符右边的字面量来判断其类型，从而确定其左边的变量类型。

Go 语言也允许使用短变量声明操作符"：="来声明字符串变量，例如：

```
q3 := "I am a student."
```

给字符串变量赋值时的字面量可以用双引号括起来，如上面的例子那样，这样的字符串称为解释字符串。在解释字符串中可以使用转义字符，转义字符能被编译系统准确解释。如下所示：

```
q4 := "I\tam\ta\tstudent.\n"
```

输出为：

```
I       am      a       student.
```

\t 被正确解释为制表符，\n 被正确解释为换行。

双引号括起来的字符串不允许换行，因此，输入长字符串时显得不方便。这时可以采用另一种方式输入，即采用反引号(一般是在 Tab 键上面，数字 1 键的左边)括起来。使用反引号括起来的字符串字面量是不可解释的，如果插入了转义字符，将会被原样输出。反引号括起来的字符串允许换行，这很方便多行输入字符串。如下所示：

```
q5 := 'I\tam\ta\tstudent.\n'
```

输出为：

```
I\tam\ta\tstudent.\n
```

显然，转义字符没起作用，被原封不动地输出了。下面再看输入多行字符串的情况：

```
q6 := 'I
    am
    a
    student.'
```

输出为：

```
I
    am
    a
    student.
```

显然，回车空格等都准确输出。在实际编程中，如果输入多行字符串时就选用反引号，而输入短字符串时就用双引号。

当然，如果字符串中有转义字符，则只能用双引号。

视频讲解

6.3 字符串的输入/输出

6.3.1 从键盘输入字符串

fmt 包上提供的从键盘上输入字符串的命令格式有几种，分别如下所示。

1. fmt.Scanf 函数

```
func Scanf(format string, a ...interface{}) (n int, err error)
```

Scanf 函数从标准输入设备上扫描文本，根据 format 参数指定的格式将成功读取到的以空白分隔的值保存到成功传递给本函数的参数。返回成功扫描的条目个数和遇到的任何错误。

2. fmt.Scan 函数

```
func Scan(a ...interface{}) (n int, err error)
```

Scan 从标准输入扫描文本，将成功读取的空白分隔的值保存进成功传递给本函数的参数。换行视为空白。返回成功扫描的条目个数和遇到的任何错误。如果读取的条目比提供的参数少，会返回一个错误报告原因。

3. fmt.Scanln 函数

```
func Scanln(a ...interface{}) (n int, err error)
```

Scanln 类似 Scan，但会在换行时才停止扫描。最后一个条目后必须有换行或者到达结束位置。

格式化 format 参数如表 6-1 所示，宽度的修饰符同第 1 章表 1-2 所示。

表 6-1　字符串格式符

格 式 符	含　　义
%s	直接输出字符串或者[]byte
%q	该值对应的双引号括起来的 Go 语法字符串字面值，必要时会采用安全的转义表示
%x	每个字节用两字符十六进制数表示(使用 a-f)
%X	每个字节用两字符十六进制数表示(使用 A-F)
+修饰符	只有 ASCII 字符会原样输出，其余字符用转义输出
#修饰符	尽最大可能原样输出字符，否则输出以双引号引用的字符串

变量 a 为可变参数列表，必须是字符串变量的地址列表。如下所示：

```
var q1 string
fmt.Scanf("%s", &q1)
fmt.Println("q1 = ", q1)
```

输入如下：

```
asdf ghjk ↵              //  输出: q1 = asdf
asdf,ghjk ↵              //  输出: q1 = asdf,ghjk
asdf         ghjk ↵      //  输入用制表键隔离,输出: q1 = asdf
```

从上述不同的输入形式得出不同的结果可以看出，键盘输入字符串均以回车结束输入。如果字符串中间有空格(包括用制表符插入的空格)，则读取到空格结束字符串输入。如果其他的分隔符，会原样读入，直至回车结束。下面看看连续读取多个字符串的情况。

```
package main
import "fmt"
func main() {
    var q1, q2 string
    fmt.Scanf("%s %s", &q1, &q2)
    fmt.Printf("q1 = %s    q2 = %s\n", q1, q2)
}
```

运行结果：(多次运行)

```
输入：asdf ghjk
输出：q1 = asdf    q2 = ghjk
输入：asdf,ghjk
输出：q1 = asdf,ghjk    q2 =
输入：asdf/ghjk
输出：q1 = asdf/ghjk    q2 =
```

格式串中多个格式符%s 必须直接连在一起，不加任何分隔符，仅可以加空格。输入字符串的时候，每个字符串之间只能用空格隔开。如果不是用空格分隔字符串，任何其他的分隔符都会当作一般字符赋给第一个变量直至空格结束。如果格式串中用的是其他字符分隔，则只有第一个格式符%s 起作用，即使输入字符串的时候也用相同的字符分隔，Go 语言会直接忽略该分隔字符，把它当作字符串的一部分读入，直至空格或回车键结束。这样就只有第一个字符串变量被赋值，第二个及以后的字符串变量为空。参看下例：

```
package main
import "fmt"
func main() {
    var q1, q2 string
    fmt.Scanf("%s,%s", &q1, &q2)
    fmt.Printf("q1 = %s    q2 = %s\n", q1, q2)
}
```

运行结果：(多次运行)

```
输入：asdf ghjk
输出：q1 = asdf    q2 =
输入：asdf,ghjk
输出：q1 = asdf,ghjk    q2 =
输入：asdf/ghjk
输出：q1 = asdf/ghjk    q2 =
```

无论怎么输入，都无法给 q2 赋值，这就说明键盘输入赋值多个字符串变量的时候，必须使用空格作为分隔符，同时格式串多个%s 格式符必须连接在一起，不得插入分隔符。

6.3.2 从字符串中扫描文本

Go 语言的 fmt 格式包中除了上节提到的从标准 I/O 设备读取字符串外，还提供了多个从字符串中扫描字符文本的函数，如下所示。

1. fmt.Sscanf 函数

fmt.Sscanf 函数的语法格式如下：

```
func Sscanf(str string, format string, a ...interface{}) (n int, err error)
```

Sscanf 函数从字符串 str 中扫描文本，根据 format 参数指定的格式将成功读取到的以空白分隔的值保存进成功传递给本函数的参数。返回成功扫描的条目个数和遇到的任何错误。

类似的扫描函数还有 Sscan 和 Sscanln，这两个函数不使用格式化字符串 format 参数，采用默认格式，后一个函数多了一个结束换行，其他一样。函数格式如下。

2. fmt.Sscan 函数

fmt.Sscan 函数的语法格式如下：

```
func Sscan(str string, a ...interface{}) (n int, err error)
```

Sscan 从字符串 str 扫描文本，将成功读取的空白分隔的值保存进成功传递给本函数的参数。换行视为空白。返回成功扫描的条目个数和遇到的任何错误。如果读取的条目比提供的参数少，会返回一个错误报告原因。

3. fmt.Sscanln 函数

fmt.Sscanln 函数的语法格式如下：

```
func Sscanln(str string, a ...interface{}) (n int, err error)
```

Sscanln 类似 Sscan，但会在换行时才停止扫描。最后一个条目后必须有换行或者到达结束位置。

扫描函数的使用举例如下：

```
package main
import "fmt"
func main() {
    var q1, q2, q3, q4 string
    str1 := "I am a student."
    fmt.Sscanf(str1, "%s %s", &q1, &q2)
    fmt.Printf("q1 = %s   q2 = %s\n", q1, q2)
    fmt.Sscanln(str1, &q3, &q4)
    fmt.Printf("q3 = %s   q4 = %s\n", q3, q4)
    fmt.Sscan(str1, &q1, &q2, &q3, &q4)
    fmt.Printf("q1 = %s   q2 = %s   q3 = %s   q4 = %s\n", q1, q2, q3, q4)
}
```

运行结果：

```
q1 = I   q2 = am
q3 = I   q4 = am
q1 = I   q2 = am   q3 = a   q4 = student.
```

输入字符串是以空格为分隔符的，逗号、句号等字符会被忽略，遇到空格后结束扫描，并将扫描结果赋给第一个变量。接着继续扫描，扫描开始遇到的空格会被忽略，从遇到的第一个非空格字符开始记录，直至下一个空格结束，将扫描值再赋给第二个变量。以此类推，直至字符串被扫描结束或传入的参数赋值结束。

每成功赋值一个变量，n 值加 1，字符串内容多于参数值或参数值多于字符串内容，均会返回一个 err 值。如果字符串长度超过可赋值变量的个数，则返回 nil，反之返回 EOF，其他原因则返回相应的错误信息。

6.3.3 往标准 I/O 设备上输出字符串

fmt 标准包中提供的格式化输出函数，也可以用来输出字符串，往标准 I/O 设备输出的函数有多个，其格式如下所示。

1. fmt.Printf 函数

fmt.Printf 函数的语法格式为：

```
func Printf(format string, a ...interface{}) (n int, err error)
```

Printf 函数根据 format 参数生成格式化的字符串并写入标准输出设备，并返回写入的字节数和遇到的任何错误。使用 Printf 函数输出字符串，已有很多使用的例子，这里不再举例。

2. fmt.Print 函数

fmt.Print 函数的语法格式为：

```
func Print(a ...interface{}) (n int, err error)
```

Print 采用默认格式将其参数格式化并写入标准输出。如果两个相邻的参数都不是字符串，会在它们的输出之间添加空格。返回写入的字节数和遇到的任何错误。

3. fmt.Println

fmt.Println 的语法格式为：

```
func Println(a ...interface{}) (n int, err error)
```

Println 采用默认格式将其参数格式化并写入标准输出。总是会在相邻参数的输出之间添加空格并在输出结束后添加换行符。返回写入的字节数和遇到的任何错误。

上述几个函数已经多次反复使用，这里不再举例。

6.3.4 格式化串联字符串

Go 语言中除了提供往标准输出设备输出的 Printf 等函数外，还提供了一些函数用于格式化串联字符串，返回新的字符串。其格式分别如下所示。

1. fmt.Sprintf 函数

fmt.Sprintf 函数的语法格式为：

```
func Sprintf(format string, a ...interface{}) string
```

Sprintf 函数根据 format 参数生成格式化的字符串并返回该字符串。还有采用默认格式的 Sprint 函数和 Sprintln 函数，格式如下。

2. fmt.Sprint 函数

fmt.Sprint 函数的语法格式为：

```
func Sprint(a ...interface{}) string
```

Sprint 采用默认格式将其参数格式化，串联所有输出生成并返回一个字符串。如果两个相邻的参数都不是字符串，会在它们的输出之间添加空格。

3. fmt.Sprintln 函数

fmt.Sprintln 函数的语法格式为：

```
func Sprintln(a ...interface{}) string
```

Sprintln 函数采用默认格式将其参数格式化，串联所有输出生成并返回一个字符串。

总是会在相邻参数的输出之间添加空格并在输出结束后添加换行符。

上述三个函数都会根据输入的字符串,格式化后返回一个新的字符串,等同于字符串连接,可以看作字符串的另一种输入(或生成)方式。请看下述例子:

```
package main
import "fmt"
func main() {
    a1, a2 := 12, 34
    q1 := "student"
    q2 := "teacher"
    q3 := "worker"
    q4 := "pupil"
    str1 := "I am a student."
    str2 := "welcome every one!"
    w1 := fmt.Sprint(a1, a2, q1, q2)
    w2 := fmt.Sprintln(str1, q3, q4)
    w3 := fmt.Sprintf("%s,%s,%s\n", str1, q4, str2)
    fmt.Println("w1 =", w1)
    fmt.Println("w2 =", w2)
    fmt.Println("w3 =", w3)
}
```

输出:

```
w1 = 12 34studentteacher
w2 = I am a student. worker pupil

w3 = I am a student.,pupil,welcome every one!
```

程序分析:

① Sprint 函数对输入的字符串参数进行简单串联连接,如果两个相邻的参数为非字符串,则在它们之间插入空格。

② Sprintln 函数会串联所有字符串,并在各字符串之间插入空格,最后插入一个回车换行符。

③ Sprintf 函数按照格式串中两个%s 之间的字符来格式化输出,两个%s 之间的字符会被原样输出,如果没有分隔符则所有字符串连接在一起输出,格式串中如果有换行符也会被追加到新字符串的尾部。

上面三个函数都是串联返回新的字符串,因此,应该使用变量赋值的方式,将函数产生的新字符串存放在变量中。

视频讲解

6.4 字符串的操作

字符串的操作在编程实践中非常普遍,对于仅包含 ASCII 码的字符串,其操作方法与[]byte 切片的操作方法完全相同,因此,可以参考切片的操作语法。如果包含非 ASCII 码字符,由于 Go 语言使用 UTF-8 编码的缘故,每个字符所占字节长度不一,就不能简单地采用[]byte 切片的操作方法了,这时应该使用标准库 strings 包提供的函数来操作字符串。

另外,字符串也可以使用标准的比较操作符(< 、<=、> 、>=、!=、==)进行逻辑运算。字符串的常用操作如表 6-2 所示。

表 6-2 字符串常用操作

语　法	操作含义
s +=t	将字符串 t 追加到字符串 s 的末尾
s+t	将字符串 s 和 t 级联,按左右顺序逐级连接
s[n]	字符串 s 中索引位置为 n(uint8 类型)处的原始字符
s[n:m]	截取字符串 s 中从 n 到 m-1 处的字符串
s[n:]	截取字符串 s 中从 n 到最后(len(s)-1)处的字符串
s[:m]	截取字符串 s 中从 0 到 m-1 处的字符串
len(s)	获得字符串 s 的长度,为字节数
len([]rune(s))	获取字符串 s 中字符的个数
[]rune(s)	将字符串 s 转换成 Unicode 码点序列(字符)
[]byte(s)	将字符串 s 转换成字节 byte 序列,不保证满足 UTF-8 编码
string([]rune)	将 Unicode 码点组成的[]rune 或[]int32 切片转换成字符串
string([]byte)	将[]byte 或[]int8 切片转换成字符串,不保证满足 UTF-8 编码
string(i)	将任意数字类型的 i 转换成字符串,其中 i 为 Unicode 码点

6.4.1 字符串搜索

众所周知,C 语言的字符串由于没有专门的字符串类型,只好用字符数组表示,为区别于普通的数组,专门约定字符串存储的结尾用专用字符"\0"来表示字符串结束。而 Go 语言有内置的字符串类型,不用专门的字符来标识字符串结束,而用字符串长度来定位字符串的结束。字符串 str 长度用字节数表示,可由以下内置函数获得:

```
len(str)
```

对于字符串内字符的搜索,Go 语言和 C 语言一样,都可以使用方括号带下标[index]表示,下标 index 表示字符的索引值。index 的最小值为 0,最大值为字符串长度减 1。例如:字符串 str 中第一个字符为 str[0],最后一个字符为 str[len(str)-1]。

需要注意的是,这种下标方式索引字符比较适合于定位 ASCII 码字符,对其他 Unicode 字符由于采用 UTF-8 编码,其字节长度不定,不易定位。

大家知道,数组元素也可以用带方括号的索引定位,例如:

```
array[10]
```

还可以对数组元素取地址,例如:

```
&array[10]
```

这是合法的。

但是,字符串中的字符不能取地址,例如:

```
&str[10]
```

是非法的,只能对字符串变量名取地址,而不能对字符串中的字符取地址。

考虑到 Go 语言中的字符是采用可变长的 UTF-8 编码，因而每个字符所占的字节数长度不一，导致 index 值可能不是连续递增的。请看下面的例子：

```
package main
import "fmt"
func main() {
    str1 := "I am a student."
    str2 := "Hello 你好 中国"
    q1 := "你好"
    q2 := "中国"
    var index1, index2 []int
    for i := range str1 {
        index1 = append(index1, i)
    }
    for i := range str2 {
        index2 = append(index2, i)
    }
    fmt.Printf("str1 = %s    index1 = %v\n", str1, index1)
    fmt.Printf("str2 = %s    index2 = %v\n", str2, index2)
    fmt.Printf("str1 = %X    index1 = %v\n", str1, index1)
    fmt.Printf("str2 = %X    index2 = %v\n", str2, index2)
    fmt.Printf("q1 = %X    q2 = %X\n", q1, q2)
}
```

运行结果：

```
str1 = I am a student. index1 = [0 1 2 3 4 5 6 7 8 9 10 11 12 13 14]
str2 = Hello 你好 中国 index2 = [0 1 2 3 4 5 6 9 12 13 16]
str1 = 4920616D20612073747564656E742E index1 = [0 1 2 3 4 5 6 7 8 9 10 11 12 13 14]
str2 = 48656C6C6F20E4BDA0E5A5BD20E4B8ADE59BBD index2 = [0 1 2 3 4 5 6 9 12 13 16]
q1 = E4BDA0E5A5BD q2 = E4B8ADE59BBD
```

程序分析：

程序中

str1 和 str2 为两个给定字符串；

index1 和 index2 为两个切片用于存储两个字符串的索引值；

q1 和 q2 单独显示两个汉字，为了观察比较其编码。

程序中使用了关键字 range 用来遍历字符串，相关内容后文再详述。

内置函数 append 用于连接和追加切片。

格式输出符“%s”用于标准字符串输出；“%v”为默认格式输出；“%X”表示用两位大写的十六进制表示每个字节的内容。

- 字符串 str1 中的字符为纯 ASCII 码字符，每个字符占一个字节，因此，索引 index 是顺序递增的，如 index1 输出那样。
- 字符串 str2 中的字符有 ASCII 码字符，也有非 ASCII 码的汉字，因此，index 并不连续，前 6 个 ASCII 码字符的 index 是连续递增的；后面的每个汉字占用 3 个字节，中间的空格占用一个字节。index 中的“6”表示“你”的索引值；“9”表示“好”的索引值；“12”表示空格的索引值；“13”表示“中”的索引值；“16”表示“国”的索引值。

◆ q1,q2 输出的十六进制字节内容就是汉字的 UTF-8 编码值,并不是汉字的 Unicode 值。汉字"你"的 Unicode 码为"U＋4F60",汉字"好"的 Unicode 码为"U＋597D",显然,与 UTF-8 编码不一样。因此,在处理 Go 语言字符串的时候一定要记住字符的内存表示是 UTF-8 编码的。

6.4.2 字符串的遍历

所谓字符串的遍历,就是指逐个地取出字符串中的字符,进行比对或进一步处理。无论对字符串怎么操作,字符串的原值是不变的,只能将检索出来的字符形成新的字符串。遍历字符串可以用传统的 for 循环语句,如下所示:

```
package main
import "fmt"
func main() {
    str1 := "I am a student."
    for index := 0; index < len(str1); index++{
        fmt.Printf("index = %d   str1[ %d] = %c\n", index, index, str1[index])
    }
}
```

运行结果:

```
index = 0 str1[0] = I
index = 1 str1[1] =
index = 2 str1[2] = a
index = 3 str1[3] = m
index = 4 str1[4] =
index = 5 str1[5] = a
index = 6 str1[6] =
index = 7 str1[7] = s
index = 8 str1[8] = t
index = 9 str1[9] = u
index = 10 str1[10] = d
index = 11 str1[11] = e
index = 12 str1[12] = n
index = 13 str1[13] = t
index = 14 str1[14] = .
```

程序分析:

采用 for 循环可以逐个检索出字符串中的每一个字符,用"%c"格式可以输出 ASCII 码字符;用"%v"可以输出字符的 ASCII 值。

检索的时候千万注意下标,不能越界,要是出现这样的 str1[len(str1)],那就下标越界了,会导致 runtime panic,程序崩溃退出。

对于标准的 ASCII 码字符,上述使用下标的方式遍历字符串是可行的。这种方法实际上输出的是每个字符的编码值。当一个字符编码用一个字节表示的时候,能准确转换为字符输出。但是别忘了,Go 语言是采用 UTF-8 编码字符的,有些字符可能需要多个字节,这时 str[i]仅表示一个字符中的某个字节值,不能根据这一个字节来确定字符。因而,用 for 循环这种方式无法准确输出字符串中的每一个字符,而用下述的 range 关键字遍历字符串就可以做到。

用 range 关键字遍历字符串通常有两种格式，如下所示：

```
for index := range str {block}
```

和

```
for index, value := range str {block}
```

如果赋值操作符左边只有一个变量，则 range 出来的仅是字符串中字符的索引值；如果是两个变量，则 range 出字符的索引值及字符的 UTF-8 编码值。请参看以下例子，先看仅赋值一个变量的情况。

```
package main
import "fmt"
func main() {
    str := "Good Evening!"
    ind := []int{}
    for index := range str {
        ind = append(ind, index)
    }
    fmt.Printf("index = %d  \n", ind)
}
```

运行结果：

```
index = [0 1 2 3 4 5 6 7 8 9 10 11 12]
```

再看赋值两个变量的情况。

```
package main
import "fmt"
func main() {
    str := "Good Evening!"
    ind := []int{}
    val := []rune{}
    for index, value := range str {
        ind = append(ind, index)
        val = append(val, value)
    }
    fmt.Printf("index = %d  \n", ind)
    fmt.Printf("value = %c  \n", val)
}
```

运行结果：

```
index = [0 1 2 3 4 5 6 7 8 9 10 11 12]
value = [G o o d E v e n i n g !]
```

程序分析：

如果用一个变量遍历字符串，则返回字符串中每个字符的索引值。由于字符所占字节宽度不同，索引值不一定是连续递增的数字；如果用两个变量去遍历字符串，则返回每一个字符的索引值及字符的 UTF-8 编码值，字符的 UTF-8 编码为 rune 类型。

6.4.3 字符串的截取

我们知道,Go 语言字符串的值是不变的,但是可以对字符串进行任意截取,形成一个新的字符串,原字符串保持不变。字符串截取采用的格式为:

```
str[n:m]
```

n,m 均为正整数,取值范围是从 0～len(str)-1。请看以下例子:

```
package main
import "fmt"
func main() {
    str := "abcdefghijkl"
    s1 := str[:4]
    s2 := str[3:8]
    s3 := str[6:]
    fmt.Printf("len = %d  s1 = %v  s2 = %v  s3 = %v\n", len(str), s1, s2, s3)
}
```

运行结果:

```
len = 12 s1 = abcd s2 = defgh s3 = ghijkl
```

字符串截取操作非常像数组的切片操作,可根据需要,任意切片,任意截取。注意,切出来的是新的子串,对原字符串没有影响。不过,可以将子串赋值给原字符串变量,覆盖掉其原值,这样就达到了修改字符串的目的。

6.4.4 字符串的连接

Go 语言允许使用加号"+"作为连接符,连接多个字符串,生成新的字符串。例如:

若

```
s1 := "abcd"
s2 := "efgh"
```

则

```
s3 := s1 + s2          //  s3 = abcdefgh
s1 += s2               //  s1 = abcdefgh
s4 := s1 + s2 + s3     //  s4 = abcdefghefghabcdefgh
```

可见,Go 语言的字符串尽管不能改变,但是可以任意截取和拼接,生成新的字符串,然后覆盖原字符串。因为字符串变量是可以任意赋值的,可以用新拼接出来的字符串覆盖原来的字符串,达到修改原字符串的目的。

考虑到 Go 语言是支持 Unicode 字符集的,因此,不同的语言符号也可以拼接在一起。例如:

```
package main
import "fmt"
func main() {
    s1 := " welcome"
```

```
    s2 := "  你好 "
    s3 := "ಞಟಡ  にこじは"
    s4 := "ಡಞ ★☆  ↑≠"
    s5 := s1 + s2 + s3 + s4
    fmt.Printf("s5 = %v  \n", s5)
}
```

运行结果：

```
s5 = welcome 你好 ಞಟಡ にこじは ಡಞ ★☆  ↑≠
```

只要是 UTF-8 支持的字符，就可以串接在一起。

6.4.5 字符串的修改

Go 语言中字符串的值是不能修改的，即使可以用 str[i]定位到某一个字节，也不能更改该字节的内容，就算是用指针也不行。如果确实需要修改，可以有两种方法。

第一种是用上述字符串截取的方法，把需要保留的字符片段截取下来，把需要更改的内容丢弃掉。然后用新的内容作为子串，与截取下来的片段连接起来构成新的字符串，赋值给原字符串变量，达到更改字符串的目的。

例如，以下文档

```
I an a student.
```

中的“n”是“m”被误敲的，需要更改过来，该怎么操作呢？程序实现如下：

```
package main
import "fmt"
func main() {
    s1 := "I an a student."
    s2 := s1[:3]
    s3 := s1[4:]
    s4 := s2 + "m" + s3
    fmt.Printf("原字符串 s1 = %v  \n", s1)
    fmt.Printf("生成的字符串 s4 = %v  \n", s4)
    s1 = s4
    fmt.Printf("新字符串 s1 = %v  \n", s1)
}
```

运行结果：

```
原字符串 s1 = I an a student.
生成的字符串 s4 = I am a student.
新字符串 s1 = I am a student.
```

第二种方法是将被修改的字符串转换成可以更改的字节切片[]byte，或字符切片[]rune，然后再修改。如果是对字符串中的字节进行修改，则需要转换成[]byte；如果是需要对字符进行修改，则需要转换成[]rune，多数情况下是指由多字节构成的字符。请看以下例子：

```
package main
import "fmt"
func main() {
```

```
    s1 := "I an a student."
    s2 := []byte(s1)
    s3 := "我是过学生."
    s4 := []rune(s3)
    s2[3] = 'm'
    s4[2] = '个'
    fmt.Printf("原字符串   s1 = %s  \n", s1)
    fmt.Printf("修改后为   s2 = %s  \n", string(s2))
    fmt.Printf("原字符串   s3 = %s  \n", s3)
    fmt.Printf("修改后为   s4 = %s  \n", string(s4))
}
```

运行结果：

```
原字符串 s1 = I an a student.
修改后为 s2 = I am a student.
原字符串 s3 = 我是过学生.
修改后为 s4 = 我是个学生.
```

比较上述两种方法，显然第二种方法更直观、方便，推荐大家使用。

6.4.6 字符串的删除

在字符串中删除一个到多个字符，最简单直观的方法就是采用字符串截取法，忽略掉待删除的字符，把需保留的部分一段一段地截取下来，暂存在中间变量中，最后把保留的各个片段重新连接起来，形成新的字符串，再赋给原字符串变量，覆盖掉原来的值，就可以达到删除特定字符的目的。参看下例，删除掉字符串中的“xyz”三个字符。

```
package main
import "fmt"
func main() {
    s1 := "ABCDxyzEFGH."
    s2 := s1[:4]
    s3 := s1[7:]
    fmt.Printf("原字符串   s1 = %s  \n", s1)
    s1 = s2 + s3
    fmt.Printf("删除后为   s1 = %s  \n", s1)
}
```

运行结果：

```
原字符串 s1 = ABCDxyzEFGH.
删除后为 s1 = ABCDEFGH.
```

删除字符不能采用上述转换成[]byte 或[]rune 的方式，那样更麻烦。上述这种片段截取法非常实用，建议掌握。

6.4.7 字符串的插入

在字符串中插入字符也很方便，首先将待插入字符作为字符串赋值给一个中间变量 s1，然后对原字符串进行截取：以插入点为界，分成两个片段，赋给两个中间变量 s2 和 s3，最后将三个中间变量连接生成新的字符串 s2+s1+s3，再赋给原字符串变量，就可以达到插入新字符的目的。

例如，在下述字符串

```
I am a student.
```

中插入字符串“Good”，程序实现如下：

```
package main
import "fmt"
func main() {
    s1 := "I am a student."
    s2 := "Good "
    s3 := s1[:7]
    s4 := s1[7:]
    fmt.Printf("原字符串    s1 = %s  \n", s1)
    s1 = s3 + s2 + s4
    fmt.Printf("插入后为    s1 = %s  \n", s1)
}
```

运行结果：

```
原字符串 s1 = I am a student.
插入后为 s1 = I am a Good student.
```

当然，如果用户对编程很熟练，也可以不使用中间变量，直接使用变量下标操作，如

```
s1 = s1[:7] + "Good " + s1[7:]
```

效果一样，程序会显得更简洁。

6.4.8 字符串的比较

Go 语言的字符串可以用于逻辑表达式进行比较操作，支持一般的比较运算符（包括 ==、!=、>、>=、<、<=）。字符串在内存中是二进制的字节序列，比较的时候就完全按照字节序列比较。长的字符串要比短的字符串大，例如：

```
  abcd > abc                          // 结果  true
  abcd > abce                         // 结果  false
  abc == abc                          // 结果  true
  abc >= ABC                          // 结果  true
I am a student. >= I am a teacher.    // 结果  false
```

关于字符串的操作，标准库中有一个字符串包 strings，包含了更多的有关字符串的操作，下节详细叙述。

视频讲解

6.5 strings 包使用

在任何编程语言中，字符串操作都是应用最普遍，也是最烦琐的工作，因而都会提供一些标准库函数处理字符串。Go 语言标准库中提供的 strings 包就是专门用来处理字符串的，用户使用其中的函数之前需要先引入该包。strings 包函数较多，下面分几个小节来分别说明。

6.5.1 字符串包含

判断一个字符串中是否包含某个子串，这在编程实践中经常碰到。例如判断一个文件名是否带有扩展名，或者判断其带什么样的扩展名，通过扩展名来判断该文件的类型等，这类需求属于后缀判断。

有时候可能还要根据一个字符串的前面几个字符是否一样，来判断是否属于同一类的字符串，这类需求属于前缀判断。

无论是前缀判断还是后缀判断，都属于字符串的包含关系判断。strings包中有关字符串包含关系的函数有以下几个，可供使用。

1. 字符串异同判断

```
func EqualFold(s, t string) bool
```

功能：判断两个UTF-8编码字符串s和t(该函数将Unicode码点大写、小写、标题三种格式字符视为相同)是否相同，如果相同就返回true，否则返回false。例如：

```
package main
import (
    "fmt"
    "strings"
)
func main() {
    s := "abcd"
    t := "ABCD"
    b := strings.EqualFold(s, t)
    fmt.Printf("字符串比较 1 %t \n", b)
    s1 := "abcd123"
    t1 := "ABCD456"
    b1 := strings.EqualFold(s1, t1)
    fmt.Printf("字符串比较 2 %t \n", b1)
}
```

运行结果：

```
字符串比较 1 true
字符串比较 2 false
```

显然，该函数对大小写不敏感，大小写字母视为相同。

2. 前缀判断

```
func HasPrefix(s, prefix string) bool
```

功能：判断字符串s是否含有前缀字符串prefix，如果有就返回true，否则返回false。程序如下所示：

```
package main
import (
    "fmt"
    "strings"
)
```

```
func main() {
    s := "This is an horse."
    prefix1 := "This"
    b := strings.HasPrefix(s, prefix1)
    fmt.Printf("前缀判断 1 %t \n", b)
    prefix2 := "this"
    b1 := strings.HasPrefix(s, prefix2)
    fmt.Printf("前缀判断 2 %t \n", b1)
}
```

运行结果：

```
前缀判断 1 true
前缀判断 2 false
```

注意：前缀判断是大小写敏感的精确比较，每个字符都必须严格匹配。

3. 后缀判断

```
func HasSuffix(s, suffix string) bool
```

功能：判断字符串 s 是否含有后缀字符串 suffix，如果有就返回 true，否则返回 false。程序如下所示：

```
package main
import (
    "fmt"
    "strings"
)
func main() {
    s := "This is an animal.jpeg"
    suffix1 := "Jpeg"
    b := strings.HasSuffix(s, suffix1)
    fmt.Printf("后缀判断 1 %t \n", b)
    suffix2 := "jpeg"
    b1 := strings.HasSuffix(s, suffix2)
    fmt.Printf("后缀判断 2 %t \n", b1)
}
```

运行结果：

```
后缀判断 1 false
后缀判断 2 true
```

显然，后缀判断也是大小写敏感的精确比较，严格匹配。

4. 包含子串判断

```
func Contains(s, substr string) bool
```

功能：判断字符串 s 是否包含子串 substr，如果包含就返回 true，否则返回 false。程序如下所示：

```
package main
import (
    "fmt"
```

```
    "strings"
)
func main() {
    s := "John is a teacher."
    sub1 := "teacher"
    b := strings.Contains(s, sub1)
    fmt.Printf("包含判断 1 %t \n", b)
    sub2 := "student"
    b1 := strings.Contains(s, sub2)
    fmt.Printf("包含判断 2 %t \n", b1)
}
```

运行结果：

```
包含判断 1 true
包含判断 2 false
```

字符串的包含关系也是大小写敏感的严格匹配。

5. 包含字符判断

```
func ContainsRune(s string, r rune) bool
```

功能：判断字符串 s 是否包含 UTF-8 码值 r，如果包含就返回 true，否则返回 false。程序如下所示：

```
package main
import (
    "fmt"
    "strings"
)
func main() {
    s := "Welcome every one."
    r := 'y'
    b := strings.ContainsRune(s, r)
    fmt.Printf("包含 rune 字符判断 1 %t \n", b)
    r2 := 'z'
    b1 := strings.ContainsRune(s, r2)
    fmt.Printf("包含 rune 字符判断 2 %t \n", b1)
}
```

运行结果：

```
包含 rune 字符判断 1 true
包含 rune 字符判断 2 false
```

r 必须是 rune 类型的，即用单引号括起来的单个字符。如果出现 byte 类型将会编译出错。

6. 包含任意字符判断

```
func ContainsAny(s, chars string) bool
```

功能：判断字符串 s 是否包含字符串 chars 中的任意字符，如果包含就返回 true，否则返回 false。程序如下所示：

```go
package main
import (
    "fmt"
    "strings"
)
func main() {
    s := "Welcome every one."
    char := "year"
    b := strings.ContainsAny(s, char)
    fmt.Printf("包含任意字符判断 1 %t \n", b)
    char2 := "this"
    b1 := strings.ContainsAny(s, char2)
    fmt.Printf("包含任意字符判断 2 %t \n", b1)
}
```

运行结果：

```
包含任意字符判断 1 true
包含任意字符判断 2 false
```

这是最宽泛的判断，只要有一个字符包含，结果就为真。

6.5.2 字符串索引

若要在一个字符串中定位某一个字符或子串第一次出现的位置，则采用遍历字符串的办法可以实现，但比较麻烦。strings 包中提供了多个函数专门用来解决类似的问题。

1. 定位子串

在字符串中定位子串首次出现的位置用以下函数：

```go
func Index(s, sep string) int
```

功能：该函数用来判断子串 sep 在字符串 s 中第一次出现的位置，如果存在，则返回索引值 index，不存在则返回－1。sep 可以是一个字符的字符串，单个字符也要用双引号括起来，若要定位单个字符可以用其他函数。sep 也可以是一个子串或空串。如下所示：

```go
package main
import (
    "fmt"
    "strings"
)
func main() {
    s := "Welcome every one and even eval."
    char := "d"
    b := strings.Index(s, char)
    fmt.Printf("字符或字符串索引 1: %d \n", b)
    char2 := "eve"
    b1 := strings.Index(s, char2)
    fmt.Printf("字符或字符串索引 2: %d \n", b1)
    char3 := "fve"
    b2 := strings.Index(s, char3)
    fmt.Printf("字符或字符串索引 3: %d \n", b2)
}
```

运行结果：

```
字符或字符串索引 1: 20
字符或字符串索引 2: 8
字符或字符串索引 3: -1
```

注意：索引值是从 0 开始增加的，如果没搜索到子串，则返回－1。

2. 定位 byte 字符

在字符串中定位某一个字符首次出现的位置用以下函数：

```
func IndexByte(s string, c byte) int
```

功能：该函数判断字符 c 在字符串 s 中第一次出现的位置，若存在，则返回 index，不存在则返回－1。字符 c 必须为 byte 类型，基本上就是指 ASCII 值。如下所示：

```
package main
import (
    "fmt"
    "strings"
)
func main() {
    s := "Golang is easy to study."
    var char byte = 'd'
    b := strings.IndexByte(s, char)
    fmt.Printf("字符索引 1: %d \n", b)
    var char2 byte = 'm'
    b1 := strings.IndexByte(s, char2)
    fmt.Printf("字符索引 2: %d \n", b1)
}
```

运行结果：

```
字符索引 1: 21
字符索引 2: -1
```

搜索成功就返回索引值，失败就返回－1。

3. 定位 rune 型字符

```
func IndexRune(s string, r rune) int
```

功能：该函数和前一个函数一样，只是定位的是 rune 型字符。rune 类型的字符使用的是 Unicode 码值，函数判断 r 在 s 中第一次出现的位置，不存在则返回－1。如下所示：

```
package main
import (
    "fmt"
    "strings"
)
func main() {
    s := "Golang is easy to study."
    char := 'd'
    b := strings.IndexRune(s, char)
    fmt.Printf("字符索引 1: %d \n", b)
```

```
    char2 := 'm'
    b1 := strings.IndexRune(s, char2)
    fmt.Printf("字符索引 2: %d \n", b1)
}
```

运行结果:

```
字符索引 1: 21
字符索引 2: -1
```

4. 定位最后一次出现位置

```
func LastIndex(s, sep string) int
```

功能:该函数判断子串 sep 在字符串 s 中最后一次出现的位置,存在则返回 index,不存在则返回−1。子串 sep 可以包含 0 到多个字符。举例如下:

```
package main
import (
    "fmt"
    "strings"
)
func main() {
    s := "Golang is easy to study to learn to program."
    char := "to"
    b := strings.LastIndex(s, char)
    fmt.Printf("字符串最后一次出现索引 1: %d \n", b)
    char2 := "s"
    b1 := strings.LastIndex(s, char2)
    fmt.Printf("字符串最后一次出现索引 2: %d \n", b1)
}
```

运行结果:

```
字符串最后一次出现索引 1: 33
字符串最后一次出现索引 2: 18
```

6.5.3 字符替换

在字符串中替换若干字符,可以使用以下函数:

```
func Replace(s, old, new string, n int) string
```

功能:该函数返回将 s 中前 n 个不重叠 old 子串都替换为 new 的新字符串,如果 n<0 会替换所有 old 子串。old 子串及 new 子串都可以是 0 到多个字符,n>0 表示替换数量,如果 n 大于实际的子串数将全部替换后结束。程序示例如下:

```
package main
import (
    "fmt"
    "strings"
)
func main() {
```

```
    s := " C:\\Users\\Administrator\\Go GolangCode: Go environment changed"
    old1 := "Go"
    new1 := "Java"
    old2 := "e"
    new2 := "x"
    s1 := strings.Replace(s, old1, new1, -1)
    s2 := strings.Replace(s, old1, new1, 1)
    s3 := strings.Replace(s, old2, new2, -1)
    fmt.Printf("原始字符串: s = %q\n", s)
    fmt.Printf("全部替换 Go: s1 = %q\n", s1)
    fmt.Printf("部分替换 Go: s2 = %q\n", s2)
    fmt.Printf("x 替换字符 e: s2 = %q\n", s3)
}
```

运行结果：

```
原始字符串: s = " C:\\Users\\Administrator\\Go GolangCode: Go environment changed"
全部替换 Go: s1 = " C:\\Users\\Administrator\\Java JavalangCode: Java environment changed"
部分替换 Go: s2 = " C:\\Users\\Administrator\\Java GolangCode: Go environment changed"
x 替换字符 e: s2 = " C:\\Usxrs\\Administrator\\Go GolangCodx: Go xnvironmxnt changxd"
```

显然，字符替换是任意的，可以用多个字符代替一个字符，也可以用一个字符代替多个字符，这非常适合于长字符串中的内容更换。

如果不是更换字符串中的字符，而是让字符串重复 n 次生成一个新的字符串，可用下述函数：

```
func Repeat(s string, count int) string
```

功能：该函数返回 count 个 s 串联的字符串。

6.5.4 字符统计

在字符串中统计特定字符或字符串出现的频率，可以采用以下函数：

```
func Count(s, sep string) int
```

功能：该函数返回字符串 s 中有几个不重复的 sep 子串的数量，子串 sep 可以包含 0 到多个字符，但必须是字符串类型。例如：

```
package main
import (
    "fmt"
    "strings"
)
func main() {
    s := "Welcome every one and even eval."
    char := "e"
    b := strings.Count(s, char)
    fmt.Printf("字符及字符串统计 1: %d \n", b)
    char2 := "eve"
    b1 := strings.Count(s, char2)
    fmt.Printf("字符及字符串统计 2: %d \n", b1)
}
```

运行结果：

```
字符及字符串统计 1: 8
字符及字符串统计 2: 2
```

6.5.5 大小写转换

1. 小写转大写

以下函数实现将 UTF-8 编码的字符串 s 中的字母全部转换成大写。

```
func ToUpper(s string) string
```

功能：该函数返回将所有字母都转为对应的大写版本的副本。程序如下所示：

```
package main
import (
    "fmt"
    "strings"
)
func main() {
    s := " welcome Administrator."
    fmt.Printf("原始字符串: s = %q\n", s)
    fmt.Printf("转换后字符串: s = %q\n", strings.ToUpper(s))
}
```

运行结果：

```
原始字符串: s = " welcome Administrator."
转换后字符串: s = " WELCOME ADMINISTRATOR."
```

2. 大写转小写

下述函数是将 UTF-8 编码的字符串 s 中的字母全部转换成小写。

```
func ToLower(s string) string
```

功能：该函数返回将所有字母都转为对应的小写版本的副本。例如：

```
package main
import (
    "fmt"
    "strings"
)
func main() {
    s := " We Should WORK HARD EVERY DAY."
    fmt.Printf("原始字符串为: s = %q\n", s)
    fmt.Printf("转换后字符串: s = %q\n", strings.ToLower(s))
}
```

运行结果：

```
原始字符串为: s = " We Should WORK HARD EVERY DAY."
转换后字符串: s = " we should work hard every day."
```

6.5.6 字符串修剪

在字符串的所有操作中，修剪是比较麻烦的操作，strings 包中提供了不少函数来对字符串进行修剪，在这里我们仅对其中几个函数进行介绍，有需求的读者可以进一步查阅 Golang 官方文档。

1. 前后字符修剪

```
func Trim(s string, cutset string) string
```

功能：该函数返回将 s 前后两端所有 cutset 包含的 UTF-8 码值都去掉的字符串。例如：

```
package main
import (
    "fmt"
    "strings"
)
func main() {
    s := "We Should WORK HARD EVERY DAY"
    cutset := "YWeWOHA"
    fmt.Printf("原始字符串为：s = %q\n", s)
    fmt.Printf("修剪后字符串：s = %q\n", strings.Trim(s, cutset))
}
```

运行结果：

```
原始字符串为：s = "We Should WORK HARD EVERY DAY"
修剪后字符串：s = " Should WORK HARD EVERY D"
```

上述函数仅修剪字符串两端，从首字符及末字符开始往中间截取字符，字符相继截取，然后与 cutset 中的字符对比，只要是 cutset 有的字符就剪除掉；直到碰到一个非 cutset 中的字符，修剪就结束。显然，两端中只要有出现在 cutset 中的字符均被剪掉，不论其出现在 cutset 任何位置。

2. 前后空格修剪

```
func TrimSpace(s string) string
```

功能：该函数返回将 s 前后两端所有空白（unicode. IsSpace 指定）都去掉的字符串。例如：

```
package main
import (
    "fmt"
    "strings"
)
func main() {
    s := "   red and white   "
    fmt.Printf("原始字符串为：s = %q\n", s)
    fmt.Printf("修剪后字符串：s = %q\n", strings.TrimSpace(s))
}
```

运行结果：

```
原始字符串为：s = "    red and white    "
修剪后字符串：s = "red and white"
```

3. 前端字符修剪

```
func TrimLeft(s string, cutset string) string
```

功能：该函数返回将字符串 s 前端所有 cutset 包含的 UTF-8 码值都去掉的字符串。例如：

```
package main
import (
    "fmt"
    "strings"
)
func main() {
    s := "This is a test."
    fmt.Printf("原始字符串为：s = %q\n", s)
    cutset := "Tohipts."
    ts := strings.TrimLeft(s, cutset)
    fmt.Printf("修剪后字符串：s = %q\n", ts)
}
```

运行结果：

```
原始字符串为：s = "This is a test."
修剪后字符串：s = " is a test."
```

cutset 中可以包含任意字符，字符串 s 中只要从前端开始相继与 cutset 中的字符对比，找到了就删除；接着第二个字符又与 cutset 中的所有字符对比，如果找不到，则修剪结束。以此类推，直到出现一个在 cutset 中没有的字符为止。

4. 末端字符修剪

```
func TrimRight(s string, cutset string) string
```

功能：该函数返回将字符串 s 末端所有 cutset 包含的 UTF-8 码值都去掉的字符串。例如：

```
package main
import (
    "fmt"
    "strings"
)
func main() {
    s := "This is a test."
    fmt.Printf("原始字符串为：s = %q\n", s)
    cutset := "Tohipts."
    ts := strings.TrimRight(s, cutset)
    fmt.Printf("修剪后字符串：s = %q\n", ts)
}
```

运行结果：

```
原始字符串为：s = "This is a test."
修剪后字符串：s = "This is a te"
```


5. 前缀修剪

```
func TrimPrefix(s string, prefix string) string
```

功能：该函数返回去除字符串 s 可能的前缀 prefix 后生成的新字符串。例如：

```
package main
import (
    "fmt"
    "strings"
)
func main() {
    s := "animals at the zoo."
    fmt.Printf("原始字符串为：s = %q\n", s)
    prefix := "ani"
    ts := strings.TrimPrefix(s, prefix)
    fmt.Printf("修剪后字符串：s = %q\n", ts)
}
```

运行结果：

```
原始字符串为：s = "animals at the zoo."
修剪后字符串：s = "mals at the zoo."
```

6. 后缀修剪

```
func TrimSuffix(s string, suffix string) string
```

功能：该函数返回去除字符串 s 可能的后缀 suffix 后生成的新字符串。例如：

```
package main
import (
    "fmt"
    "strings"
)
func main() {
    s := "animals at the zoo.doc"
    fmt.Printf("原始字符串为：s = %q\n", s)
    suffix := ".doc"
    ts := strings.TrimSuffix(s, suffix)
    fmt.Printf("修剪后字符串：s = %q\n", ts)
}
```

运行结果：

```
原始字符串为：s = "animals at the zoo.doc"
修剪后字符串：s = "animals at the zoo"
```

6.5.7 字符串分割

所谓字符串分割，就是将字符串中的某一个子串删除，并以删除点为界，生成一个个片

段,将这些片段组成字符切片返回。函数格式如下:

```
func Split(s, sep string) []string
```

功能:用去掉字符串 s 中出现的 sep 子串的方式进行分割,分割到 s 的结尾,并返回生成的所有片段组成的切片(每一个 sep 都会进行一次切割,即使两个 sep 相邻,也会进行两次切割)。如果 sep 为空字符,Split 会将 s 切分成每一个 Unicode 码值字符串的切片。如以下程序所示:

```
package main
import (
    "fmt"
    "strings"
)
func main() {
    s := "Updatesdoisdoandounofficialdoblogdothat"
    fmt.Printf("原始字符串为: s = %q\n", s)
    sep := "do"
    sep1 := ""
    ts := strings.Split(s, sep)
    ts1 := strings.Split(s, sep1)
    fmt.Printf("用 do 分割后的字符串: s = %q\n", ts)
    fmt.Printf("用空格分割后的字符串: s = %q\n", ts1)
}
```

运行结果:

```
原始字符串为: s = "Updatesdoisdoandounofficialdoblogdothat"
用 do 分割后的字符串: s = ["Updates" "is" "an" "unofficial" "blog" "that"]
用空格分割后字符串: s = ["U" "p" "d" "a" "t" "e" "s" "d" "o" "i" "s" "d" "o" "a" "n" "d" "o" "
u" "n" "o" "f" "f" "i" "c" "i" "a" "l" "d" "o" "b" "l" "o" "g" "d" "o" "t" "h" "a" "t"]
```

6.5.8 字符串连接

字符串连接函数格式如下:

```
func Join(a []string, sep string) string
```

功能:将一系列字符串(用字符串切片表示)连接为一个字符串,各字符串之间用 sep 分隔,返回新生成的字符串。程序如下所示:

```
package main
import (
    "fmt"
    "strings"
)
func main() {
    a := []string{"Remember!", "If", " the", "flashing", "process", "is", "interrupted", "
your", "phone", "might", "be", "very", "difficult", "to", "revive."}
    fmt.Printf("原始字符串切片: s = %q\n", a)
    sep := " "
    ts := strings.Join(a, sep)
```

```
    fmt.Printf("连接后的字符串：s = %q\n", ts)
}
```

运行结果：

```
原始字符串切片：s = ["Remember!" "If" " the" "flashing" "process" "is" "interrupted" "your" "phone" "might" "be" "very" "difficult" "to" "revive."]
连接后的字符串：s = "Remember! If the flashing process is interrupted your phone might be very difficult to revive."
```

这个函数其实是前一个字符串分割函数的逆运算。

视频讲解

6.6 strconv 包使用

strconv 包主要实现基本数据类型的字符串表示及相互转换。

1. 可打印字符判别

```
func IsPrint(r rune) bool
```

功能：返回一个字符是否可打印，和 unicode.IsPrint 一样，r 必须是字母（广义）、数字、标点、符号、ASCII 空格。如果是就返回 true；否则返回 false。例如：

```
package main
import (
    "fmt"
    "strconv"
)
func main() {
    fmt.Printf("可打印字符 W:      %v \n", strconv.IsPrint('W'))
    fmt.Printf("不可打印字符 Tab: %v \n", strconv.IsPrint('\t'))
}
```

运行结果：

```
可打印字符 W:      true
不可打印字符 Tab: false
```

2. 整数转换成字符串

```
func FormatInt(i int64, base int) string
```

功能：返回 i 的 base 进制的字符串表示。base 必须为 2～36，结果中会使用小写字母 'a'～'z'表示大于 10 的数字。例如：

```
package main
import (
    "fmt"
    "strconv"
)
func main() {
    fmt.Printf("整数转换成字符串：  %q \n", strconv.FormatInt(123456, 16))
    fmt.Printf("整数转换成字符串：  %q \n", strconv.FormatInt(1234, 2))
}
```

运行结果：

```
整数转换成字符串："1e240"
整数转换成字符串："10011010010"
```

3. 字符串转换成整数

```
func ParseInt(s string, base int, bitSize int) (i int64, err error)
```

功能：返回字符串表示的整数值，接受正负号。base 指定进制(2～36)，如果 base 为 0，则从字符串前置判断，"0x"是十六进制，"0"是八进制，否则是十进制；bitSize 指定结果必须能无溢出赋值的整数类型。0、8、16、32、64 分别代表 int、int8、int16、int32、int64；返回的 err 是 * NumErr 类型的，如果语法有误，err. Error＝ErrSyntax；如果结果超出类型范围，err. Error＝ErrRange。程序如下所示：

```go
package main
import (
    "fmt"
    "strconv"
)
func main() {
    i1, err1 := strconv.ParseInt("-a234fe", 16, 32)
    fmt.Printf("字符串转换成整数:  %v  %v \n", i1, err1)
    i2, err2 := strconv.ParseInt("1234", 0, 16)
    fmt.Printf("字符串转换成整数:  %v  %v \n", i2, err2)
}
```

运行结果：

```
字符串转换成整数: -10630398 <nil>
字符串转换成整数: 1234 <nil>
```

4. 十进制数字表示的字符串转换成整数

```
func Atoi(s string) (i int, err error)
```

功能：将十进制表示的字符串 s 转换成整数，转换失败返回 err 值。程序如下所示：

```go
package main
import (
    "fmt"
    "strconv"
)
func main() {
    i1, err1 := strconv.Atoi("234760")
    fmt.Printf("字符串转换成整数:  %v  %v \n", i1, err1)
    i2, err2 := strconv.Atoi("-11234")
    fmt.Printf("字符串转换成整数:  %v  %v \n", i2, err2)
}
```

运行结果：

```
字符串转换成整数: 234760 <nil>
字符串转换成整数: -11234 <nil>
```

5. 十进制数字转换成字符串

```
func Itoa(i int) string
```

功能：将十进制表示的整数 i 转换成字符串，转换失败返回 err 值。例如：

```
package main
import (
    "fmt"
    "strconv"
)
func main() {
    s1 := strconv.Itoa(347521)
    fmt.Printf("整数转换成字符串:  %q  \n", s1)
    s2 := strconv.Itoa(-18235)
    fmt.Printf("整数转换成字符串:  %q  \n", s2)
}
```

运行结果：

```
整数转换成字符串："347521"
整数转换成字符串："-18235"
```

视频讲解

6.7 UTF-8 包

Go 语言标准库中的"unicode/utf8"包提供了一些处理 Go 语言字符的函数，主要对 UTF-8 编码的字符串及切片的处理，需要的时候，采用包引入语句 import"unicode/utf8"引入。其中表 6-3 列出了该包的主要函数。

表 6-3 unicode/utf8 包函数

函数名称	功能说明
ValidRune(r rune) bool	判断 r 是否可以编码为合法的 UTF-8 序列
RuneLen(r rune) int	返回 r 编码后的字节数。如果 r 不是一个合法的可编码为 UTF-8 序列的值，会返回－1
RuneStart(b byte) bool	报告字节 b 是否可以作为某个 rune 编码后的第一个字节。第二个即之后的字节总是将左端两个字位设为 10
FullRune(p []byte) bool	报告切片 p 是否以一个码值的完整 UTF-8 编码开始。不合法的编码因为会被转换为宽度 1 的错误码值而被视为完整的
FullRuneInString(s string) bool	函数类似 FullRune，但输入参数是字符串
RuneCount(p []byte) int	返回 p 中的 UTF-8 编码的码值的个数。错误或者不完整的编码会被视为宽度 1 字节的单个码值
RuneCountInString(s string) (n int)	函数类似 RuneCount，但输入参数是一个字符串
Valid(p []byte) bool	返回切片 p 是否包含完整且合法的 UTF-8 编码序列
ValidString(s string) bool	报告 s 是否包含完整且合法的 UTF-8 编码序列
EncodeRune(p []byte, r rune) int	EncodeRune 将 r 的 UTF-8 编码序列写入 p(p 必须有足够的长度)，并返回写入的字节数

续表

函数名称	功能说明
DecodeRune(p []byte) (r rune, size int)	函数解码 p 开始位置的第一个 UTF-8 编码的码值,返回该码值和编码的字节数。如果编码不合法,会返回(RuneError, 1)。该返回值在正确的 UTF-8 编码情况下是不可能返回的。 如果一个 UTF-8 编码序列格式不正确,或者编码的码值超出 UTF-8 合法码值的范围,或者不是该码值的最短编码,该编码序列即是不合法的。函数不会执行其他的验证
DecodeRuneInString(s string) (r rune, size int)	函数类似 DecodeRune,但输入参数是字符串
DecodeLastRune(p []byte) (r rune, size int)	函数解码 p 中最后一个 UTF-8 编码序列,返回该码值和编码序列的长度
DecodeLastRuneInString (s string) (r rune, size int)	函数类似 DecodeLastRune,但输入参数是字符串

6.8 指　　针

6.8.1 指针的概念

要理解指针的概念首先要了解操作系统对内存单元的管理。任何操作系统对全部内存都是以字节为单位进行连续编号的,每个字节都有唯一的编号,这个编号就称为内存单元地址。

Go 语言编译系统在编译程序的时候就会给所有变量预分配内存单元,一个 byte 型的变量分配 1 字节,一个 rune 类型的变量分配 4 字节等。不同数据类型的变量,长度不同,占用的内存字节数也不同。编译系统将每个变量名与分配给它的内存单元首字节的地址绑定,给变量赋值就是给该变量名对应的内存单元存入数据。

由于变量名与内存单元地址一一对应,通过变量名访问内存就等同于用内存地址直接访问内存。这种通过变量名来访问内存的方法称为直接访问。

如果我们可以通过某种方式获得编译系统给变量 x 绑定的内存地址编号(不是变量的内容),通过这个内存地址编号,就可以直接访问内存的内容,也就是变量 x 的内容。这种先获得变量地址,然后通过地址来访问变量内容的方法称为间接访问。

那么,内存单元的地址又该如何获得呢? 设想一下,我们可以专门定义一种数据类型来表示内存地址,这种数据类型的变量就称为地址变量,任何其他数据类型变量的地址都可以赋值给这类地址变量。在 Go 语言中这种专门用来表示地址的变量就称为"指针"。

很显然,指针本身也是变量,其长度决定于计算机平台,大多数平台是 4 字节。

在 Go 语言中,地址是如何获取的呢?

Go 语言中专门有一个取地址操作符"&",只要把取地址操作符放在变量名前面就可以了。其格式如下:

```
&变量名
```

需要强调的是，变量的地址是该变量在内存中的首字节地址。对于 byte 类型的两个变量，其地址编号是连续的。而对于两个 int64 型的变量来说，其地址就不是连续的了。因为每个变量需要占 8 个字节，两个变量的地址之差就为 8。

一定要记住，不同类型的变量，其占用内存的字节数是不同的，意味着通过地址来访问内存的时候，一定要预先知道需要读取几个字节才能代表一个变量的值，这就是变量类型的含义了。当用指针指向变量的时候，必须将指针的类型设定为变量的类型，这样才能利用指针正确读取变量的值。

6.8.2 指针变量声明

指针变量也和普通变量一样，须先声明后使用。Go 语言的指针变量采用以下方式声明：

```
var 指针名称 * 数据类型
```

指针名称：为任何合法的 Go 语言标识符，语法规则也和普通的变量名一样，首字母小写为包内级别的变量，首字母大写为包间可见的变量。

数据类型：为 Go 语言基础数据类型或复合数据类型，由数据类型来指明指针应该读取内存的字节数，指针的数据类型和它指向的变量的数据类型必须一致。

“*”：为指针标识符，是必不可少的。

之所以要明确指针的数据类型，是因为指针是指向变量的内存首字节地址，由于变量的类型不同，占用的字节数也不同。根据指针来读写变量对应内存单元内容的时候，到底要连续读写几字节，完全由变量的类型决定。

因此，指针的类型必须和它指向的变量的类型一致，否则就会造成内存读写错误。

6.8.3 指针的初始化及赋值

如果指针变量声明的时候没有赋值，则编译系统会给一个默认初始值，指针变量的默认初始值为空，即为 nil。nil 指针不指向任何位置，随时可以被赋值。大多数的情况下，指针都是在声明的同时就赋值。例如：

```
var x int = 10
var p * int = &x
```

也可以用短变量声明方式：

```
x := 10
p := &x
```

输出格式串中，指针变量的值可以用“%p”或“%d”格式符，前者用十六进制输出，后者用十进制输出。

指针变量不接受直接的字面量赋值，例如：

```
var  p * int
p = 123456      // 非法,类型不匹配
```

这样直接给整型指针赋值会导致编译系统报错：cannot use 123456 (type int) as type

* int in assignment。

指针变量一旦被赋值，就可以用指针来代替变量访问内存，这种访问内存方式称为“间接访问”。Go 语言的操作符“ * ”也被称为间接运算操作符，其用法为：

```
* 指针变量
```

注意：间接运算符“ * ”必须放在指针变量（地址变量）的前面才能起到间接运算的作用。

上述变量 x 的存取就可以通过指针变量 p 完成，例如：

```
x = 100      与      * p = 100      等价
y := x + 5   与      y := * p + 5   等价
```

显然有：

```
p = &x
x = * p = * (&x) = * &x = x
```

或

```
p = &x = &( * p) = & * p = p
```

说明取地址运算“&”与间接运算“ * ”互为逆运算。

需要注意的是，这两个操作符还有其他的含义，下面总结一下：

1. “ * ”操作符

（1）乘法运算符。

如

```
x, y := 10, 20
  z := x * y           // 乘法运算
```

（2）类型标识符。

如

```
var point * int       // 声明一个 int 型指针 point
```

（3）间接运算符。

如

```
x, y := 100,200
p := &x
z := * p + y           // 等同  z := x + y
```

2. “&”操作符

（1）逻辑运算符。

操作符“&”作逻辑运算符的时候表示按位与，例如：

```
x, y := 10,12
  z := x & y           // z = 8
```

（2）取址运算符。

如

```
x := 100
p := &x                // 取变量 x 的地址
y := * p               // y = 100
```

指针 p 指向了变量 x，p 的内容就是 x 的地址。

相同类型的指针可以相互赋值，例如：

```
var x int = 10
```

```
var p,q *int
    p = &x
    q = p           // 指针 p 和 q 均指向变量 x
```


反过来说,不同类型的指针是不能相互赋值的。

Go 语言的指针不支持加减运算。

如果　x := 10
　　　p := &x
则　　p++
或　　p--
或　　p = p + 2

等都是非法的。

而　　*p++
或　　*p--
或　　*p = *p + 10

等却是合法的。

Go 语言不支持指针运算,与 C 语言差别很大,使用的时候一定要注意。

另外,Go 语言的指针也不支持字符串及切片的索引操作。

例如,有一个指向切片或者字符串的指针 p,下面的表示是非法的:

```
p[index]
```

这就意味着不能使用指针来索引切片中的元素,或者字符串中的字符。指针只能指向切片或字符串的首地址。

但是,指向数组的指针索引是支持的,也就是说,如果指针 p 是指向数组 array 的,则

　　　array[10]
与　　p[10]

是等价的。

6.8.4　指针应用

1. 利用指针传递数组

大家知道,Go 语言的数组是按值传递的,也就是说,当数组作为函数的参数时,是复制一份副本传入函数的。对于小数组问题不大,占用内存资源有限,但是,对于大数组则需要占用较大的内存资源,用副本传递的方式就显得很浪费了。为此,可以用指针来代替数组,这样传入函数的仅仅是一个指针,也就几个字节,代价很低。在函数内部完全可以用指针来引用数组元素,效果一样。而且还有一个好处,可以实现函数的多返回值。我们知道,一般函数的返回值也就几个,直接放在返回值列表里返回即可。可是,如果有数量比较多的值需要返回,例如大型数组或结构体,这时使用指针代替数组或结构体传入函数,在函数中通过指针来修改数组或结构体,就可以实现函数的多返回值。

指针作参数的应用程序举例如下：

```
package main
import "fmt"
func pro(x *[15]string) {
    for index, _ := range x {
        if index % 2 == 0 {
           x[index] = "ok"
        }
    }
}
func main() {
    a := [...]string{"Remember!", "If", " the", "flashing", "process", "is", "interrupted",
"your", "phone", "might", "be", "very", "difficult", "to", "revive."}
    fmt.Printf("原始数组内容为: %s \n", a)
    p := &a
    pro(p)
    fmt.Printf("更改后的内容为: %s\n ", a)
}
```

运行结果：

```
原始数组内容为: [Remember! If the flashing process is interrupted your phone might be very
difficult to revive.]
更改后的内容为: [ok If ok flashing ok is ok your ok might ok very ok to ok]
```

程序分析：

从程序运行结果可以看出，不但可以用指针代替数组传入函数，还可以在函数内修改原数组的内容。如果用传值方式是做不到的，传值方式只能修改副本，对原值没有影响。

从程序中还可以看出，指向数组的指针一定要与数组同类型、同长度，两项指标缺一不可。在函数的参数列表中标识形参数据类型的时候，数组类型指针一定要指明数据类型与长度，这与切片不一样，切片只有类型，没有长度要求。

Go 语言的切片本身就是引用传递的，不需要使用指针。从这点上可以看出，能用切片的地方就最好使用切片，尽量不要用数组，用切片代替数组会带来很多便利。

2. 利用指针传递字符串

在 Go 语言中，字符串也是按值传递的，按值传递就会导致字符串复制副本传入函数。因而，对于大字符串来说，也是很浪费内存资源的，使用指针就可以节省很多内存资源。程序如下所示：

```
package main
import (
    "fmt"
    "strings"
)
func pro(s *string) {
    fmt.Printf("len(s) = %d\n", len(*s))
    *s = *s + "very Good!"
    prefix := "Firm"
    ts := strings.TrimPrefix(*s, prefix)
```

```
        fmt.Printf("s = %q\n", ts)
        for index, val := range *s {
            fmt.Printf("index = %d  val = %q \n", index, val)
            if index > 3 {
                break
            }
        }
}
func main() {
        str := "Firmwares provided by Samsung - Updates."
        fmt.Printf("原始字符串内容为: %s \n", str)
        p := &str
        pro(p)
        fmt.Printf("更改后的字符串为: %s\nlen(str) = %d\n", str, len(*p))
}
```

运行结果：

```
原始字符串内容为: Firmwares provided by Samsung - Updates.
len(s) = 38
s = "wares provided by Samsung - Updates. very Good!"
index = 0 val = 'F'
index = 1 val = 'i'
index = 2 val = 'r'
index = 3 val = 'm'
index = 4 val = 'w'
更改后的字符串为: Firmwares provided by Samsung - Updates. very Good!
len(str) = 48
```

程序分析：

上述程序用指针代替字符串传入函数，在函数中用指针对字符串进行操作。由于是通过指针直接操作内存，因此操作结果能返回给调用函数，在调用函数处能查询到操作结果。

通过指针也可以使用 strings 包提供的函数来操作字符串，也可以用 range 关键字遍历字符串。但是，不能用指针进行切片类操作，也就是说，不能用指针指向字符串中的元素。例如，用指针带方括号下标的方式截取字符串是非法的。

```
s := "student "
p := &s
s[:2]          //  s[:2] = "st "     合法
p[:2]          //  非法,Go 语言不支持
```

用指针带方括号下标的方式操作字符串会导致编译错误：cannot slice p (type *string)。

如果非要用方括号加下标的方法来截取字符串的话，可以定义一个临时变量，将字符串赋值给它，然后以这个变量操作字符串，将操作结果赋值给原字符串，就能达到预期目的。

3. 利用指针传递结构体

在 Go 语言中结构体也是采用值传递的，很显然，大型结构体的副本也会占用系统较大

的资源。为此,可以用指向结构体的指针代替结构体,作为实参传入函数,这样就可以在函数中通过指针直接操作结构体字段。需要注意的是,直接操作结构体字段是有副作用的,操作的结果会影响原值。

在以下例子中我们定义一个结构体,用指针的方式传入子函数,在子函数中为结构体字段赋值,在主函数里输出结果,以验证子函数的操作结果在主函数中可见。程序如下:

```
package main
import "fmt"
func pro(s *student) {
    s.id = "201812030"
    s.name = "John smis"
    s.chinese = 85.6
    s.math = 66
    s.english = 90
    s.history = 78.5
}
type student struct {
    id      string
    name    string
    chinese float32
    math    float32
    english float32
    history float32
}
func main() {
    var str = student{}
    p := &str
    pro(p)
    fmt.Printf("结构体的值为: %v\n", str)
}
```

运行结果:

```
结构体的值为: {201812030 John smis 85.6 66 90 78.5}
```

用指针代替结构体传入函数后,直接用指针加下标"."的点选择器方式操作结构体字段,赋值或参与表达式运算均可。打印结果显示,子函数赋值的结果被保留在结构体中,在主函数中仍然可见。

6.9 多级指针

视频讲解

指针也是变量,因而也有地址。把指针变量 p 的地址赋给另一个指针变量 q,则指针 q 就是指向指针变量 p 的指针,这种指向指针的指针称为多级指针。

直接指向数据变量的指针称为一级指针,指向一级指针的指针称为二级指针,指向二级指针的指针称为三级指针,以此类推,可以出现更多级指针。

同样,只有同级指针才可以相互赋值,不同级别的指针是不能相互赋值的。

在 Go 语言中多级指针极少使用,这里不再细述。

上机训练

一、训练内容

1. 编程实现从键盘输入 5 个由字母、数字及符号组成的字符串,各字符串间用空格隔开,最后将这 5 个字符串连成一个大字符串,用指针作参数调用统计子函数,统计该大字符串中数字、字母及符号的数量。

2. 编程实现从键盘任意输入一个字符串(均为 ASCII 字符),并按逆序输出该字符串。

二、参考程序

1. 编程实现从键盘输入 5 个由字母、数字及符号组成的字符串,各字符串间用空格隔开,最后将这 5 个字符串连成一个大字符串,用指针作参数调用统计子函数,统计该大字符串中数字、字母及符号的数量。

参考程序

```
package main

import "fmt"

func count(s * string) (cnum, cabc, cABC, csym int) {
    for _, char := range * s {
        if char >= '0' && char <= '9' {
            cnum++
            continue
        }
        if char >= 'a' && char <= 'z' {
            cabc++
            continue
        }
        if char >= 'A' && char <= 'Z' {
            cABC++
            continue
        }
        csym++

    }
    return
}
func main() {
    var a, b, c, d, e string
    fmt.Scanf("%s%s%s%s%s\n", &a, &b, &c, &d, &e)
    m := a + b + c + d + e
    p := &m
    cnum, cabc, cABC, csym := count(p)
    fmt.Printf("输入的句子为: %q\n", m)
    fmt.Printf("输入的句子长度: len(m) = %d\n", len(m))
```

续

参考程序

```
    fmt.Printf("句子中的数字数为: %d\n", cnum)
    fmt.Printf("句子中的小写字母数为: %d\n", cabc)
    fmt.Printf("句子中的大写字母数为: %d\n", cABC)
    fmt.Printf("句子中的其他符号数为: %d\n", csym)
}
```

运行结果

```
输入的句子为: "sdkfnhk9923*%^^%$jgbjgtfyGKUGGG(*&(IUGHFYUGigytfd&r*&^98U876576
(*&*&^76554YTFYFjhgjgjhjbjgUYugyugyUTUYGTU8768&^%*(&"
输入的句子长度: len(m) = 115
句子中的数字数为: 21
句子中的小写字母数为: 39
句子中的大写字母数为: 29
句子中的其他符号数为: 26
```

2. 编程实现从键盘任意输入一个字符串(均为ASCII字符),并按逆序输出该字符串。

参考程序

```
package main

import "fmt"

func main() {
    var a string
    fmt.Println("请输入一个任意长度的字符串(可包含数字、字母及其他符号): ")
    fmt.Scanf("%s", &a)
    fmt.Printf("输入的字符串为: a = %q\n", a)
    fmt.Printf("字符串长度为: len(a) = %d\n", len(a))
    fmt.Printf("逆序输出的字符串为:a' = ")
    for i := len(a) - 1; i >= 0; i-- {
        fmt.Printf("%c", a[i])
    }
    fmt.Printf("\n")
}
```

运行结果

```
请输入一个任意长度的字符串(可包含数字、字母及其他符号):
dkfjvnksajdasjdf98r293wifhwifhu98r92(*&(^&^%%^$#@&()**UJGGVJVR^%$TRDTYCHJGT&
*%^E$uyyfuygadsih832709sdfl
输入的字符串为: a = "dkfjvnksajdasjdf98r293wifhwifhu98r92(*&(^&^%%^$#@&()**
UJGGVJVR^%$TRDTYCHJGT&*%^E$uyyfuygadsih832709sdfl"
字符串长度为: len(a) = 103
逆序输出的字符串为:a' = lfds907238hisdagyufyyu$E^%*&TGJHCYTDRT$%^RVJVGGJU**)(&@
#$^%%^&^(&*(29r89uhfiwhfiw392r89fdjsadjasknvjfkd
```

习　题

一、单项选择题

1. 以下声明字符串变量 s 正确的是(　　)。

A. var string s　　B. var s strings　　C. string s　　D. var s string

2. 以下给字符串变量 s 初始化正确的是(　　)。

A. var string s="abcd"　　B. var s string :="abcd"

C. s sting="abcd"　　D. s :="abcd"

3. 从键盘输入字符串使用的函数是(　　)。

A. fmt.Sscanf()　　B. fmt.Scanf()　　C. fmt.Sprintf()　　D. fmt.Printfs()

4. 格式符"%q"的作用是(　　)。

A. 格式化 rune 字符输出　　B. 格式化 byte 字符输出

C. 格式化字符串输出　　D. 格式化 Unicode 码点输出

5. 一次性输入多个字符串,字符串之间的分隔符必须是(　　)。

A. 逗号　　B. 空格　　C. 分号　　D. 反斜杠

6. 从文本中扫描字符串,扫描结束标志是(　　)。

A. 句号　　B. 空格　　C. #号　　D. *号

7. 用 fmt.Sprintln()函数串联多个字符串,各串间的分隔符是(　　)。

A. 逗号　　B. 减号　　C. Tab 键　　D. 空格

8. 用 fmt.Sprint()函数串联多个纯数字序列,形成字符串,各串间的分隔符是(　　)。

A. 逗号　　B. 减号　　C. 加号　　D. 空格

9. 用 fmt.Sprint()函数串联多个纯字母字符串,各串间的分隔符是(　　)。

A. 逗号　　B. 减号　　C. 空格　　D. 无分隔符

10. 函数 len([]rune(s))的作用是(　　)。

A. 获得字符串 s 的 byte 字节数　　B. 获得字符串 s 的 char 字符数

C. 获得字符串 s 的 rune 字符数　　D. 获得字符串 s 的 ASCII 字符数

11. 将字符串 s 转换成 Unicode 码点序列,下列正确的是(　　)。

A. []byte(s)　　B. []rune(s)　　C. []Unicode(s)　　D. []int(s)

12. 已知字符串 s="The day before yesterday.",则 s[4:8]为(　　)。

A. The　　B. day　　C. before　　D. yesterday

13. 以下取地址运算(　　)是正确的(假设变量 x 已定义)。

A. *x　　B. &x　　C. $x　　D. @x

14. 已知 p=&x,以下间接运算正确的是(　　)。

A. &p　　B. &x　　C. *p　　D. *x

15. 假设字符串 s="I love red flower.",则字母"d"的索引值为(　　)。

A. index=7　　B. index=8　　C. index=9　　D. index=10

16. 假设字符串 s="I am a student.",则 s[8]表示的字母为(　　)。

A. s　　B. t　　C. u　　D. d

17. 要输出 ASCII 字符,该使用以下(　　)格式符。

A. %s　　B. %c　　C. %v　　D. %q

18. 要输出字符的 ASCII 值,该使用以下(　　)格式符。

A. %s　　B. %c　　C. %v　　D. %q

19. 字符的 UTF-8 编码是(　　)数据类型。

A. string　　B. byte　　C. rune　　D. char

20. 如果 index 表示索引,char 表示字符,下列遍历字符串 s 正确的命令是(　　)。

A. for index, char=range s {block}　　B. for char,index=range s {block}

C. for char,index :=range s {block}　　D. for index,char :=range s {block}

二、判断题

1. 字符串字面量可以用双引号,也可以用单引号括起来。(　　)
2. 带有转义字符的字符串字面量必须使用双引号括起来。(　　)
3. 带有多行的字符串字面量必须用反引号括起来。(　　)
4. 反引号括起来的字符串字面量是可解释的。(　　)
5. 正确输出字符串的格式符是"%d"。(　　)
6. 可以用字符串指针变量来索引字符串中的字符。(　　)
7. 可以指针代替字符串作函数参数。(　　)
8. 数组型指针的定义必须包括数据类型和长度。(　　)
9. 可以用数组型指针来操作数组元素。(　　)
10. 用函数 len(s)求得 s 的长度是指字符串中的字符数。(　　)
11. 用函数 len([]byte(s))可以获得字符串的字符数。(　　)
12. 用函数 len([]rune(s))可以获得字符串的字符数。(　　)
13. 从键盘一次输入多个字符串的时候必须以空格分隔字符串。(　　)
14. 从键盘一次输入多个字符串的时候可以使用逗号分隔字符串。(　　)
15. 数组型指针支持对数组元素的索引操作。(　　)
16. 数组型指针支持算术运算,如 p++,p--。(　　)
17. 切片型指针支持对切片元素的索引操作。(　　)
18. 由于指针变量的默认初值为 nil,所以,可以给任何指针变量赋 nil 值。(　　)
19. 由于指针也是变量,所以也可以对指针使用取址操作符 &。(　　)
20. 假设 p=&x,pp=&p,则 x= ** pp。(　　)

三、分析题

1. 请分析以下程序的功能及执行结果。

```
package main
import "fmt"
func main() {
```

```
    s := "234WERwsDFGef34"
        w := []byte(s)
    for index, char := range w {
            if char >= 'A' && char <= 'Z' {
        w[index] += 'a' - 'A'
            }
        }
    s = string(w)
    fmt.Printf("s = %q\n", s)
}
```

2. 请分析以下程序的功能及执行结果。

```
package main
import "fmt"
func main() {
        s := "I am a student and come from China."
        w := []byte(s)
        q := []byte{}
        for index, char := range w {
        if char != 32 {
            q = append(q, w[index])
        }
    }
    s = string(q)
    fmt.Printf("s = %q\n", s)
}
```

3. 请分析以下程序的执行结果。

```
package main
import "fmt"
func main() {
        s1 := "abc"
    w := &s1
    s2 := "xyzwstdefgh"
    q := s2[3:7] + *w
    s := q[4:]
    fmt.Printf("s = %s  %q\n", q, s)
}
```

4. 请指出以下程序段的错误,改正后写出运行结果。

```
package main
import "fmt"
func main() {
        var p *string
        w := "abcdefgh"
    p = &w
        q := w[1:3] + p
        s := p[5:8]
        fmt.Printf("s = %q  %s\n", q, s)
```

```
}
```

5. 请分析以下程序的执行结果。

```
package main
import "fmt"
func main() {
  s1 := "I was ill for three days."
  s2 := s1[:6]
  s3 := s1[10:]
  s4 := s2 + "fine " + s3
  fmt.Printf("s4 = %q  \n", s4)
}
```

6. 请分析以下程序的执行结果。

```
package main
import "fmt"
func main() {
  str := "abcd123456ABCDEFG"
  s1 := str[:5]
  s2 := str[4:12]
  s3 := str[8:]
  fmt.Printf("len = %d  s1 = %q  s2 = %q  s3 = %q\n", len(str), s1, s2, s3)
}
```

四、简答题

1. Go 语言字符是如何编码的？
2. Unicode 编码的字符长度多少？
3. 汉字在 Go 语言中被编码成几个字节？
4. 什么叫字符串？
5. Go 语言字符串字面量如何表示？
6. 字符串变量的零值是多少？
7. 字符串在内存中是如何确定结束的？
8. Go 语言中字符用什么类型表示？
9. 多字符串变量输入如何规范格式串？
10. 从字符串中扫描文本以什么分隔字符串？如何结束扫描？
11. Sprint 函数是如何连接多个字符串的？
12. Sprintln 函数是如何连接多个字符串的？
13. Sprintf 函数是如何连接多个字符串的？
14. 字符串的内容可以修改吗？
15. 如何确定字符串的长度？
16. 可以对字符串变量名取地址吗？
17. 可以对字符串中某个元素取地址吗？
18. 可以用字符串变量索引字符串中某一个元素吗？

19. 可以用指向对字符串变量的指针指向字符串中某一个元素吗?
20. 如何输出字符串中每一个字符?
21. 如何定位字符串中某一个元素?
22. Go语言中字符的UTF-8编码是什么类型?
23. 在字符串中截取一个子串如何操作?
24. 在字符串中插入一个子串如何操作?
25. 在字符串中删除一个子串如何操作?
26. 在字符串中替换一个子串如何操作?
27. 在字符串中搜索一个子串如何操作?
28. 什么叫作指针?它的作用是什么?
29. 操作符"*"有几个含义?
30. 操作符"&"有几个含义?
31. 指针可以作P++或P--这样的算术操作吗?
32. 什么叫多级指针?

五、编程题

1. 编程实现从键盘输入任意一个字符串,把其中的小写英文字母全部变成大写,其他字母维持不变,截取前面5个字符追加到该字符串的末尾,最后打印输出原文本及变换后的文本。

2. 编程实现从键盘输入任意一个字符串,以中间字符为界(没有就以空格为界),将字符串的前一半与后一半对调位置,打印输出处理前后的结果。

3. 编程实现从键盘输入任意一个字符串,从第一个字符开始,每隔一个字符插入一个空格,每隔两个字符插入一个"*",直至结束,打印输出变换后的结果。

4. 编程实现从键盘输入任意一个字符串,用strings包提供的函数去掉其前缀3个字符,加上后缀".doc",并打印输出变换后的结果。

5. 给定一个int型数组,请编程实现以指针的形式对数组元素进行降序排列输出,不得改变原数组内容及元素顺序。

6. 编程实现从键盘任意输入一句完整的英文句子,并打印输出结果。

7. 编程实现由键盘输入20个以内的整数,保存在切片里,并以指针为参数调用子函数计算所有输入数据的和及均值,最后求出所有数据中的中位数,在主函数中将计算结果打印输出。

8. 编程实现从键盘输入任意数个国家的名称(可以是中文),存放在一个切片里,排序后打印输出。

第7章 结构体与方法

结构体是一种自定义类型，在前面章节的应用举例中已多次出现。Go 语言提供的基础数据类型比较简单，只能处理某一种类型的数据。但在实际编程工作中，经常碰到需要处理如学生个人信息、员工个人档案等这样复杂的数据结构，其中包含字符串型、整型、浮点型等不同数据类型。这样的数据结构需要用复合数据类型表示，Go 语言的结构体就是这样的复合数据类型。

7.1 结构体的定义

视频讲解

7.1.1 基本语法

结构体类型使用关键字 type 和 struct 相配合声明，其语法格式如下：

```
type 类型名称 struct{
    field1  type1
    field2  type2
    ...
    fieldN  typeN
}
```

类型名称：为任何合法的 Go 语言标识符，类型名在一个包内必须唯一。大括号括起来的称为结构体的字段或成员(成员或字段可以混用)，每个字段由字段名和数据类型组成，独占一行。字段名不能重复，在同一结构体内必须唯一。字段类型可以是 Go 语言基础数据类型，也可以是复合数据类型，包括结构体、数组、切片、映射、通道、函数、接口以及其他自定义类型等。

注意：空标识符"_"也可以作为结构体的字段名，但该字段数据类型不能省略，且不能赋值，即使赋值也会被丢弃。实际上没有多大作用，仅仅是作为一个预留字段，方便以后改名使用。

结构体的类型名和字段名也遵循 Go 语言的可见性原则，首字母大写是可导出的，可被别的包引用，而小写只在包内可见。结构体字段可以一部分可导出，而其他部分不可导出，等同于部分字段为 public 属性，部分字段为 private 属性。需要注意的是，即便类型名称是可导出的，也并不等于字段是可导出的；反过来说，即便字段是可导出的，也不等于类型名称可导出。因此，只有类型和字段同时为可导出时，包外才可见。

结构体作为一种自定义类型，其地位与内置的基础数据类型相同。我们可以使用关键字 var 来声明一个结构体类型的变量，例如：

```
type myst struct{
    x   int
    y   int
}
var st myst
```

上述声明了一个结构体类型的变量 st,包含两个整型字段 x 和 y。如果结构体内字段数量不多,且类型相同,可以写成一行的形式。例如:

```
type x struct{a,b,c int}
```

只有 a,b,c 都是同类型的时候才可以这么写。如果其中的 c 为 string 型,那就不能这样写,只能一个数据类型一行的方式来写。例如:

```
type x struct{
    a    int
    b    int
    c    string
}
```

同类型字段可以写在一行,也可以分开独占一行,如果每个字段都要单独添加注释(标记 tag),则必须每个字段独占一行。如上述 x 可以写成以下形式:

```
type x struct{
    a , b   int
    c     string
}
```

除了用关键字 var 声明结构体类型变量以外,也可以使用短变量声明操作符":="来声明结构体类型的变量。例如,可以声明一个上述 x 类型的变量 y,如下所示:

```
y := x{}
```

上述定义并初始化了一个默认初值为零值的 x 类型变量 y。

7.1.2 使用 new 创建结构体

内置函数 new 也可以用来创建结构体类型变量并分配内存,其语法格式如下:

```
s := new(T_struct)
```

上式创建了一个 T_struct 类型的变量 s,其中 T_struct 为用 type…struct{}定义的一个结构体。new 函数为结构体预分配了一块内存,并初始化为零值,返回一个指向该内存块的指针。因而,结构体变量 s 是指向结构体的指针。结构体变量的零值用其各字段的零值表示。

以关键字 var 声明的结构体变量与 new 函数创建的结构体变量其含义是不同的,例如:

```
var t T_struct
```

则 t 称为 T_struct 类型的变量,而 s 是 T_struct 类型的指针。获得指向结构体变量 t 的指针表示如下:

```
p := &t
```

这时 p 和 s 的意义就相同了。因为 p 与 s 类型相同，因而可以相互赋值，例如：

```
p = s
```

这时，p 就不再指向 t，而是和 s 一样指向同一个结构体，可以称为 s 结构体。前提是 p 和 s 必须是同类型的结构体指针，才可以相互赋值。

无论是 var 声明的结构体变量还是 new 函数创建的结构体指针变量，都称为结构体类型 T_struct 的一个实例(instance)或对象(object)。这个概念在后续章节讲到方法和接口的时候还会经常用到。

7.1.3 结构体的赋值

结构体赋值实质上是指结构体字段的赋值，结构体都是由多个字段构成的，如何定位某一字段呢？在 Go 语言中是用点选择符"."来标识字段名的。例如：

有一个表示学生信息的结构体如下所示：

```
type student struct{
    ID      int
    Name    string
    Phone   int
}
```

现在，声明一个 student 类型的变量 zs，如下所示：

```
var zs student
```

zs 的字段内容就可以用以下方式输入，称为给结构体赋值。

```
zs.ID = 201802138
zs.Name = "张三"
zs.Phone = 123888999
```

点符号在 Go 语言中被称为选择器(selector)，我们在前面使用打印语句(fmt.Printf)等库函数的时候已经很熟悉这个用法了。无论是结构体类型变量还是结构体类型指针，均可以用点选择器来引用结构体的字段，为字段赋值。给结构体赋值有多种方式，下面分别介绍。

1. 使用短变量操作符声明并赋值

使用短变量声明操作符来声明并初始化一个变量，这在 Go 语言里很普遍。结构体类型作为 Go 语言的一种值类型，当然也可以用短变量声明来定义并初始化。而且还非常灵活方便，并有多种方式。

下面，以上述 student 类型为例，说明不同的赋值方式，如下所示：

```
方式一: s1 := student{201802150,"John",125058711}
```

方式一中大括号内的值称为结构体字面量，其各项值的类型和顺序必须与类型定义时各字段的类型和顺序一致。各项值之间必须用逗号隔开，字符串类型须加双引号。字面量的数量不能多，也不能少，否则都会导致编译错误。

方式二：s2 := student{ID:201802160,Name:"Smith",Phone:133322111}

方式二与方式一相比多了字段名，字段名后面必须用冒号，各字段之间用逗号隔开，字符串类型加双引号。方式二由于带有字段名，各字段的位置可以随意，不必和类型定义时一致。

方式一和方式二两种方式中只能选用其中一种，不能混用。也就是说，要么都不带字段名，要么全带字段名，不能部分字段带名字，其他字段不带。

方式三：s3 := student{Name:"Alia",ID:201802178}

方式三与方式二差不多，Go 语言允许给结构体部分字段赋值，没有被显性赋值的字段，编译系统会自动初始化为零值。

```
方式四：s4 := student{
            ID:201802188,
            Name:"Steven",
            Phone:122333558
        }
```

如果结构体中字段比较多，一行写不下，就可以像上述方式四一样分成多行来写，但是，字段间的逗号不能省略。

方式五：s5 := &student{201802288,"Ghven",112233556}

前面 s1，s2，s3，s4 都是 student 类型的变量，s5 是 student 类型的指针。s1～s4 中右边大括号的赋值方式均适合于 s5。究竟是用结构体类型变量，还是用结构体类型指针，应该看使用场景。当结构体作为函数参数传递时，可以使用结构体变量，也可以使用结构体指针。使用结构体变量称为值传递，传递的是结构体的副本，不会改变其原值；使用结构体指针称为引用传递，传递的是结构体的地址，函数内对结构体的操作会影响原值。由于使用指针直接干预内存，请谨慎选择使用。

2. 使用 var 关键字声明后赋值

使用 var 关键字声明变量是 Go 语言的标准语法，结构体类型的变量声明也不例外。用 var 关键字声明的变量必须经初始化后才能使用。初始化可以在声明的同时进行，也可以在变量声明以后用赋值操作符完成。

下面先定义一个结构体类型 score，用来记录学生的成绩，如下所示：

```
type  score  struct{
      ID         int
      chinese   float64
      math      float64
      english   float64
      history   float64
}
```

用上述结构体类型来声明变量，如下所示：

```
var a score
var w  * score
```

都是合法的，一个声明的是变量，另一个声明的是指针。

下面以大括号及“.”选择器方式给上述变量赋值，请大家仔细阅读领会。

```
var  a = score{01,78,85,80.5,96}              // 声明的同时初始化
   a = score{ID:02,math:90,history:85,chinese:96,english:75}  // 直接赋值
或  a.chinese = 85
    a.ID = 03
    a.math = 78.5
    a.english = 72
若  p := &a                                   // 等同于 *p = a
则  p.ID = 04
    p.history = 65
    (&a).chinese = 88
若  b = &score{ID:05,english:88}
则  b.math = 69
    b.chinese = 95
若  q := &b.history
则  *q = 88.8                                 //    b.history = 88.8
```

以上给结构体赋值的方法都是合法的。

结构体可以部分赋值，也可以一次性全部赋值，没显性赋值的字段保持原值不变，如果是刚声明的变量，则保持零值，其中数值类型字段为0，字符串类型字段为空。

3. 使用 new 函数创建后赋值

使用内置函数 new 创建结构体，返回指向结构体的指针，预分配并初始化内存空间。假如

```
w := new(score)
```

则以下方式给 w 赋值都是合法的：

```
    w = &score{07,85,72,81,88}
或  w = &score{ID:08,english:85}
或  w.chinese = 84
    w.ID = 09
    ( * w).math = 96
```

从上面的定义及赋值可以看出，表达式 new(Type)和 &Type{}是等价的，前者多用来声明并初始化，后者多用来赋值。

如果两个结构体的类型相同，可以相互赋值，程序如下所示：

```
package main
import (
    "fmt"
)
type score struct {
    ID      int
    chinese float64
```

```
    math    float64
    english float64
    history float64
}
func main() {
    var w1 score
    w2 := score{ID: 100, math: 88, chinese: 90}
    w1 = w2
    w1.english = 95
    w2.history = 92
    fmt.Printf("w1 = % v\nw2 = % v\n", w1, w2)
}
```

运行结果：

```
w1 = {100 90 88 95 0}
w2 = {100 90 88 0 92}
```

7.1.4 结构体的别名与转换

Go 语言的任何数据类型都可以设置别名，例如 int8 的别名为 byte，int32 的别名为 rune。别名与类型是等价的，使用别名声明的变量与使用类型声明的变量是同类型的，可以相互赋值。但是，以类型为基础定义的新类型与其基础类型是不同的，不能相互赋值。Go 语言中别名及新类型均用 type 关键字，但语法略有不同。为类型声明别名的语法是：

```
type  Alias = Type  // Type 为现有类型
```

在 Go 语言中，该语法现象称为 Alias delearation。

例如：

```
type  A = int32
  var  x A
  var  y int32 = 123
  x = y  // 是合法的
```

上述 x 的类型为 A，y 的类型为 int32，但 A 作为 int32 的别名，被绑定到 int32 类型上。因此，x，y 是同类型变量，可以相互赋值。

以现有类型为基础声明新类型的语法是：

```
type  newType  Type  // Type 为现有类型
```

上述格式的语法含义在 Go 语言中称为 type difinition。newType 的基础数据类型为 Type，但与 Type 是完全不同的类型，不可以相互赋值。新类型在 Go 语言中称为 defined 类型，即已定义类型。在 Go 语言中，已定义类型是独立存在的，与任何其他数据类型都不同。例如，以用户自定义的 score 类型为基础，定义一个新类型"fenshu"，如下所示：

```
type  fenshu  score
```

看起来极像是 score 的别名，但严格上来说，不叫别名。这样"fenshu"也成了 score 类型的结构体，可以用它声明变量并赋值。例如：

```
var fen fenshu
fen.ID = 10
fen.chinese = 85
fen.math = 87
```

等，都是合法的。

本质上来说，fenshu 与 score 的底层数据结构是一样的，在声明变量时效果是一样的。例如：

```
q1 := score{ID:12,math:88,english:90}
q2 := fenshu{ID:14,chinese:87,english:86}
```

上述两种声明方式都是合法的，score 与 fenshu 可以互换使用。表面上看，q1，q2 都是相同的数据结构，是否可以相互赋值呢？例如：

```
q1 = q2
```

可以吗？答案是否定的！尽管 score 与 fenshu 共享同一底层数据类型，但是，Go 语言并没有把它们看成是同一类型。在 Go 语言内部，一个被定义为 type score，另一个被定义为 type fenshu，是完全不同的两个数据类型，Go 语言并不会隐式转换两种不同的数据类型。

与普通数据类型强制转换一样，新类型与其基础类型之间也需要强制转换。上述赋值式子改成以下这样就合法了：

```
q1 = score(q2)
```

从这里可以看出，Go 语言对类型要求非常严格，赋值、比较等运算必须类型严格一致，否则就是语法错误。不过，数组是个例外，数组别名或以数组类型为基础定义的新类型，只要其长度及元素类型相同，就是同类型，其变量可以相互赋值。

7.2 结构体操作

视频讲解

7.2.1 访问结构体成员

所谓结构体成员，就是指结构体字段，一个结构体变量声明以后，就可以通过下述方式访问结构体成员：

```
结构体变量名.字段名
```

点选择器用来引用结构体的字段，如果字段出现在赋值符左边，就是给字段赋值；如果字段出现在赋值符右边，则是参与表达式运算。使用“.”选择符引用的字段可以当作一般的变量使用。下例程序演示结构体类型变量的定义、初始化及成员操作：

```
package main
import (
    "fmt"
)
type a struct {
```

```
    x int
    y int
}
type b struct {
    x int
    y int
}
func main() {
    var w1 a
    w2 := b{2, 3}
    w1.x = 12
    w1.y = w1.x + w2.x
    w2.y = 92 - w1.x
    fmt.Printf("w1 = %v\nw2 = %v\n", w1, w2)
}
```

运行结果：

```
w1 = {12 14}
w2 = {2 80}
```

结构体支持指针操作，指向结构体的指针也可以采用“.”选择符来访问结构体成员。程序如下所示：

```
package main
import (
    "fmt"
)
type a struct{ x, y int }
type b struct{ x, y int }
func main() {
    var w1 *a
    w1 = &a{1, 2}
    w2 := new(b)
    w2 = &b{5, 6}
    w1.y = w1.x + (*w2).x
    (*w2).y = 92 - w1.x
    w3 := *w1
    fmt.Printf("w1 = %v\nw2 = %v\nw3 = %v\n", *w1, *w2, w3)
}
```

运行结果：

```
w1 = {1 6}
w2 = {5 91}
w3 = {1 6}
```

上述程序中出现了间接运算符“*”，在指针指向的结构体中，间接运算符“*”表示解引用。解引用既可以作用于结构体指针，也可以作用于结构体成员指针，就像上述程序那样。结构体指针被解引用后等同于结构体变量名。例如：

```
type T struct{x, y int}
a := T{1,2}
```

```
p := &a
```

则 `*p = *(p) = *(&a) = a`

所以 `(*p).x == a.x`

上述程序还演示了同类型结构体可以相互赋值。

7.2.2 结构体参数传递

前文曾经讲过，将结构体的值传入函数，可以采用值传递也可以采用引用传递，不同的传递方式，程序可能有不同的执行结果，下面分别介绍不同传递方式的区别。

1. 值传递方式

以下程序示例采用值传递：

```
package main
import (
    "fmt"
)
type aw struct{ x, y int }
func sum(w1 aw) int {
    w1.x  += 5
    w1.y  += 10
    return w1.x + w1.y
}
func main() {
    w1 := aw{1, 2}
    fmt.Printf("函数调用前   w1 = %v\n", w1)
    w2 := sum(w1)
    fmt.Printf("函数调用结果 sum = %v\n", w2)
    fmt.Printf("函数调用后   w1 = %v\n", w1)
}
```

运行结果：

```
函数调用前 w1 = {1 2}
函数调用结果 sum = 18
函数调用后 w1 = {1 2}
```

从程序运行结果可以看出，以值传递的方式传递的是副本，副本在函数中被修改了，但原值并没改变。

2. 引用传递方式

还是上例，我们改成引用传递方式，以指针为参数，看看结果如何。

```
package main
import (
    "fmt"
)
type aw struct{ x, y int }
func sum(w1 *aw) int {          // 改成 *aw 型指针
    w1.x  += 5
    w1.y  += 10
```

```
        return w1.x + w1.y
    }
    func main() {
        w1 := aw{1, 2}
        fmt.Printf("函数调用前   w1 = %v\n", w1)
        w2 := sum(&w1)              //  传入地址
        fmt.Printf("函数调用结果 sum = %v\n", w2)
        fmt.Printf("函数调用后   w1 = %v\n", w1)
    }
```

运行结果：

```
函数调用前 w1 = {1 2}
函数调用结果 sum = 18
函数调用后 w1 = {6 12}
```

显然，调用前后 w1 内容发生了变化。因为传入函数的是地址，不是结构体值的副本，通过地址直接修改了原值。对于大型结构体，还是建议采用指针传递的方式，减少内存资源的消耗，提高程序运行效率。

结论：结构体作为函数参数，传值或传指针，效果不同。传值是副本传递，要消耗大量的内存资源；传指针是地址传递，内存消耗很小。当函数有大量返回值的时候，或需要函数修改结构体状态的时候，建议使用引用传递。

7.2.3 结构体复制

Go 语言中结构体变量也是值类型的，两个类型相同的结构体变量可以相互赋值。反过来说，类型不同的两个结构体变量是不能相互赋值的。所谓类型相同的结构体变量，是指两个变量由一个结构体类型声明。

如果两个结构体的字段名、字段的数据类型以及顺序都完全相同，只是类型名字不同，也不能视为相同类型的结构体。请看以下例子：

```
package main
import "fmt"
type s1 struct {
    x int
    y string
}
type s2 struct {
    x int
    y string
}
func main() {
    a := s1{1, "student"}
    b := s2{1, "student"}
    c := s1{2, "teacher"}
    fmt.Printf("a = %v  b = %v  c = %v\n", a, b, c)
    if a == c { //  如果用 b 代替 c 会编译报错，提示类型不同
        fmt.Printf("a = c: a = %v  c = %v\n", a, c)
    } else {
        fmt.Printf("a!= c a = %v  c = %v\n", a, c)
```

```
    }
    //    a = b   非法,类型不匹配!
    a = c
    fmt.Printf("a = %v  c = %v\n", a, c)
}
```

运行结果:

```
a = {1 student} b = {1 student} c = {2 teacher}
a!= c a = {1 student} c = {2 teacher}
a = {2 teacher} c = {2 teacher}
```

程序分析:

上述程序声明了两个结构体类型 s1 和 s2,这两个类型的字段成员是一模一样的,但属于两个不同的类型。程序中声明了两个结构体变量 a 和 b,分别属于类型 s1 和类型 s2,初始化成相同的值。还声明了一个 s1 类型的变量 c,赋予不同的值。

程序执行时,因为 a,c 为相同类型的变量,所以可以相互比较,也可以相互赋值,程序执行没有错误。而 a,b 为不同类型的变量,既不可以相互比较,也不可以相互赋值。

7.2.4 结构体字段加标签

Go 语言允许在结构体类型声明的时候对字段的意义进行注释。注释为用双引号或反引号括起来的字符串,放在字段数据类型的后面,用空格隔开,不能使用程序注释用的双斜杠“//”作分隔符。结构体字段的注释称为标签(tag),标签不影响程序的运行,但可以在程序运行过程中被反射 reflect 捕获。请看以下例子:

```
package main
import (
    "fmt"
    "reflect"
)
type s1 struct {
    id     int     "学号"
    name   string  "姓名"
    gender string  '性别'
    phone  int     '电话'
}
func prtTag(x s1, y int) {
    tx := reflect.TypeOf(x)
    fn := tx.Field(y)
    ftag := fn.Tag
    fname := fn.Name
    fmt.Printf("字段 %v 的 tag: %v\n", fname, ftag)
}
func main() {
    a := s1{201812008, "张三丰", "男", 123456789}
    for i := 0; i < 4; i++{
        prtTag(a, i)
    }
}
```

运行结果：

```
字段 id 的 tag: 学号
字段 name 的 tag: 姓名
字段 gender 的 tag: 性别
字段 phone 的 tag: 电话
```

通过反射包提供的函数，可以获得运行期结构体的字段名称、字段类型、字段标签等，当然还有其他参数，有关反射的相关内容请参阅第 8 章。

视频讲解

7.3 结构体嵌套

结构体作为一种复合数据类型，其中一个重要特性是可以为其添加方法，一个关联了方法的结构体就非常像一个带有方法的类，可以成为 Go 语言面向对象编程的基础。Go 语言中虽然没有类的概念，也没有继承的概念，但提供了结构体的嵌入，实现了类似继承的功能，因而也部分实现了面向对象的设计模式。

7.3.1 匿名字段结构体

我们知道，在结构体的声明中，结构体成员字段包括字段名及其数据类型两个属性，Go 语言语法允许其中的字段名为空，称为匿名字段。匿名字段仅有数据类型，Go 语言编译系统会将数据类型名字隐含为匿名字段的名字。在一个结构体中可以有多个匿名字段，但是，其数据类型必须不同。匿名字段的引入主要是为嵌入结构体准备的。

需要注意的是，匿名字段不可以用空字符“_”代替，否则编译系统会报错：cannot use _ as value。下述例子包括了两个匿名字段，我们看看这样的结构体类型如何赋值及打印输出。

```
package main
import "fmt"
type a struct {
    x int
    string
    y float64
    bool
}
func main() {
    w1 := a{1, "day", 12.3, true}
    w2 := a{x: 100, string: "month", y: 200, bool: false}
    fmt.Printf("w1 = %v\nw2 = %v\n", w1, w2)
}
```

运行结果：

```
w1 = {1 day 12.3 true}
w2 = {100 month 200 false}
```

程序分析：

上述程序中包含了 string 型和 bool 型两个匿名字段，当使用字段名赋值时，匿名字段可以直接用数据类型名字代替，编译系统能正确识别。

如果不带字段名称初始化结构体变量,则按顺序和类型输入值即可。

7.3.2 内嵌结构体

匿名字段本身没有什么实际价值,重要的是实现了结构体的嵌入。一个嵌入的结构体等同于一个匿名字段。不过,同样要服从结构体定义的原则,一个结构体内不可以嵌入两个同名的结构体,内嵌结构体的名字也不可以与字段重名。嵌入的结构体如果带有方法,则方法也同时被嵌入。结构体字段可以与其内嵌结构体中的字段同名,关于重名字段或方法我们下节再叙述。

对于结构体成员引用问题,只要不引起歧义,则内外层结构体的成员都可以用外层结构体的名字加"."选择符及字段名的方式来引用。如果内外层结构体字段重名,则需要使用两个"."选择符,把内外层结构体的名称都带上,才能引用内嵌结构体的成员字段。

如果内嵌的结构体带有方法,则方法的接受者仍然是内嵌的结构体。外层结构体如果想使用该方法,则需要设置一个同名的方法,将内嵌的方法体添加到该方法中,并且还可以扩展该内嵌的方法。关于方法的细节将在本章最后一节叙述。

下面通过例子来说明内嵌结构体的语法要求:

```
package main
import "fmt"
type a struct {
    x int
    y float64
    z string
}
type b struct {
    a
    x int
    y string
}
func main() {
    w := b{a{100, 200, "inter a"}, 300, "outer y"}
    fmt.Printf("w = %v\n", w)
    fmt.Printf("w.a.x = %v\nw.a.y = %v\nw.a.z = %v\n", w.a.x, w.a.y, w.a.z)
    fmt.Printf("w.x = %v\nw.y = %v\nw.z = %v\n", w.x, w.y, w.z)
}
```

运行结果:

```
w = {{100 200 inter a} 300 outer y}
w.a.x = 100
w.a.y = 200
w.a.z = inter a
w.x = 300
w.y = outer y
w.z = inter a
```

程序分析:

(1) 字段名 x 在内外层结构体同名同类型,导致内层 x 被隐藏,w.x 只能获得外层的值；要获得内层 x 的值，需要加上内嵌结构体的名称才行，如 w. a. x。

(2) 字段名 y 在内外层结构体同名，但不同类型，仍然被隐藏。可见，重名隐藏只看字段名字，忽略其数据类型。这样 w. y 就只能获得外层结构体字段的值，要获得内嵌结构体相同字段的值需要加上内嵌结构体的名称，如 w. a. y。

(3) 字段 z 仅属于内嵌结构体，没有被隐藏，在外层结构体可以直接获得内嵌结构体的值，即 w. z 与 w. a. z 效果相同。有关隐藏问题下节将有更详细的说明。

(4) 上述两层结构体的字段隐藏及读取方法可推广到多层，总是外层隐藏内层，要获得内层被隐藏字段的值就得加上该层结构体的名字，层数越多，用的“. ”选择符就越多。

(5) 如果方法被隐藏了，对方法的调用也适合上述规则。

7.3.3 字段及方法隐藏

由于 Go 语言的结构体语法允许嵌入其他的结构体，而那些嵌入的结构体可能也嵌入了另外的结构体。这样层层嵌入就形成了结构体的多层嵌套，不可避免地会有内外层结构体的字段或方法重名。

Go 语言规定，一旦有字段重名，则外层字段覆盖内层字段，内层字段被隐藏，不可见。需要注意的是，这种隐藏是覆盖多层次的，也就是任意深度的同名字段都被隐藏。字段重名只是其外在表现，各自的内存地址空间并不重叠。因此，通过结构体名称加“. ”选择符仍然可以访问到内层结构体的字段成员。

字段会重名，方法也会重名，方法被隐藏后也需要用内层结构体名称加“. ”选择符引用。

如果同一嵌入层次的两个结构体中出现了同名的字段或方法，则编译系统无法确定是选择哪一个，导致编译出错。

关于方法重名的举例我们放到讲述方法小节中细讲，先看看字段重名如何处理。

下面通过一个例子来演示三层嵌套时如何获取各层字段的值：

```go
package main
import "fmt"
type a struct {
    x int
    y float64
    z string
    v int
}
type b struct {
    a
    x int
    y string
}
type c struct {
    b
    x int
    z string
}
func main() {
    w := c{b{a{100, 200, "inter a", 300}, 400, "middle b"}, 500, "outer c"}
```

```
    fmt.Printf("w = %v\n", w)
    fmt.Printf("w.x = %v\nw.b.x = %v\nw.a.x = %v\n", w.x, w.b.x, w.b.a.x)
    fmt.Printf("w.y = %v\nw.b.y = %v\nw.a.y = %v\n", w.y, w.b.y, w.b.a.y)
    fmt.Printf("w.z = %v\nw.b.z = %v\nw.a.z = %v\n", w.z, w.b.z, w.b.a.z)
    fmt.Printf("w.v = %v\nw.b.v = %v\nw.a.v = %v\n", w.v, w.b.v, w.b.a.v)
}
```

运行结果：

```
w = {{{100 200 inter a 300} 400 middle b} 500 outer c}
w.x = 500
w.b.x = 400
w.a.x = 100
w.y = middle b
w.b.y = middle b
w.a.y = 200
w.z = outer c
w.b.z = inter a
w.a.z = inter a
w.v = 300
w.b.v = 300
w.a.v = 300
```

程序分析：

程序中定义了三个结构体类型：a,b,c,其中 c 嵌套了 b,而 b 又嵌套了 a,形成了一个三层结构的结构体,c 为最外层,a 为最内层。

程序中声明了一个 c 类型的变量 w。对所有字段按照一层、二层、三层的结构体名称加“.”选择符的方式访问,然后比较分析其隐藏情况,分述如下：

(1) 字段名 x 在三层结构体中都是同名同类型,表现为外层 x 隐藏中间层 x,中间层 x 隐藏内层 x。所以 w.x 只能获得外层的值；要获得中间层 x 的值,需要加上中间层结构体的名称 b 才行,如：

```
w.b.x
```

同理,要获得内层 x 的值,需要加上中间层结构体的名称 b 以及内层结构体的名称 a 才可以,如：

```
w.b.a.x
```

注意顺序不要写反了,如：

```
w.a.b.x
```

是不合法的,编译系统会报错。

事实上中间层结构体的名称 b 可以省略,变成 w.a.x,结果也是一样的。

(2) 字段名 y 在中间层和内层结构体同名,中间层会隐藏内层。意味着外层和中间层可直接访问中间层的 y 字段,这样 w.y 和 w.b.y 结果相同。而要获得内层结构体相同字段的值,则需要加上内层结构体的名称,如 w.a.y 或 w.b.a.y。

(3) 字段 z 属于外层和内层,中间层没有,因而外层直接隐藏了内层。在外层结构体直接访问获得的值是外层的 z 字段，即 w. z 对应到外层，而访问内层的 z 需要使用内层结构体名称加“. ”选择符，如 w. a. z 或 w. b. z 或 w. b. a. z 均可以访问到内层的 z 字段。

(4) 字段 v 处于内层，但是没有被隐藏，可以用 w. v 直接访问，当然也可以用结构体名称加“. ”选择符方式访问，如 w. b. v 或 w. a. v 或 w. b. a. v 结果相同。

(5) 在多层嵌套的结构体中，如果要访问被隐藏的内层字段，仅需用内层结构体名称加“. ”选择符方式即可，中间层结构体名称可以省略，如上述的 v 字段 w. a. v，而不必使用 w. b. a. v。

7.3.4 递归结构体

在结构体类型声明中如果嵌入的不是其他结构体，而是自身，这种情况称为递归结构体类型。递归结构体类型在定义链表或二叉树的元素时特别有用，此时定义的每个节点都有指向邻近节点的链接。链表分为单向链表和双向链表，单向链表只有一个指针，指向下一节点；而双向链表有两个指针，一个指向前一节点，一个指向后一节点。二叉树也有左右两个节点，需要两个指针，分别指向左右节点。下面分别说明如何设计递归结构体来满足链表及二叉树的数据结构。

1. 链表

先定义一个适合链表结构的结构体类型，如下所示：

```
type Node struct{
    a int
    b float64
    c string
    next * Node
}
```

其中 a，b，c 字段用于存放有效数据，next 字段存放指向下一节点的指针。一般来说，链表中的第一个元素叫作 head，它指向第二个元素，第二个元素指向第三个元素，以此类推，最后一个元素叫作 tail，它没有后继元素，则 next 为 nil。

以下程序设计了 10 个节点的链表，用来存放 10 个人的个人信息，每个人占据链表的一个节点，每个节点的最后一个字段都指向下一个节点。

```
package main
import "fmt"
type Node struct {
    name   string
    height float64
    weight float64
    next    * Node
}
func main() {
    var N [10]Node
    N[0] = Node{"小明", 156, 65, &N[1]}
    N[1] = Node{"小强", 170, 75, &N[2]}
    N[2] = Node{"小乐", 176, 75, &N[3]}
    N[3] = Node{"小宝", 184, 86, &N[4]}
```

```
    N[4] = Node{"小东", 174, 76, &N[5]}
    N[5] = Node{"小宾", 167, 72, &N[6]}
    N[6] = Node{"小孔", 177, 76, &N[7]}
    N[7] = Node{"小朱", 175, 75, &N[8]}
    N[8] = Node{"小杨", 165, 57, &N[9]}
    N[9] = Node{name: "小牛", height: 183, weight: 85}
    for index, value := range N {
     fmt.Printf("节点 N[ %d]:= %v\n", index, value)
    }
}
```

运行结果：

```
节点 N[0]:= {小明 156 65 0xc000082028}
节点 N[1]:= {小强 170 75 0xc000082050}
节点 N[2]:= {小乐 176 75 0xc000082078}
节点 N[3]:= {小宝 184 86 0xc0000820a0}
节点 N[4]:= {小东 174 76 0xc0000820c8}
节点 N[5]:= {小宾 167 72 0xc0000820f0}
节点 N[6]:= {小孔 177 76 0xc000082118}
节点 N[7]:= {小朱 175 75 0xc000082140}
节点 N[8]:= {小杨 165 57 0xc000082168}
节点 N[9]:= {小牛 183 85 <nil>}
```

程序分析：

上述链表为典型的单向链表，只要在结构体中加入一个前向指针，就可以将该表改成双向链表。

请注意链表中最后一个节点的参数输入，由于是最后一个节点，其后续指针必须为空，不能给指针赋空值，保留其初始化时的零值即可。忽略指针字段的赋值，而其他字段必须带字段名赋值，就能达到目的。

2. 二叉树

我们知道，二叉树中的节点最多能有两个分支节点：左节点和右节点，每个节点又可以有左节点和右节点，以此类推，可以分出很多层次的节点。我们把树的顶层节点称为根节点(root)，把底层再也没有分支的节点称为叶节点。每个节点均有两个指针：left 和 right，而叶节点没有指针，其 left 和 right 指针均为 nil。表示二叉树节点的结构体类型可以定义如下：

```
type Tree struct {
    left    * Tree
    a       int
    b       string
    right   * Tree
}
```

其中 a，b 字段用来保存节点数据，left 和 right 两个指针变量字段用来指向下级节点。

下面我们来构造一个二叉树，并且遍历每一个节点。为避免复杂，我们仅设计三层，这样仅有 1 个根节点，4 个叶节点，总共 7 个节点。程序示例如下。

```
package main
import "fmt"
```

```
type Tree struct {
    left   * Tree
    a      int
    b      string
    right * Tree
}
func main() {
    var N [7]Tree
    N[0] = Tree{&N[1], 0, "Node0", &N[2]}
    N[1] = Tree{&N[3], 1, "Node1", &N[4]}
    N[2] = Tree{&N[5], 2, "Node2", &N[6]}
    N[3] = Tree{a: 3, b: "Node3"}
    N[4] = Tree{a: 4, b: "Node4"}
    N[5] = Tree{a: 5, b: "Node5"}
    N[6] = Tree{a: 6, b: "Node6"}
    for index, value := range N {
    fmt.Printf("节点 N[ % d]:= % v\n", index, value)
    }
}
```

运行结果：

```
节点 N[0]:= {0xc00006a028 0 Node0 0xc00006a050}
节点 N[1]:= {0xc00006a078 1 Node1 0xc00006a0a0}
节点 N[2]:= {0xc00006a0c8 2 Node2 0xc00006a0f0}
节点 N[3]:= {<nil> 3 Node3 <nil>}
节点 N[4]:= {<nil> 4 Node4 <nil>}
节点 N[5]:= {<nil> 5 Node5 <nil>}
节点 N[6]:= {<nil> 6 Node6 <nil>}
```

程序分析：

顶层及第一层为分支节点，均有两个指针指向下一级左右节点，第三层 4 个节点为叶节点，没有分支，故其指针值为 nil，其他指针值为指向节点的内存单元地址。

视频讲解

7.4 匿名结构体

结构体一般都是需要命名的，一个命名的结构体是作为一种类型存在，可以用来声明结构体变量，并可以被多次使用。但是，有些时候可能只是一次性地临时使用一个结构体，尤其是调试的时候，或者结构体只是作为其他数据结构的元素类型声明的时候，这种情况下定义一个匿名结构体是可行的。

7.4.1 匿名结构体的声明

匿名结构体也只是没有名字而已，其他的和命名结构体是一样的。匿名结构体不用关键字 type，其语法格式为：

```
struct{
    field1  type1
    field2  type2
```

```
    ...
    fieldN  typeN
}
```

匿名结构体在类型特性和声明规则方面与命名结构体是完全一致的。匿名结构体就是定义了一个结构及内存分配方式,匿名结构体也是可以被用于变量声明的,如下节所示。

7.4.2 匿名结构体的应用

匿名结构体由于没有名字,所以一般不用于函数的形参声明,但用于一般的变量声明是可以的,如:

```
var x struct{
    a  int
    b  string
}
```

这样就声明了一个包含两个字段的结构体类型变量 x。但更常见的是用短变量声明的方式声明匿名结构体类型变量并初始化,如下所示:

```
s := struct{
    a int
    b string
}{100,"weight"}
```

显然,匿名结构体不具有通用性,属于一次性消费,用过了就不再使用了。因而,在数组、切片、映射等数据结构的元素类型声明中使用最合适。通常是声明一个别名来代替匿名结构体,然后使用别名来声明结构体变量。

1. 在数组声明中使用匿名结构体类型

数组元素是可以任意数据类型的,包括结构体类型,如果想声明元素为结构体类型时,可以使用以下格式:

```
var array [N]struct{
    field1  type1
    field2  type2
    ...
    fieldN  typeN
}
```

可按下述方式给数组赋初值(也可以在声明的同时赋值):

```
array = [N]struct{
                field1  type1
                field2  type2
                ...
                fieldN  typeN
           }{field1:value1,...,fieldN:valueN}
```

下述例子是以匿名结构体定义一个包含 6 个元素的数组,每个元素记录一门课程的成绩。程序示例如下:

```
package main
import (
    "fmt"
)
func main() {
    var array [6]struct {              // 声明一个数组,由 6 个结构体类型元素组成
        subject string
        score   int
      }
    array = [6]struct {                // 给数组元素赋初值
    subject string
    score   int
    }{{"语文", 80}, {"数学", 94}, {"英语", 87}, {"生物", 85}, {"地理", 90}, {"历史", 82}}
    fmt.Printf("array = %v\n", array)
}
```

运行结果：

```
array = [{语文 80} {数学 94} {英语 87} {生物 85} {地理 90} {历史 82}]
```

程序分析：

给数组元素赋初值的时候，由于每个数组元素都是一个结构体类型，因此，每个字面量都要用大括号括起来，大括号内的值就是赋给结构体内各个字段的值，需要注意顺序及类型，不要出错。

根据结构体的赋值规则，可以用字段名加冒号的方式赋值，这样就可以不按顺序，也不一定全部字段都赋值。给数组各元素赋值的时候，注意要用逗号隔开。

上述程序也可以使用别名代替匿名结构体，如下所示：

```
package main
import (
    "fmt"
)
type st = [6]struct {       // 为结构体数组声明一个别名
    subject string
    score   int
}
func main() {
    array := st{{"语文", 80}, {"数学", 94}, {"英语", 87}, {"生物", 85}, {"地理", 90}, {"历史", 82}}
    fmt.Printf("array = %v\n", array)
}
```

运行结果：

```
array = [{语文 80} {数学 94} {英语 87} {生物 85} {地理 90} {历史 82}]
```

效果相同，程序更简洁。实际上，以一个别名代替匿名结构体，与命名结构体完全相同，已失去了匿名结构体的意义。

2. 在切片声明中使用匿名结构体类型

切片的底层就是数组，切片的声明与数组声明非常类似，仅仅是数组必须指明长度，而

切片不用。所以，使用匿名结构体类型声明切片元素类型，与上述的数组声明格式差不多。

采用匿名结构体类型的方式声明数组、切片、映射等元素类型，并不是一个好的方式。多处使用数据类型的地方都需要把匿名结构体写上，显然很烦琐，不如使用一个名字方便。因此，使用匿名结构体的别名或者使用命名结构体更加方便合理。

以下两个例子演示匿名结构体在切片及映射元素类型声明中的应用，仅是说明匿名结构体的一种应用途径，不是推荐的做法，大家阅读时仅仅是理解匿名结构体的一种用法就行，实际编程中不推荐这么用。

下面通过通信录例子程序来说明匿名结构体在切片声明中的应用。

```
package main
import (
    "fmt"
)
func main() {
    var slice []struct {
        id    int
        name  string
        phone int
    }
    slice = []struct {
        id    int
        name  string
        phone int
    }{{1000, "王小明", 132456788}, {1001, "王小红", 122365294}, {1002, "苏小东",
187221569}, {1003, "陈小丹", 185285369}}
    fmt.Printf("slice 初始值:= %v\n", slice)
    slice = append(slice, struct {
        id    int
        name  string
        phone int
    }{1004, "张小生", 135256166})
    fmt.Printf("slice 追加后:= %v\n", slice)
}
```

运行结果：

```
slice 初始值:= [{1000 王小明 132456788} {1001 王小红 122365294} {1002 苏小东 187221569}
{1003 陈小丹 185285369}]
slice 追加后:= [{1000 王小明 132456788} {1001 王小红 122365294} {1002 苏小东 187221569}
{1003 陈小丹 185285369} {1004 张小生 135256166}]
```

程序分析：

程序中首先定义了一个结构体类型的切片，每个切片元素是一个结构体，包含三个字段，即序号、姓名和电话。

用关键字 var 声明了一个结构体类型的切片后，再给它赋初值。由于是用关键字 var 声明的切片，其长度由赋初值时的字面量元素个数决定。

要增加切片元素就必须用内置的 append 函数扩容。上述例子就是用 append 函数扩容后添加了一条通信录内容。

当然我们也可以使用 make 函数创建切片，给出其长度和容量。同时，也可以采用短变量声明的方式直接声明 slice 并赋值。

3. 在映射声明中使用匿名结构体类型

我们知道，映射是一种键值对，由键(key)和值(value)构成一对。结构体类型可以作为 key 的类型，也可以作为 value 的类型。习惯上，key 一般用简单的基础数据类型，value 可以用较复杂数据类型，包括自定义类型。下例我们就使用匿名的结构体类型来声明 value 的类型，程序如下：

```go
package main
import "fmt"
func main() {
    m := make(map[int]struct {
        id        int
        name      string
        attribute string
    })
    m[1] = struct {
        id        int
        name      string
        attribute string
    }{1001, "appale", "red and sweet"}
    m[2] = struct {
        id        int
        name      string
        attribute string
    }{1002, "orange", "green and acid"}
    m[3] = struct {
        id        int
        name      string
        attribute string
    }{1003, "banana", "yellow and fragrant"}
    fmt.Printf("映射 m:= %v\n", m)
}
```

运行结果：

```
映射 m:= map[1:{1001 appale red and sweet} 2:{1002 orange green and acid} 3:{1003 banana
yellow and fragrant}]
```

程序分析：

从上述程序中可以看出，匿名结构体类型可以作为映射声明时键值对中的 value 的数据类型，但是，每添加一个键值对，就需要把匿名结构体类型的字段结构重写一遍，极为麻烦，还不如用命名结构体类型。

从上述讨论可以看出，匿名结构体类型，除非用于一次性的创建变量，在数组、切片以及映射的声明中使用匿名结构体类型不是一个好的选择。

7.5 复合数据类型结构体

7.5.1 数组作为结构体的字段

Go 语言对结构体字段类型没做过多的限制，可以是任何数据类型，包括复合数据类型。数组作为一种较简单的复合数据类型当然可以作为结构体的字段类型。但需要注意的是，数组不是内置的数据类型，而是一种自定义类型，需要先定义后使用。或者在声明结构体类型字段的同时声明数组类型，即声明数组的长度及其元素的数据类型。

请看以下程序示例：

```
package main
import (
    "fmt"
)
type s struct {
    id int
    sw sz
    sa [2]string
}
type sz [3]int
func main() {
    a := s{201812008, sz{1, 2, 3}, [2]string{"boy", "girl"}}
    a.sw[0] = 4
    a.sa[1] = "lady"
    fmt.Printf("a = %v\n", a)
}
```

运行结果：

```
a = {201812008 [4 2 3] [boy lady]}
```

程序分析：

上述程序定义了一个结构体类型 s，其中包含两个数组字段 sw 和 sa。sw 的类型为 sz，sz 就是预先声明的数组类型[3]int，sz 作为类型名，在后续定义、赋值中特别有用。sa 的类型为[2]string，没有设定别名，因此，在结构体类型声明及赋值中都必须写全[2]string，这样看来就不如使用别名方便。

访问包含数组成员的结构体类型变量中的字段值时，除使用“.”选择符外，对数组成员元素要使用方括号加下标来索引，跟正常操作数组一样，如程序中给两个数组元素赋值：a.sw[0]和 a.sa[1]都是这样使用的。

7.5.2 切片作为结构体的字段

切片也是一种自定义类型，如果以切片类型作为结构体的字段类型，建议为切片类型设定一个别名或类型名。请参看以下程序示例：

```
package main
import "fmt"
```

```
type sltype = [ ]string
type sztype = [4]int
type s struct {
    a int
    b sltype
    c sztype
}
func main() {
    var w s
    w = s{1001, sltype{"red", "green", "yellow"}, sztype{1, 2, 3, 4}}
    w.b[2] = "white"
    w.c[1] = 10
    fmt.Printf("w = % v\n", w)
}
```

运行结果：

```
w = {1001 [red green white] [1 10 3 4]}
```

程序分析：

上述程序中先声明了一个切片类型 sltype 和一个数组类型 sztype，然后以这两个类型作为字段类型声明了一个结构体类型 s，包含三个字段：一个整数型、一个切片型、一个数组型。

主函数 main 中声明了一个结构体变量 w，并赋初值，然后再修改其中一个切片元素和一个数组元素的值，打印输出结果显示程序达到预期目的。

结构体类型声明及其变量赋初值均使用了切片类型及数组类型的别名，这种用法能使程序显得简洁易懂。

7.5.3 映射作为结构体的字段

大家知道，映射是一种键值对，如果以映射作为结构体类型的字段类型，则结构体中的某一字段将由键值对组成。映射也是一种自定义类型，因此，在作为结构体类型字段的数据类型声明之前，有必要为它设置一个别名，程序如下所示：

```
package main
import "fmt"
type mptype = map[int]string
type smap struct {
    id int
    np mptype
}
func main() {
    var w smap
    w = smap{100, mptype{1: "east", 2: "south", 3: "west", 4: "north"}}
    w.np[2] = "middle"
    fmt.Printf("w = % v\n", w)
}
```

运行结果：

```
w = {100 map[2:middle 3:west 4:north 1:east]}
```

程序分析：

程序中先定义了一个映射类型 mptype，接着定义一个结构体类型 samp，包含了一个整型字段和一个映射型字段。

在主函数中先声明一个结构体类型变量 w，接着初始化 w，然后给 w 中某一个字段赋值，由于该字段为映射，需要给出该字段映射的键，才能赋值。打印结果显示赋值是成功的。

显然，使用别名方式使程序显得更加简洁易读。

7.5.4 接口作为结构体的字段

接口的相关知识我们下章再讲述，在这里只需明确一点：接口是抽象方法的集合。在 Go 语言中，接口也是可以作为结构体的字段类型的。请参看以下程序：

```
package main
import (
    "fmt"
)
type iftype interface {          // 定义接口类型
    add()                        // 包含一个方法 add
}
type ifs struct {                // 定义结构体类型
    id  int
    ifd iftype                   // 字段类型为接口
}
type Int struct {                // 定义一个普通结构体类型
    x int
}
func (r Int) add() {             // 为普通结构体类型添加方法 add
    fmt.Println("x = ", r.x)     // 打印普通结构体的字段值
}
func main() {
    var w ifs                    // 声明一个 ifs 类型的变量
    var r Int = Int{128}         // 声明并初始化一个 Int 类型的变量
    w.ifd = r                    // 由于 r 实现了接口 iftype,可以给该类型的字段赋值
    w.ifd.add()  // 执行接口的方法
}
```

运行结果：

```
x = 128
```

程序分析：

上述程序首先定义了一个接口类型 iftype，包含一个抽象的方法 add；接着定义了一个结构体类型 ifs，包含一个接口类型的字段 ifd；再定义了一个结构体类型 Int 用来实现接口，并为该类型添加了方法 add，用于输出整型数据。

在主函数中首先声明了一个结构体 ifs 类型的变量 w，再声明并初始化了一个结构体 Int 类型的变量 r，由于 Int 类型实现了接口 iftype，故该类型的实例 r 可以给该接口类型赋值，而 w.ifd 字段正好是 iftype 类型，因而可以用实例 r 给字段 w.ifd 赋值。所以，接口实例 r 的方法 add 字段 w.ifd 也可以执行。程序最后用字段 w.ifd 执行方法 add，即 w.ifd.add()，

运行结果显示达到预期目的。

以接口作为结构体字段，无论定义或使用都稍显复杂，理解的难度也比较大。上述程序尽可能地多加了注释，希望读者仔细体会。如果理解还有难度，不妨先放一放，等学完接口章节以后再回过头来看，可能会容易理解一些。

7.5.5 函数作为结构体的字段

在 Go 语言中，函数是值类型的，所谓值类型，就是指可以给变量赋值的类型。因此，作为值类型的函数也是可以作为结构体字段的，即字段类型为函数类型。不过，最好预先定义好函数类型，在结构体类型定义中使用函数类型的名称。请看以下例子：

```
package main
import "fmt"
type functype func(x, y int) int       // 定义函数类型,使用名称 functype
func add(x, y int) int {               // 定义 functype 类型的函数 add
    return x + y
}
type funcs struct {                     // 定义结构体,包含函数字段 fs
    a, b int
    fs   functype                       // 函数类型
}
func main() {
    var w funcs                         // 声明结构体 funcs 类型变量 w
    w.a = 12                            // 为字段赋值
    w.b = 34
    w.fs = add                          // 通过函数调用来实现字段赋值
    q := w.fs(1, 2)
    fmt.Printf("w = %v\nq = %d\n", w, q)
}
```

运行结果：

```
w = {12 34 0x48fb20}
q = 3
```

函数作为类型来使用的最大好处就是函数可以作为变量的值，改变变量的值就可以改变成不同的函数，也就是说在同一个位置可以根据不同的情况，来调用一系列的函数，执行不同的动作，这类似于面向对象的方法多态。下面我们来说说结构体的方法。

视频讲解

7.6 结构体的方法

方法最本质的含义是对数据的操作，在形式上类似函数。方法是作用在数据类型上的，因而，不只是结构体类型有方法，Go 语言中几乎所有数据类型都可以有方法（除了接口有抽象方法）。

从定义上来说，Go 语言的方法是作用在接受者（receiver）上的一个函数，这个接受者的概念很重要，它是 Go 语言中任意一种数据类型变量或指向变量的指针。接受者不可以是抽象的接口及指向指针的指针，但可以是指向其他数据类型的指针。单从变量来说，如果变量作为参数，则是函数调用；如果变量作为接受者，则是方法调用。因此，函数和方法本质上是一样的，都是对变量的一种操作模式。

一个类型加上其方法就像是面向对象的一个类，但是类有封装特性，数据和方法必须封装在一起。而在 Go 语言中没有封装的概念，数据和方法可以分开存放，处于不同的源文件，只要在同一个包里即可。

7.6.1 方法的声明

方法是动作函数，所以要符合函数的定义，同时动作需要有接受者，因而声明中还要体现接受者。Go 语言的方法声明语法格式如下：

```
func (r r_type)methName(para_list)(return_list){block}
```

从上述声明格式中可以看出，方法声明与函数声明唯一差别是多了一个接受者名称及类型，并用小括号括起来放在关键字 func 与方法名之间。所以说方法也是函数，考虑 Go 语言不允许函数重载，因而方法也不允许重载。

接受者(r)：是方法作用的类型实例，是方法的接受对象。可以是变量形式或地址形式，如果是地址，则 Go 语言会自动解析其引用值。此外，Go 语言允许使用匿名接受者，用空“_”字符代替，或者不写 r，但是 r_type 不能省略。

接受者类型(r_type)：可以是值类型或指针类型，通常情况下，值类型的接受者，其方法的作用对象是值的副本，意味着方法对其原值没有影响。而指针类型指向的是接受者的地址，方法通过地址直接作用在原值上。因此，值类型和指针类型的方法调用结果是不一样的。指针类型是引用传递，方法操作对象是指针指向的实例原值；而值类型是值传递，传递的是实例的副本，方法操作对象是副本，不会改变实例的原值。

但是，对于初学者而言，还真不太好掌握该如何选择，以下是一些原则，可供参考。

(1) 何时使用值类型，建议如下：

◆ 如果接受者是一个 map、func 或者 chan，使用值类型(因为它们本身就是引用类型)。

◆ 如果接受者是一个 slice，并且方法不执行 slice 重构操作，也不重新分配内存给 slice，则使用值类型。

◆ 如果接受者是一个小的数组或者原生的值类型结构体类型(如 time. Time 类型)，而且没有可修改的字段和指针，又或者接受者是一个简单的基本类型，如 int 和 string，使用值类型就好了。

◆ 如果一个值被传入一个值类型接受者的方法，一个栈上的复制会替代在堆上分配内存(但不保证一定成功)，即传入副本。所以在没搞明白代码想干什么之前，别因为这个原因而选择值类型接受者。

(2) 何时使用指针类型，建议如下：

◆ 如果方法需要修改接受者，接受者必须是指针类型。

◆ 如果接受者是一个包含了 sync. Mutex 或者类似同步字段的结构体，接受者必须是指针，这样可以避免复制。

◆ 如果接受者是一个大的结构体或者数组，那么指针类型接受者更有效率。

◆ 如果修改必须被原始的接受者可见，那么接受者必须是指针类型。

◆ 如果接受者是一个结构体、数组或者 slice，它们中任意一个元素是指针类型而且可能被修改，建议使用指针类型接受者，这样会增加程序的可读性。

◆ 如果还是有疑虑，还是不知道该使用哪种接受者，那么建议使用指针类型接受者。

方法名称(methName)：是任何合法的 Go 语言标识符，命名规则遵循 Go 语言的可见性原则，小写字母开头仅包内可见，大写字母开头为可导出型，为包间可见。方法名可以与接受者类型同名，这样的方法只有一个，不允许重载。作用于同一接受者不同名的方法可有多个，而嵌入类型的方法允许重写及扩充。同一个包内不同接受者的方法可以同名。

注意：类型与其上定义的方法必须在同一个包内。

参数列表(para_list)：是方法函数内所用到的参数，可以有 0 个到多个。这个列表称为形参列表，方法调用的时候需要代入实参。

返回值列表(return_list)是方法调用后的返回值，可以有 0 个到多个。返回值列表中参数的命名规则与函数声明中的返回值列表命名规则相同。

block：为方法体，由方法执行的具体语句组成。

假设接受者 recv 有方法 method，Go 语言规定用“.”选择器调用方法，以下两种调用方法效果相同：

```
recv.method()
```

和

```
(&recv).method()
```

recv 和(&recv)仅用来表明接受者身份，只是两种不同的身份识别方法而已，并不影响 method 方法的执行效果，方法执行结果仅决定于方法体的内容及接受者类型(r_type)，与调用者(即接受者)形式无关。

以下方法声明都是合法的：

```
type s struct{
    a int
    b string
}
func (s1 s)add(){...}
func (s1 *s)add(){...}
func (s1 s)add(x int){...}
func (s1 s)add(x int)int{...}
func (s1 *s)add(x,y int){...}
func (_ s)add(){...}
func (*s)add(){...}
```

上述 s1 是 s 的一个实例，是 add 方法的接受者。接受者类型 s 表示值类型，add 的作用对象是副本。而 *s 表示引用类型，使用 &s 表示。add 的作用对象是指针指向的单元，为 s 的原值。

7.6.2 为类型添加方法

方法是直接定义在类型上的，方法必须与类型相关联。方法离开了类型，就不成为方法，而是普通的函数了。因此，类型方法是两位一体的，类型依赖方法来执行动作；方法依赖类型来提供接受者。一个类型应该定义一些什么方法，完全由类型的物理意义决定。

一个类型可以定义多种方法，执行不同的动作，产生不同的结果。例如鼠标类型，可以有单击、双击、左键、右键、滚轮、按住拖曳等多种动作，我们就可以为鼠标类型定义多种方法。

下面以学生信息创建及操作为例，说明如何为类型添加方法。

假设有一个学生信息类型 stdInfo，我们为它添加两个方法：一个是添加信息方法 setInfo，一个是提取信息方法 getInfo。请看以下程序：

```
package main
import (
    "fmt"
)
type stdInfo struct {
    id      int     "学号"
    phone   int     "电话"
    name    string "姓名"
    gender string "性别"
}
func (s *stdInfo) setInfo(x [2]int, y [2]string) {
    s.id = x[0]
    s.phone = x[1]
    s.name = y[0]
    s.gender = y[1]
    return
}
func (s stdInfo) getInfo() *stdInfo {
    return &s
}
func main() {
    var s stdInfo
    m := [2]int{1001, 13899912345}
    n := [2]string{"张三", "男"}
    s.setInfo(m, n)
    q := s.getInfo()
    fmt.Printf("获取的信息为: q = %v\n", *q)
}
```

运行结果：

```
获取的信息为: q = {1001 13899912345 张三 男}
```

程序分析：

上述程序首先声明了一个学生信息结构体 stdInfo，包含 4 个字段：学号 id、电话 phone、姓名 name 及性别 gender，每个字段都加了 tag。不过，程序中没有提取 tag。

接着为该类型定义了两个方法：添加信息方法 setInfo 和获取信息方法 getInfo。

setInfo 方法要传入信息，修改接受者的内容，因此采用指针类型的接受者，参数列表中采用引用传递，没有返回值。方法内容就是用变量给类型字段赋值。

getInfo 方法比较简单，就是要读取类型实例的值，我们使用了接受者的值类型，没有输入参数，返回实例的地址。打印输出显示达到预期目的。

从 setInfo 方法里很明显看出，接受者的字段全部在赋值符的左边，接受信息赋值。而方法的作用就是将外界传入的信息转送给接受者，接受者接受的意义在这里表现无遗。

而 getInfo 方法本意就是要获得接受者的信息，因此 return 语句里直接返回了接受者实例的地址。

上述两个方法一个是入，一个是出，还体现不出接受者的值类型(如 recv recv_type)和指针类型(如 recv *recv_type)的区别。下面再通过两个简单的例子看看它们的差别，先看看值类型的情况，请参看程序：

```
package main
import (
    "fmt"
)
type t struct {
    test string
}
func (s t) m() {
    s.test = "接受者值类型."
    fmt.Printf("s = % + v\n", s)
    return
}
func main() {
    s1 := t{"实例初值"}
    s2 := &s1
    s1.m()
    fmt.Printf("s1 = % + v s2 = % + v\n", s1, * s2)
    s2.m()
    fmt.Printf("s1 = % + v s2 = % + v\n", s1, * s2)
}
```

运行结果：

```
s = {test:接受者值类型.}
s1 = {test:实例初值} s2 = {test:实例初值}
s = {test:接受者值类型.}
s1 = {test:实例初值} s2 = {test:实例初值}
```

程序分析：

格式符%+v 中加了个“+”，表示带字段名输出。

上述程序接受者为值类型(s,t)，方法(m)执行的结果是修改类型字段(test)的值。用值(s1)及指针(s2=&s1)两种方式调用方法(m)。在方法体内修改了 test 字段的值，打印显示(s)修改成功。

但是，退出方法后回到主调用程序，类型实例 s1 的 test 字段值并没有改变。说明方法体内修改的 s 为 s1 的副本，s 值的改变不影响 s1 的值。

从打印输出结果来看，s1.m 和 s2.m 结果一样，说明用实例的指针调用方法，Go 语言会自动解引用，等同于用值调用。

以下程序是上述例子的改版，将方法中接受者的值类型(s t)改成指针类型(s *t)，我们再来看看执行结果：

```
package main
import (
    "fmt"
)
type t struct {
    test string
}
func (s *t) m() {
    s.test = "接受者指针类型."
    fmt.Printf("s = % +v\n", *s)
    return
}
func main() {
    s1 := t{"实例初值"}
    s2 := &s1
    s1.m()
    fmt.Printf("s1 = % +v s2 = % +v\n", s1, *s2)
    s2.m()
    fmt.Printf("s1 = % +v s2 = % +v\n", s1, *s2)
}
```

运行结果：

```
s = {test:接受者指针类型。}
s1 = {test:接受者指针类型。} s2 = {test:接受者指针类型。}
s = {test:接受者指针类型。}
s1 = {test:接受者指针类型。} s2 = {test:接受者指针类型。}
```

程序分析：

很显然，方法体内改变了 test 字段的值，而且该值还返回了 s1，说明方法体内操作的实际上是实例 s1 的字段对象(s=s1)，这就是指针的作用。因为指针指向的是 s1 实例的内存地址，通过指针引用，可以修改接受者的内容，改变接受者的状态。

总结：方法到底是用接受者值类型还是接受者指针类型，就看是否需要改变接受者的状态。如果需要改变接受者状态，就用指针类型；如果不能改变接受者状态，就用值类型。

7.6.3 内嵌结构体的方法

严格上来说，Go 语言是面向过程的编程语言，既没有类的概念，也没有继承的概念，更没有封装的概念。但是，通过结构体的嵌入，可以部分实现继承的功能。

例如，结构体 A 被嵌入到结构体 B 中，则结构体 A 上定义的方法同时被嵌入到 B 中，B 可以直接调用 A 的方法，就像是定义在 B 上的方法一样，这就是方法继承。

但是，A 上的方法其接受者仍然是 A，哪怕是用 B 去调用，实质还是作用在 A 上。如果需要方法作用在 B 上，则需要重写方法。

如果 B 上重写的方法与 A 的方法同名，这称为方法覆盖，是允许的。重写的方法中仍然可以包括 A 方法，这称为方法扩展。

同一结构体内字段名与方法名是不允许重名的，但内外结构体之间方法名与字段名是可以重名的，各自有不同的内存空间且互相之间不影响。

如果结构体 C 也被嵌入到结构体 B 中，则 B 也可以调用 C 上的方法，这称为多重继承。本节先演示一下单继承的情况，有关多重继承和方法重写的内容下节再叙述。

```
package main
import (
    "fmt"
)
type A struct {
    a1 int
    a2 string
}
type B struct {
    A
    b1 int
    b2 string
}
func (s *A) mA() {
    s.a1 = 10
    s.a2 = "struct A value"
    return
}
func main() {
    s1 := B{A{100, " A init"}, 200, " B init"}
    s1.mA()
    fmt.Printf("s1.mA()调用的结果: s1 = % + 4v \n", s1)
    s2 := B{A{200, " init A"}, 400, "init B"}
    s2.A.mA()
    fmt.Printf("s2.A.mA()调用的结果: s2 = % + 4v \n", s2)
}
```

运行结果：

```
s1.mA()调用的结果: s1 = {A:{a1: 10 a2:struct A value} b1: 200 b2: B init}
s2.A.mA()调用的结果: s2 = {A:{a1: 10 a2:struct A value} b1: 400 b2:init B}
```

程序分析：

格式符"%+4v"表示带字段名，并以宽度为 4 位输出字段值，字段值超过 4 位按实际宽度输出。

执行方法 s1.mA，表示外层结构体直接调用内嵌结构体的方法；

执行 s2.A.mA，表示内嵌结构体调用自己的方法。

两种形式实际执行的是同一个方法，从程序运行结果来看，效果相同。两种情况下 mA 方法都得到了执行，完成了相应的功能，即 A 的值被修改了，B 的其他内容不变。

这就说明了外层结构体继承了内层结构体的方法，外层结构体调用内层结构体的方法就像调用自己的方法一样。

这种直接使用内层结构体的方法称为方法继承。

下节再来看看方法重写。

7.6.4 方法重写和多重继承

1. 方法重写

7.6.3节已经介绍了外层结构体可以直接调用内层结构体的方法。但是，如果定义在内层结构体上的方法功能无法满足外层结构体需要时，可以在外层重写该方法，屏蔽掉内层结构体的方法，这就称为方法重写。

重写的方法使用相同的名称，但以外层结构体类型作为接受者。尽管外层重写了该方法，但内层结构体的方法仍然存在，以内层结构体的名称去调用，执行的仍然是内层结构体的方法，而外层结构体直接调用的就是外层同名的方法。内外层方法虽然同名，但其实现可以完全不同，而且方法的接受者也不同。

下面将上节的例子改写一下，请看下例程序：

```go
package main
import (
    "fmt"
)
type A struct {
    a1 int
    a2 string
}
type B struct {
    A
    b1 int
    b2 string
}
func (s *A) mA() {
    s.a1 = 10
    s.a2 = "struct A value"
    return
}
func (s *B) mA() {
    s.A.a1 = 1234
    s.A.a2 = "No.1234"
    s.b1 = 8888
    s.b2 = "Flag 8888"
    return
}
func main() {
    s1 := B{A{100, " A init"}, 200, " B init"}
    s1.mA()
    fmt.Printf("s1.mA()调用的结果: s1 = %-+10v\n", s1)
    s2 := B{A{200, " init A"}, 400, "init B"}
    s2.A.mA()
    fmt.Printf("s2.A.mA()调用的结果: s2 = %-+10v\n", s2)
}
```

运行结果：

```
s1.mA()调用的结果: s1 = {A:{a1:1234      a2:No.1234 } b1:8888       b2:Flag 8888 }
s2.A.mA()调用的结果: s2 = {A:{a1:10      a2:struct A value} b1:400        b2:init B }
```

程序分析：

格式符%－＋10v表示左对齐、带字段名、10位宽度输出。

从程序运行结果可以看出，直接调用同名的方法(s1.mA)执行的是外层的方法；

执行内层同名的方法需要使用内层结构体的名称(s2.A.mA)去调用，方法执行结果不同。

上述程序就实现了方法的重写，内外方法体的内容可以完全不同。

2. 方法扩展

如果内层结构体的方法不能完全满足外层结构体的要求，可以重写内层的方法。在重写的方法中先包含内层结构体的方法，再扩充一些外层需要的功能，形成一个新的同名的方法，这称为方法扩展。请看下例程序：

```go
package main
import "fmt"
type s1 struct {
    a string
}
type s2 struct {
    s1
    b string
}
func (s *s1) ms1() {
    s.a = "struct s1"
    return
}
func (s s2) ms1() {
    s.s1.ms1()
    fmt.Printf("打印实例参数: s = % + v\n", s)
    return
}
func main() {
    w := s2{s1{"new"}, "s2 init"}
    w.ms1()
    fmt.Printf("方法执行结果: w = % + v\n", w)
}
```

运行结果：

```
打印实例参数: s = {s1:{a:struct s1} b:s2 init}
方法执行结果: w = {s1:{a:new} b:s2 init}
```

程序分析：

内层结构体的方法ms1只修改了内层结构体字段的值，没有输出，看不到修改的结果。

外层重写了该方法，名称不变，接受者改成了外层结构体。

原方法是指针类型，改写后变成了值类型，因为接受者不同，所以这种改变对原接受者没影响。

重写的内容：先调用内层的方法完成必要的功能，再增加了一个打印输出语句，显示修改的结果。

然后返回调用主程序，再打印实例对象的值，看看方法执行的结果是否符合预期。

从运行结果来看，内层结构体的方法的接受者是指针类型的，方法执行的结果是改变了接受者的参数(初值 new 被改成了 struct s1)，因此，在外层方法体中打印输出的结果能反映其修改的状态。

但是，外层改写的方法其接受者采用了值类型，意味着调用方法的时候传递的是副本，因而，执行返回后并没改变接受者的值(初值 new)。

3. 多重继承

Go 语言结构体允许嵌入，而且不限制数量，如果嵌入的多个结构体均有自己的方法，则外层结构体可以全部继承内嵌结构体的方法，这就称为多重继承。多重继承是一种很常见的生物现象，例如孩子继承父母的遗传基因，甚至还继承了祖父母及外祖父母的基因。多重继承在某些面向对象的编程语言中是被禁止的(如 java)，目的是避免程序复杂，逻辑混乱。但是，在 Go 语言中，这种多重继承非常容易实现，而且还逻辑清晰，程序简单，易读易懂。

下面我们以学生信息为例来说明多重继承的实现。

首先，学生有个人信息，如学号、姓名、性别、电话、微信号、邮箱等；

其次，学生还有学习的科目、成绩等。

我们先建立一个数据结构 Person 来描述学生的个人信息，再建立一个数据结构 Score 来记录学生每门课程的成绩。

另外，再为每个数据结构定义两个方法：一个 set 方法用于添加数据，一个 get 方法用来获取数据。

这样一来，学生结构体 student 就可以包含 Person 及 Score 两个内嵌结构体，同时继承了 4 个方法。程序示例如下：

```
package main
import "fmt"
type Person struct {
    id      int
    name    string
    gender string
    phone   int
    mail    string
}
type Score struct {
    chinese    int
    english    int
    math       int
    history    int
    geography int
}
type student struct {
```

```
    school string
    Person
    Score
}
func (s *Person) setInfo(x *Person) {
    s.id = x.id
    s.name = x.name
    s.gender = x.gender
    s.phone = x.phone
    s.mail = x.mail
    return
}
func (s *Person) getInfo() *Person {
    return s
}
func (s *Score) setScor(y *Score) {
    s.chinese = y.chinese
    s.english = y.english
    s.geography = y.geography
    s.history = y.history
    s.math = y.math
    return
}
func (s *Score) getScor() *Score {
    return s
}
func main() {
    st := student{school: "The East University"}
    sp := Person{1000, "John", "male", 122333456, "123@456.net"}
    st.setInfo(&sp) // 设置学生信息
    sinfo := st.getInfo()
    fmt.Printf("获得学生信息: sinfo = %+v\n", *sinfo)
    sc := Score{85, 78, 95, 82, 80}
    st.setScor(&sc) // 添加课程成绩
    scor := st.getScor()
    fmt.Printf("获得课程成绩: scor = %+v\n", *scor)
    fmt.Printf("学生综合信息: st = %+v\n", st)
}
```

运行结果:

```
获得学生信息: sinfo = {id:1000 name:John gender:male phone:122333456 mail:123@456.net}
获得课程成绩: scor = {chinese:85 english:78 math:95 history:82 geography:80}
学生综合信息: st = {school:The East University Person:{id:1000 name:John gender:male phone:
122333456 mail:123@456.net} Score:{chinese:85 english:78 math:95 history:82 geography:
80}}
```

程序分析:

外层结构体实例 st 执行了两个 set 方法，添加了学生信息及课程成绩；

然后又执行了两个 get 方法，获得并输出了学生信息及课程成绩。

外层结构体直接执行了 4 个内层结构体的方法（以外层结构体的名字调用方法，如

st. setInfo，st. getInfo）。

说明外层结构体继承了内层结构体的方法，而且一次性继承多个，这就是 Go 语言的多重继承，非常实用、好用。

上机训练

一、训练内容

请编程实现一部智能手机的多重继承程序。智能手机既能打电话（用一个数据结构）又能拍照（再用一个数据结构），还能上网（再用另外一个数据结构），用一个数据结构描述智能手机，同时嵌入三个数据结构代表打电话、拍照及上网功能，每个内嵌的数据结构定义一个方法，分别代表打电话、拍照和上网。

二、参考程序

参考程序

```
package main
import "fmt"
type Inteliphone struct {
    Brand string
    Camera
    Phone
    Internet
}
type Camera struct {
    action string
}
type Phone struct {
    action string
}
type Internet struct {
    action string
}
func (s *Camera) photograph() {
    s.action = "take a picture"
    fmt.Printf("device.photograph()执行动作: %+v\n", s.action)
    return
}
func (s *Phone) call() {
    s.action = "dial-up"
    fmt.Printf("device.call()执行动作: %+v\n", s.action)
    return
}
func (s *Internet) goweb() {
    s.action = "access network"
    fmt.Printf("device.goweb()执行动作: %+v\n", s.action)
    return
```

续

<table>
<tr><td>参考程序</td><td><pre>}
func main() {
    device := Inteliphone{Brand: "huawei mate20 pro"}
    device.photograph()
    device.call()
    device.goweb()
    fmt.Printf("智能手机动作汇总: %+v\n", device)
}</pre></td></tr>
<tr><td>运行结果</td><td>device.photograph()执行动作: take a picture
device.call()执行动作: dial - up
device.goweb()执行动作: access network
智能手机动作汇总: {Brand:huawei mate20 pro Camera:{action:take a picture} Phone:{action: dial - up} Internet:{action:access network}}</td></tr>
</table>

习　　题

一、单项选择题

1. 以下有关结构体的声明合法的是(　　)。
   A. var s struct {...}　　B. func s struct {...}
   C. type s struct {...}　　D. make s struct {...}

2. 以下有关结构体的声明合法的是(　　)。
   A. type string struct {...}　　B. type byte struct {...}
   C. type str struct {...}　　D. type range struct {...}

3. 以下有关结构体的声明合法的是(　　)。
   A. type Type map {...}　　B. type Struct string {...}
   C. type Count make {...}　　D. type Append struct {...}

4. 以下有关结构体的声明合法的是(　　)。
   A. type s struct {x,y int,z bool}　　B. type s struct {x int y int z string}
   C. type s struct {x,y,z int}　　D. type s struct {x ,y ,int,bool}

5. 已知结构体类型 t 的定义为:

```
type t struct{
    x int
    y float64
    z string
}
```

以下有关变量 s 的声明合法的是(　　)。
   A. var s :=t{12,13.8,student}　　B. var s t :=t{12,13.8, "student"}
   C. var s t=t{12,13.8, "student"}　　D. var s=t{12,13.8, "student"}

6. 已知结构体类型 t 的定义为：

```
type t struct{
    x int
    y float64
    z string
}
```

以下有关变量 s 的声明合法的是(　　)。

A. s :=struct { x:10,z: "a",y:10}

B. s :=t {z: "a",x:10,y:10}

C. s :=t {10,10,z: "a"}

D. s :=struct {10,10, "a"}

7. 已知结构体 t 的声明如下：

```
type t struct{
    x int
    y float64
    z string
}
```

以下有关变量 str 的声明合法的是(　　)。

A. str :={10,10.1,"a"}

B. str :=struct {10.1,10,"a"}

C. str :=t {10,10.1,"a"}

D. str :=t {10.1,10,"a"}

8. 已知结构体 t 的声明如下：

```
type t struct{
    x int
    y float64
    z string
}
```

以下有关变量 s 的声明合法的是(　　)。

A. s :=t {x:10,y,z}

B. s :=t {10,20,z: "a"}

C. s :=t {x:10,y:20,z:30}

D. s :=t {z:"a"}

9. 以下为结构体 str 添加的方法 add 合法的是(　　)。

A. func (r)add() {...}

B. func (*r)add(){...}

C. func (*str r)add(){...}

D. func (r *str)add() {...}

10. 以下为结构体 s 添加的方法 mst 合法的是(　　)。

A. func (r s) mst() {...}

B. func (*r *s) mst() {...}

C. func (&r *s) mst() {...}

D. func (*r &s) mst() {...}

11. 以下有关结构体的方法调用合法的是(　　)。

A. (&recv).method(*p)

B. (*recv).method(#p)

C. (&recv).method(%p)

D. (*recv).method(@p)

12. 以下有关结构体的方法调用合法的是(　　)。

A. *recv.method(p)

B. *recv.method(p)

C. &recv.method(p)

D. (&recv).method(p)

13. 关于结构体的嵌入，以下说法正确的是(　　)。
    A. 只有同类型的结构体才可以嵌入
    B. 不同类型的结构体需要转换后才可以嵌入
    C. 结构体必须在类型声明中嵌入
    D. 系统运行过程中可以动态地嵌入结构体
14. 关于结构体的嵌入，以下说法正确的是(　　)。
    A. 带有方法的结构体不能嵌入到别的结构体当中
    B. 结构体可以嵌入自己的声明中形成递归
    C. 结构体的方法不能嵌入只能重写
    D. 结构体字段不能与其内嵌的结构体字段同名
15. 关于结构体方法，以下说法正确的是(　　)。
    A. 所谓重载就是将内层结构体的方法加载到外层来使用
    B. 所谓重载就是将外层结构体的方法加载到内层来使用
    C. 所谓重写就是将内层结构体的方法在外层重写
    D. 所谓重写就是将外层结构体的方法在内层重写
16. 关于结构体方法的重写，以下说法错误的是(　　)。
    A. 所谓重写是指内外层结构体的方法名称相同
    B. 所谓重写就是将内层结构体的方法体内容重写
    C. 所谓重写就是将外层结构体的方法体内容重写
    D. 所谓重写就是外层方法覆盖内层同名方法

二、判断题

1. 结构体 struct 类型是系统内置类型。(　　)
2. 结构体 struct 类型是用户自定义类型。(　　)
3. 结构体成员必须是 Go 语言内置类型。(　　)
4. 结构体成员可以是 Go 语言的自定义类型。(　　)
5. 结构体成员可以是接口类型。(　　)
6. 结构体成员可以是指针类型。(　　)
7. 结构体成员可以是映射类型。(　　)
8. 结构体成员可以是切片类型。(　　)
9. 结构体成员可以是方法。(　　)
10. 结构体的方法必须封装在结构体的声明之内。(　　)
11. 结构体的方法声明必须与结构体声明在同一个包内。(　　)
12. 结构体方法的接受者可以是值，也可以是指针。(　　)
13. 结构体方法的接受者类型可以是值类型，也可以是指针类型。(　　)
14. 结构体方法的参数列表可以是值类型，也可以是指针类型。(　　)
15. 结构体方法的返回值列表可以是值类型，也可以是指针类型。(　　)
16. 调用结构体的方法可以是值类型调用，也可以是指针类型调用。(　　)
17. 内嵌结构体的方法必须重写后才可以使用。(　　)

18. 内层结构体的方法可以被外层结构体调用。(　　)

19. 外层结构体的方法可以被内层结构体调用。(　　)

20. 结构体方法重写的时候方法名及其接受者类型必须与原方法保持一致。(　　)

21. 结构体定义方法时可以没有接受者。(　　)

22. 结构体定义方法时可以不指定接受者类型。(　　)

23. 结构体的方法可以没有返回值。(　　)

24. 结构体的方法可以没有参数。(　　)

25. 给内嵌结构体初始化的时候其类型名称是必不可少的。(　　)

26. 结构体实例必须经用户强制初始化后才可以使用。(　　)

27. Go 语言可以实现多重继承。(　　)

28. Go 语言只能实现单继承。(　　)

29. 结构体可以定义一个与类型同名的方法。(　　)

30. 结构体的方法可以重载。(　　)

31. 方法与函数的区别是方法多了一个接受者。(　　)

32. Go 语言的方法和函数都可以重载。(　　)

33. 函数可以作为结构体的成员。(　　)

34. 结构体中的函数成员就是结构体的方法。(　　)

35. 为结构体定义的方法可以作为结构体的成员。(　　)

36. 当函数作为结构体字段时,结构体中其他字段的值可以作为该函数的参数。(　　)

37. 方法重写时其接受者的类型是可以改变的。(　　)

38. 方法重写时可以包含原方法。(　　)

39. 方法重写时可以扩充原方法。(　　)

40. 方法重写时原方法被完全覆盖不可再调用。(　　)

三、分析题

1. 分析以下程序的执行功能及运行结果。

```
package main
import "fmt"
type A func(int, int)
func (f A) Test() {
    fmt.Println("test2")
}
func sert(int, int) {
        fmt.Println("test1")
}
func main() {
        a := A(sert)
        a(1, 2)
        a.Test()
}
```

2. 分析以下程序的执行结果，寻找未达预期目的的原因。

```
package main
import "fmt"
type Test struct {
        name string
}
func (t * Test) Close() {
    fmt.Println(t.name, " closed")
}
func main() {
       ts := []Test{{"a"}, {"b"}, {"c"}}
    for _, t := range ts {
           defer t.Close()
       }
}
```

3. 分析以下程序的执行结果。

```
package main
import "fmt"
type qs struct {
    name string
    hs    ht
}
type ht func(x string)
func cc(x string) {
    fmt.Println("x = ", x)
}
func main() {
    s := qs{name: "y"}
    s.hs = cc
    s.hs(s.name)
}
```

4. 试分析下述程序的运行结果。

```
package main
import (
       "fmt"
       "math"
)
type Abser interface {
        Abs() float64
}
type Vertex struct {
        X, Y float64
}
func (v * Vertex) Abs() float64 {
       return math.Sqrt(v.X * v.X + v.Y * v.Y)
}
func main() {
```

```
        var a Abser
        v := Vertex{3, 4}
    a = &v
    fmt.Println(a.Abs())
}
```

四、简答题

1. 什么是结构体?
2. 结构体类型语法格式有什么特点?
3. 使用 New 函数创建的结构体有什么特点?
4. 有几种方法可以声明结构体类型变量?
5. 结构体类型如何初始化?
6. 结构体类型如何赋值?
7. 使用大括号为结构体赋值时需要注意什么?
8. 什么是结构体的别名? 有什么作用?
9. 什么样的结构体才是同类型结构体?
10. 结构体的成员访问方法有哪些?
11. 何为指针的解引用? 在什么地方被使用?
12. 两个结构体满足什么条件才可以相互赋值?
13. 何为结构体字段标签? 有什么作用?
14. 如何输出结构体的标签?
15. 何为匿名结构体? 有什么作用?
16. 何为匿名字段结构体?
17. 何为结构体的嵌套? 有什么限制条件?
18. 什么是结构体的字段或方法隐藏?
19. 何为递归结构体? 有什么作用?
20. 什么是结构体的方法?
21. 结构体方法声明有什么要求?
22. 何为方法接受者?
23. 何为方法接受者类型?
24. 方法接受者两种类型有什么区别?
25. 方法返回值是返给接受者吗?
26. 什么情况下使用值类型接受者?
27. 什么情况下使用引用类型接受者?
28. 何为方法继承?
29. Go 语言方法可以重载吗?
30. 何为方法重写?
31. 何为方法扩展?
32. 何为方法的多重继承?

五、编程题

1. 请编程实现任意结构体的方法继承功能。

2. 请编程实现任意结构体的方法重写及扩展功能。

3. 请编程实现声明两个结构体类型：一个代表教师，一个代表学生，字段内容自定。为该两个结构体类型添加两个方法：一个 study 方法，方法体内容不同；一个 eat 方法，方法体内容相同。主函数中为两个类型各自声明一个实例并初始化，接着调用其所有方法输出，打印输出方法执行结果。

4. 请编程实现任意结构体的方法多重继承功能。

5. 请编程实现一个形状结构体，包含一个形状名称字段及一个函数类型成员，函数成员用来存储各种求面积的方法。结构体的求面积方法会根据形状字段值来执行不同的求面积函数。

6. 请以动物为例编程演示 Go 语言方法的继承及重写。

7. 编程实现一个图书结构，内嵌两个结构：作者信息及书目信息。为两个内嵌结构添加 set 方法。主函数给出实例，外层直接调用内层 set 方法设置参数，最后打印输出实例值。

第 8 章 接口与反射

Go 语言的接口已经不是传统面向对象编程语言的接口概念，尽管形式上相似，但 Go 语言的接口内容更丰富，尤其是空接口 interface{}的概念，极其灵活，可以说其构成了 Go 语言整个类型系统的基石。

传统面向对象编程语言的接口是一种契约，是不同类型中共性方法的抽象。类实现接口是强制性的，必须声明实现了接口，而且没有灵活万能的空接口概念。

Go 语言接口虽然也是抽象方法的集合，但没有要求类型强制实现接口，类型实现接口也不需要事先声明。Go 语言的接口尽管不能实例化，但是可以声明变量，可以被赋值，赋值后就等同实例化了。

Go 语言的空接口 interface{}可以代表任意数据类型，意味着 Go 语言的任何数据类型都实现了空接口。空接口 interface{}在 Go 语言标准库以及 Go 语言的动态类型系统里，得到了广泛的应用。

8.1 接口的定义

视频讲解

在 Go 语言中接口也是一种数据类型，而且是命名数据类型。因此，使用接口之前是需要先声明的，下面我们来看看接口声明的语法格式。

8.1.1 接口声明

Go 语言的所有自定义类型声明都必须用关键字 type 开头，然后是类型名称，接着是自定义类型关键字，如 struct 结构体、interface 接口等，最后是类型的实体部分，也称为类型的实现。

Go 语言的接口是抽象方法的集合，其类型定义的实体就是各种方法列表，不应该包含其他内容。

Go 语言接口声明的语法格式如下所示：

```
type Inter interface{
    Method1(para_list)(return_list)
    ...
    MethodN(para_list)(return_list)
}
```

Inter：为接口类型名称，Go 语言的接口命名习惯是在名字后面＋er，尤其是在方法名字后＋er。考虑到可见性问题，建议首字母大写。方法名称也一样，建议采用首字母大写，便于导出。Go 语言习惯上一个接口仅放置一个方法,这样极容易被其他数据类型实现。

para_list:为方法的参数列表,即形式参数列表,由方法调用者传入实参,列表的语法格式要求同方法声明。

return_list:为返回值列表,返回值列表的语法格式要求同方法声明。

对于这两个列表的数据类型、参数个数等没有限制,满足方法或函数定义的语法格式要求即可。

例如,以下声明了一个 Puter 接口,包含一个方法 Put:

```
type Puter interface{
        Put(s string)string
}
```

接口中的方法为抽象方法,仅有方法名称和方法签名,不含接收者。当方法被实现以后,就有接收者了。

抽象方法也可以不带参数,如下所示:

```
type Geter interface{
       Get()
}
```

接口为一种数据类型,可以用于声明接口型变量。可以给接口变量赋值,也可以用接口型变量作为函数的参数。尤其在类型断言表达式中只能使用接口类型的变量。

8.1.2 接口的嵌套与组合

Go 语言的接口类型与结构体类型一样,可以实现嵌套与组合。假如接口 A 嵌入到接口 B 中,而接口 B 又嵌入到接口 C 中,这样一层套一层,称为接口的嵌套。如果接口 A、B、C 同时嵌入到接口 D 中,那我们把 ABCD 这种嵌入方式称为组合。考虑到 Go 语言接口中的方法一般都比较少,多数是一两个,完全可以把内层接口的方法展开重写在外层接口上。这样做效果等价,而且逻辑更清晰。限制条件是接口不能嵌入自己,无论直接还是间接嵌入都不行,即接口不能递归。

以下是 Go 语言标准库中 io 包的几个接口,大家可以参考学习其嵌入方式。

```
type Reader interface{
       Read(p []byte)(n int,err error)
}
type Writer interface{
       Write(p []byte)(n int,err error)
}
type Closer interface{
       Close() error
}
```

显然,Go 语言习惯于一个接口包含一个方法,而且方法一般都返回错误代码。

再看看上述简单接口的组合例子:

```
type Readwriter interface{
       Reader
```

```
        Writer
    }
```

以及

```
    type ReadWriteCloser interface{
        Reader
        Writer
        Closer
    }
```

简简单单，将已经声明的接口用其名称直接插入另一个接口的内部，形成嵌套，生成一个新接口。

根据已有的接口来生成新的接口，这是一个常用的方法。接口的嵌入可以认为是接口的继承，多个接口组合一起嵌入，可以实现多继承。

内嵌接口直接展开也不影响接口的实现，如 ReadWriter 接口也可以写成以下形式：

```
    type ReadWriter interface{
        Read(p []byte)(n int,err error)
        Write(p []byte)(n int,err error)
    }
```

或者混合形式：

```
    type ReadWriter interface{
        Read(p []byte)(n int,err error)
        Writer
    }
```

效果也是一样的，且与嵌入或组合的顺序无关。

根据上述组合方法，完全还可以组合出别的接口，如 ReadCloser、WriteCloser 等。

8.2 接口的实现

视频讲解

一个没有被实现的接口是没有意义的，接口被实现了才能体现它的用处。Go 语言并没有强制要求类型明确声明实现某接口，实现完全是隐式进行的。而且实现接口和声明接口没有任何时间上的顺序要求，完全可以先实现后声明。当然这有点不太符合逻辑，一般都是先声明接口，然后根据接口的要求来实现接口的抽象方法。

Go 语言规定，任何数据类型方法集合的子集包含了某接口的方法集合，就认为该数据类型实现了某接口。实现了接口的任何数据类型都可以给接口赋值。

8.2.1 以值类型接收者实现方法

在接口中定义的是抽象方法，并没有接收者，在具体的类型实现中，需要明确接收者类型：值类型或指针类型。在上一章的方法声明中我们提到过，不同的方法接收者类型，方法作用的结果不同，因此，需要根据实际情况选择一种接收者类型。但是，不可以两种方式的接收者方法同时实现，否则，编译系统会报错：method redeclared。本节我们先来看值类型接收者的方法实现，下一节再讨论指针类型接收者的实现。

假设有以下接口类型：

```
type Inter interface{
    Put(x int)
}
```

再定义一个结构体类型来实现该接口。

```
type std struct{
    st int
}
```

然后再为结构体 std 添加一个方法：

```
func (s std)Put(x int){
     s.st = x
     fmt.Printf("st = % + v\n",st)
}
```

结构体 std 的方法 Put 与接口 Inter 的抽象方法 Put 的方法名称与方法签名均相同，根据 Go 语言规定，std 类型隐式实现了接口 Inter。这样就可以用 std 类型的实例给接口变量赋值，或以接口变量执行接口方法。参考程序如下所示：

```
package main
import "fmt"
type Inter interface {
    Put(x int)
}
type std struct {
    st int
}
func (s std) Put(x int) {
    s.st = x
    fmt.Printf("s0 = % + v\n", s)        // 方法体内输出 std 实例
}
func main() {
    var in Inter
    var s = std{100}
    in = s                               // 也可以 in = &s
    in.Put(10)
    fmt.Printf("s1 = % + v\n", s)        // 主函数输出 std 实例
    in.Put(20)
    fmt.Printf("s2 = % + v\n", s)        // 主函数输出
}
```

运行结果：

```
s0 = {st:10}
s1 = {st:100}
s0 = {st:20}
s2 = {st:100}
```

程序分析：

从执行结果可以看出，在方法执行期间修改的字段值，仅在方法体执行期间有效，退出方法后字段原值 s1 及 s2 均不变。

值类型接收者方法的特点：方法执行期间传递的是值的副本，方法仅在副本上执行，对原值没影响。

值类型方法实现，一般给接口变量也赋实例的值(如 in=s)，由于实例变量是可寻址的，以其地址赋给接口变量也是允许的(如 in=&s)。

但是，反过来是不行的，也就是说以指针类型接收者实现的方法，赋给接口变量的值也必须是地址，给它赋实例的值是不行的。请参看下一小节的实例。

8.2.2 以指针类型接收者实现方法

接口的抽象方法并没有限定接收者类型，因此，如果需要改变接收者状态，就需要以指针类型接收者实现方法。我们把上述例子改成指针类型实现，如下所示：

```
package main
import "fmt"
type Inter interface {
    Put(x int)
}
type std struct {
    st int
}
func (s * std) Put(x int) {
    s.st = x
    fmt.Printf("s0 = % + v\n", s)
}
func main() {
    var in Inter
    var s = std{100}
    in = &s                         // 必须是地址,不能是值 in = s
    in.Put(10)
    fmt.Printf("s1 = % + v\n", s)
    in.Put(20)
    fmt.Printf("s2 = % + v\n", s)
}
```

运行结果：

```
s0 = &{st:10}
s1 = {st:10}
s0 = &{st:20}
s2 = {st:20}
```

程序分析：

从程序执行结果可以看出，方法修改的是原值，不是副本，退出方法后打印的原值是被修改过后的值。

当以指针类型实现方法时，赋给接口变量的也必须是地址。如果给接口变量赋值类型，则编译无法通过，并且给出以下错误：std does not implement Inter (Put method has pointer receiver)，系统提示没有实现接口。

那么问题来了，接收者到底应该以什么类型实现方法呢？

由于接口中的方法是抽象方法，没有指定方法名接收者类型，因此用户可以任意选择一种类型。原则就是看是否需要修改接收者的状态，如果需要，就用指针型，不需要就用值类型。

8.2.3 判断类型是否实现接口

按照 Go 语言的语法，只要类型的方法集完全包含了接口的方法集，就认为类型实现了接口。要判断类型是否实现了接口可以采用类型断言表达式：

```
v, ok = x.(T)
```

x 为接口变量，T 为具体数据类型名称，也可以是接口类型，v 为 x 变量的值。

上式的含义是接口变量 x 的值 v 的类型是否为 T。如果是，则 ok 为 true，否则为 false。如果 T 为某个接口类型，ok 为 true，则说明变量 x 的值的类型实现了该接口。

也可以这么来理解，接口是个抽象的概念，它的类型就是其值的类型。如果一种数据类型能成功赋值给一个接口，意味着这个数据类型实现了接口。所以，接口的值的数据类型就是实现了接口的类型。只要获得了接口的值的数据类型，就可以断定这种数据类型实现了接口。

有关类型断言的知识我们在 8.4 节详述。请看以下程序：

```
package main
import "fmt"
type Inter interface {
    Put(x int)
}
type std struct {
    st int
}
type swd struct {
    sw string
}
func (s swd) Get() string {
    return s.sw
}
func (s *std) Put(x int) {
    s.st = x
    fmt.Printf("s0 = %+v\n", s)        // 方法体内输出 std 实例
}
func main() {
    var in Inter
    var s = std{100}
    var w = swd{"ok"}
    in = &s
    v, ok := in.(Inter)
```

```
    if ok {
        fmt.Println("说明 std 实现了接口 Inter.   ", v)
    } else {
        fmt.Println("说明 std 没有实现接口 Inter.")
    }
    // in = w   类型 swd 没有实现接口 Inter,故其实例不能给接口赋值
    /* cannot use w (type swd) as type Inter in assignment:
      swd does not implement Inter (missing Put method) */
    v, ok = interface{}(w).(Inter)        // w 强制转换成空接口型
    if ok {
        fmt.Println("说明 swd 实现了接口 Inter.   ", v)
    } else {
            fmt.Println("说明 swd 没有实现接口 Inter.",ok)
    }
}
```

运行结果：

```
说明 std 实现了接口 Inter.{100}
说明 swd 没有实现接口 Inter.false
```

上述程序中，接口变量 in 的值为指向结构体 s 的指针，结构体变量 s 的地址能成功赋值给 in，说明结构体类型 std 实现了接口 Inter，后续的类型断言表达式进一步验证了上述结论的正确性。类型断言表达式返回两个值：一个是 in 变量的值 v，一个是 ok。如果类型判断成功，则 ok＝true，失败则 ok＝false。上述程序运行结果 ok 的值为 true，说明类型实现了接口，v 代表接口的值，即指向 s 的指针，也是 in 的值。

而类型 swd 的方法 Get 与接口 Inter 的方法不一样，意味着 swd 没有实现接口 Inter。因此，其实例 w 不能赋值给接口变量 in，强行赋值导致系统报错，如上述注释所示。为了使用类型断言表达式，我们对 w 实例进行强制空接口型转换。根据类型断言表达式的断言结果，显示变量 w 没有实现接口 Inter。

8.3 接口赋值

视频讲解

所谓给接口赋值，实质上是给接口类型变量赋值。在 Go 语言中，接口也是一种数据类型，因而可以声明接口型变量，并给该变量赋值。给接口赋值有两种情况：一种是其他数据类型给接口类型赋值，另一种是接口类型给接口类型赋值，下面分别说明。

8.3.1 类型给接口赋值

所谓类型给接口赋值，是指某种类型的实例变量，给接口类型变量赋值。但不是任何数据类型都可以给接口赋值的，只有实现了接口的数据类型才有资格给接口赋值。工程上，一般需要先声明接口类型，才能声明接口变量，有了接口变量，才可以给接口赋值。接口类型的声明方法前面已经介绍，现假设接口类型 Inter 已经声明，则可以用下述方式声明接口变量：

```
var intval Inter
```

上述声明了一个接口类型 Inter 的变量 intval，在这里 Inter 是一种数据类型。

接口类型变量必须用关键字 var 声明，而不能用短变量方式声明，即以下这种方式是错误的：

```
intval := Inter{}
```

但是，如果是声明一个指向接口变量的指针，却是可以使用短变量声明的。但必须用内函数 new 创建，如下所示：

```
intpnt := new(Inter)
```

上式声明了一个指向接口 Inter 型变量的指针，因此，可用下式给 intpnt 赋值：

```
intpnt = &intval
```

对于接口变量，Go 语言编译器将其初始化为 nil，即为其零值。

一种数据类型如果实现了接口，就可以给接口变量赋值。反过来说，如果没实现接口，就不能给接口变量赋值。

例如，上述 std 类型实现了接口 Inter，因此其实例 s 就可以给接口变量 intval 赋值，即

```
intval = &s        // 由于方法实现的接收者为指针类型，故必须给接口赋地址
```

或

```
intpnt = &s        // intpnt 为指针类型，故必须赋给地址
```

接口变量 intval 被赋值后，其值的类型是 std 类型，而不是 Inter 型，这与一般数据类型变量不同，应该引起注意。

可见，intval 的类型为 Inter，而其值的类型为 std，其内外类型不同。

如果类型没有实现接口，该类型就不能给接口赋值。如上例中的 swd 类型，其实例 w 就不能给 Inter 型变量 in 赋值。不正确的赋值，导致了编译系统错误提示：cannot use w (type swd) as type Inter in assignment：swd does not implement Inter (missing Put method)。

8.3.2 接口给接口赋值

原则上，接口类型给接口类型赋值要求两个接口具有相同的方法集，即方法集中的方法名称和方法签名完全相同，而与其在方法集中的次序无关。

在上述例子的基础上，我们再定义一个接口 Puter，包含一个方法 Put，如下所示：

```
type Puter interface{
    Put(x int)
}
```

显然，接口 Puter 的方法集与接口 Inter 的方法集相同，意味着这两个接口属于相同类型接口，相互间可以赋值。为了验证这一点，下面再定义一个结构体来实现上述接口：

```
type swe struct{
    sw string
}
```

再为该结构体添加一个方法：

```
func (w swe)Put(x int){
    w.sw = "sweet"
    x++
    fmt.Printf("x = % + d\n",x)
}
```

很显然结构体类型 swe 的方法集与接口 Inter 及接口 Puter 的方法集相同，意味着类型 swe 实现了 Inter 接口和 Puter 接口。

我们知道，std 结构体类型实现了接口 Inter，由于 std 的方法集与 Puter 的方法集相同，说明 std 也隐式地实现了 Puter 接口。

下面声明两个接口变量 inx 和 pnt，再声明两个结构体类型的对象实例 s 和 w，来验证类型实例给接口赋值，以及接口给接口赋值情况，程序示例如下：

```
package main
import "fmt"
type Inter interface {
    Put(x int)
}
type std struct {
    st int
}
func (s std) Put(x int) {
    s.st = x
    fmt.Printf("s0 = % + v\n", s)
}
type Puter interface {
    Put(x int)
}
type swe struct {
    sw string
}
func (w swe) Put(x int) {
    w.sw = "sweet"
    x++
    fmt.Printf("x = % + d\n", x)
}
func main() {
    var inx Inter
    var pnt Puter
    var s = std{100}
    var w = swe{"acid"}
    pnt = s
    inx = pnt
    inx.Put(12)
    fmt.Printf("inx = % + v\n", inx)
    inx = w
    pnt = inx
    pnt.Put(34)
    fmt.Printf("pnt = % + v\n", pnt)
}
```

运行结果：

```
s0 = {st:12}
inx = {st:100}
x = 35
pnt = {sw:acid}
```

程序分析：

程序中为两个接口 Inter 和 Puter 分别声明了一个变量 inx 和 pnt；

同时声明了两个结构体类型对象实例 s 和 w。

由于 s 和 w 均实现了接口，因此，以下赋值都是合法的：

```
inx = s
pnt = s
inx = w
pnt = w
```

上述就是类型给接口赋值，只要类型实现了接口，该赋值就是合法的。

下面就是要验证接口给接口赋值，即

```
    inx = pnt
```

或

```
    pnt = inx
```

程序中最后两条打印语句就是检验上述两个赋值语句的执行结果，打印输出证明上述接口赋值接口是成功的。

事实上，Go 语言并不要求两个接口的方法集完全相同才能赋值。只要一个接口的方法集是另一个接口的方法集的子集(另一接口的方法集则称为超集)，那么，具有超集的接口就可以给具有子集的接口赋值。但是，反过来则不成立，即具有子集的接口不能给具有超集的接口赋值。

我们仍然参照上述例子，现在给接口 Puter 增加一个方法 Get，使其方法集成为超集。同时我们也为结构体类型 swe 增加一个方法 Get，使得其实现接口 Puter。程序示例如下：

```
package main
import "fmt"
type Inter interface {
    Put(x int)
}
type std struct {
    st int
}
func (s std) Put(x int) {
    s.st = x
    fmt.Printf("std 的 Put 方法执行结果: s0 = % + v\n", s.st)
}
type Puter interface {
    Put(x int)
    Get() string
}
type swe struct {
```

```
    sx int
    sw string
}
func (w swe) Get() string {
    fmt.Println("swe 的 Get 方法功能: return w.sw")
    return w.sw
}
func (w swe) Put(x int) {
    w.sw = "sweet"
    w.sx = x
    fmt.Printf("swe 的 Put 方法执行结果: w = % + v\n", w.sx)
}
func main() {
    var inx Inter
    var pnt Puter
    var s = std{100}
    var w = swe{11, "acid"}
    //  pnt = s
    /* cannot use s (type std) as type Puter in assignment:
      std does not implement Puter (missing Get method) */
    inx = s
    inx.Put(12)
    fmt.Printf("打印 inx 接口的值: % + v\n", inx)
    pnt = w
    inx = pnt
    //  pnt = inx
    /* cannot use inx (type Inter) as type Puter in assignment:
    Inter does not implement Puter (missing Get method) */
    inx.Put(34)        // 执行 swe 的 Put 方法
    pnt.Put(88)        // 执行 swe 的 Put 方法
    fmt.Println("swe 的 Get 方法返回值: ", pnt.Get())
    fmt.Printf("打印 pnt 接口的值: % + v\n", pnt)
}
```

运行结果：

```
std 的 Put 方法执行结果: s0 = 12
打印 inx 接口的值: {st:100}
swe 的 Put 方法执行结果: w = 34
swe 的 Put 方法执行结果: w = 88
swe 的 Get 方法功能: return w.sw
swe 的 Get 方法返回值: acid
打印 pnt 接口的值: {sx:11 sw:acid}
```

程序分析：

上述程序有点长，看起来可能有点费劲，我们来总结一下：

(1) 程序中声明了一个接口类型 Inter，包含一个方法 Put，并声明了一个该接口类型的变量 inx；

(2) 程序中声明了另一个接口类型 Puter，包含两个方法 Put 和 Get，并声明了一个该接口类型的变量 pnt；

(3) 程序中声明了一个结构体类型 std,添加了一个方法 Put,并声明了一个该类型的对象实例 s,显然,std 实现了接口 Inter;

(4) 程序中声明了另一个结构体类型 swe,添加了两个方法 Put 和 Get,并声明了一个该类型的对象实例 w,显然,swe 实现了接口 Inter 和 Puter;

(5) 根据 Go 语言类型实现接口的规则,下述式子是成立的:

```
inx = s
inx = w
pnt = w
```

(6) 根据 Go 语言接口给接口赋值的规则,方法集为超集的接口可以给方法集为子集的接口赋值,因而,下式是成立的:

```
inx = pnt
```

(7) 根据 Go 语言接口给接口赋值的规则,方法集为子集的接口不可以给方法集为超集的接口赋值,因而,下式是不成立的:

```
pnt = inx
```

系统报错:Inter does not implement Puter (missing Get method)。

(8) 根据 Go 语言类型实现接口的规则,如果类型的方法集未能完全覆盖接口的方法集,则类型就没有实现接口,上例中就是 std 没有实现 Puter,因而,下式是不成立的:

```
pnt = s
```

系统报错:std does not implement Puter (missing Get method)。

结论:接口给接口赋值规则是,方法超集可以赋值给子集,子集不能赋值给超集。类型给接口赋值的规则是,类型方法集包含接口方法集,类型可以给接口赋值;类型方法集未能完全包含接口方法集,则类型不能给接口赋值。

视频讲解

8.4 接口查询

接口查询主要是查询接口变量值的类型,根据接口变量值的类型来判断该类型是否实现了接口,一般是采用类型断言表达式来完成这项工作。

8.4.1 类型断言

类型断言是 Go 语言动态类型系统用于判断接口类型变量值 vale 的类型与某种具体的类型 T 是否一致,Go 语言有以下类型断言表达式:

```
v, ok = x.(T)
```

式中,x 为接口类型变量或求值结果为接口类型的表达式,T 为具体的数据类。类型断言表达式用来判断接口变量 x 的值的类型为 T。如果条件成立,则 ok 的值为 true,v 为 x 的值;如果条件不成立,则 ok 的值为 flase,v 为 T 类型的零值。

类型断言表达式有两种作用:

(1) 判断接口变量值的动态类型。

当类型断言表达式用来判别假设"x 不为 nil 且存储在其中的值的类型为 T"是否为真时,就是用来判断接口变量值的动态类型。

我们仍然以上述例子中声明的接口类型 Inter 及结构体类型 std 为例,说明类型断言表达式的应用,如下所示:

如果接口 Inter 类型变量 intval 被结构体类型变量 s 赋值,即

```
var  intval Inter
var  s   = std{100}
intval = s
```

则执行以下子句

```
v,ok := intval.(std)
```

的结果为

```
ok = true
v = {st:100}
```

结果表明:接口变量 intval 的值的类型为 std 类型。

再看看内置基础数据类的断言:

```
x := 100
if v, ok := interface{}(x).(int); ok {
    fmt.Printf("v = %d,    ok = %t\n", v, ok)
}
```

执行结果: v = 100,   ok = true

结果表明:类型断言表达式 interface{}(x)的值的类型为 int 型。该表达式先将变量 x 强制转换成空接口类型,然后使用类型断言表达式。

显然,类型断言表达式对自定义类型和内置类型都起作用。

(2) 判断一种类型是否实现了接口。

如果类型断言表达式的 T 改成接口类型名称 Inter,则上述假设可以改成: x 不为 nil 且存储在其中的值的类型实现了接口 Inter。类型断言表达式就被用来判断一种数据类型是否实现了接口。例如:

```
var intval Inter
var x = std{300}
intval = x
if v, ok := intval.(Inter); ok {
    fmt.Printf("v = %d     ok = %t\n", v, ok)
    }
```

执行结果: v = {300}   ok = true

结果表明:变量 intval 的值的类型(std)实现了接口 Inter。

要断言两种类型是否相同,Go 语言有严格的规定,请记住以下一些规则:

（1）所有命名的数据类型是彼此不同的。

（2）所有匿名的数据类型是彼此不同的。

（3）任何匿名数据类型满足下列条件之一时是彼此相同的：

① 元素类型及长度均相同的数组类型；

② 元素类型均相同的切片类型；

③ 基础数据类型相同的指针类型；

④ 键和值类型均相同的映射类型；

⑤ 具有相同值类型及方向的通道类型；

⑥ 具有相同签名的函数类型；

⑦ 具有相同方法集合的接口类型；

⑧ 具有相同顺序、名称、类型、标记及匿名字段的结构体类型。

8.4.2 类型开关

类型开关(type-switch)是另一种用来判断 Go 语言变量动态类型的一种方法。该方法使用 switch-case 语法格式，其中 switch 关键字后面是一个类型断言表达式，类似前述的类型断言表达式，但 switch 表达式参数不是具体的类型，而是关键字 type。表达式的计算结果是接口类型的值，包括值的字面量及其类型，其中的类型尤其是我们感兴趣的。该类型表达式不像类型断言表达式，不能返回一个条件是否成立的 ok 参数（取值 true 或 false），因而，下式是不成立的：

```
v,ok := x.(type)
```

只能写成以下形式：

```
v := x.(type)
```

其中，x 必须是一个接口类型的变量，v 是该变量的值。而所有的 case 分支语句后面跟的类型必须实现了 x 对应的接口。case 选择的依据是类型，即 switch 与 case 进行类型比对，同类型就执行该 case 分支。

对于空接口类型，由于任何类型都实现了空接口，因而 case 分支是一个个具体的数据类型，可以是一种类型对应一个分支，也可以几个近似类型用一个分支，如 int8、int16、int32、int64 等都可以用一个分支表示 int 型。

switch 关键字后面可以是简单的类型表达式，也可以是一个短变量声明赋值子句，即：

```
switch x.(type){...}
```

或

```
switch v := x.(type){...}
```

均是合法的。

需要注意的是，fallthrough 关键字不适合于 type-switch。

下述程序是 type-switch 使用简单类型表达式的例子，仅比较类型的情况。

```
package main
import "fmt"
```

```
func main() {
    x := "jhbj"
    switch interface{}(x).(type) {
    case nil:
        fmt.Println("x type is nil")
    case int, int8, int16, int32, int64:
        fmt.Println("x type is int")
    case float32, float64:
        fmt.Println("x type is float")
    case bool:
        fmt.Println("x type is bool")
    case string:
        fmt.Println("x type is string")
    default:
        fmt.Println("x type is unknow")
    }
}
```

运行结果：

```
x type is string
```

不断改变 x 的赋值，可以看到不同的结果。

上述程序中仅关注变量的动态类型，不关注其具体的值，因此，switch 关键字后面仅有类型表达式：

```
interface{}(x).(type)
```

上式中的 interface{}为空接口类型，对 x 进行强制转换，x 的值就成了接口的值。表达式的值就包括了接口的值及其值的类型。switch 仅取其类型与各个 case 分支进行匹配，以确定执行哪一个分支。如果分支包括多个类型，则 switch 会依次判断，只要其中一个类型满足就执行该分支。

如果还要使用接口的值，则 switch 表达式应该用子句的形式，即：

```
switch v := x.(type){...}
```

如下例程序所示：

```
package main
import "fmt"
type Inter interface {
    Put(x int)
}
type Std struct {
    St int
}
func (s Std) Put(x int) {
    s.St = x
    fmt.Printf("s0 = % + v\n", s)
}
func main() {
```

```
        var inx Inter
        var s Std = Std{213}
        inx = s
        switch v := interface{}(inx).(type) {
        case nil:
            fmt.Printf("x type is nil, x = %v\n", v)
        case int, int8, int16, int32, int64:
            fmt.Printf("x type is int, x = %v\n ", v)
        case float32, float64:
            fmt.Printf("x type is float, x = %v\n ", v)
        case bool:
            fmt.Printf("x type is bool, x = %v\n ", v)
        case string:
            fmt.Printf("x type is string, x = %v\n ", v)
        case Std:
            fmt.Printf("x type is Std, x = %v\n ", v)
        default:
            fmt.Printf("x type is unknow, x = %v\n ", v)
        }
    }
```

运行结果：

```
x type is Std, x = {213}
```

程序分析：

采用一个变量 v 来获得表达式的值，就可以在判断类型的每个 case 子句后面使用该变量的值。

短变量声明语句 v := x.(type)隐式地为每个 case 子句声明了一个变量 v，v 的类型再与 case 子句后的类型进行比较。变量 v 类型的判定有如下规则：

- ◆ 如果 case 后面跟着一个类型，那么变量 v 在这个 case 子句中就是这个类型；
- ◆ 如果 case 后面跟着多个类型，那么变量 v 的类型就是接口变量 x 的类型；
- ◆ 如果 case 后面跟着 nil，那么变量 v 的类型就是接口变量 x 的类型，通常这种子句用来判断未赋值的接口变量；
- ◆ default 子句中变量 v 的类型是接口变量 x 的类型。

除了上述的 type-switch 以外，Go 语言动态类型系统中使用更多的是反射，下面再来看看类型反射的语法知识。

8.4.3 类型反射

Go 语言标准库中的 reflect 包实现了 runtime 反射，可以作用于任意类型的对象。其中的 TypeOf 函数就是用来获取变量动态类型信息的，该函数返回一个 Type 类型值。函数原型如下：

```
func TypeOf(i interface{}) Type
```

TypeOf 函数返回接口 i 中保存的值 value 的类型 Type，TypeOf(nil)会返回 nil。其中 i 为空接口类型，意味着 i 可以是任意类型。

前文已经讲述过，类型是否实现了接口，可以使用类型断言表达式返回该接口的值的类型来判断。只要能获得接口值的类型，就说明该类型实现了接口，否则该类型无法赋值给接口。因此，这是通过接口值的类型来证实类型实现了接口。该函数的使用格式如下：

```
v := reflect.TypeOf(x)
```

x 为任意数据类型。该函数主要用来返回 x 的类型，可以用下式获得：

```
v.Kind()
```

例如

```
x := 12
v := reflect.TypeOf(x)
fmt.Printf("v = %v\n",v)                  //  v = int
fmt.Printf("v type = %v\n",v.Kind())    // v type = int
```

当 x=12.58 时

```
fmt.Printf("v type = %v\n",v.Kind())    // v type = float64
```

这时下式

```
v.Kind() == reflect.Float64
```

为 true。

意味着要做显式的类型判断可以用上式 reflect 用法，直接指定类型，即需要判定某接口变量的值的类型是否为某个指定类型时，可使用上述的逻辑判断语句。有关反射更多的知识，请见本章 8.8 节。

8.5 接口多态性

视频讲解

严格来说，Go 语言是面向过程的编程语言，而多态性是面向对象编程语言的特性。但是，Go 语言的接口实现方式也允许多态，从而使得 Go 语言也具备一些面向对象的特性。下面先说说有关面向对象编程的几个概念。

8.5.1 多态的概念

面向对象编程模式有三大特性：封装、继承和多态。

封装是把数据和方法封装在一起，隐藏了类的内部实现机制，可以在不影响使用的情况下改变类的内部结构，同时也保护了数据。对外界仅提供接口，其内部细节是隐藏的。

继承是指子类继承父类，包括继承父类的属性和方法，目的是重用父类代码。

多态是指同一消息，有多种执行形态。多态包括静态多态和动态多态。静态多态也叫编译多态，是在编译期间就明确的，这种多态由方法的重载实现。动态多态是运行期间动态绑定的，由运行时系统根据运行条件执行不同子类的方法完成，它是由方法的重写实现的。

由于子类可以继承父类，意味着一个父类可以派生出多个子类，父类的方法可以被子类继承及重写，如果子类重载了父类方法，那就形成了静态多态。如果每个子类都重写了父类的方法，则每个子类的方法可能都不同，每个子类执行父方法的时候会出现不同的形态，即一种方法，多种形态，这就是动态多态，是多态的主要含义。因此，方法重写是实现多态的重要条件。

实现多态还有一个重要条件是：向上转型，在多态中需要将子类的引用赋给父类对象，对象实例调用父类的方法时本质上就是执行子类的方法，由于各子类方法因重写而不同，从而实现了多态。

8.5.2 多态的实现

Go 语言接口不需要显式地声明实现，也不允许方法重载，要想通过方法重载来实现多态就不现实了。但类型只要实现了该接口的方法集就隐式地实现了该接口。而不同的数据类型都可以实现该接口，每一种数据类型都可以按照自己的方式实现该接口的抽象方法，从而形成 Go 语言的多态。这种多态可以是静态多态，也可以是动态多态。可见，Go 语言的接口多态不是由于继承，而是由于类型的隐式实现而来的。

在 Go 语言中，接口类型可看作是隐式的父类，而任何实现了该接口的类型可看作是子类，子类的不同方法实现，就实现了父类的方法多态，这就是 Go 语言的接口多态。

下例程序定义了一个接口 Shaper，包含一个方法 Area，同时定义了三个平面图形结构体：长方形、三角形和圆形，并为每个结构体定义了一个计算面积的方法。

三个结构体的方法名称与方法签名与接口 Shaper 的方法名称及签名完全相同，因而，这三个结构体类型都实现了 Shaper 接口，使得 Shaper 接口具备了静态多态。

程序示例如下：

```
package main
import "fmt"
type Shaper interface {
    Area() float64
}
type rectangle struct {
    l float64
    w float64
}
func (r rectangle) Area() float64 {
    return r.l * r.w
}
type triangle struct {
    h float64
    b float64
}
func (t triangle) Area() float64 {
    return t.h * t.b / 2.0
}
type circle struct {
    r float64
}
func (c circle) Area() float64 {
    return 3.1416 * c.r * c.r
}
func main() {
```

```
    var sh Shaper
    var rec rectangle = rectangle{12, 45}
    var tri triangle = triangle{12, 45}
    var cir circle = circle{12}
    sh = rec                                                   // 类型赋值给接口
    fmt.Printf("rectangle's area   = %v\n", sh.Area())  // 调用接口方法
    sh = tri
    fmt.Printf("triangle's  area   = %v\n", sh.Area())  // 同一方法名执行不同的方法体
    sh = cir
    fmt.Printf("circle's    area   = %v\n", sh.Area())  // 同一接口方法实现了多种形态
}
```

运行结果：

```
rectangle's area = 540
triangle's  area = 270
circle's    area = 452.3904
```

程序分析：

主程序中最后三个打印语句均执行同一个方法 sh.Area，这个是接口 Shaper 的方法，但是打印出不同的值，说明接口的方法实际执行的是不同语句的实现。

一个接口方法有不同的实现，这就是 Go 语言的多态。由于这种多态在编译期间是明确的，因而是静态多态。

下面我们再来看看动态多态。

所谓动态多态，就是执行之前不知道接口的方法应该执行哪一个实现，需要动态地选择。请看以下程序：

```
package main
import "fmt"
type Shaper interface {
    Area() float64
}
type rectangle struct {
    l float64
    w float64
}
func (r rectangle) Area() float64 {
    return r.l * r.w
}
type triangle struct {
    h float64
    b float64
}
func (t triangle) Area() float64 {
    return t.h * t.b / 2.0
}
type circle struct {
    r float64
}
func (c circle) Area() float64 {
    return 3.1416 * c.r * c.r
```

```
}
func shap(x ...Shaper) {
    for _, sh := range x {
        fmt.Printf("The image's area   = %8.2f\n", sh.Area())
    }
}
func main() {
    rec := rectangle{41, 75}
    tri := triangle{41, 75}
    cir := circle{15}
    shap(rec, tri, cir)
}
```

运行结果：

```
The image's area = 3075.00
The image's area = 1537.50
The image's area = 706.86
```

程序分析：

上述程序增加了一个接口函数 shap，该函数接受可变参数，其参数类型为 Shaper 类型，只要实现了 Shaper 接口的实例对象就可以作为实参传入函数。

程序中定义了三个实例对象 rec、tri、cir，分别代表三种平面图形，在 shap 函数中用 range 关键字遍历出每一种实例，接着调用其方法，打印输出方法调用结果。

显然，只有程序运行期才能确定接口执行的方法体，这种形式称为运行时多态，或称动态多态。

这进一步说明了 Go 语言具备面向对象的编程特性。

视频讲解

8.6 空接口 interface{}

空接口类型是一种特殊类型，在 Go 语言标准库中大量使用，主要应用在函数的可变参数中。根据 Go 语言中类型实现接口的规则，任何实现了某接口方法的类型，都被认为实现了该接口。而空接口没有方法，其方法集为空，任何数据类型都有一个空方法集子集，这就意味着任何类型都实现了空接口，任何类型都可以给空接口赋值。例如：

```
var v1 interface{} = 100
var v2 interface{} = "student"
var v3 interface{} = true
var v4 interface{} = struct{ x int }{128}
var v5 interface{} = &v4
var v6 interface{} = [3]int{1,2,3}
var v7 interface{} = func(x int) int { return x * x }(2)
var v8 interface{} = make(map[int]string, 2000)
```

都是合法的。

反过来说，空接口代表了任何数据类型。

例如，我们常用的打印函数原型：

```
func Printf(format string, a ...interface{}) (n int, err error)
```

其函数参数为可变参数，类型为 interface{}，平常使用的时候可以代入任何数量、任何类型的参数。

如果一个函数的参数类型为 interface{}，意味着任何数据类型都可以作为该函数的实参。因此，当函数参数为不定数量、不定类型时，往往就用可变的 interface{}类型。例如：

```
package main
import "fmt"
func main() {
    var x interface{}
    test(x)
    x = 3
    test(x)
    x = 3.14
    test(x)
    x = []int{1, 2, 3}
    test(x)
    x = "hello"
    test(x)
    x = map[int]string{10: "study", 2: "flag"}
    test(x)
}
func test(x interface{}) {
    fmt.Printf("(%v, %T)\n", x, x)
}
```

运行结果：

```
(<nil>, <nil>)
(3, int)
(3.14, float64)
([1 2 3], []int)
(hello, string)
(map[10:study 2:flag], map[int]string)
```

程序分析：

从上述程序的运行结果可以看出，当函数参数类型为 interface{}时，任何数据类型都可以传入该函数，可以得到正确执行。

可以说，空接口类型是个万能类型，为函数的通用性起到了很大的作用。

8.7 error 接口

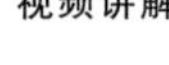

error 接口是 Go 语言中唯一预定义好的接口类型，专门用来处理错误信息。该接口只有一个方法，其类型声明如下：

```
type error interface {
   Error() string
}
```

任何数据类型只要实现了 Error 方法，就意味着实现了 error 接口，随时可以调用 error 接口的方法 Error。用户可以编写自己的 Error 方法，也可以直接使用 Go 语言标准库中代码包 errors 提供的方法。errors 包中为用户提供了生成错误信息的 New 函数，实际编程中可以直接引用，New 函数的原型如下：

```
type errorString struct {
      text string
}
func New(text string)error {
      return &errorString{text}
}
```

New 函数接受一个字符串参数，返回一个 error 类型的值，实质就是用户输入的字符串。如下所示：

```
package main
import (
    "errors"
    "fmt"
)
func Divide(a, b int) (s int, err error) {
    if b == 0 {
      err = errors.New("divide by zero!")
      return
    }
    s = a / b
    return
}
func main() {
    s, err := Divide(81, 5)
    fmt.Printf("sum = %d  err = %s\n", s, err)
}
```

运行结果：

```
sum = 16 err = %!s(<nil>)
```

程序分析：

上述子程序 Divide 中用 errors 包中的 New 函数生成了一个 err 值，当出现除数为 0 的时候，将提示错误。

例如，如果执行下式，让除数为 0：

```
s, err := Divide(81,0)
```

则输出为：`sum = 0   err = divide by zero!`

另一个可以生成 error 类型值的方法是调用 fmt 包中的 Errorf 函数：

```
func Errorf(format string, a ...interface{}) error
```

该函数返回一个 error 类型的错误信息。用户程序中可以用 Errorf 函数生成格式化的错误信息字符串。例如：

```
err := fmt.Errorf(" % s", " multiple - value Divide() in single - value context")
fmt.Println(err)
```

输出：

```
multiple - value Divide() in single - value context
```

实际编程工作中，New 和 Errorf 足以满足大多数的应用需求了。

当然，用户也可以自己定义 Error 方法，实现 error 接口，请看以下程序：

```
package main
import (
    "errors"
    "fmt"
)
type nid struct {
    name string
    id   string
}
func gets(x * nid) (err error) {
    fmt.Printf("请输入姓名：")
    fmt.Scanln(&x.name)
    fmt.Printf("请输入身份证号码：")
    fmt.Scanf(" % s\n", &x.id)
    if len([]byte(x.id)) < 18 {
    err = x.Error()
    return
    }
    for _, v := range x.id {
    if !((v >= '0' && v <= '9') || v == 'x' || v == 'X') {
        err = x.Error()
        return
    }
    }
    return
}
func (x nid) Error() error {
    err := errors.New("身份证号码输入非法，请重新输入！")
    return err
}
func main() {
    var x nid
    for {
        err := gets(&x)
        if err != nil {
       fmt.Printf("err = % v\n", err)
       continue
        }
        break
    }
    fmt.Printf("身份信息： % + v\n", x)
}
```

运行结果：

```
请输入姓名：xm
请输入身份证号码：3453465
err = 身份证号码输入非法,请重新输入!
请输入姓名：xm
请输入身份证号码：123456789012345678
身份信息：{name:xm  id:123456789012345678}
```

程序分析：

程序中为结构体添加了 Error 方法，实现了 error 接口，因而，在函数中可以带一个 error 类型的返回值，根据该返回值是否为空来判断身份证输入是否合法。

err 不为空，表示有错误信息返回，表示输入非法，打印 err 信息后返回重新输入；如果为空，无错误返回，表示输入合法，打印身份信息后，程序结束。

Error 方法中使用 errors 包中的 New 函数生成 error 型的信息。

需要注意的是，gets 函数是读取输入信息的，直接存入结构体字段。因此，应该以结构体的地址传入(即引用传递)，才能保存结果。如果是值传递，则函数返回后结构体字段内容不变，还是保持原值。

当然，也可以不用引入 errors 包，直接定义一个字符串型变量，并赋值，效果一样。

以下程序就是用普通字符串型错误信息的实现。

```
package main
import "fmt"
type nid struct {
    name string
    id   string
}
func gets(x * nid) (err string) {
    fmt.Printf("请输入姓名：")
    fmt.Scanln(&x.name)
    fmt.Printf("请输入身份证号码：")
    fmt.Scanf(" % s\n", &x.id)
    if len([]byte(x.id)) < 18 {
        err = "身份证号码输入非法,请重新输入!"
        return
    }
    for _, v := range x.id {
        if !((v >= '0' && v <= '9') || v == 'x' || v == 'X') {
            err = "身份证号码输入非法,请重新输入!"
            return
        }
    }
   return
}
func main() {
    var x nid
    for {
        err := gets(&x)
        if err != "" {
```

```
            fmt.Printf("err = %v\n", err)
            continue
        }
        break
    }
    fmt.Printf("身份信息：%+v\n", x)
}
```

运行结果：

```
请输入姓名：john
请输入身份证号码：315616
err = 身份证号码输入非法,请重新输入!
请输入姓名：john
请输入身份证号码：lkmlmk
err = 身份证号码输入非法,请重新输入!
请输入姓名：john
请输入身份证号码：210211199002051236
身份信息：{name:john id:210211199002051236}
```

上述程序中不再引入 errors 包，也不再定义 Error 方法，而是完全使用字符串，同样达到了错误提示的效果。

8.8 反　　射

视频讲解

所谓反射，是指 Go 语言程序运行时的内存变量状态的反馈，可用标准库中的反射包 reflect 完成内存变量的动态反射。反射的内容主要是变量的类型以及变量的值以及数据类型的方法等相关的信息。

反射的主要作用在于处理那些需要动态确定参数类型和数值的函数，如 fmt 包中的打印函数、扫描函数等。

由于 Go 语言类型形态极为复杂多样，不同数据类型支持的方法也不同，使用不好 reflect，极易导致 panic，故建议谨慎使用。

8.8.1 反射类型

要使用反射，首先需要引入反射包：

```
import "reflect"
```

类型反射函数是 Go 语言编程中使用比较多的一个函数，其使用格式如下：

```
t := reflect.TypeOf(i)
```

其中 i 为任意类型的变量，t 为 i 的值的类型。例如：

```
i = 3.14                              ===>     t = float64
i = 12                                ===>     t = int
i = "red"                             ===>     t = string
i = []string{}                        ===>     t = []string
i = interface{}([3]int{1, 2, 3})      ===>     t = [3]int
```

t还带有不同的方法可供引用,例如:

```
i := []string{"sd", "wSEF", "WEF"}
t := reflect.TypeOf(i)
```

则

```
t.Kind()          ===>   slice       // 值的类型
t.Elem()          ===>   string      // 元素的类型
t.Size()          ===>   24          // 值分配的内存数量
t.String()        ===>   []string    // 类型的字符串表示
```

若:

```
i := 123
t := reflect.TypeOf(i)
```

则有

```
t.Kind()          ===>   int         // 值的类型
t.Align()         ===>   8           // 对齐的字节数
t.Size()          ===>   8           // 值分配的内存数量
t.String()        ===>   int         // 类型的字符串表示
```

针对上述类型t,还可以进一步反射出其他的类型,如下所示:

```
u := reflect.PtrTo(t)         ===>   *int          // 值的指针类型
u := reflect.SliceOf(t)       ===>   []int         // 值的切片类型
u := reflect.MapOf(t, t)      ===>   map[int]int   // 值的映射类型
u := reflect.ArrayOf(3, t)    ===>   [3]int        // 值的数组类型
```

显然,数据类型不同,其对应的Type方法也不同,还有些关于环境信息的方法,没有列出来,感兴趣的读者可以参考Go语言标准库的相关文档。

类型反射应用举例:

```
package main
import "fmt"
func MyPrintf(args ...interface{}) {
    for _, arg := range args {
        switch arg.(type) {
        case int:
            fmt.Println(arg, "is an int value.")
        case string:
            fmt.Println(arg, "is a string value.")
        case int64:
            fmt.Println(arg, "is an int64 value.")
        default:
            fmt.Println(arg, "is an unknown type.")
        }
    }
}
func main() {
    x := 12
```

```
    MyPrintf(x)
    y := "skdj"
    MyPrintf(y)
}
```

运行结果：

```
12 is an int value.
skdj is a string value.
```

可见，类型反射的主要目的就是反射变量运行期间的动态类型，根据其类型不同执行不同的方法，类似于多态的实现。

8.8.2 反射值

值反射与类型反射一样，都是基于内存变量的，变量的数据类型不同，其值的形式也不同，反射值使用下述格式：

```
v := reflect.ValueOf(i)
```

i 为任意内存变量，v 为该变量在内存中的值。

假如　`i := []string{"abs", "deF", "wert"}`
则执行　`fmt.Printf("%v",v)`
的结果为

```
[abs deF wert]
```

表示其值为字符串切片。

Go 语言对反射的值也提供了多种方法供进一步分析，不过，不同类型的值有不同的方法，不恰当的使用会导致 panic。对于上述切片的值，有以下一些方法供使用：

```
u := v.Type()          ===>  u = []string              // 值的类型
u := v.Kind()          ===>  u = slice                 // 值的名称
u := v.Cap()           ===>  u = 3                     // 值的容量
u := v.Len()           ===>  u = 3                     // 值的长度
u := v.String()        ===>  u = <[]string Value>      // 值的字符串表示
u := v.Index(2)        ===>  u = wert                  // 索引 2 位置的元素
u := v.Interface()     ===>  u = [abs deF wert]        // 接口类型的值
u := v.Pointer         ===>  u = C000062240            // 无符号指针
```

上述是切片类型的值可以调用的部分方法，如果是普通的基础数据类型，有些方法是不可用的，例如：

```
i := 3.14
v := reflect.ValueOf(i)
```

则 v 能使用以下一些方法：

```
u := v.Type()          ===>  u = float64               // 值的类型
u := v.Kind()          ===>  u = float64               // 值的名称
u := v.String()        ===>  u = <float64 Value>       // 值的字符串表示
u := v.Interface()     ===> u = 3.14                   // 接口类型的值
u := v.Float()         ===> u = 3.14                   // 浮点数类型的值
```

值被反射出来后，到底如何使用，需要根据具体的应用场景选择。值和类型的反射更多的是被用在结构体上。

8.8.3 反射结构体

结构体为自定义类型，内涵丰富，不是程序员自定义的话，是不太容易理解的，尤其是来自第三方的程序。而利用反射分析来自第三方的包，就提供了一个很好的途径，使用极其方便，反射信息也较为丰富。Go 语言标准库的 reflect 包提供了丰富的方法用于反射内存变量的各种信息。

由于结构体往往带有多个字段，如果需要获得每个字段的信息，就需要循环处理每个字段，reflect 包为字段处理提供了丰富的方法。如果结构体类型带有多种方法，则可以用索引及循环的方法获得每个方法的返回值。下面通过具体的例子来演示 reflect 包及其方法的使用。

下述程序用于获取字段的名称及内容：

```
package main
import (
    "fmt"
    "reflect"
)
type person struct {
    name string
    age  int
}
func main() {
    t := reflect.TypeOf(person{"Smith", 42})
    fmt.Printf("t = %v      Type = %T      \n", t, t)
    fmt.Printf("t.Kind = %v      t.Name = %T\n", t.Kind(), t.Name())
    v := reflect.ValueOf(person{"John", 23})
    fmt.Printf("v = %+v      v.NumField = %d\n", v, v.NumField())
    for i := 0; i < v.NumField(); i++{
        fmt.Printf("Fieldname = %v      value = %v \n", t.Field(i).Name, v.Field(i))
    }
}
```

运行结果：

```
t = main.person    Type = *reflect.rtype
t.Kind = struct      t.Name = string
v = {name:John age:23}      v.NumField = 2
Fieldname = name       value = John
Fieldname = age          value = 23
```

程序分析：

TypeOf 函数能反射结构体的字段名称，而要反射字段的值则需要 ValueOf 函数，用 for 循环遍历每一个字段，打印输出每一个字段名及字段的值。

值反射能返回结构体字段数量 NumField，根据这个值就可以遍历全部字段，获得字段的值及 Tag。如下所示：

```go
package main
import (
    "fmt"
    "reflect"
)
type fruit struct {
    Name  string  'fruit name'
    color string  'fruit color'
}
func GetFieldName(structName interface{}) map[string]string {
    t := reflect.TypeOf(structName)
    v := reflect.ValueOf(structName)
    result := make(map[string]string)
    for i := 0; i < t.NumField(); i++{
        result[t.Field(i).Name] = v.Field(i).String()
    }
    return result
}
func GetFieldTag(structName interface{}) []reflect.StructTag {
    t := reflect.TypeOf(structName)
    var result = make([]reflect.StructTag, 10)
    for i := 0; i < t.NumField(); i++{
        result[i] = t.Field(i).Tag
    }
    return result
}
func main() {
    sName := fruit{"apple", "red"}
    fmt.Println(GetFieldName(sName))
    fmt.Println(GetFieldTag(sName))
}
```

运行结果：

```
map[Name:apple color:red]
[fruit name fruit color        ]
```

程序分析：

程序中设计了两个函数，一个函数用来获取字段名称及字段值，将结果以键值对的形式存放在一个映射中，函数返回后打印该 map 值。

另一个函数用来获取字段的 Tag，并将结果存放到一个 structTag 类型的切片里，函数返回后打印该切片。

8.8.4 设置值

ValueOf()函数的参数也可以是指针变量，作用于指针变量的反射 value，有些方法可以用来设置变量的值，例如：

```go
    x := 123
v := reflect.ValueOf(&x)
v.Elem().SetInt(778)
```

则

```
fmt.Println(x)            //  x = 778
```

如：

```
x := 3.14
v := reflect.ValueOf(&x)
v.Elem().SetFloat(5.68)
```

则

```
fmt.Println(x)            //  x = 5.68
```

如：

```
s := "std"
v := reflect.ValueOf(&s)
v.Elem().SetString("student")
```

则

```
fmt.Println(s)            //  x = student
```

结构体字段值也可以通过反射的方式设置，如下所示：

```
package main
import (
    "fmt"
    "reflect"
)
type Person struct {
    Name string
    Age  int
}
func SetValueToStruct(name string, age int) *Person {
    p := &Person{}
    v := reflect.ValueOf(p).Elem()
    v.FieldByName("Name").Set(reflect.ValueOf(name))
    v.FieldByName("Age").Set(reflect.ValueOf(age))
    return p
}
func main() {
    p := SetValueToStruct("John", 32)
    fmt.Println(*p)
}
```

运行结果：

```
{John 32}
```

注意：如果反射 reflect.ValueOf 的参数是变量的值而不是其地址，则不能设置变量的值，因为操作的是变量值的副本，修改副本，对原值没有影响。另外，变量是否可设置，可使用 v.Canset()进行测试，如果返回值为 true 则是可设置的。

上述程序示例中设置变量值时都用到了 Elem()函数，这个函数指定方法作用在元素上，设置操作是基于元素的。

8.8.5 反射方法

结构体除了字段的属性能被反射出来以外，添加在其上面的方法也可以被反射出来，还能被执行。可以使用以下格式反射方法：

```
reflect.ValueOf(x).Method(i int).Call([]reflect.Value)
```

或
```
reflect.ValueOf(x).MethodbyName(s string).Call([]reflect.Value)
```

方法的输入参数及返回值均为[]reflect.Value 类型切片，因此，参数输入之前及方法调用返回之后，都要进行相关的转换。

下面以具体例子说明其应用。假设有以下结构体：

```
type Student struct{
    Name string
    Age  int
}
```

现在为上述结构体添加以下方法：

```
func (st *Student)SetInfo(na string, ag int){
    st.Name = na
    st.Age  = ag
    return
}
func (st *Student)GetInfo()(na string, ag int){
    na  = st.Name
    ag  = st.Age
    return
}
```

则动态反射其方法并执行，程序如下所示：

```
package main
import (
    "fmt"
    "reflect"
)
type Student struct {
    Name string
    Age  int
}
func (st *Student) SetInfo(na string, ag int) {
    st.Name = na
    st.Age = ag
    return
}
func (st *Student) GetInfo() (na string, ag int) {
    na = st.Name
    ag = st.Age
    return
```

```
}
func main() {
    var stu Student
    na := reflect.ValueOf("John")
    ag := reflect.ValueOf(23)
    setinfo := []reflect.Value{na, ag}
    v := reflect.ValueOf(&stu)
    v.MethodByName("SetInfo").Call(setinfo)
    fmt.Println(stu)
    gag := v.Method(0).Call([]reflect.Value{})
    na1 := reflect.Value(gag[0])
    ag1 := reflect.Value(gag[1])
    fmt.Printf("%v, %v\n", na1, ag1)
}
```

运行结果：

```
{John 23}
John, 23
```

反射具体方法并调用它，建议使用 MethodByName 方法，清晰明了。

如果用 Method(index)方法容易出问题，因为方法列表并不按照其编程时出现的顺序排序，而是按照字母顺序，因而容易忽略次序而出错。

上述程序中定义了一个结构体及两个方法。方法的输入输出参数都用[]reflect.Value 类型的切片表示。每个参数都需要采用 reflect.ValueOf 反射出来，然后再赋值给切片。返回值也一样，为[]reflect.Value 切片，要获得其元素的值需要采用 reflect.Value 再反射回来。

上机训练

一、训练内容

对于学习，小学生、中学生、大学生的科目内容大不一样，请编程设置一个统一的接口，添加一个方法 Study()，为小学生、中学生、大学生分别建立一个数据结构，添加一个 Study()方法，实现接口。最后建立一个接口函数，接受一个接口型参数，键盘输入学生类型，打印输出该类型学生的学习科目内容。

二、参考程序

参考程序

```
package main

import "fmt"

type Studyer interface {
    Study(x []float64)
}
type Pupil struct {
    xChinese float64
    xMath    float64
    xEnglish float64
```

续

参考程序

```
    Music     float64
}
type MidStudent struct {
    mChinese  float64
    mMath     float64
    mEnglish  float64
    Chemistry float64
}
type ColStudent struct {
    cChinese float64
    cMath    float64
    cEnglish float64
    computer float64
}

func (pu *Pupil) Study(x []float64) {
    pu.xChinese = x[0]
    pu.xMath = x[1]
    pu.xEnglish = x[2]
    pu.Music = x[3]
    fmt.Println("小学生学习：语文、数学、英语和音乐！")
    return
}
func (co *ColStudent) Study(x []float64) {
    co.cChinese = x[0]
    co.cMath = x[1]
    co.cEnglish = x[2]
    co.computer = x[3]
    fmt.Println("大学生学习：语文、数学、英语和计算机！")
    return
}
func (mi *MidStudent) Study(x []float64) {
    mi.mChinese = x[0]
    mi.mMath = x[1]
    mi.mEnglish = x[2]
    mi.Chemistry = x[3]
    fmt.Println("中学生学习：语文、数学、英语和化学！")
    return
}
func SubPrn(x Studyer, y []float64) {
    x.Study(y)
}
func main() {
    var (
        sl              int
        yw, sx, yy, mu float64
        xc              []float64
        pup             Pupil
```

续

<table>
<tr><td>参考程序</td><td>

```
        mid             MidStudent
        col             ColStudent
    )
    fmt.Println("请选择学生类型: 0 小学生,1 中学生,2 大学生")
    for {
        fmt.Scanf("%d\n", &sl)
        if sl >= 0 && sl <= 2 {
            break
        }
        fmt.Println("输入不合格,请重新输!")
    }
    switch sl {
    case 0:
        fmt.Println("请输入小学生的课程成绩: 语文,数学,英语,音乐: ")
        fmt.Scanf("%f, %f, %f, %f\n", &yw, &sx, &yy, &mu)
        xc = append(xc, yw, sx, yy, mu)
        fmt.Println("xc = ", xc)
        SubPrn(&pup, xc)
        fmt.Printf("小学生科目成绩: %+v\n", pup)
    case 1:
        fmt.Println("请输入中学生的课程成绩: 语文,数学,英语,化学: ")
        fmt.Scanf("%f, %f, %f, %f\n", &yw, &sx, &yy, &mu)
        xc = append(xc, yw, sx, yy, mu)
        SubPrn(&mid, xc)
        fmt.Printf("中学生科目成绩: %+v\n", mid)
    case 2:
        fmt.Println("请输入大学生的课程成绩: 语文,数学,英语,计算机: ")
        fmt.Scanf("%f, %f, %f, %f\n", &yw, &sx, &yy, &mu)
        xc = append(xc, yw, sx, yy, mu)
        SubPrn(&col, xc)
        fmt.Printf("大学生科目成绩: %+v\n", col)
    }

}
```

</td></tr>
<tr><td>运行结果</td><td>

```
请选择学生类型: 0 小学生,1 中学生,2 大学生
0
请输入小学生的课程成绩: 语文,数学,英语,音乐:
97,95,80,87
xc = [97 95 80 87]
小学生学习: 语文、数学、英语和音乐!
小学生科目成绩: {xChinese:97 xMath:95 xEnglish:80 Music:87}

请选择学生类型: 0 小学生,1 中学生,2 大学生
1
请输入中学生的课程成绩: 语文,数学,英语,化学:
89,78,84,98
中学生学习: 语文、数学、英语和化学!
```

</td></tr>
</table>

续

运行结果	中学生科目成绩: {mChinese:89 mMath:78 mEnglish:84 Chemistry:98} 请选择学生类型: 0 小学生,1 中学生,2 大学生 2 请输入大学生的课程成绩: 语文,数学,英语,计算机: 78,89,98,95 大学生学习: 语文、数学、英语和计算机! 大学生科目成绩: {cChinese:78 cMath:89 cEnglish:98 computer:95}

习　　题

一、单项选择题

1. 以下关于接口说法正确的是(　　)。

   A. 接口是对结构体的封装　　B. 接口是抽象方法的集合

   C. 接口必须包括方法的实现　　D. 接口的方法必须有明确的接受者

2. 关于空接口 interface{}以下说法正确的是(　　)。

   A. 空接口可以被任何数据类型赋值　　B. 空接口不可以被任何数据类型赋值

   C. 空接口必须被实现后才能赋值　　D. 空接口可以赋值给任何其他接口

3. 关于错误接口 error{}以下说法正确的是(　　)。

   A. error 接口只能被字符串类型赋值

   B. error 接口可以被任何数据类型赋值

   C. 只有实现了 Error()方法才能给 error 接口赋值

   D. 不实现 Error()方法也可以用 New()方法给 error 接口赋值

4. 关于接口赋值以下说法正确的是(　　)。

   A. 接口不属于数据类型不能被赋值　　B. 接口可以被任何数据类型赋值

   C. 接口只有被实现后才能被赋值　　D. 任何接口都可以被空接口赋值

5. 关于接口实现以下说法正确的是(　　)。

   A. 类型实现接口必须事先声明

   B. 只要类型的方法名称与接口的方法名称相同就可以认为实现了接口

   C. 只有类型和接口的方法名称及方法签名均相同才可以认为实现了接口

   D. 只有类型和接口的方法名称、签名及接受者均相同才可以认为实现了接口

6. 关于类型断言表达式 x.(T)以下说法正确的是(　　)。

   A. x 可以是任何数据类型变量　　B. T 可以是任何数据类型变量

   C. x 必须为接口类型变量　　D. T 必须为接口类型变量

7. 关于类型开关 type-switch 以下说法正确的是(　　)。

   A. switch 后必须是类型断言表达式 x.(T)

   B. case 子句后必须是类型断言表达式 x.(T)

C. switch 后必须是类型断言表达式 x.(type)

D. case 子句后必须是类型断言表达式 x.(type)

8. 下述接口定义正确的是(　　)。

A. type inter interface{Method()}　　B. Type inter interface{Method()}

C. var inter interface{Method()}　　D. func inter interface{Method()}

9. 下述方法声明中正确的是(　　)。

A. func (s &str)Method(s string){block}

B. func (s *str)Method(s string){block}

C. func (&s str)Method(s string){block}

D. func (*s str)Method(s string){block}

10. 假设接口声明为 type Reader interface{Read()int}},要实现 Reader 接口,下述方法正确的是(　　)。

A. func Read()int{block}　　B. func (t t_type)Read(){block}

C. func (t t_type)Read()int{block}　　D. func (t t_type)Read(int){block}

11. 下述用于类型断言的式子中正确的是(　　)。

A. v :=x.(T)　　B. v,ok :=x.(T)

C. ok,v :=x.(T)　　D. ok :=x.(T)

12. 下述用于生成错误信息的式子中正确的是(　　)。

A. var err error; err=errors.Make("divide by zero")

B. var err error; err=errors.Copy("divide by zero")

C. var err error; err=errors.New("divide by zero")

D. var err error; err=errors.Error("divide by zero")

13. 关于反射以下说法错误的是(　　)。

A. 反射只能用于结构体类型　　B. 反射只能用于接口类型

C. 反射只能用于自定义类型　　D. 反射适合于任何数据类型

14. 已知 x=123,下述通过反射获取数据类型的式子正确的是(　　)。

A. t :=reflect.Type(x)　　B. t :=reflect.Value(x)

C. t :=reflect.ValueOf(x)　　D. t :=reflect.TypeOf(x)

15. 利用反射获得结构体字段标签 Tag 的方法是(　　)。

A. reflect.ValueOf(s).Field(i).Tag

B. reflect.TypeOf(s).Field(i).Tag

C. reflect.ValueOf(s).FieldName.Tag

D. reflect.TypeOf(s).FieldName.Tag

16. 利用反射获得结构体 s 字段名称的方法是(　　)。

A. reflect.TypeOf(s).FieldName

B. reflect.TypeOf(s).Field(i).Name

C. reflect.ValueOf(s).FieldbyName(i)

D. reflect.ValueOf(s).FieldbyName.Name

17. 利用反射获得结构体 s 字段数量的方法是(　　)。

A. reflect. ValueOf(s). FieldNum()

B. reflect. ValueOf(s). NumField()

C. reflect. ValueOf(s). Field. Num()

D. reflect. ValueOf(s). Field. Numbe()r

18. 利用反射获得结构体 s 方法数量的方法是(　　)。

A. reflect. ValueOf(s). MethodbyName. Num()

B. reflect. ValueOf(s). Method. Num()

C. reflect. ValueOf(s). MethodNum()

D. reflect. ValueOf(s). NumMethod()

19. 已知 x=3.14,通过反射修改该值为 x=5.21 的方法是(　　)。

A. reflect. ValueOf(x). Elem(). SetFloat(5.21)

B. reflect. ValueOf(x). Elem(). Set(5.21)

C. reflect. ValueOf(&x). Elem(). SetFloat(5.21)

D. reflect. ValueOf(&x). Elem(). Set(5.21)

20. 假设 s 为结构体实例,通过反射调用其方法以下正确的是(　　)。

A. reflect. ValueOf(s). MethodbyName(i int). Call(int)

B. reflect. ValueOf(s). MethodbyName(s string). Call([]reflect. Value{})

C. reflect. ValueOf(s). MethodbyName(i int). Call(string)

D. reflect. ValueOf(s). MethodbyName(s string). Call([]string)

二、判断题

1. 空接口 interface{}是一种内置的数据类型。(　　)
2. 空接口 interface{}可以被任何数据类型赋值。(　　)
3. 任何数据类型都实现了空接口 interface{}。(　　)
4. 接口是可以嵌套的。(　　)
5. 接口也是可以递归的。(　　)
6. 接口中的方法可以包括方法体。(　　)
7. 接口中方法也可以有接受者。(　　)
8. 接口中的接受者必须为指针型。(　　)
9. 接口只有被实现才可以被使用。(　　)
10. 接口即使没被实现也可以给它赋值。(　　)
11. 类型赋值给接口之前必须先实现接口。(　　)
12. 名称不同的两个接口只要其方法集相同就可以相互赋值。(　　)
13. 名称不同的接口属于不同的数据类型。(　　)
14. 反射是基于接口类型的。(　　)
15. 反射是基于运行时系统的。(　　)
16. 方法是基于接口的,即其作用对象为接口。(　　)
17. 方法接受者以值或地址调用方法效果相同。(　　)

18. 方法接受者为值类型或指针类型对方法的执行结果没影响。( )
19. 两个接口的方法集必须完全相等才可以相互赋值。( )
20. 类型断言表达式必须显式指定具体类型。( )
21. 类型开关 type-switch 中的类型断言表达式必须显式指定具体类型。( )
22. 类型开关每个 case 子句必须是实现了 switch 子句中接口的类型。( )
23. 类型开关 type-switch 中的类型断言表达式仅能使用关键字 type。( )
24. 获取数据类型只能用 TypeOf()函数。( )
25. 获取数据类型也可以用 ValueOf()函数。( )
26. 通过反射执行结构体方法其参数必须是 reflect. Value 类型的切片。( )
27. 通过反射执行结构体方法其返回值参数必须是 reflect. Value 类型的切片。( )
28. 通过接口组合可以实现方法继承。( )
29. 接口实质上就是描述了一系列抽象方法的集合。( )
30. 一个实现了某接口方法集合的具体数据类型就是该接口类型的实例。( )

三、分析题

1. 试分析下述程序的运行结果。

```
package main
import (
    "fmt"
    "reflect"
)
type Nope struct {
    s1, s2, s3 string
}
var set interface{} = Nope{"Teacher", "Student", "Clerk"}
func main() {
        value := reflect.ValueOf(set)
        for i := 0; i < value.NumField(); i++{
         fmt.Printf("Field %d: %v\n", i, value.Field(i))
    }
}
```

2. 试分析下述程序的运行结果。

```
package main
import (
    "fmt"
    "reflect"
)
type Student struct {
        Name   string   "name"
        Age    int      "age"
        Grade  int      "grade"
}
func GetFieldName(structName interface{}) []string {
        t := reflect.TypeOf(structName)
```

```
        fieldNum := t.NumField()
        result := make([]string, 0, fieldNum)
    for i := 0; i < fieldNum; i++{
         result = append(result, t.Field(i).Name)
        }
    return result
}
func main() {
        fmt.Println(GetFieldName(Student{}))
}
```

3. 分析以下程序执行的结果。

```
package main
import (
    "fmt"
    "reflect"
)
type person struct {   //
    name string
    age  int
}

func main() {
    v := reflect.ValueOf(person{"steve", 30})
    count := v.NumField()
    for i := 0; i < count; i++{
f := v.Field(i)
    switch f.Kind() {
    case reflect.String:
        fmt.Println(f.String())
    case reflect.Int:
        fmt.Println(f.Int())
        }
    }
}
```

4. 分析以下程序执行的结果。

```
package main
import (
    "fmt"
    "reflect"
)
type Npe struct {
    s1, s2, s3 string
}
var sec interface{} = Npe{"stud", "tear", "east"}
func main() {
    value := reflect.ValueOf(sec)
    for i := 0; i < value.NumField(); i++{
```

```
            fmt.Printf("Field %d: %v\n", i, value.Field(i))
        }
    }
```


5. 请写出以下程序的执行结果。

```
package main
import (
    "fmt"
    "reflect"
)
type s1 struct {
    id      int      "id"
    name    string   "name"
    gender   string  "gender"
    phone   int      "phone"
}
func main() {
    a := s1{2018, "smith john", "male", 123321789}
    for i := 0; i < 4; i++{
        tx := reflect.TypeOf(a)
        fn := tx.Field(i)
        ftag := fn.Tag
        fname := fn.Name
        fmt.Printf(" %v's tag is: %v\n", fname, ftag)
    }
}
```

6. 试分析下述程序的运行结果。

```
package main
import "fmt"

type Add struct {
    x,y float64
}
type Sub struct {
    x,y float64
}
func (a *Add) Opt() float64 {
    return a.x + a.y
}
func (s *Sub) Opt() float64 {
    return s.x - s.y
}
type Opter interface {
    Opt() float64
}
func main() {
    var a Add = Add{10,20}
    var b Sub = Sub{50,30}
    var i Opter
```

```
    i = &a
    valuea := i.Opt()
    i = &b
    valueb := i.Opt()
    fmt.Println("Add = ",valuea,"    Sub = ", valueb)
}
```

7. 分析以下程序的功能,写出运行结果。

```
package main
import "fmt"
type Draw interface {
    Paint()
}
type Circular struct {
    Name string
}
type Triangular struct {
    Name string
}
func (c *Circular) Paint() {
    fmt.Println("c:", c.Name)
}
func (t *Triangular) Paint() {
    fmt.Println("t:", t.Name)
}
func main() {
     var draw Draw
  draw = &Circular{"画一个圆形"}
     draw.Paint()
    draw = &Triangular{"画一个三角形"}
  draw.Paint()
}
```

四、简答题

1. 什么是接口?
2. Go 语言的接口有什么特点?
3. 接口名称有什么要求?
4. 接口的方法集有什么特点?
5. 什么是接口的嵌套或组合?
6. 何为接口的实现?
7. 接口实现的接受者类型如何确定?
8. 如何判断类型实现了接口?
9. 给接口赋值的条件是什么?
10. 接口赋值有哪几种方式?
11. 接口类型与接口的值的类型有什么关系?

12. 接口给接口赋值的条件是什么?
13. 类型给接口赋值的条件是什么?
14. 类型断言有什么作用?
15. 类型开关的表达式有什么特点?
16. fallthrough 语句可以用于类型开关中吗?
17. 对类型开关 switch 的 case 子句表达式有什么要求?
18. 何为类型反射? 有什么作用?
19. 何为值反射? 有什么作用?
20. 结构体反射有什么用处?
21. 何为接口的多态性?
22. 什么叫封装?
23. 什么叫继承?
24. Go 语言是如何实现继承的?
25. Go 语言是如何实现多态的?
26. 什么叫静态多态?
27. 什么叫动态多态?
28. Go 语言的空接口有什么特点?
29. Go 语言的 error 接口有什么作用?
30. Go 语言的反射是静态的还是动态的?

五、编程题

1. 编程实现字符串类型(string)实现某一自定义接口。
2. 编程实现切片类型实现某一自定义接口。
3. 编程实现自定义接口的方法继承。
4. 编程实现两个自定义接口的方法集具有包含关系的赋值问题。
5. 编程实现利用反射获取结构体的字段值及其标签。
6. 编程实现一种数据类型是否实现了某接口。
7. 编程实现利用反射执行结构体的方法。
8. 编程实现利用反射修改结构体字段的值。
9. 编程实现利用类型开关 type-switch 判断某个接口变量的类型。
10. 编程实现接口多态性。

第9章 输入输出与文件处理

9.1 输入输出基础

输入输出是一个比较广义的概念,既包括来自于标准设备的键盘输入及屏幕输出,也包括内存缓冲区的输入输出、通道的输入输出、字符串的输入输出,以及磁盘文件的输入输出等。关于键盘的输入 scan 及屏幕输出 print 等序列函数我们在前面的章节中已经介绍过,并反复使用,在这里就不再细述。

在 Go 语言中,输入输出相关的操作主要由两个接口来描述:Reader 接口和 Writer 接口,只有实现了这两个接口才具备了 I/O 功能。下面来看看这两个接口的定义及其实现。

1. Reader 接口

Reader 接口的定义如下:

```
type Reader interface {
    Read(p []byte) (n int, err error)
}
```

Reader 接口只有一个方法 Read,该方法的签名为:(p []byte)(n int, err error),方法接受的参数为字节切片 p;返回参数为 n 和 err,其中整数 n 表示成功读入的字节数,err 表示读取期间遇到的任何错误。

字节切片 p 是预先定义好长度的一块空白内存空间,其长度为 len(p),目的就是用来装载读取的字节。很显然能够最多读取的字节数为 len(p)。通常情况下它返回读取的字节数 n(0<=n<=len(p))。

需要注意的是,即使 Read 返回的 n<len(p),它也会在调用过程中使用 p 的全部作为暂存空间。若读取的数据小于 len(p)个字节,则 Read 返回可用的数据 n,以及 err==EOF,结束读取,不会等待更多数据。

当 Read 在成功读取 n>0 个字节后遇到一个错误或 EOF(End-Of-File),它就会返回读取的字节数 n 及 err,并结束读取。

一般情况下,Reader 在输入流结束时会返回一个非零的字节数,同时返回的 err 不是 EOF 就是 nil。

如果正常读取部分数据后遇到错误,则应当优先处理正确读取的数据,然后再考虑错误处理。

也就是说,当 Read 方法返回错误时,不代表没有读取到任何数据,调用者应该处理返回的任何数据，之后才处理可能的错误。

根据 Go 语言规则，任何类型只要实现了接口的方法集，就说明该类型实现了接口。由于 Reader 接口的方法集只包含一个 Read 方法，因此，所有实现了 Read 方法的类型都实现了 io. Reader 接口。这就意味着，在所有需要 io. Reader 的地方，可以传递实现了 Read 方法的类型的实例，请看以下程序：

```
package main
import (
    "fmt"
    "io"
    "os"
    "strings"
)
func ReadFrom(reader io.Reader, num int) ([]byte, error) {
    p := make([]byte, num)
    n, err := reader.Read(p)
    if n > 0 {
    return p[:n], nil
    }
    return p, err
}
func main() {
    file, err := os.Open("test.txt")
    if err != nil {
    panic(err)
    }
    fmt.Println("请输入任意字符串：")
    data1, err1 := ReadFrom(os.Stdin, 10)
    fmt.Printf("From Stdin: %s, %v\n", data1, err1)
    data2, err2 := ReadFrom(file, 50)
    fmt.Printf("From File: %s, %v\n", data2, err2)
    data3, err3 := ReadFrom(strings.NewReader("Teacher and Student."), 20)
    fmt.Printf("From String: %s, %v\n", data3, err3)
}
```

运行结果：

```
请输入任意字符串：
123456789012345678
From Stdin: 1234567890, <nil>
From File: I like Golang, <nil>
From String: Teacher and Student., <nil>
```

程序分析：

上述程序中设计了一个函数 ReadFrom，用来读取数据源，函数接受的参数为 io. Reader 类型。

在这里我们读取了三种数据源，分别是标准输入设备 Stdin—键盘、磁盘文件 file 和字符串 string，这三种数据源恰好是 io. Reader 接口实例，因而都可以作为函数的参数传入 ReadFrom 函数，实现了一个函数可以读取多种数据源。

2. Writer 接口

Writer 接口的定义如下：

```
type Writer interface {
    Write(p []byte) (n int, err error)
}
```

Writer 接口也是只有一个方法 Write，它接受一个字节切片作为输入参数，返回一个整数 n，表示写入的字节数；一个错误类型 err，表示写入过程中的任何错误。

Write 方法将字节切片 p 中的全部内容写入到基本数据流中，它返回从 p 中被写入的字节数 n(0<=n<=len(p))以及任何遇到的引起写入提前停止的错误。

若 Write 方法返回的 n<len(p)，它就必须返回一个非 nil 的错误。同理，如果返回的 n==len(p)，则返回的 err 必定为 nil。

同样地，所有实现了 Write 方法的类型都实现了 io. Writer 接口。

要查询哪些类型实现了上述两个接口，可以使用 godoc 命令查询，能列出都有哪些类型实现了某个接口。

据不完全统计，大概有以下一些类型实现了上述两个接口：

- os. File 同时实现了 io. Reader 和 io. Writer。
- strings. Reader 实现了 io. Reader。
- bufio. Reader/Writer 分别实现了 io. Reader 和 io. Writer。
- bytes. Buffer 同时实现了 io. Reader 和 io. Writer。
- bytes. Reader 实现了 io. Reader。
- compress/gzip. Reader/Writer 分别实现了 io. Reader 和 io. Writer。
- crypto/cipher. StreamReader/StreamWriter 分别实现了 io. Reader 和 io. Writer。
- crypto/tls. Conn 同时实现了 io. Reader 和 io. Writer。
- encoding/csv. Reader/Writer 分别实现了 io. Reader 和 io. Writer。
- mime/multipart. Part 实现了 io. Reader。
- net/conn 分别实现了 io. Reader 和 io. Writer(Conn 接口定义了 Read/Write)。
- LimitedReader、PipeReader、SectionReader 实现了 io. Reader。
- PipeWriter 实现了 io. Writer。

实现 io. Writer 接口的应用举例如下：

```
package main
import (
    "bufio"
    "fmt"
    "io"
)
func main() {
    var x io.Writer
    var b = []byte("I am a student.")
    w := bufio.NewWriterSize(x, 20)
    w.Write(b)
    fmt.Printf("%c\n", *w)
}
```

运行结果：

```
{<nil>[Iamastudent.] <nil>}
```

程序分析：

上述程序定义了一个 io. Write 接口变量 x，为其建立一块 20 个字节大小的缓冲区，并分配给变量 w，再建立一个字节切片 b，存入字符串“I am a student. ”(使用了强制转换)，将字节切片 b 写入缓冲区 w(用 w. Write(b))，然后用 Printf 打印出缓冲区内容(* w 给出地址)。程序中引入了 bufio 包，相关内容本章后续章节会讲到，读者有需要可以提前查阅。

3. Closer 接口

Closer 接口定义如下：

```go
type Closer interface {
    Close() error
}
```

Closer 接口用于包装基本的关闭方法。在第一次调用之后再次被调用时，Close 方法的行为是未定义的。某些实现可能会说明它们自己的行为，即完成一些额外的功能。Closer 接口仅包含一个 Close 方法，用来关闭已打开的文件，如下所示：

```go
package main
import (
    "fmt"
    "io"
    "os"
)
func ReadFrom(reader io.Reader, num int) ([]byte, error) {
    p := make([]byte, num)
    n, err := reader.Read(p)
    if n > 0 {
        return p[:n], nil
    }
    return p, err
}
func main() {
    file, err := os.Open("test.txt")
    if err != nil {
        panic(err)
    }
    defer file.Close()
    data, err1 := ReadFrom(file, 20)
    if err1 != nil {
        panic(err1)
    }
    fmt.Printf("Read From File: %s\n", data)
}
```

运行结果：

```
Read From File: I like Golang
```

程序分析：

程序中首先用 os. Open("test. txt")打开一个文件(成功则 err==nil,否则 panic 抛出错误信息),然后使用函数 ReadFrom 读取其内容(成功读取到内容则 err1==nil,否则 panic 抛出错误信息),最后打印读取的内容。程序结束返回前执行 defer 语句,在该语句中执行 Close 方法,关闭已打开的文件,然后才退出程序。

通常的做法都是把 Close 方法放在 defer 语句后面,在函数退出前执行文件关闭工作。

4. Seeker 接口

Seeker 接口定义如下：

```
type Seeker interface {
    Seek(offset int64, whence int) (int64, error)
}
```

Seeker 接口用于包装基本的移位方法。Seek 方法设定下一次读写的位置,偏移量为 offset,校准点由 whence 确定：0 表示相对于文件起始；1 表示相对于当前位置；2 表示相对于文件结尾。whence 的值,在 os 包中定义了相应的常量,如下所示：

```
const (
    SEEK_SET   int = 0        // 相对于文件起始位置 seek
    SEEK_CUR   int = 1        // 相对于文件当前位置 seek
    SEEK_END   int = 2        // 相对于文件结尾位置 seek
)
```

程序中如果引入了 os 包,就可以使用这些常量于 Seek 方法中,如下面的例子所示。

Seek 方法返回新的位置以及可能遇到的错误。移动到一个绝对偏移量为负数的位置会导致错误。移动到任何偏移量为正数的位置都是合法的,但其下一次 I/O 操作的具体行为则要看底层的实现。Seek 方法的使用请参看下述例子。

```
package main
import (
    "fmt"
    "os"
    "strings"
)
func main() {
    b := make([]byte, 20)
    r := strings.NewReader("I like Golang.")
    r.Seek(2, os.SEEK_SET)
    ch, _, _ := r.ReadRune()
    fmt.Printf("ch[2] = %c\n", ch)
    r.ReadAt(b, 2)
    fmt.Printf("b[:] = %c\n", b)
}
```

运行结果：

```
ch[2] = l
b[:] = [l i k e   G o l a n g . ]
```

程序分析：

程序中首先建立一个字符串"I like Golang."，并返回一个指向字符串的指针 r，然后使用 seek 方法移动指针偏移到离起点位置(SEEK_SET)偏移量为 2 的位置，再用 ReadRune 方法从 r 中读取一个 rune 字符赋给 ch 并打印。

然后，使用 ReadAt 方法，将从起点开始偏移 2 的位置开始的所有字节全部读入字节切片 b，并打印输出 b。

Seek 方法只起到移动指针的作用。

5. ReaderAt 接口

ReaderAt 接口定义如下：

```
type ReaderAt interface {
    ReadAt(p []byte, off int64) (n int, err error)
}
```

ReaderAt 接口包装了基本的 ReadAt 方法。ReadAt 从底层输入流的偏移量 off 位置读取 len(p)字节数据写入 p，它返回读取的字节数(0<=n<=len(p))和遇到的任何错误。当 ReadAt 方法返回值 n<len(p)时，它会返回一个非 nil 的错误来说明为何没有读取更多的字节。在这方面，ReadAt 是比 Read 要严格的。

即使 ReadAt 方法返回值 n<len(p)，它在被调用时仍可能使用 p 的全部长度作为暂存空间。如果有部分可用数据，但不够 len(p)字节，ReadAt 会阻塞直到获取 len(p)个字节数据或者遇到错误。在这方面，ReadAt 和 Read 是不同的。

如果 ReadAt 返回时到达输入流的结尾，而返回值 n==len(p)，其返回值 err 既可以是 EOF 也可以是 nil。

如果 ReadAt 是从某个有偏移量的底层输入流(Reader 包装)读取，ReadAt 方法既不应影响底层的偏移量，也不应被底层的偏移量影响。

ReadAt 方法的调用者可以对同一输入流执行并行的 ReadAt 调用。ReadAt 方法的使用见下例：

```
package main
import (
    "fmt"
    "strings"
)
func main() {
    r := strings.NewReader("I am a student!")
    p := make([]byte, 10)
    n, err := r.ReadAt(p, 5)
    if err != nil {
        panic(err)
    }
    fmt.Printf("%s, %d\n", p, n)
}
```

运行结果：

```
a student!, 10
```

程序分析：

程序中首先建立一个字符串，并返回一个指向字符串的指针 r，接着定义一个长度为 10 的字节切片 p，然后使用 ReadAt 方法将字符串中从起点开始偏移 5 的位置开始的全部内容读入字节切片 p 中，如果读取过程中发生任何错误，就抛出错误信息，最后打印输出切片 p。

由于是字节切片，对于汉字字符串，如果 off 选取不当，会导致一个汉字被切掉一半的情况。

6. WriterAt 接口

WriterAt 接口定义如下：

```
type WriterAt interface {
    WriteAt(p []byte, off int64) (n int, err error)
}
```

WriterAt 接口包装了基本的 WriteAt 方法。WriteAt 方法将字节切片 p 全部 len(p) 字节数据写入底层数据流的偏移量 off 开始的位置。它返回写入的字节数 n(0<=n<=len(p))和遇到的任何导致写入提前中止的错误 err。

当其返回值 n<len(p)时，WriteAt 必须返回一个非 nil 的错误。

如果 WriteAt 写入的对象是某个有偏移量的底层输出流，WriteAt 方法既不应影响底层的偏移量，也不应被底层的偏移量影响。

WriteAt 方法的调用者可以对同一底层数据流执行并行的 WriteAt 调用(前提是写入范围不重叠，即各自的偏移量不同，且写入全部数据后不重叠)。

写入成功后 p 的数据可不必保留。

WriteAt 方法应用举例如下：

```
package main
import (
    "fmt"
    "os"
)
func main() {
    file, err := os.Create("test1.txt")
    if err != nil {
        panic(err)
    }
    file.WriteString("WriteString overwrite")
    n, err := file.WriteAt([]byte("检验写入位置"), 12)
    if err != nil {
        panic(err)
    }
    file.Close()
    fmt.Println("写入字节数 = ", n)
    p := make([]byte, 30)
    file, err = os.Open("test1.txt")
    n, err = file.Read(p)
    fmt.Printf("文件全文: %v\n", string(p))
```

```
    defer file.Close()
}
```

运行结果：


```
写入字节数 = 18
文件全文: WriteString 检验写入位置
```

程序分析：

本程序主要目的是检验 WriteAt 方法的使用。

程序中首先使用 os.Create 方法创建一个文件(test1.txt)，接着往该文件中写入一个字符串("WriteString overwrite")。然后用 WriteAt 方法往该文件中写入一个字节切片，切片内容为字符串("检验写入位置")。写入位置为从文件起点开始偏移 12 个字节。写入后关闭文件并打印写入的字节数 n。

用户可以用写字板直接打开磁盘文件 test1.txt 查看，会看到文件被覆写后的内容为："WriteString 检验写入位置"。

程序中采用 os.Open 方法打开文件，将文件内容全部读入字节切片 p，然后将切片转换成字符串后打印输出。

从打印结果可以看出，后写入的内容覆盖了原文件的内容，并且覆盖起点就是程序中指定的偏移量 12。

7. ReaderFrom 接口

ReaderFrom 接口定义如下：

```
type ReaderFrom interface {
    ReadFrom(r Reader) (n int64, err error)
}
```

ReaderFrom 接口包装了基本的 ReadFrom 方法。ReadFrom 方法从 io.reader 接口型变量 r 中读取数据直到 EOF 或者遇到错误结束。r 数据源可以是任何实现了 io.Reader 接口的类型实例，如 Stdin，File，String 等。返回值 n 是读取的字节数，执行时遇到的错误(EOF 除外)也会以 err 返回。n＞0 表示有成功读取的数据，数量为 n 字节，如果读到 EOF，则 err 返回 nil。

标准库 bufio 包中的 bufio.ReadFrom 方法就是 io.ReaderFrom 接口的一个实现，其应用如下所示：

```
package main
import (
    "bufio"
    "fmt"
    "os"
)
func main() {
    file, err := os.Open("test.txt")
    if err != nil {
        panic(err)
    }
    defer file.Close()
```

```
    w := bufio.NewWriter(os.Stdout)
    w.ReadFrom(file)
    w.Flush()     // 将缓存中的内容写入输出设备
    fmt.Println()
}
```

运行结果：

```
This specification is intended to define a cross - platform, interoperable file storage and transfer format.
```

程序分析：

程序中首先打开一个现有的文件(test.txt)，打开失败将抛出错误。

接着使用 bufio.NewWriter 函数建立一个标准输出(os.Stdout)的默认大小的缓冲区，返回该缓冲区指针 w，然后使用 bufio.ReadFrom 方法从文件中读取数据存入缓冲区。

最后使用 bufio.Flush 方法将缓冲区中的数据写入底层输出流，从标准设备中输出。

由于文件结束为 EOF，缺少换行符，故加了一个打印语句 fmt.Println，输出一个换行符。

8. WriterTo 接口

WriterTo 接口定义如下：

```
type WriterTo interface {
    WriteTo(w Writer) (n int64, err error)
}
```

WriterTo 接口包装了基本的 WriteTo 方法。WriteTo 方法将数据写入 w 直到没有数据可以写入或者遇到错误为止。

返回值 n 是写入的字节数，执行时遇到的任何错误也会以 err 返回。

对照以上两个接口，其定义的方法 ReaderFrom 和 WriterTo 接口的方法接受的参数都是 io.Reader 和 io.Writer 类型。熟悉 io.Reader 和 io.Writer 接口的知识，对该接口的使用应该更好地掌握。

现将上节程序中的缓冲区去掉，直接使用 WriteTo 方法写入标准设备。程序示例如下：

```
package main
import (
    "bufio"
    "fmt"
    "os"
)
func main() {
    file, err := os.Open("test.txt")
    if err != nil {
        panic(err)
    }
    r := bufio.NewReader(file)
    r.WriteTo(os.Stdout)
    fmt.Println()
}
```

运行结果：

```
This specification is intended to define a cross - platform, interoperable file storage and transfer format.
```

程序分析：

程序中先打开一个文件(test.txt)，如果打开失败将抛出错误。

接着使用 bufio.NewReader 函数从文件中读取数据，直至文件结束，将数据放入内存中，并返回一个指向该数据块的指针 r。

最后使用 bufio.WriteTo 方法将数据全部输出到标准输出设备(os.Stdout)中，并打印换行结束。

9. 标准输入输出设备

在 Go 语言中 Stdin、Stdout 和 Stderr 是指向标准输入、标准输出和标准错误输出的文件描述符，其定义如下所示：

```
var (
    Stdin = NewFile(uintptr(syscall.Stdin), "/dev/stdin")
    Stdout = NewFile(uintptr(syscall.Stdout), "/dev/stdout")
    Stderr = NewFile(uintptr(syscall.Stderr), "/dev/stderr")
)
```

标准设备为一组定义于 os 包的文件指针，即 os. * File，使用的时候需要先引入 os 包，其中文件类型的数据结构，如下所示：

```
type File struct {
    // 内含隐藏或非导出字段
}
```

File 代表一个打开的文件对象，有关文件操作的时候均以这个数据类型为基础。Stdin、Stdout 和 Stderr 就是三个特殊的 File 类型实例，它们都实现了 Reader 和 Writer 接口，可以作为这两个接口的实例使用。

事实上前面章节中常用的 fmt 包中的 Printf 函数和 Scanf 函数就是用到了上述标准设备。Printf 函数的原型如下：

```
func Printf(format string, a ...interface{}) (n int, err error) {
        return Fprintf(os.Stdout, format, a...)
}
```

Scanf 函数的原型如下：

```
func Scanf(format string, a ...interface{}) (n int, err error) {
    return Fscanf(os.Stdin, format, a...)
}
```

从上述两个函数的原型可以看出，输入及输出都作用在标准设备上。

有关 Printf 和 Scanf 的例子在前面的章节中已经多次出现，这里就不再细述。

9.2 io包的输入输出函数

io包提供了对I/O原语的基本接口，io包的基本任务是包装这些原语已有的实现（如os包里的原语），使之成为共享的公共接口。这些公共接口抽象出了泛用的函数并附加了一些相关的原语操作。下文将选择一些常用的函数进行介绍并举例其应用。

9.2.1 变量定义

在io包中部分变量定义如下：

1. EOF变量

```
var EOF = errors.New("EOF")
```

当无法得到更多输入时，Read方法返回EOF。即当函数一切正常地到达输入的结束时，就应返回EOF。如果在一个结构化数据流中EOF在不期望的位置出现了，则应返回错误ErrUnexpectedEOF或者其他给出更多细节的错误。

2. ErrUnexpectedEOF变量

```
var ErrUnexpectedEOF = errors.New("unexpected EOF")
```

ErrUnexpectedEOF表示在读取一个固定尺寸的块或者数据结构时，在读取未完全完成时遇到了EOF。

3. ErrClosedPipe变量

```
var ErrClosedPipe = errors.New("io: read/write on closed pipe")
```

当从一个已关闭的Pipe读取或者写入时，会返回ErrClosedPipe。

9.2.2 类型定义

在io包中有很多自定义类型，用于包中的函数或方法，其中用于管道操作的类型声明如下所示：

1. PipeReader类型

```
type PipeReader struct {
    // 内含隐藏或非导出字段
}
```

PipeReader类型（内含隐藏或非导出字段的struct）是管道的读取端，有时也被称为读取器，它实现了io.Reader和io.Closer接口，为PipeReader类型添加的方法有Read、Close及CloseWithError。

2. PipeWriter类型

```
type PipeWriter struct {
    // 内含隐藏或非导出字段
}
```

PipeWriter(一个内含隐藏或非导出字段的 struct)是管道的写入端,或称写入器,它实现了 io. Writer 和 io. Closer 接口,为 PipeWriter 类型添加的方法有 Write、Close 及 CloseWithError。

9.2.3 部分函数及方法介绍

1. 有关管道的操作函数

管道被用于两个进程或线程之间的同步通信,有关管道的建立、读写、关闭等函数的定义及其使用分别介绍如下:

(1) Pipe 函数。

```
func Pipe() ( * PipeReader,  * PipeWriter)
```

Pipe 函数用于创建一个同步的内存中的管道。它可以用于连接期望 io. Reader 的代码和期望 io. Writer 的代码。一端的读取对应另一端的写入,直接在两端复制数据,没有内部缓冲。可以安全地并行调用 Read 和 Write 或者 Read/Write 与 Close 方法。Close 方法会在最后一次阻塞中的 I/O 操作结束后完成。并行调用 Read 或并行调用 Write 也是安全的,因为每一个独立的调用会依次进行。

Pipe 函数将 io. Reader 连接到 io. Writer。一端的读取匹配另一端的写入,直接在这两端之间复制数据,它没有内部缓存。它对于并行调用 Read 和 Write 以及其他函数或 Close 来说都是安全的。读和写是同步的,因此不能在一个 goroutine 中进行读和写,如果在同一个 gorotine 中进行读写,由于有先后顺序导致阻塞,读写无法进行下去而死锁,会出现 runtime 错误: fatal error: all goroutines are asleep-deadlock!。

(2) Read 方法。

```
func (r * PipeReader) Read(data [ ]byte) (n int, err error)
```

Read 方法实现了标准 Reader 接口,该方法接受一个字节切片作为参数,该切片将作为读取数据的存放地。

该方法从管道中读取数据,会阻塞直到写入端开始写入或写入端被关闭。读取结束返回整数 n 表示读取的字节数,同时返回错误信息 err,表示读取期间遇到的任何错误。

如果写入端使用 Close 方法关闭管道,则 err 为 EOF;如果写入端调用 CloseWithError 关闭,该 Read 方法返回的 err 就是写入端传递的 err 信息。

(3) Close 方法(PipeReader 端)。

```
func (r * PipeReader) Close() error
```

Close 方法关闭读取器,关闭后如果对管道的写入端进行写入操作,就会返回(0, ErrClosedPip),提示管道已关闭,写入 0 字节。

(4) CloseWithError 方法(PipeReader 端)。

```
func (r * PipeReader) CloseWithError(err error) error
```

CloseWithError 类似 Close 方法,该方法接受一个错误信息 err,在管道关闭后,写入端继续调用 Write 时,其返回的错误将改为 err,即返回(0,err)。

(5) Write 方法。

```
func (w *PipeWriter) Write(data []byte) (n int, err error)
```

Write 实现了标准 Writer 接口,该方法接受一个字节切片作为输入参数,它将该切片数据写入到管道中,返回整数 n 表示成功写入的字节数;错误信息 err,表示写入期间遇到的任何错误,如果成功写入了全部数据,则 err 为 nil。

写入动作会阻塞直到读取器读完所有的数据或读取端被关闭。如果写入一个关闭了的管道,则返回的 err 有两种情况:如果读取端关闭时带上了 error(即调用 CloseWithError 关闭),该方法返回的 err 就是读取端传递的 err 信息;否则 err 为 ErrClosedPipe。

(6) Close 方法(PipeWriter 端)。

```
func (w *PipeWriter) Close() error
```

Close 方法关闭写入器,关闭后如果对管道的读取端进行读取操作,就会返回(0, EOF)。

(7) CloseWithError 方法(PipeWriter 端)。

```
func (w *PipeWriter) CloseWithError(err error) error
```

CloseWithError 类似 Close 方法,该方法接受一个错误信息 err。该方法关闭写入端的同时传入一个错误信息给随后的 Read 调用,Read 读取返回的错误就为该错误信息,即返回(0,err)。

有关 Pipe 的应用举例如下:

```
package main
import (
    "errors"
    "fmt"
    "io"
    "time"
)
func pWrite(pipeWriter *io.PipeWriter) {
    data := []byte("Test the pipe.")
    fmt.Printf("待写入数据: %c\n", data)
    _, err := pipeWriter.Write(data)
    pipeWriter.CloseWithError(errors.New("写入结束"))
    fmt.Println("写 error: ", err)
}
func pRead(pipeReader *io.PipeReader) {
    data := make([]byte, 1024)
    pipeReader.Read(data)
    fmt.Printf("读取的数据: %s\n", data[:])
    n, err := pipeReader.Read(data)
    fmt.Printf("读取的 n: %d, error: %v\n", n,err)
    pipeReader.Close()
}
func main() {
    pipeReader, pipeWriter := io.Pipe()
```

```
        go pWrite(pipeWriter)
        go pRead(pipeReader)
        time.Sleep(10000)
}
```


运行结果：

```
待写入数据：[T e s t  t h e  p i p e .]
读取的数据：Test the pipe.
写 error：<nil>
读取的 n：0,   error：写入结束
```

程序分析：

主程序先建立一条管道 pipeReader—pipeWriter，两个变量分别代表管道的两端：读取端和写入端。

接着建立了两个并行执行的 goroutine（有关 goroutine 的详细介绍请参看第 10 章），一个是调用写函数 pWrite，另一个调用读函数 pRead，这两个是自定义函数，在内存中独立并行执行。

pWrite 函数接受一个 * io. PipeWriter 类型的变量，表示管道的写入端，在该函数中首先准备好待写入数据（字符串"Test the pipe."），存放于字节切片 data 中。

然后将数据写入管道中，返回一个 err。如果成功写入，则 err 为 nil，通过打印输出该 err 可以显示内容。

最后使用 pipeWriter. CloseWithError(errors. New("写入结束"))方法关闭写入端，传入一个“写入结束”信息。

pRead 函数接受一个 * io. PipeReader 类型的变量，表示管道读取端，在该函数中首先定义一个容量比较大的空切片，用来存放读取的数据，接着使用 pipeReader. Read(data)方法从管道中读取数据，存放于 data 切片中，并将读取的数据直接打印输出到标准设备上。

接着再读取一次管道，打印输出返回的 n 及 err。可以看出 n 为 0，管道已经关闭，没有数据。err 为“写入结束”，是写入端关闭管道时传入的提示信息。如果写入端不是用 CloseWithError 方法关闭，而是用 Close 方法，则此时读取返回的错误信息为“EOF”。

程序中还引入了 time 包，调用了 time. Sleep 函数用以等待一段时间结束程序。主要原因是 main 函数也是一个独立的 goroutine，称为主 goroutine，三个 goroutine 独立异步并发运行。为确保读写 goroutine 有足够的时间完成动作，主 goroutine 需要等待一段时间。

2. 拷贝函数

拷贝函数是在两个 io 对象之间完成数据拷贝的功能，包括 Copy 函数及 CopyN 函数，分别介绍如下。

(1) Copy 函数。

```
func Copy(dst Writer, src Reader) (written int64, err error)
```

Copy 函数接受两个参数：一个是 io. Reader 类型，表示源数据；另一个是 io. Write 类型，表示目的数据。

Copy 函数的功能是将 src 的数据拷贝到 dst，直到在 src 上到达 EOF 或发生错误。返回拷贝的字节数 written 和遇到的第一个错误 err。

对成功的调用，返回值 err 为 nil 而非 EOF，因为 Copy 定义为从 src 读取直到 EOF，它不会将读取到 EOF 视为应报告的错误。

如果 src 实现了 WriterTo 接口，本函数会调用 src.WriteTo(dst)进行拷贝。

如果 dst 实现了 ReaderFrom 接口，本函数会调用 dst.ReadFrom(src)进行拷贝。

程序示例如下：

```
package main
import (
    "bufio"
    "fmt"
    "io"
    "os"
    "strings"
)
func main() {
    src := strings.NewReader("test the Golang copy.")
    dst := bufio.NewWriter(os.Stdout)
    n, err := io.Copy(dst, src)
    fmt.Printf("n = %d  err = %v\n", n, err)
    dst.Flush()
    fmt.Println()
}
```

运行结果：

```
n = 21   err = <nil>
test the Golang copy.
```

程序分析：

程序中 src 为实现了 io.Reader 接口的实例，dst 为实现了 io.Writer 接口的实例，执行函数 io.Copy 以后，src 先被存到 dst 的缓存中，接着用 dst.Flush()将其内容输出到标准设备上。

根据运行结果可以看出：比较输入、输出内容，完全相同，说明拷贝成功。

上述 Copy 函数是全部内容拷贝，下面的函数可以实现有选择的拷贝，我们再来看看其具体用法。

(2) CopyN 函数。

```
func CopyN(dst Writer, src Reader, n int64) (written int64, err error)
```

CopyN 函数接受三个参数：目的地参数 dst 为 Writer 类型，来源参数 src 为 Reader 类型，拷贝数量 n 为整数型。

函数功能是从 src 拷贝 n 个字节数据到 dst，直到在 src 上到达 EOF 或发生错误。返回复制的字节数和遇到的第一个错误。只有 err 为 nil 时，written 才会等于 n。如果 dst 实现了 ReaderFrom 接口，本函数会调用它实现拷贝。稍微修改一下上节例子，如下所示：

```
package main
import (
    "bufio"
```

```
    "fmt"
    "io"
    "os"
    "strings"
)
func main() {
    src := strings.NewReader("test the Golang copy.")
    dst := bufio.NewWriter(os.Stdout)
    n, err := io.CopyN(dst, src, 18)
    fmt.Printf("n = %d  err = %v\n", n, err)
    dst.Flush()
    fmt.Println("")
}
```

运行结果：

```
n = 18 err = <nil>
test the Golang co
```

程序分析：

CopyN 函数与 Copy 函数没有太大的不同，仅仅是多了一个控制参数，限制拷贝的数量，拷贝计数从数据源的首字节开始。

3. 数据读取函数

数据读取函数 ReadFull 是从数据源中读取数据，而数据源是任何实现了 io. Reader 接口的对象实例。

ReadFull 函数的定义如下：

```
func ReadFull(r Reader, buf []byte) (n int, err error)
```

ReadFull 函数接受两个参数：一个是 Reader 类型的 r，代表数据源；一个是字节切片类型的 buf，用于存放读取的数据。

函数功能是从 r 精确地读取 len(buf)字节数据填充进 buf。函数返回写入的字节数 n 和读取期间遇到的任何错误 err(包括没有读取到足够的字节)。只有没有读取到字节时才可能返回 EOF，此时 n=0；如果读取到了部分数据，但不够填充满 buf 时遇到了 EOF，函数会返回 ErrUnexpected EOF。只有返回值 err 为 nil 时，返回值 n 才会等于 len(buf)。

ReadFull 函数应用举例如下：

```
package main
import (
    "fmt"
    "io"
    "strings"
)
func main() {
    src1 := strings.NewReader("test the Golang copy.")
    buf1 := make([]byte, 10)
    n1, err1 := io.ReadFull(src1, buf1)
    fmt.Printf("n1 = %d  err1 = %v\n", n1, err1)
    fmt.Printf("buf1 = %c\n", buf1)
```

```
    src2 := strings.NewReader("")
    buf2 := make([]byte, 10)
    n2, err2 := io.ReadFull(src2, buf2)
    fmt.Printf("n2 = %d  err2 = %v\n", n2, err2)
    fmt.Printf("buf2 = %c\n", buf2)

    src3 := strings.NewReader("test the Golang copy.")
    buf3 := make([]byte, 30)
    n3, err3 := io.ReadFull(src3, buf3)
    fmt.Printf("n3 = %d  err3 = %v\n", n3, err3)
    fmt.Printf("buf3 = %c\n", buf3)
}
```

运行结果：

```
n1 = 10  err1 = <nil>
buf1 = [t e s t  t h e  G]
n2 = 0  err2 = EOF
buf2 = [          ]
n3 = 21   err3 = unexpected EOF
buf3 = [t e s t  t h e  G o l a n g  c o p y .         ]
```

程序分析：

上述程序分了三种情况：第一种情况是读取的字节数(切片长度)小于数据源，则按 len(buf)容量正常读取，返回 err 为 nil；第二种情况是数据源为空，读取不到数据，则返回的 err 为 EOF；第三种情况是 len(buf)容量大于数据源，可以将数据源全部读取出来，这时返回的 err 为 ErrUnexpected EOF，表示读取提前结束了，没有填充满 buf 切片(n<len(buf))。

4. 数据写入函数

数据写入函数 WriteString 用于往某个输出对象写入字符串，该输出对象是任何实现了 io.Writer 接口的对象实例。

WriteString 函数的定义如下：

```
func WriteString(w Writer, s string) (n int, err error)
```

WriteString 函数接受两个参数：一个是 writer 类型的 w，表示写入目的地；一个是字符串类型的 s，表示数据来源。函数功能是将字符串 s 的内容写入 w 中。如果 w 已经实现了 WriteString 方法，函数会直接调用该方法，否则执行 w.Write([]byte(s))。

程序示例如下：

```
package main
import (
    "bufio"
    "fmt"
    "io"
    "os"
)
func main() {
    w := bufio.NewWriter(os.Stdout)
    s := "C:/Users/Administrator"
```

```
    fmt.Printf("原始字符串为: %s\n", s)
    fmt.Printf("使用方法 io.WriteString(w, s)输出: \n")
    n, err := io.WriteString(w, s)
    fmt.Printf("n = %d  err = %v\n", n, err)
    w.Flush()
    fmt.Printf("\n 以下再使用方法 w.Write([]byte(s))输出: \n")
    w.Write([]byte(s))
    w.Flush()
    fmt.Println()
}
```

运行结果：

```
原始字符串为: C:/Users/Administrator
使用方法 io.WriteString(w, s)输出:
n = 22  err = <nil>
C:/Users/Administrator
以下再使用方法 w.Write([]byte(s))输出:
C:/Users/Administrator
```

程序分析：

程序中首先使用函数 bufio.NewWriter(os.Stdout)建立一个 Writer 类型的指针变量 w，指向一块默认大小的缓冲区，该缓冲区为 os.Stdout 类型的，也就是直接对应标准输出设备。接着声明一个字符串变量 s 并初始化为"C:/Users/Administrator"，然后调用 io.WriteString 函数，实现字符串写入。最后调用 Flush 方法，将 w 的内容从缓冲区输出到标准输出设备上。

从输出结果来看，完全达到了预期目的。程序中演示了两种方法输出字符串，第一种是 io 包的 WriteString 函数，第二种是 bufio 包的 Write([]byte(s))函数，两种函数的执行效果完全相同。

视频讲解

9.3 os 包的输入输出函数

Go 语言标准库中的 os 包提供了操作系统函数的不依赖平台的接口，函数按照 Unix 风格设计，但错误处理采用 Go 风格，即失败的调用会返回错误值 err 而非错误码(error code)。通常情况下，错误值里会包含更多信息，给用户以更明确的提示。例如，如果某个对文件名的调用(Open、Stat)失败了，抛出错误时会包含该文件名，错误类型将为 *PathError，其内部可以解包获得更多信息。

os 包的接口规定在所有操作系统中都是一致的，而非公用的属性可以从操作系统特定的 syscall 包获取。

9.3.1 常量与变量定义

os 包中的函数会用到一些常量与变量，部分常量与变量已在 9.2 节中介绍过，这里再补充一些。

1. 常量 Constants

```
const (
    O_RDONLY int = syscall.O_RDONLY         // 只读模式打开文件
    O_WRONLY int = syscall.O_WRONLY         // 只写模式打开文件
    O_RDWR   int = syscall.O_RDWR           // 读写模式打开文件
    O_APPEND int = syscall.O_APPEND         // 写操作时将数据附加到文件尾部
    O_CREATE int = syscall.O_CREAT          // 如果不存在将创建一个新文件
    O_EXCL   int = syscall.O_EXCL           // 和 O_CREATE 配合使用,文件必须不存在
    O_SYNC   int = syscall.O_SYNC           // 打开文件用于同步 I/O
    O_TRUNC  int = syscall.O_TRUNC          // 如果可能,打开时清空文件
)
```

上述常量主要用于包装底层系统的参数,如用于 Open 函数等。

注意:不是所有的 flag 都能在特定系统里使用。

2. 变量 Variables

```
var (
    ErrInvalid    = errors.New("invalid argument")
    ErrPermission = errors.New("permission denied")
    ErrExist      = errors.New("file already exists")
    ErrNotExist   = errors.New("file does not exist")
)
```

这几个变量主要用于一些可移植的、共有的系统调用错误。

9.3.2 类型定义

在 Go 语言中,对文件操作有特殊的权限要求,下述类型用于表示文件操作权限。

1. FileMode 类型

```
type FileMode uint32
```

FileMode 代表文件的模式和权限位,这些字位在所有的操作系统中都有相同的含义,因此文件的信息可以在不同的操作系统之间安全地移植。

需要注意的是,不是所有的位都能用于所有的系统,其中唯一共有的是用于表示目录的 ModeDir 位。

```
const (
    // 单字符是被 String 方法用于格式化的属性缩写
    ModeDir    FileMode = 1 << (32 - 1 - iota)  // d: 目录
    ModeAppend                                  // a: 只能写入,且只能写入到末尾
    ModeExclusive                               // l: 用于执行
    ModeTemporary                               // T: 临时文件(非备份文件)
    ModeSymlink                                 // L: 符号链接(不是快捷方式文件)
    ModeDevice                                  // D: 设备
    ModeNamedPipe                               // p: 命名管道(FIFO)
    ModeSocket                                  // S: Unix 域 socket
    ModeSetuid                                  // u: 表示文件具有其创建者用户 id 权限
    ModeSetgid                                  // g: 表示文件具有其创建者组 id 的权限
    ModeCharDevice                              // c: 字符设备,需已设置 ModeDevice
```

```
    ModeSticky                          // t: 只有 root/创建者能删除/移动文件
    // 覆盖所有类型位(用于通过 & 获取类型位),对普通文件,所有这些位都不应被设置
    ModeType = ModeDir | ModeSymlink | ModeNamedPipe | ModeSocket | ModeDevice
    ModePerm FileMode = 0777 // 覆盖所有 Unix 权限位(用于通过 & 获取类型位)
)
```


这些被定义的位是 FileMode 最重要的位。另外 9 个不重要的位为标准 Unix rwxrwxrwx 权限(任何人都可读、写、运行)。而这些(重要)位的值应被视为公共 API 的一部分,可能会用于线路协议或硬盘标识:它们不能被修改,但可以添加新的位。

2. FileInfo 类型

FileInfo 类型是一个接口类型,其定义如下所示:

```
type FileInfo interface {
    Name() string           // 文件的名字(不含扩展名)
    Size() int64            // 普通文件返回值表示其大小;其他文件的返回值含义各系统不同
    Mode() FileMode         // 文件的模式位
    ModTime() time.Time     // 文件的修改时间
    IsDir() bool            // 等价于 Mode().IsDir()
    Sys() interface{}       // 底层数据来源(可以返回 nil)
}
```

FileInfo 用来描述一个文件对象实例,通常用来获取文件信息。

3. File 类型

```
type File struct {
    // 内含隐藏或非导出字段
}
```

File 类型用于描述一个打开的文件对象实例。

9.3.3 目录操作相关函数

1. 获取及修改当前工作目录

Go 语言程序都有默认的工作目录,默认情况下读写文件、增加子目录等都在当前目录下。下述两个函数就是用来获取当前目录,以及改变当前工作目录。

(1) Getwd 函数。

Getwd 函数定义如下:

```
func Getwd() (dir string, err error)
```

Getwd 函数返回一个对应当前工作目录的根路径,如果当前目录可以经过多条路径抵达(因为硬链接),Getwd 会返回其中一个。

(2) Chdir 函数。

Chdir 函数的定义如下:

```
func Chdir(dir string) error
```

Chdir 函数接受一个字符串类型的参数 dir,表示一个新的目录路径。

函数功能是将当前工作目录修改为 dir 指定的目录,如果出错,会返回 * PathError 底

层类型的错误。

上述两个函数应用举例如下：

```
package main
import (
    "fmt"
    "os"
)
func main() {
    old_dir, _ := os.Getwd()
    fmt.Printf("当前工作目录: %s\n", old_dir)
    x := "c:\\log"
    err := os.Chdir(x)
    new_dir, _ := os.Getwd()
    fmt.Printf("更改后的工作目录: %s   %v\n", new_dir, err)
}
```

运行结果：

```
当前工作目录: C:\Users\Administrator\q1
更改后的工作目录: c:\log  <nil>
```

程序分析：

程序首先使用 os.Getwd()函数获得当前工作目录并打印输出。然后设定一个新的工作目录 x，接着调用函数 os.Chdir(x)更改工作目录并打印输出。同时检查更改目录返回的错误信息，nil 表示更改成功。

从程序运行结果可以看出，程序达到了预期目的。

2. 创建子目录

以下两个函数用来创建子目录，通常情况下 Mkdir 表示在当前工作目录下创建子目录，而 MkdirAll 用来创建包含上级路径的子目录。在创建子目录的时候要求指定权限，权限用三位八进制数表示。

(1) Mkdir 函数。

Mkdir 函数的定义如下：

```
func Mkdir(name string, perm FileMode) error
```

Mkdir 函数接受两个参数：一个是字符串类型 name，表示期望新建的目录名称；另一个是表示文件权限模式类型的变量 perm，用来指明新建的目录所具备的权限。

函数功能是使用指定的权限和名称创建一个目录，默认建立在当前工作目录之下。如果出错，会返回 * PathError 底层类型的错误。

权限变量 perm 用八进制整数表示，其取值原则如下：

◆ 用数字 4,2,1 分别代表读取、写入、执行权限(rwx)

◆ 6=4+2　表示读写权限

◆ 7=4+2+1　表示读写执行权限

因此，权限只能为 0～7，所以采用八进制表示，最前面的一位 0 就表示八进制。

由于文件的使用者不同，可以进一步给不同的使用对象设定权限，用 4 位八进制表示文件操作权限，左边最高位固定为0，第二位开始规定如下：

◆ 第二位是拥有者的权限

◆ 第三位是同组人的权限

◆ 第四位（最右边）是他人的权限

如果对文件使用对象不加区分的话，权限可以设成0777或0666等。如果要区别不同的使用者，在文件创建的时候就需要赋予权限。例如，设定为0764，表示拥有者有读、写、执行全部权限；同组人具有读、写权限，没有执行权限；他人只有读权限，没有写及执行权限。

（2）MkdirAll函数。

MkdirAll函数定义如下：

```
func MkdirAll(path string, perm FileMode) error
```

MkdirAll函数与Mkdir函数类似，功能也是使用指定的权限和路径创建一个目录。不同的是MkdirAll函数的目录名还可以包含路径，由于包含了完整的目录路径，因而可以将目录建立在任意其他目录的下面（注意Mkdir只能在当前目录下创建目录），成功创建目录将返回nil，否则返回错误。目录只能创建在当前盘符下面，不允许跨盘符操作。

权限位perm会应用在每一个被本函数创建的目录上。如果path指定了一个已经存在的目录，MkdirAll不做任何操作并返回nil。

以上两个函数的用法举例如下：

```
package main
import (
    "fmt"
    "log"
    "os"
)
func main() {
    // 用 Mkdir 在当前工作目录下创建一个子目录 test
    err := os.Mkdir("test", 0777)
    if err != nil {
        log.Fatal(err)
    }
    // 用 Mkdir 按指定的路径创建目录
    err = os.Mkdir("c:\\test", 0777)
    if err != nil {
        log.Fatal(err)
    }
    // 用 MkdirAll 在当前工作目录下创建一个子目录 test1
    err = os.MkdirAll("test1", 0777)
    if err != nil {
        log.Fatal(err)
    }
    // 用 MkdirAll 按指定的路径创建目录
    err = os.MkdirAll("c:\\test1", 0777)
    if err != nil {
        log.Fatal(err)
```

```
    }
    fmt.Println("请直接打开相应的目录查看目录创建情况")
}
```

运行结果：

```
请直接打开相应的目录查看目录创建情况
```

程序分析：

比较上述两个函数创建目录的情况，发现效果一样，实际上用任意一个函数可以创建任意位置的目录。创建错误会将信息保存到日志文件 log 上。

需要注意的是，如果目录已经存在，则 Mkdir 会提示错误，不允许创建一个已经存在的目录，而 MkdirAll 则不会提示错误，如果目录已经存在，则直接返回，不做任何工作。同时，这两个函数要求创建的目录必须在当前的盘符下，不允许跨盘符操作。

3. 删除文件或目录

以下函数用于删除文件或目录，具体分别介绍如下：

(1) Remove 函数。

Remove 函数定义如下：

```
func Remove(name string) error
```

Remove 函数接受一个字符串类型的参数 name，用于指定文件或者目录。函数功能是删除 name 指定的文件或目录，如果出错，会返回 * PathError 底层类型的错误。

(2) RemoveAll 函数。

RemoveAll 函数定义如下：

```
func RemoveAll(path string) error
```

RemoveAll 函数接受一个字符串类型的参数 path，表示文件或目录，如果是目录的话可以带有完整的路径。函数功能是删除 path 指定的文件或目录及它包含的任何下级对象（包括文件及子目录）。该函数会尝试删除所有东西，除非遇到错误并返回。

如果 path 指定的对象不存在，RemoveAll 会返回 nil 而不返回错误。

这两个函数用来删除文件或文件夹，例如把上节创建的目录删除，程序如下：

```
package main
import (
    "fmt"
    "log"
    "os"
)
func main() {
    // 用 Remove 删除在当前工作目录下创建的目录 test
    err := os.Remove("test")
    if err != nil {
        log.Fatal(err)
    }
    // 用 Remove 删除指定路径下创建的目录 c:\test
    err = os.Remove("c:\\test")
```

```
        if err != nil {
            log.Fatal(err)
        }
        // 用 RemoveAll 删除在当前工作目录下创建的子目录 test1
        err = os.RemoveAll("test1")
        if err != nil {
            log.Fatal(err)
        }
        // 用 RemoveAll 删除在指定路径上创建的目录 c:\test1
        err = os.RemoveAll("c:\\test1")
        if err != nil {
            log.Fatal(err)
        }
        fmt.Println("请直接打开相应的目录查看目录删除情况")
    }
```

运行结果：

```
请直接打开相应的目录查看目录删除情况
```

程序分析：

很显然，Remove 与 RemoveAll 功能相同，都能实现文件或目录的删除。如果被删除的文件或目录不存在，Remove 会返回错误：remove c:\\test6：The system cannot find the file specified。而对于不存在的文件或目录，RemoveAll 不会返回错误。

4. 建立文件链接

普通文件是存放在磁盘上的，每个文件都由一个文件标识符进行描述，如 Linux 系统中的 inode，详细描述了文件的各种属性。无论是 Linux 文件系统还是 Windows 文件系统，都支持为已存在的文件建立硬链接和软链接。

所谓硬链接，就是以不同的名字指向同一个 inode，这就意味着同一个文件可以拥有不同的名字。用任何一个名字打开文件，进行增、删、改等操作，用另外一个名字打开文件，会看到操作的结果。

软链接不指向硬盘中的 inode，而是用一个符号引用其他文件，可以简单地看成是指向文件的指针，类似 http 上的文件链接。

软链接可以指向不同文件系统中的不同文件，而硬链接只能在相同的文件系统中工作。在 Go 语言中软链接称为符号链接。

有关文件链接的相关函数有以下几个：

(1) Link 函数。

Link 函数用于创建硬链接，其定义如下：

```
func Link(oldname, newname string) error
```

Link 创建一个名为 newname 指向 oldname 的硬链接，oldname 为包含根目录的完整路径及文件名。如果出错，会返回 * LinkError 底层类型的错误。

(2) Symlink 函数。

Symlink 函数用于创建软链接，或称为符号链接，其定义如下：

```
func Symlink(oldname, newname string) error
```

Symlink 函数创建一个名为 newname 指向 oldname 的符号链接。如果出错,会返回 * LinkError 底层类型的错误。

(3) Readlink 函数。

Readlink 函数用于读取软链接对应的文件路径,其定义如下:

```
func Readlink(name string) (string, error)
```

Readlink 函数接受一个字符串类型的参数 name,表示一个符号链接,该链接指向的是一个已存在的文件,函数返回一个字符串及一个错误值。函数功能是返回 name 指定的符号链接文件指向的文件路径,如果出错,会返回 * PathError 底层类型的错误。

上述几个函数的使用举例如下:

```
package main
import (
    "fmt"
    "os"
)
func main() {
    file, _ := os.Create("C:\\log\\test.txt")
    file.WriteString("I am a student.")
    file.Close()
    fpath := "C:\\log\\test.txt"
    hlink := "C:\\log\\test_hardlink.txt"
    slink := "C:\\log\\test_softlink.txt"
    err := os.Link(fpath, hlink)
    if err != nil {
        fmt.Println("hlinkerr:", err)
    }
    err1 := os.Symlink(fpath, slink)
    if err1 != nil {
        fmt.Println("slinkerr:", err)
    }
    // 用 Readlink 函数分别读取硬链接和软链接的信息
    // hlnfo, err2 := os.Readlink(hlink)    Readlink 函数不支持硬链接
    // fmt.Printf("硬链接 Readlink 信息: %v   err2 = %v\n", hlnfo, err2)
    slnfo, _ := os.Readlink(slink)
    fmt.Printf("软链接 Readlink 信息: %v  \n", slnfo)
    // 用 os.Lstat 和 os.Stat 查看硬链接和软链接的信息
    hinfol, _ := os.Lstat(hlink)
    fmt.Printf("硬链接 Lstat 信息: %v  \n", hinfol)
    hinfos, _ := os.Stat(hlink)
    fmt.Printf("硬链接 Stat 信息 : %v  \n", hinfos)
    sinfol, _ := os.Lstat(slink)
    fmt.Printf("软链接 Lstat 信息: %v \n", sinfol)
    sinfos, _ := os.Stat(slink)
    fmt.Printf("软链接 Stat 信息 : %v  \n", sinfos)
    //f1,_ := os.OpenFile("test_hardlink.txt",os.O_RDWR,0666)
    //f1.Seek(0,2)
```

```
    //f1.WriteString("I am a teacher.")
    //f1.Close()


}
```


运行结果：

```
软链接 Readlink 信息: C:\log\test.txt
硬链接 Lstat 信息: &{test_hardlink.txt 32 {3113450780 30711366} {3113450780 30711366}
{484975237 30711384} 0 15 0 0 {0 0} C:\log\test_hardlink.txt 0 0 0 false}
硬链接 Stat 信息: &{test_hardlink.txt 32 {3113450780 30711366} {3113450780 30711366}
{484975237 30711384} 0 15 0 0 {0 0} C:\log\test_hardlink.txt 0 0 0 false}
软链接 Lstat 信息: &{test_softlink.txt 1056 {2812615444 30711383} {484995260 30711384}
{484995260 30711384} 0 0 2684354572 0 {0 0} C:\log\test_softlink.txt 0 0 0 false}
软链接 Stat 信息: &{test_softlink.txt 32 {3113450780 30711366} {3113450780 30711366}
{484975237 30711384} 0 15 0 0 {0 0} 28119 1048576 29849 false}
```

程序分析：

程序中先创建了一个文件 test，接着写入内容，然后关闭。

建立一个路径 fpath 指向该文件，然后设定两个名字用于建立两个链接指向该文件，硬链接使用名字 test_hardlink. txt，软链接使用名字 test_softlink. txt。

接着分别使用 os. Link 函数和 os. Symlink 函数创建两个链接 hlink 和 slink。

然后使用 Readlink 函数读取链接信息。显然，该函数仅支持符号链接，即软链接，不支持硬链接。

最后用 Lstat 函数和 Stat 函数查看两种链接的信息。其中会发现：对硬链接，两个函数的查询结果是一样的；而对软链接却不同，其 Lstat 提供路径信息，Stat 提供文件信息。

上述程序执行结果不太直观，看不出文件的执行效果，下面我们查看磁盘文件，首先打开 c:\log 目录，查看文件，如图 9-1 所示。

图 9-1　文件目录

从图 9-1 可以看出，硬链接和软链接均以文件名的形式出现在目录中，硬链接和源文件是完全相同的两个文档文件，文件大小也一样，类型也为文档文件。而软链接仅仅是一个链接，其文件类型为 symlink，表明就是个链接。

双击三个文件名，打开每个文件，注意"记事本"左边的文件名。内容截图如图 9-2～图 9-4 所示。

很显然，图 9-2 与图 9-4 完全相同，说明双击打开链接"test_softlink. txt"实质上打开的是"test. txt"源文件。而硬链接打开的图 9-3 是不同名字的文件(看左上角)，尽管其内容是一样的。

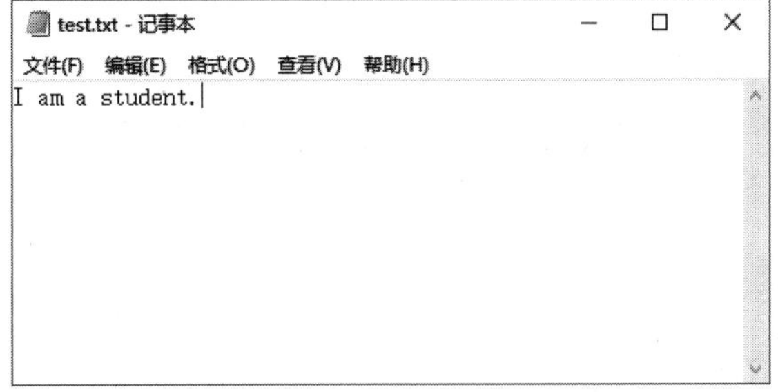

图 9-2　test. txt 文件

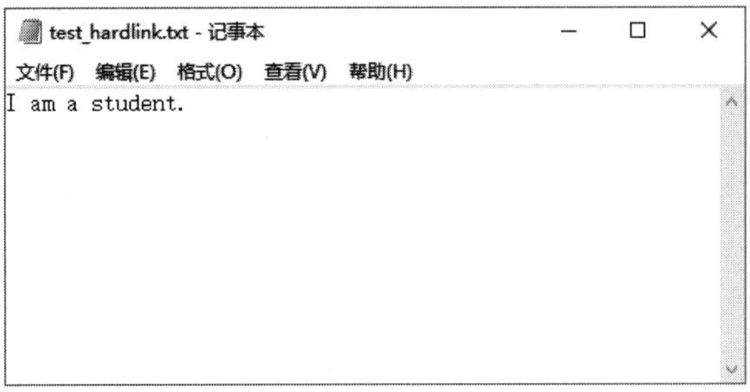

图 9-3　test_hardlink. txt 文件

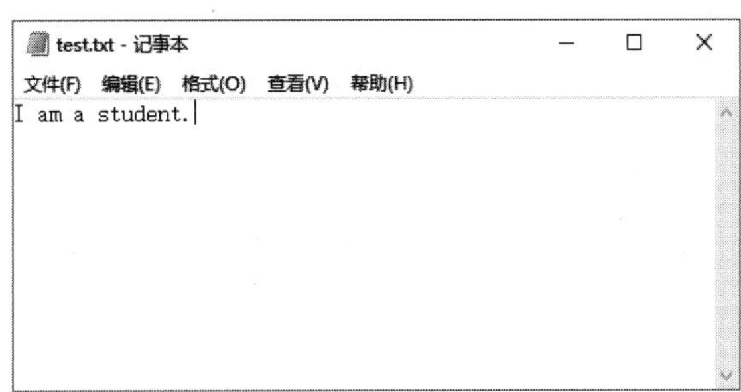

图 9-4　test_softlink. txt 文件

下面验证一下，以硬链接修改文件，再看看源文件是否改变。先执行以下程序，然后再打开文件查看结果。

```
package main
import (
    "fmt"
    "os"
)
func main() {
    f1, _ := os.OpenFile("c:\\log\\test_hardlink.txt", os.O_RDWR, 0666)
    f1.Seek(0, 2)
    f1.WriteString("I am a teacher.")
    f1.Close()
    fmt.Println("在 test_hardlink.txt 文件末尾增加内容")
}
```

运行结果：

```
在 test_hardlink.txt 文件末尾增加内容
```

执行上述程序后再回到 c:\log 目录，打开三个文件查看内容，如图 9-5～图 9-7 所示。

test.txt - 记事本
文件(F) 编辑(E) 格式(O) 查看(V) 帮助(H)
I am a student.I am a teacher.

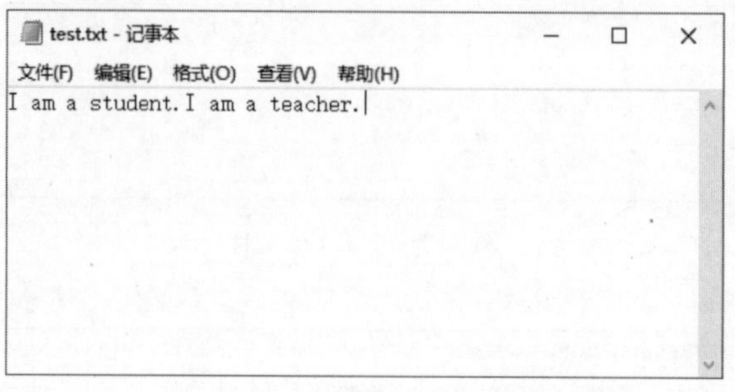

图 9-5　源文件 test.txt 内容

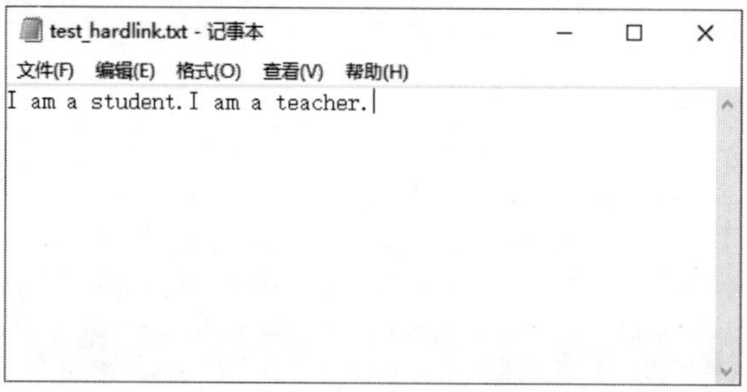

test_hardlink.txt - 记事本
文件(F) 编辑(E) 格式(O) 查看(V) 帮助(H)
I am a student.I am a teacher.

图 9-6　硬链接 test_hardlink.txt 内容

test.txt - 记事本
文件(F) 编辑(E) 格式(O) 查看(V) 帮助(H)
I am a student.I am a teacher.

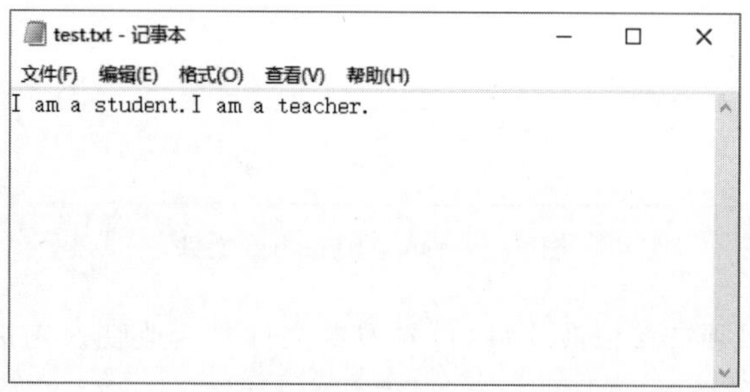

图 9-7　软链接 test_softlink.txt 内容

三个文件的内容完全相同，说明硬链接更改的内容，从源文件中可以看到改变，从软链接中也可以看到改变，这就是硬链接与软链接的不同意义。

从本质上来说，这三个文件其实就是同一个文件，多个别名而已，这就是文件链接的意义。尤其是使用符号链接，可以随时改变内容，指向不同的文件，很有实用意义。

5. 路径分隔符判断

以下函数用于操作系统的文件管理系统目录分隔符判断。

IsPathSeparator 函数的定义如下：

```go
func IsPathSeparator(c uint8) bool
```

IsPathSeparator 函数接受一个无符号的 8 位整数，通常用于表示 ASCII 值，返回一个布尔值。函数功能是用来判断底层操作系统使用的文件路径分隔符，即判断字符 c 是否是一个路径分隔符，如果是则返回 true，否则返回 false。应用示例如下：

```go
package main
import (
    "fmt"
    "os"
)
func main() {
    ch1 := byte('\\')
    fmt.Println("ch1 = ", os.IsPathSeparator(ch1))
    ch2 := byte('/')
    fmt.Println("ch2 = ", os.IsPathSeparator(ch2))
    ch3 := byte(':')
    fmt.Println("ch3 = ", os.IsPathSeparator(ch3))
}
```

运行结果：

```
ch1 = true
ch2 = true
ch3 = false
```

程序分析：

目录路径分隔符一定是可打印字符，因而必须是可打印的 ASCII 码字符，意味着其长度为一个字节，所以函数参数必须用 byte 类型强制转换。

6. 目录或文件权限判断

IsPermission 函数用来判断某个目录或文件的操作被拒是否是因为权限不足。

IsPermission 函数定义如下：

```go
func IsPermission(err error) bool
```

该函数返回一个布尔值，说明该错误是否表示因权限不足要求被拒绝。ErrPermission 和一些系统调用错误会使它返回 true。

7. 目录和文件的存在性判断

以下函数用来判断目录或文件是否存在，返回值都是布尔值。

(1) IsExist 函数。

IsExist 函数的定义如下：

```go
func IsExist(err error) bool
```

IsExist 函数接受一个错误类型的参数 err，并返回一个布尔值，说明该错误是否表示一个文件或目录已经存在，ErrExist 和一些系统调用错误会使它返回 true。该函数主要用来确认文件或目录的存在性。

(2) IsNotExist 函数。

IsNotExist 函数的定义如下：

```go
func IsNotExist(err error) bool
```

IsNotExist 函数接受一个错误类型的参数 err，并返回一个布尔值，说明该错误是否表示一个文件或目录不存在，ErrNotExist 和一些系统调用错误会使它返回 true。

上述三个函数的应用示例如下所示：

```
package main
import (
    "fmt"
    "os"
)
func main() {
    file, _ := os.Create("C:\\log\\test.txt")
    file.WriteString("I am a student.")
    file.Close()
    file, _ = os.OpenFile("C:\\log\\test.txt", os.O_RDONLY, 0444) // 只读方式打开
    _, err1 := file.WriteString("Your are a teacher.")
    if err1 != nil && os.IsPermission(err1) {
        fmt.Println("err1: 没有文件写入权限!", err1)
    }
        file.Close()
    file, _ = os.OpenFile("C:\\log\\test.txt", os.O_WRONLY, 0444) // 只写方式打开
    b := make([]byte, 100)
    _, err2 := file.Read(b)
    if err2 != nil && os.IsPermission(err2) {
        fmt.Println("err2: 没有文件读取权限!", err2)
    }
        file.Close()
    file, err3 := os.OpenFile("C:\\log\\test1.txt", os.O_RDWR, 0666) // 打开不存在文件
    if err3 != nil os.IsNotExist(err3){
        fmt.Println("err3: 文件不存在", err3)
    }
    pa := "c:\\log\\test.txt"
    hl := pa
    err4 := os.Link(pa, hl) // 建立一个硬链接,由于同名建立不成功
    if err4 != nil && os.IsExist(err4) {
        fmt.Println("err4: 文件已存在", err4)
    } else {
        fmt.Println("err4: ", err4)
    }
}
```

运行结果：

```
err1: 没有文件写入权限! write C:\log\test.txt: Access is denied.
err2: 没有文件读取权限! read C:\log\test.txt: Access is denied.
err3: 文件不存在, open C:\log\test1.txt: The system cannot find the file specified.
err4: 文件已存在, link c:\log\test.txt c:\log\test.txt: Cannot create a file when that file
already exists.
```

程序分析：

程序中首先以默认权限(0666)创建了一个文件(test.txt)，关闭该文件后接着以只读

(O_RDONLY)的方式再次打开，使用 file.WriteString 方法往该文件中写入数据，返回错误信息：没有写权限。

关闭文件，接着以只写(O_WRONLY)方式打开文件，然后用 file.Read 方法读取文件内容，返回错误信息：没有读权限。

再次关闭文件，接着打开一个不存在的文件，提示文件不存在，打开失败。

最后，以相同的名字建立一个硬链接(若以不同名字，是可以创建成功)，提示文件已存在，创建失败。

9.3.4 文件操作相关函数

文件操作在编程实践中经常碰到，Go 语言的 os 包中提供了很多与文件相关的函数及方法，专门用来处理文件，以下选取部分常用的函数及方法进行介绍，需要进一步了解其他函数或方法请参考官方文档。

1. 新建文件

Create 函数用来创建一个包含默认权限(0666)的文件。

Create 函数定义如下：

```
func Create(name string) (file *File, err error)
```

Create 函数接受一个字符串类型的参数 name，用来表示文件名；函数返回一个文件类型的指针 file，指向该空文件，并且返回一个错误类型的参数 err。

函数功能是采用模式 0666(任何人都可读写，不可执行)在当前工作目录下创建一个名为 name 的文件，如果文件已存在会截断它(清空文件)，不会返回错误。

如果成功，返回的文件对象可用于 I/O；对应的文件描述符具有 O_RDWR 模式。如果出错，返回错误是底层类型的 *PathError。

2. 打开文件

以下两个函数用来打开已经存在的文件，如果文件不存在会返回错误。两种打开方式具有不同的文件操作权限，可以根据实际情况需要来选择哪个函数。

(1) Open 函数。

Open 函数定义如下：

```
func Open(name string) (file *File, err error)
```

Open 函数接受一个字符串类型的参数 name，用来表示一个文件名。函数功能是打开一个文件名为 name 的文件，用于读取(注意：仅用于读取，没有写权限)。

如果操作成功，返回文件对象实例的指针，文件类型的方法可用于读取数据；对应的文件描述符具有 O_RDONLY 模式，如果出错，返回的错误底层类型是 *PathError。

Open 函数用于打开一个已存在的文件，如果不存在，将返回错误。例如，打开一个不存在的文件 c:\text.txt：open c:\text.txt：The system cannot find the file specified。

(2) OpenFile 函数。

OpenFile 函数定义如下：

```
func OpenFile(name string, flag int, perm FileMode) (file *File, err error)
```

OpenFile 函数是一般性的文件打开函数，大多数调用者都应用 Open 或 Create 代替本函数。OpenFile 函数接受多个参数，包括文件名 name、文件描述符选项 flag(如 O_RDONLY 等)、指定的权限模式 perm(如 0666 等)。

如果操作成功，返回的文件对象 file(指针类型)可用于 I/O；如果出错，返回的错误底层类型是 * PathError。

OpenFile 函数用于打开一个已存在的文件，如果不存在，将返回错误。例如，打开一个不存在的文件 C:\log\test8. txt：open C:\log\test8. txt：The system cannot find the file specified。

上述两个函数应用举例如下：

```
package main

import (
        "fmt"
        "os"
)

var (
        file     *os.File
        name     = "test.txt"
        path     = "c:\\log\\"
        err      error
        pathname = path + name
)

func main() {
        b := make([]byte, 40)
        file, err := os.Create(pathname) // 创建并清空文件
        if err != nil {
                fmt.Println("文件创建失败!", err)
        }
        file.WriteString("I am a student.")
        file.Close()
        file, err = os.Open(pathname) // 只读方式打开文件
        if err != nil {
                fmt.Println("文件打开失败!", err)
        }
    n, err := file.Read(b)
    if err != nil {
                fmt.Println("文件读取失败!", err)
        } else {
                fmt.Println("文件读取成功,读入字节数为: ", n)
        }
        fmt.Printf("Open 打开的文件内容为: %c\n", b)
        file.Close()
        file, err = os.OpenFile("C:\\log\\test.txt", os.O_RDWR, 0666) // 读写方式打开
        if err != nil {
```

```
			fmt.Println("文件打开失败!", err)
		}
		n, err = file.Read(b)
		fmt.Printf("OpenFile 打开的文件内容为: %c\n", b)
		n, err = file.WriteString("You are a teacher.")
		if err != nil {
			fmt.Println("文件写入失败!", err)
		} else {
			fmt.Println("文件写入成功,写入字节数为:", n)
		}
		file.Close()
		file, err = os.Open(pathname) // 只读方式打开文件
		n, err = file.Read(b)
		fmt.Printf("写入后文件内容为: %c\n", b)
		file.Close()
}
```

运行结果：

```
文件读取成功,读入字节数为: 15
Open 打开的文件内容为: [I   a m   a   s t u d e n t .          ]
OpenFile 打开的文件内容为: [I   a m   a   s t u d e n t .          ]
文件写入成功,写入字节数为: 18
写入后文件内容为: [I   a m   a   s t u d e n t .   Y o u   a r e   a   t e a c h e r .        ]
```

程序分析：

上述程序首先创建一个文件 c:\log\test.txt，并写入一个字符串"I am a student."，接着关闭文件。然后用 os.Open 函数打开文件，该函数隐含以只读方式打开，只能读取，不可写入。

接着将文件内容读取到一个字节切片中，返回读取的字节数，最后关闭文件打印读取的文件内容。

接着改用 os.OpenFile 函数再次打开该文件，打开模式选择读写模式(os.O_RDWR)，往文件中写入一个字符串"You are a teacher."，如果成功写入会返回写入的字节数，文件再次关闭后用只读方式打开，读取文件内容并打印输出。

根据程序运行结果，以及查看 c:\log\test.txt，文件内容与输入内容相同，程序达到了预期目的。

3. 移动或更名文件

以下函数用来在同一盘符下移动或者更名一个文件或目录，在两个盘符之间移动是不被允许的。

Rename 函数定义如下：

```
func Rename(oldpath, newpath string) error
```

Rename 函数接受两个字符串类型的参数，分别代表两个文件的名字(包含完整的路径)。函数功能是修改一个文件的名字，或移动一个文件(改变文件路径，等同于移动文件)。该函数的行为可能会受到某些操作系统特定的限制。

函数应用举例如下：

```
package main
import (
    "fmt"
    "os"
)
var (
    path1 = "c:\\log\\test.txt"
    path2 = "c:\\Go\\test1.txt"
)
func main() {
    err := os.Rename(path1, path2)
    if err != nil {
        fmt.Println("文件更名失败!", err)
    } else {
        fmt.Println("文件更名成功!", err)
    }
}
```

运行结果：

```
文件更名成功! <nil>
```

程序分析：

rename 函数使用的限制条件是不能在不同的盘符之间移动文件，如果是在同一目录下，则改名；如果是不同的目录，则移动，移动的同时可以更名。

4. 读取目录

以下方法用来读取文件目录内容，两种方法的返回值不一样。一种是按文件信息类型格式返回，需要进一步解耦才能看懂其内容；另一种则是按名字返回，可以直接查阅目录内容，不过有时区分不开子目录和文件，需要进一步判断(用 isDir 方法)。

(1) Readdir 方法。

Readdir 方法定义如下：

```
func (f *File) Readdir(n int) (fi []FileInfo, err error)
```

Readdir 读取目录 f 的内容，返回一个有 n 个成员的[]FileInfo 型切片，这些 FileInfo 是被 Lstat 返回的，采用目录顺序。对本方法的下一次调用会返回上一次调用剩余未读取的内容。

如果 n>0，Readdir 会返回一个最多 n 个成员的切片。这时，如果 Readdir 返回一个空切片，则返回一个非 nil 的错误说明原因。如果到达了目录 f 的结尾，返回值 err 则是 io.EOF。

如果 n<=0，Readdir 返回目录中所有文件对象的 FileInfo 构成的切片。此时，如果 Readdir 调用成功(读取所有内容直到结尾)，它会返回该切片和 nil 的错误值。如果在到达结尾前遇到错误，会返回之前成功读取的 FileInfo 构成的切片和该错误。

(2) Readdirnames 方法。

Readdirnames 方法定义如下：

```
func (f *File) Readdirnames(n int) (names []string, err error)
```

Readdirnames 方法读取目录 f 的内容，返回一个有 n 个成员的字符串切片[]string，切片成员为目录中文件对象的名字，采用目录顺序。对本方法的下一次调用会返回上一次调用剩余未读取的内容。

如果 n>0，Readdirnames 返回一个最多 n 个成员的切片。这时，如果 Readdirnames 返回一个空切片，它会返回一个非 nil 的错误说明原因。如果到达了目录 f 的结尾，返回值 err 会是 io. EOF。

如果 n<=0，Readdinamesr 返回目录中所有文件对象的名字构成的切片。此时，如果 Readdirnames 调用成功（读取所有内容直到结尾），它会返回该切片和 nil 的错误值。如果在到达结尾前遇到错误，会返回之前成功读取的名字构成的切片和该错误。

上述两个目录读取方法的使用示例如下：

```
package main
import (
    "fmt"
    "os"
)
func main() {
    var (
        n     int = 50
        fi1   []os.FileInfo
        err   error
        fi2   []string
        fdir  *os.File
    )
    fdir, err = os.Open("C:\\Go\\")
    if err != nil {
        fmt.Println("目录 C:\\Go\\ 打开错误: ", err)
    }
    fi1, err = fdir.Readdir(n)
    fmt.Println("IsDir = ",fi1[1].IsDir())
    fmt.Println("Mode = ",fi1[1].Mode())
    fmt.Println("ModTime = ",fi1[1].ModTime())
    fmt.Println("Name = ",fi1[1].Name())
    fmt.Println("Size = ",fi1[1].Size())
    fmt.Println("Sys = ",fi1[1].Sys())
    if err != nil {
        fmt.Println("Readdir 目录读取错误: ", err)
    } else {
        fmt.Printf("Readdir 目录读取结果: %p\n", fi1)
    }
    fdir.Close()
    fdir, err = os.Open("C:\\Go\\")
    fi2, err = fdir.Readdirnames(n)
    fmt.Println("fi2.[3] = ",fi2[3])
    if err != nil {
        fmt.Println("Readdirnames 目录读取错误: ", err)
    } else {
        fmt.Printf("Readdirnames 目录读取结果: %s\n", fi2)
    }
```

```
    fdir.Close()
}
```

运行结果：(以下为 fi1[1]的内容，fi1[0]=api，IsDir=true)

```
IsDir = false
Mode = -rw-rw-rw-
ModTime = 2018-10-01 21:03:10 +0800 CST
Name = AUTHORS
Size = 55284
Sys = &{32 {443955968 30693767} {3239702305 30700990} {443955968 30693767} 0 55284}
Readdir 目录读取结果：0xc000030e00
fi2.[3] = CONTRIBUTING.md
Readdirnames 目录读取结果：[api AUTHORS bin CONTRIBUTING.md CONTRIBUTORS doc favicon.ico lib LICENSE misc PATENTS pkg README.md robots.txt src test test1.txt VERSION]
```

实际硬盘目录如图 9-8 所示。

电脑 › 本地磁盘 (C:) › Go

名称	修改日期	类型	大小
api	2018/11/6 18:52	文件夹	
bin	2018/11/6 18:52	文件夹	
doc	2018/11/6 18:52	文件夹	
lib	2018/11/6 18:52	文件夹	
misc	2018/11/6 18:52	文件夹	
pkg	2018/11/6 18:52	文件夹	
src	2018/11/6 18:52	文件夹	
test	2018/11/6 18:52	文件夹	
AUTHORS	2018/10/1 21:03	文件	54 KB
CONTRIBUTING.md	2018/10/1 21:03	MD 文件	2 KB
CONTRIBUTORS	2018/10/1 21:03	文件	70 KB
favicon	2018/10/1 21:03	图标	6 KB
LICENSE	2018/10/1 21:03	文件	2 KB
PATENTS	2018/10/1 21:03	文件	2 KB
README.md	2018/10/1 21:03	MD 文件	2 KB
robots	2018/10/1 21:03	文本文档	1 KB
test1	2018/12/28 22:15	文本文档	1 KB
VERSION	2018/10/1 21:03	文件	1 KB

图 9-8　C:\Go 实际目录

程序演示了两个方法读取同一个目录的情况，不同方法提供的信息不同，Readdir 提供的信息很全面，而 Readdirnames 仅提供目录下的文件名，没有更详细的信息。

5. 读写文件

以下方法用于按字节读写文件。

(1) Read 方法。

Read 方法定义如下：

```
func (f *File) Read(b []byte) (n int, err error)
```

Read 方法从 f 中读取最多 len(b)字节数据并写入 b，它返回读取的字节数和可能遇到的任何错误，文件终止标志是读取 0 个字节且返回值 err 为 io.EOF。

(2) Write 方法。

Write 方法定义如下：

```
func (f *File) Write(b []byte) (n int, err error)
```

Write 方法向文件中写入 len(b)字节数据，它返回写入的字节数和可能遇到的任何错误。如果返回值 n !=len(b)，会返回一个非 nil 的错误。

文件读写方法举例如下：

```
package main
import (
    "fmt"
    "os"
)
func main() {
    var (
        n   int
        fi1 []byte = []byte("I am a student.")
        fi2 []byte = make([]byte, 1024)
        err error
        file     *os.File
        pathname = "C:\\log\\test.txt"
    )
    file, err = os.OpenFile(pathname, os.O_RDWR, 0666)
    if err != nil {
        fmt.Println("文件 C:\\log\\test.txt 打开错误: ", err)
    }
    n, err = file.Write(fi1)
    if err != nil {
        fmt.Println("文件写入错误: ", err)
    } else {
        fmt.Printf("文件写入成功,写入字节数为: %v\n", n)
        fmt.Printf("文件写入内容为: %c\n", fi1)
    }
    file.Close()
    file, err = os.Open(pathname)
    if err != nil {
        fmt.Println("文件 C:\\log\\test.txt 打开错误: ", err)
    }
    n, err = file.Read(fi2)
    if err != nil {
        fmt.Println("文件读取错误: ", err)
    } else {
        fmt.Printf("文件读取成功,读取字节数为: %v\n", n)
        fmt.Printf("文件读取内容为: %c\n", fi2[:n])
    }
    file.Close()
}
```

运行结果：

```
文件写入成功,写入字节数为: 14
文件写入内容为: [I  l i k e  G o l a n g .]
文件读取成功,读取字节数为: 33
文件读取内容为: [I  l i k e  G o l a n g . . Y o u  a r e  a  t e a c h e r .]
```

程序分析：

os. OpenFile 函数是打开一个现有的文件，如果不存在会返回错误。

file. Write 方法只能以字节切片的方式写入，不管源文件里是否有内容，都是从头覆盖写入，没有被覆盖的内容保持不变，即文件后面的内容不受影响。

os. Open 函数是按只读方式打开文件，不可写入。

file. Read 方法以字节切片的方式从文件的头部开始读入文件的内容，读取数量取决于文件大小以及切片容量。

6. 按字符串写入文件

WriteString 方法以字符串的方式写入文件，其定义如下：

```
func (f *File) WriteString(s string) (ret int, err error)
```

WriteString 方法类似 Write 方法，但接受一个字符串参数，返回写入的字节数以及可能遇到的任何错误。方法的作用对象，即方法接受者必须是文件指针类型。

7. 按指定位置读写文件

以下几个方法用于从指定位置开始读写文件，位置由 Seek 方法确定。

（1）Seek 方法。

Seek 方法定义如下：

```
func (f *File) Seek(offset int64, whence int) (ret int64, err error)
```

Seek 方法设置下一次读/写的位置。offset 为相对偏移量，而 whence 决定相对位置：0 为文件开头，1 为当前位置，2 为文件结尾。Seek 方法返回新的偏移量（相对于文件开头）和可能的错误。

（2）ReadAt 方法。

ReadAt 方法定义如下：

```
func (f *File) ReadAt(b []byte, off int64) (n int, err error)
```

ReadAt 方法从指定的位置（相对于文件开头的 off 位置）读取 len(b)字节数据并写入 b，它返回读取的字节数和可能遇到的任何错误。当 n<len(b)时，本方法总是会返回错误，如果是因为到达文件结尾，返回值 err 会是 io. EOF。

上述几个方法的应用举例如下：

```
package main
import (
    "fmt"
    "os"
)
func main() {
    var (
        n       int
        fi2     []byte = make([]byte, 20)
        err     error
        fi3     string = "I come from beijing"
```

```
        file      *os.File
        pathname = "C:\\log\\test.txt"
    )
    file, err = os.OpenFile(pathname, os.O_RDWR, 0666)
    if err != nil {
        fmt.Println("文件 C:\\log\\test.txt 打开错误: ", err)
    }
    file.Seek(10, 0)
    n, err = file.WriteString(fi3)
    if err != nil {
        fmt.Println("文件写入错误: ", err)
    } else {
        fmt.Printf("文件写入成功,写入字节数为: %v\n", n)
        fmt.Printf("文件写入内容为: %s\n", fi3)
    }
    n, err = file.ReadAt(fi2, 2)
    if err != nil {
        fmt.Println("文件读取错误: ", err)
    } else {
        fmt.Printf("文件读取成功,读取字节数为: %v\n", n)
        fmt.Printf("文件读取内容为: %s\n", fi2[:n])
    }
    file.Close()
}
```

运行结果：

```
文件写入成功,写入字节数为: 19
文件写入内容为: I come from beijing
文件读取成功,读取字节数为: 20
文件读取内容为: like GoII come from
```

程序分析：

WriteString 方法从文件当前位置开始写入字符串(会覆盖原有内容),当前位置可以由 Seek 方法设定。

Seek 的第一个参数为偏移量,第二个参数为偏移的参考点。

ReadAt 方法从指定位置开始读取固定长度(len(b))的字节数,如果文件内容不足(此时 n<len(b)),返回的错误值为 EOF,表示文件末尾。否则会正常返回读取的内容及字节数。

(3) WriteAt 方法。

WriteAt 方法定义如下：

```
func (f *File) WriteAt(b []byte, off int64) (n int, err error)
```

WriteAt 方法在指定的位置(相对于文件开始位置)写入 len(b)字节数据,它返回写入的字节数和可能遇到的任何错误。如果返回值 n !=len(b),则返回一个非 nil 的错误。

8. 关闭文件

Close 方法用于关闭任何方式打开的文件。

Close 方法定义如下：

```
func (f *File) Close() error
```

Close 方法用于关闭打开的文件 f，使文件不能用于读写，它返回可能出现的错误。

上述几个方法综合应用举例如下：

```
package main
import (
    "fmt"
    "os"
)
func main() {
    var (
        n        int
        err      error
        fi2      []byte = make([]byte, 100)
        fi3      []byte = []byte("You come from shanghai.")
        file     *os.File
        pathname = "C:\\log\\test.txt"
    )
    file, err = os.OpenFile(pathname, os.O_RDWR, 0666)
    if err != nil {
        fmt.Println("文件 C:\\log\\test.txt 打开错误: ", err)
    }
    n, err = file.WriteAt(fi3, 30)
    if err != nil {
        fmt.Println("文件写入错误: ", err)
    } else {
        fmt.Printf("文件写入成功,写入字节数为: %v\n", n)
        fmt.Printf("文件写入内容为: %s\n", fi3)
    }
    file.Seek(0, 0)
    n, err = file.Read(fi2)
    if err != nil {
        fmt.Println("文件读取错误: ", err)
    } else {
        fmt.Printf("文件读取成功,读取字节数为: %v\n", n)
        fmt.Printf("文件读取内容为: %c\n", fi2[:n])
    }
    file.Close()
}
```

运行结果：

```
文件写入成功,写入字节数为: 23
文件写入内容为: You come from shanghai.
文件读取成功,读取字节数为: 53
文件读取内容为: [I a m a s t u I c o m e f r o m b e i j i n g Y o u c o m e f r o m s h a n g h a i .]
```

程序分析：

WriteAt 方法是从指定位置开始写入字节切片的内容，写入数量是切片的长度，会覆盖原文件的内容。

写入成功后可以正常读取出来。

9.4 bufio 包的输入输出函数

bufio 包实现了带缓冲的 I/O，它提供的函数包装一个 io. Reader 或 io. Writer 接口对象，同时创建另一个也实现了该接口，且还具有缓冲功能的对象实例并提供各种 I/O 操作方法。

9.4.1 包中的常量变量及类型定义

1. 常量

```
const (
    // 用于缓冲一个 token，实际需要的最大 token 尺寸可能小一些，例如缓冲中需要保存一整行
内容
    MaxScanTokenSize = 64 * 1024
)
```

2. 变量

```
var (
    ErrInvalidUnreadByte = errors.New("bufio: invalid use of UnreadByte")
    ErrInvalidUnreadRune = errors.New("bufio: invalid use of UnreadRune")
    ErrBufferFull        = errors.New("bufio: buffer full")
    ErrNegativeCount     = errors.New("bufio: negative count")
)
var (
    ErrTooLong         = errors.New("bufio.Scanner: token too long")
    ErrNegativeAdvance = errors.New("bufio.Scanner: SplitFunc returns negative advance
count")
    ErrAdvanceTooFar   = errors.New("bufio.Scanner: SplitFunc returns advance count beyond
input")
)
```

会被 Scanner 类型返回的错误。

3. Reader 类型定义

```
type Reader struct {
    // 内含隐藏或非导出字段
}
```

Reader 实现了给一个 io. Reader 接口对象附加缓冲。

4. Writer 类型定义

```
type Writer struct {
    // 内含隐藏或非导出字段
}
```

Writer 实现了为 io. Writer 接口对象提供缓冲。如果在向一个 Writer 类型值写入时遇到了错误，该对象将不再接受任何数据，且所有写操作都会返回该错误。

当所有数据都写入后，调用者须调用 Flush 方法以保证所有的数据都交给下层的 io. Writer。

5. ReadWriter 类型定义

```
type ReadWriter struct {
    * Reader
    * Writer
}
```

ReadWriter 类型保管了指向 Reader 和 Writer 类型的指针，(因此)实现了 io. ReadWriter 接口。

9.4.2 常用输入输出函数及方法介绍

1. 建立读取缓冲区

以下两个函数用来建立一块 Reader 类型的缓冲区，缓冲区大小可以是默认，也可以显式指定。

(1) NewReader 函数。

```
func NewReader(rd io.Reader) * Reader
```

NewReader 创建一个具有默认大小缓冲(4096 bytes)、从 rd 读取的 * Reader。rd 为实现了 io. Reader 接口的任何类型的对象实例，如 os. Stdin 等。

(2) NewReaderSize 函数。

```
func NewReaderSize(rd io.Reader, size int) * Reader
```

NewReaderSize 创建一个具有最少 size 字节量的缓冲区、从 rd 读取的 * Reader。如果参数 rd 已经是一个具有足够大缓冲的 * Reader 类型值，则返回 rd。rd 为实现了 io. Reader 接口的任何类型的对象实例，如 os. Stdin 等。

2. 基于缓冲的相关读取方法

(1) ReadByte 方法。

```
func (b * Reader) ReadByte() (c byte, err error)
```

ReadByte 方法读取并返回一个字节，如果没有可用的数据，则返回错误。

(2) Buffered 方法。

```
func (b * Reader) Buffered() int
```

Buffered 方法用于查询缓冲区，返回缓冲中现有的可读取的字节数。

(3) Reset 方法。

```
func (b * Reader) Reset(r io.Reader)
```

Reset 方法用于丢弃缓冲中的数据(清空缓冲区)，并清除任何错误，将 b 重设为其下层从 r 读取数据。

上述几个方法的应用示例如下：

```
package main
import (
    "bufio"
    "fmt"
    "os"
    "strings"
)
var (
    intReader *bufio.Reader
    ch byte
    err error
)
func main() {
    p := make([]byte,20)
    intReader = bufio.NewReader(os.Stdin)
    fmt.Println("请输入任意内容：")
    ch, err = intReader.ReadByte()
    if err == nil {
        fmt.Printf("ReadByte 读取的内容为：%c\n", ch)
    }
    fmt.Println("缓冲区剩余可读字节数为：", intReader.Buffered())
    fmt.Println('执行 Reset 方法：')
    intReader.Reset(os.Stdin)
    fmt.Println("缓冲区剩余可读字节数为：", intReader.Buffered())
    fmt.Println('执行 Reset(strings.NewReader("user environment"))方法：')
    intReader.Reset(strings.NewReader("user environment"))
    intReader.Read(p)  // p 为字节切片
    fmt.Printf("执行该方法后：\n  p = %c\n",p)
    fmt.Println("缓冲区剩余可读字节数为：", intReader.Buffered())
}
```

运行结果：

```
请输入任意内容：
fgnsfgn
ReadByte 读取的内容为：f
缓冲区剩余可读字节数为：8
执行 Reset 方法：
缓冲区剩余可读字节数为：0
执行 Reset(strings.NewReader("user environment"))方法：
执行该方法后：
p=[u s e r e n v i r o n m e n t ]
缓冲区剩余可读字节数为：0
```

程序分析：

程序首先为标准输入设备 os.Stdin 建立一个输入缓冲区 intReader，然后往 os.Stdin 中输入任意字符，按回车键结束输入。接着使用 ReadByte 方法读入一个字节，并打印输出。

再用 Buffered 方法查询缓冲区剩下可读字节数，只要不为零，就用 Reset 方法清零，最后用 Buffered 方法查询清零结果，程序运行结果符合预期。

注意：Reset 方法可以更改 b 指向的数据源，例如：

可以将上述的　　intReader.Reset(os.Stdin)

更改为　　intReader.Reset(strings.NewReader("user environment"))

执行　　n, err := intReader.Read(p)　// p 为字节切片

则 Read(p)读取的内容为：[u s e r e n v i r o n m e n t]。

请参看 ReadRune 方法的程序示例。

(4) Read 方法。

```
func (b *Reader) Read(p []byte) (n int, err error)
```

Read 方法将从缓冲区读取的数据写入字节切片 p，并返回写入 p 的字节数 n 及遇到的任何错误 err。Read 方法一次调用最多会调用下层 Reader 接口一次 Read 方法，因此返回值 n 可能小于 len(p)。如果读取到达结尾时，则返回值 n 为 0，而 err 为 io.EOF。

```
package main
import (
    "bufio"
    "fmt"
    "os"
)
var (
    intReader *bufio.Reader
    p []byte = make([]byte, 10)
    n int
    err error
)
func main() {
    intReader = bufio.NewReader(os.Stdin)
    fmt.Println("请输入任意内容：")
    n, err = intReader.Read(p)
    if err == nil {
        fmt.Printf("Read(p)读取的内容为：%c\n", p[:n])
    } else {
        fmt.Printf("读取错误为：%v\n", err)
    }
}
```

运行结果：

```
请输入任意内容：
123456781234
Read(p)读取的内容为：[1 2 3 4 5 6 7 8 1 2]
请输入任意内容：
123456
Read(p)读取的内容为：[1 2 3 4 5 6


]
```

程序分析：

Read 方法按字节读取，如果缓冲区内容多于字节切片 p 的长度，则最多读取 len(p)个字节；如果缓冲区内容少于 len(p)，则全部读入缓冲区内容，包括回车及换行。

回车键的 ASCII 为 13，换行的 ASCII 为 10，故占两个字节。输出结果包括了回车及换行。

（5）ReadRune 方法。

```
func (b *Reader) ReadRune() (r rune, size int, err error)
```

ReadRune 方法读取一个 UTF-8 编码的 unicode 码值，返回该码值、编码长度和可能的错误。如果 UTF-8 编码非法，读取位置只移动 1 字节，返回 U+FFFD，返回值 size 为 1，而 err 为 nil。如果没有可用的数据，则返回错误。举例如下：

```
package main

import (
    "bufio"
    "fmt"
    "os"
    "strings"
)

var (
    intReader  *bufio.Reader
    p          []byte = make([]byte, 100)
    ch         rune
    n          int
    err        error
)

func main() {
    intReader = bufio.NewReader(os.Stdin)
    fmt.Println("请输入任意内容：")
    ch, n, err = intReader.ReadRune()
    if err != nil {
            fmt.Printf("ReadRune 读取错误：%v\n", err)
    }
    fmt.Printf("ReadRune 读取的内容为：%v %U %c %q n=%d\n", ch, ch, ch, ch, n)
    fmt.Println("缓冲区剩余可读字节数为：", intReader.Buffered())
    fmt.Println("执行 Reset 方法：")
    intReader.Reset(strings.NewReader("user environment"))
    fmt.Println("缓冲区剩余可读字节数为：", intReader.Buffered())
    n, err = intReader.Read(p)
    fmt.Printf("Read(p)读取的内容为：%c\n", p[:n])
}
```

运行结果：

```
请输入任意内容：
缓冲区剩
ReadRune 读取的内容为：32531 U+7F13 缓 '缓' n=3
```

```
缓冲区剩余可读字节数为: 11
执行 Reset 方法:
缓冲区剩余可读字节数为: 0
Read(p)读取的内容为: [u s e r   e n v i r o n m e n t]
```


程序分析：

ReadRune 方法只读取缓冲区中第一个 UTF-8 字符，其长度可能是一个到多个字节，ASCII 字符是一个字节，汉字是三个字节。

来自标准输入设备 os. Stdin 的输入字符串后面总是包含回车及换行，故获取缓冲区可读剩余字节数的时候会比输入的字符数多两个字节。

从上述程序中可以看出，Reset 方法可以改变读取的数据源，即执行该方法一方面清空了缓冲区，另一方面改变数据来源。

（6）ReadBytes 方法。

```
func (b *Reader) ReadBytes(delim byte) (line []byte, err error)
```

ReadBytes 方法读取直到第一次遇到 delim 字节时，返回一个包含已读取的数据和 delim 字节的切片 line。如果 ReadBytes 方法在读取到 delim 之前遇到了错误，则返回在错误之前读取的数据以及该错误(一般是 io. EOF)。当且仅当 ReadBytes 方法返回的切片不以 delim 结尾时，会返回一个非 nil 的错误。

（7）ReadString 方法。

```
func (b *Reader) ReadString(delim byte) (line string, err error)
```

ReadString 方法读取直到第一次遇到 delim 字节时，返回一个包含已读取的数据和 delim 字节的字符串 line。如果 ReadString 方法在读取到 delim 之前遇到了错误，则返回在错误之前读取的数据以及该错误(一般是 io. EOF)。当且仅当 ReadString 方法返回的切片不以 delim 结尾时，会返回一个非 nil 的错误。

上述两个方法的使用示例如下：

```
package main
import (
    "bufio"
    "fmt"
    "os"
    "strings"
)
var (
    intReader  *bufio.Reader
    p          []byte = make([]byte, 100)
    s          string
    err        error
)

func main() {
    intReader = bufio.NewReader(os.Stdin)
    fmt.Println("请输入任意内容: ")
    p, err = intReader.ReadBytes('#')
```

```
    if err != nil {
        fmt.Printf("ReadBytes 读取错误: %v\n", err)
    }
    fmt.Printf("ReadBytes 读取的内容为: %c\n", p[:len(p)])
    intReader = bufio.NewReader(strings.NewReader("C:/Users/Administrator&abcd"))
    s, err = intReader.ReadString('&')
    if err != nil {
        fmt.Printf("ReadString 读取错误: %v\n", err)
    }
    fmt.Printf("ReadString 读取的内容为: %s\n", s)
}
```

运行结果：

```
请输入任意内容:
sdfgadfgadf#kjhkll
ReadBytes 读取的内容为: [s d f g a d f g a d f #]
ReadString 读取的内容为: C:/Users/Administrator&
```

程序分析：

上述程序采用了两个数据源：os.Stdin 和 strings.Newreader，前者用键盘输入，后者为字符串输入。

读取的结束标志由用户任意指定，前者用的是"#"，后者用的是"&"，执行方法的时候会连同结束标志一起读取。

(8) WriteTo 方法。

```
func (b *Reader) WriteTo(w io.Writer) (n int64, err error)
```

WriteTo 方法实现了 io.WriterTo 接口，该方法的功能是将 b 中的数据全部写入 w，返回写入的字节数 n 及遇到的任何错误 err，没有错误则返回 nil。

WriteTo 方法使用示例如下：

```
package main
import (
    "bufio"
    "fmt"
    "os"
    "strings"
)
var (
    intReaderS *bufio.Reader
    m int64
    err error
)
func main() {
    intReaderS = bufio.NewReaderSize(strings.NewReader("Study at University"), 100)
    m, err = intReaderS.WriteTo(os.Stdout)
    if err != nil {
        fmt.Printf("WriteTo 写入错误: %v\n", err)
    }
    fmt.Printf("\nWriteTo 写入的字节数为: %d \n", m)
}
```

运行结果：

```
Study at University
WriteTo 写入的字节数为：19
```

程序分析：

上述程序使用了 NewReaderSize 函数来生成一个读取缓冲区，指定缓冲区大小为 100 字节，同时还指定了读取的数据源为字符串。

当执行 WriteTo 方法时，首先从字符串中读取字符，然后将读取到的字符全部输出到 os. Stdout 中。

在这里 os. Stdout 代表控制台，因此，在屏幕上能显示出读取的字符串内容。

3. 建立写入缓冲区

（1）NewWriter 函数。

```
func NewWriter(w io.Writer) *Writer
```

NewWriter 函数创建一个具有默认大小缓冲、写入 w 的 * Writer，默认值一般为 4096 字节，可以使用 Available 方法查询。

（2）NewWriterSize 函数。

```
func NewWriterSize(w io.Writer, size int) *Writer
```

NewWriterSize 创建一个具有最少有 size 尺寸的缓冲、写入 w 的 * Writer。如果参数 w 已经是一个具有足够大缓冲的 * Writer 类型值，则返回 w。

4. 基于缓冲的写入方法

（1）Write 方法。

```
func (b *Writer) Write(p []byte) (nn int, err error)
```

Write 方法将字节切片 p 的内容写入缓冲 b，并返回写入的字节数。如果返回值 nn<len(p)，则返回一个错误说明原因。

（2）Buffered 方法。

```
func (b *Writer) Buffered() int
```

Buffered 返回缓冲区中已使用的字节数。

（3）Available 方法。

```
func (b *Writer) Available() int
```

Available 返回缓冲区中还有多少字节未使用。

上述三个方法的使用示例如下：

```
package main
import (
    "bufio"
    "fmt"
    "os"
)
var (
```

```
    b   *bufio.Writer
    p   []byte = make([]byte, 50)
    s   string
    err error
)
func main() {
    b = bufio.NewWriterSize(os.Stdout, 50)
    fmt.Println("请输入任意内容: ")
    fmt.Scanf("%s", &s)
    p = []byte(s)
    _, err = b.Write(p)
    if err != nil {
        fmt.Printf("写入错误为: %v\n", err)
    } else {
        fmt.Printf("Write(p)的内容为: %s\n", p[:])
    }
    fmt.Printf("写入缓冲区中已用字节数为: %d\n", b.Buffered())
    fmt.Printf("写入缓冲区中可用字节数为: %d\n", b.Available())
    fmt.Println("将缓冲区内容写入下层接口: ")
    b.Flush()
    fmt.Println("")
}
```

运行结果:

```
请输入任意内容:
eqkrfweojf
Write(p)的内容为: eqkrfweojf
写入缓冲区中已用字节数为: 10
写入缓冲区中可用字节数为: 40
将缓冲区内容写入下层接口:
eqkrfweojf
```

程序分析:

Write 方法是将字节切片的内容经缓冲后输出,如果缓冲区的大小足以容纳切片内容,则切片内容会经缓冲后输出到标准设备。

如果缓冲区过小,不足以容纳切片,则系统会自动使用更大的缓冲区输出切片内容,不会报错,也不再占用用户定义的缓冲区。

(4) WriteString 方法。

```
func (b *Writer) WriteString(s string) (nn int, err error)
```

WriteString 方法写入一个字符串,返回写入的字节数 nn。如果返回值 nn < len(s),还会返回一个错误 err 说明原因。

(5) Flush 方法。

```
func (b *Writer) Flush() error
```

Flush 方法将缓冲中的数据写入下层的 io.Writer 接口,返回任何可能的错误。

上述方法的使用如下所示:

```
package main
import (
    "bufio"
    "fmt"
    "os"
)
var (
    b   *bufio.Writer
    s   string
    err error
)
func main() {
    b = bufio.NewWriter(os.Stdout)
    fmt.Println("请输入任意内容：")
    fmt.Scanf("%s", &s)
    _, err = b.WriteString(s)
    if err != nil {
        fmt.Printf("写入错误为：%v\n", err)
    }
    fmt.Println("Flush()将缓冲内容输出.")
    b.Flush()
    fmt.Println("")
}
```

运行结果：

```
请输入任意内容：
sefghsdghsdr
Flush()将缓冲内容输出.
sefghsdghsdr
```

(6) WriteByte方法。

```
func (b *Writer) WriteByte(c byte) error
```

WriteByte方法写入单个字节并返回任何可能遇到的错误。

(7) WriteRune方法。

```
func (b *Writer) WriteRune(r rune) (size int, err error)
```

WriteRune方法写入一个unicode码值(为UTF-8编码)，返回写入的字节数和可能的错误。

上述方法应用举例如下：

```
package main
import (
    "bufio"
    "fmt"
    "os"
)
var (
    b   *bufio.Writer
```

```
    c   byte
    r   rune
    n   int
    err error
)

func main() {
    b = bufio.NewWriter(os.Stdout)
    c = byte('h')
    r = 'Ж'
    b.WriteByte(c)
    n, err = b.WriteRune(r)
    b.Flush()
    fmt.Printf("\nn = %d\n", n)
}
```

运行结果：

```
hЖ
n = 2
```

（8）ReadFrom 方法。

```
func (b *Writer) ReadFrom(r io.Reader) (n int64, err error)
```

ReadFrom 实现了 io.ReaderFrom 接口，该方法从指定的数据源 r 处读取内容，并写入 b，返回写入的字节数及遇到的任何错误。

方法使用示例如下：

```
package main
import (
    "bufio"
    "fmt"
    "os"
    "strings"
)
var (
    b   *bufio.Writer
    r   *strings.Reader
    n   int64
    s   string
    err error
)
func main() {
    b = bufio.NewWriter(os.Stdout)
    fmt.Println("请输入任意内容：")
    fmt.Scanf("%s", &s)
    r = strings.NewReader(s)
    //      p = []byte(s)
    n, err = b.ReadFrom(r)
    if err != nil {
        fmt.Printf("写入错误为：%v\n", err)
```

```
    } else {
        fmt.Printf("ReadFrom 的字节数为: %d\n", n)
    }
    fmt.Println("将缓冲区内容写入下层接口: ")
    b.Flush()
    fmt.Println("")
}
```

运行结果：

```
请输入任意内容:
askdfjlsadf
ReadFrom 的字节数为: 11
将缓冲区内容写入下层接口:
askdfjlsadf
```

程序分析：

上述程序中设定字符串为数据源，屏幕为输出设备。将键盘输入的任何字符作为字符串，生成一个 io. Reader 型的数据接口（strings. NewReader()），供 ReadFrom 方法读取。

然后将读取的内容写入 b 缓冲区，最后用 Flush 方法将缓冲区的内容输出到屏幕。

（9）Reset 方法。

```
func (b *Writer) Reset(w io.Writer)
```

Reset 丢弃缓冲区中的数据，清除任何错误，将 b 重设为将其输出写入 w。举例如下：

```
package main
import (
    "bufio"
    "fmt"
    "os"
)
var (
    b       *bufio.Writer
    w       *os.File
    p       []byte = make([]byte, 1024)
    n       int
    s1, s2 string
    err     error
)
func main() {
    b = bufio.NewWriter(os.Stdout)
    w, err = os.Create("c:\\log\\test.txt")
    fmt.Println("请输入任意两个字符串: ")
    fmt.Scanf("%s%s", &s1, &s2)
    b.WriteString(s1)
    fmt.Println("将缓冲区内容写入下层接口: ")
    b.Flush()
    fmt.Println("")
    fmt.Println("清空缓冲区,并将缓冲区指向文件 w.")
    b.Reset(w)
    b.WriteString(s2) // b 被清空后指向了 w
```

```
    b.Flush()
    fmt.Println("打开文件,查看内容: ")
    w, err = os.Open("c:\\log\\test.txt")
    n, err = w.Read(p)
    if err != nil {
    panic(err)
    }
    fmt.Printf("文件内容: %c\n", p[:n])
}
```

运行结果：

```
请输入任意两个字符串:
asdkfvjnas asdjvnas
将缓冲区内容写入下层接口:
asdkfvjnas
清空缓冲区,并将缓冲区指向文件 w.
打开文件,查看内容:
文件内容: [a s d j v n a s]
```

程序分析：

Reset 方法清空缓冲区并重设下层输出接口。

在上述程序中原始输出目标为标准输出设备(os. Stdout)，即屏幕。经 Reset 后将输出设定为文件类型(os. File)，因此再次执行相同的方法，写入的内容就被存储到文件中。

buffer 默认大小空间是 4096 字节，当数据多的时候，系统会分配更大的空间存储数据。

Reset 函数可以重置还未经 Flush 到下层接口的数据，也就是说在调用了一系列的 buffer 插入数据后，必须使用 Flush()方法将缓冲中的数据写入到下层接口(可以是标准输出设备或者磁盘文件)，否则数据一直保存在缓冲区中。

9.5 io/ioutil 包的输入输出函数

视频讲解

Go 语言标准库中的 io/ioutil 包提供了几个用于输入输出的函数，在编程实践上以下几个函数比较常用，下面分别介绍。

1. ReadDir 函数

ReadDir 函数用来获得目录信息，其定义如下：

```
func ReadDir(dirname string) ([]os.FileInfo, error)
```

ReadDir 函数以[]os. FileInfo 格式返回 dirname 指定目录的目录信息。

函数应用示例如下：

```
package main
import (
    "fmt"
    "io/ioutil"
    "os"
)
var (
```

```
    fi   []os.FileInfo
    path = "c:\\log\\"
    err  error
)
func main() {
    fi, err = ioutil.ReadDir(path)
    if err != nil {
        fmt.Printf("ReadDir 错误: %v\n", err)
    }
    for _, v := range fi {
        fmt.Printf("ReadDir 的名字: %v  \n", v.Name())
        fmt.Printf("ReadDir 的大小: %d  \n", v.Size())
        fmt.Printf("ReadDir 的权限: %v  \n", v.Mode())
        fmt.Printf("ReadDir 的日期时间: %v  \n", v.ModTime())
        fmt.Printf("ReadDir 是否目录: %v  \n", v.IsDir())
        fmt.Printf("ReadDir 系统信息: %v  \n", v.Sys())
    }
}
```

运行结果:

```
ReadDir 的名字: test.txt
ReadDir 的大小: 53
ReadDir 的权限: -rw-rw-rw-
ReadDir 的日期时间: 2018-12-29 11:16:02.7955011 +0800 CST
ReadDir 是否目录: false
ReadDir 系统信息: &{32 {469811321 30711581} {469811321 30711581} {3559728963 30711588} 0 53}
```

程序分析:

ReadDir 函数获得指定路径下目录内全部信息,包含文件或子目录名称、大小、权限、建立时间以及其他系统信息等。

2. ReadAll 函数

ReadAll 函数用来从任意数据源读取数据,其定义如下:

```
func ReadAll(r io.Reader) ([]byte, error)
```

ReadAll 从 r 读取数据直到 EOF 或遇到 error,以字节切片的形式返回读取的数据和遇到的错误。成功地调用返回的 err 为 nil,而非 EOF,它不会将读取返回的 EOF 视为应报告的错误。

函数使用示例如下:

```
package main
import (
    "fmt"
    "io/ioutil"
    "os"
    "strings"
)
var (
    q    []byte
    p    []byte
```

```
    file *os.File
    err  error
)
func main() {
    file, err = os.Open("c:\\log\\test.txt")
    p, err = ioutil.ReadAll(file)
    if err != nil {
        fmt.Printf("ReadAll 错误: %v\n", err)
    }
    fmt.Printf("ReadAll from file 的内容: %c  \n", p[:])
    q, err = ioutil.ReadAll(strings.NewReader("Package httptrace"))
    if err != nil {
        fmt.Printf("ReadAll 错误: %v\n", err)
    }
    fmt.Printf("ReadAll from string 的内容: %c  \n", q[:])
}
```

运行结果：

```
ReadAll from file 的内容: [I  am  a  stuI  come  from  beijing  You  come  froms
hanghai.]
ReadAll from string 的内容: [Package  httptrace]
```

程序分析：

ReadAll 可以从不同的来源读取信息，上述程序中一个来源是文件，另一个来源是字符串。

字节切片的长度及容量系统自动确定，用户定义的时候不必初始化。

3. ReadFile 函数

ReadFile 函数用来从文件中读取数据，其定义如下：

```
func ReadFile(filename string) ([]byte, error)
```

ReadFile 函数从 filename 指定的文件中读取数据并以字节切片的形式返回文件的内容及任何可能遇到的错误。成功调用时，返回的 err 为 nil，而非 EOF。因为本函数定义为读取整个文件，它不会将读取返回的 EOF 视为应报告的错误。

函数应用举例如下：

```
package main
import (
    "fmt"
    "io/ioutil"
    "os"
)
var (
    p    []byte
    file *os.File
    err  error
)
func main() {
    file, err = os.Open("c:\\log\\test.txt")
```

```
    p, err = ioutil.ReadAll(file)
    if err != nil {
        fmt.Printf("ReadAll 错误: %v\n", err)
    }
    fmt.Printf("ReadAll from file 的内容: %c\n", p[:])
}
```

运行结果：

```
ReadAll from file 的内容: [I  am  a  stuI  come  from  beijing  You  come  from
shanghai.]
```

程序分析：

ReadFile 只从文件中读取数据，并以字节切片返回，直接打印切片，即可输出其内容。

4. WriteFile 函数

WriteFile 函数用来从文件中写入数据，其定义如下：

```
func WriteFile(filename string, data []byte, perm os.FileMode) error
```

WriteFile 函数向 filename 指定的文件中写入数据，如果文件不存在将按给出的权限创建文件并写入；如果文件已经存在，则在写入数据之前清空文件，并按给出的权限写入数据。成功写入，则返回 nil；否则，返回任何可能遇到的错误。

函数应用举例如下：

```
package main
import (
    "fmt"
    "io/ioutil"
    "os"
)
var (
    p    []byte = []byte("Users/Administrator")
    path string = "c:\\log\\test1.txt"
    file *os.File
    q    []byte
    err  error
)
func main() {
    err = ioutil.WriteFile(path, p, 0666)
    if err != nil {
        fmt.Printf("WriteFile 错误: %v\n", err)
    }
    file, _ = os.Open(path)
    q, _ = ioutil.ReadAll(file)
    fmt.Printf("WriteFile 的内容: %c\n", q[:])
}
```

运行结果：

```
WriteFile 的内容: [U s e r s / A d m i n i s t r a t o r]
```

程序分析：

程序中先建立一个字符串，再将该字符串转换成字节切片写入文件中。文件并不存在，WriteFile 函数会自动创建。

接着用 os.Open 函数打开该文件，读取其内容并打印输出，验证输出结果是否与写入的内容相同。

运行结果显示内容相同，程序实现了应有的功能。

上机训练

一、训练内容

1. 编程实现带缓冲的从标准输入设备获取任意内容，以"#"结束输入，并打印输出。
2. 编程实现从键盘、文件、字符串等不同来源读取数据并打印输出。

二、参考程序

1. 编程实现键盘输入任意内容，以"#"结束输入，并打印输出。

参考程序

```
package main
import (
    "bufio"
    "fmt"
    "os"
)
var (
    intR *bufio.Reader
    data string
    err  error
)
func main() {
    intR = bufio.NewReader(os.Stdin)
    fmt.Println("Please input data: ")
    data, err = intR.ReadString('#')
    if err != nil {
        panic(err)
    }
    fmt.Printf("The input data was: %s\n", data)
}
```

运行结果

```
Please input data:
KBLIB NON lsdfj pdfj as'0 -9324--fpv -09wjv 942jsdlk#
The input data was: KBLIB NON lsdfj pdfj as'0 -9324--fpv -09wjv 942jsdlk#
```

2. 编程实现从键盘、文件、字符串等不同来源读取数据并打印输出。

参考程序

```
package main
import (
    "fmt"
    "io"
    "os"
    "strings"
)
func ReadFrom(reader io.Reader, num int) ([]byte, error) {
    p := make([]byte, num)
    n, err := reader.Read(p)
    if n > 0 {
        return p[:n], nil
    }
    return p, err
}
func main() {
    file, err := os.Open("test.txt")
    if err != nil {
        panic(err)
    }
    fmt.Println("请输入任意字符: ")
    data1, err1 := ReadFrom(os.Stdin, 10)
    fmt.Printf("From Stdin: %s, %v\n", data1, err1)
    data2, err2 := ReadFrom(file, 50)
    fmt.Printf("From File: %s, %v\n", data2, err2)
    data3, err3 := ReadFrom(strings.NewReader("Teacher and Student."), 20)
    fmt.Printf("From String: %s, %v\n", data3, err3)
}
```

运行结果

```
请输入任意字符:
d;flmvpaemvapovjeamnvsovSVIOSLFD
From Stdin: d;flmvpaem, <nil>
From File: The Go programming language is an open source proj, <nil>
From String: Teacher and Student., <nil>
```

习　　题

一、单项选择题

1. 已知文件 C:\log\test.txt，使用 Rename 函数将该文件移动到一个新的地方保存，以下(　　)选项是正确的目标路径。

A. C:\back\test.txt　　B. D:\back\test.txt

C. E:\back\test.txt　　D. F:\back\test.txt

2. 用 Seek 方法移动指针到文件首部，以下偏移量设定正确的是(　　)。

A. SEEK_CUR　　B. SEEK_STA　　C. SEEK_SET　　D. SEEK_BEG

3. ReadAt 方法中偏移量设定用(　　)数据类型。

A. int　　B. int8　　C. int32　　D. int64

4. 文件权限设定中，要求拥有者为完全权限，同组人有读写权限，而其他人仅有读权限，则(　　)参数设定正确。

A. 0666　　B. 0777　　C. 0766　　D. 0764

5. 满足 io.Reader 接口的数据源一般不包括(　　)。

A. 键盘　　B. 屏幕　　C. 文件　　D. 字符串

6. 满足 io.Writer 接口的输出设备一般不包括(　　)。

A. 内存缓冲区　　B. 字符串　　C. 屏幕　　D. 文件

7. 管道通信方式属于(　　)。

A. 同步方式　　B. 异步方式　　C. 随机方式　　D. 指定方式

8. 获取当前工作目录可以采用(　　)函数。

A. IsDir　　B. MkDir　　C. ChDir　　D. Getwd

9. Readlink 函数用来读取(　　)链接信息。

A. 硬链接　　B. 软链接

C. 硬软链接均可　　D. 硬软链接均不可

10. Create 函数用来创建文件，其创建文件的默认权限是(　　)。

A. 0444　　B. 0555　　C. 0666　　D. 0777

11. 为了获得写权限，应该使用(　　)函数打开文件。

A. Open　　B. OpenFile　　C. CreateFile　　D. NewFile

12. 为了移动文件，应该使用(　　)函数或方法。

A. Remove　　B. Rename　　C. RemoveAll　　D. Seek

13. 使用 Flush 函数的情况是(　　)。

A. 清空输入缓存　　B. 清空输出缓存　　C. 清空文件　　D. 清空字符串

14. ReadFrom 方法的接受者是(　　)类型。

A. io.Reader　　B. io.Writer　　C. os.Stdin　　D. os.string

15. os.Stdin 实现了(　　)接口。

A. io.Reader　　B. io.Writer　　C. io.ReadFrom　　D. io.WriteFrom

16. os.Stdout 实现了(　　)接口。

A. io.Reader　　B. io.Writer　　C. io.ReadFrom　　D. io.WriteFrom

二、判断题

1. io.ReadFull 函数只能用来读取文件的内容。(　　)

2. io.WriteString 函数只能用来从字符串中输出内容。(　　)

3. os.ReaderAT 及 os.WiterAt 方法也适用于缓冲区操作。(　　)

4. 当管道的 io.Read 方法返回错误时，意味着没有读到任何数据。(　　)

5. 管道的 io.Write 方法可以用来往屏幕输出数据。(　　)

6. os. File 类型仅实现了 io. Reader 接口。( )
7. strings. NewReader()函数返回值实现了 io. Reader 接口。( )
8. bufio. NewReader 可以被重定向到 os. Stdout。( )
9. bufio. NewWriter 可以被重定向到 os. Stderr。( )
10. bytes. Buffer 同时实现了 io. Reader 和 io. Writer 接口。( )
11. os. Seek 方法可以定位文件指针到文件内的任意位置。( )
12. 使用 os. WriterAt 方法可以往文件中插入内容,插入点后的内容会自动后移。( )
13. 在硬盘中更名一个文件使用 os. Remove 函数。( )
14. 使用 os. Rename 函数在硬盘中移动一个文件必须在同一个盘符内进行。( )
15. 使用 os. Link 函数建立文件链接必须建在同一目录下。( )
16. os. Readlink 函数用于读取硬链接信息。( )
17. 可以用 os. Create 函数创建一个任意权限的文件。( )
18. 用 os. Open 函数可以按指定的权限打开文件。( )
19. 用 os. Mkdir 按指定权限创建的目录,其权限不影响该目录下的文件。( )
20. 用 os. Getwd 可以获得任意路径下的目录。( )
21. os. Chdir 函数只能改变当前工作目录路径。( )
22. 用 os. Create 函数创建一个已存在的文件会导致原文件内容被清空。( )
23. bufio. ReadRune 方法读取的是 UTF-8 编码的 unicode 码值。( )
24. bufio. Reset 方法可以改变缓冲区的下层接口。( )
25. bufio. ReadString 方法读取直到第一次遇到 delim 字节结束。( )
26. bufio. ReadBytes 方法读取内容多少取决于字节切片的容量。( )

三、分析题

1. 分析以下程序,写出程序运行结果。

```
package main
import (
    "fmt"
    "io"
    "strings"
)
func main() {
    r := strings.NewReader("I am a student.")
    b := make([]byte, 10)
    for {
       n, err := r.Read(b)
       fmt.Printf("n = %v err = %v b = %c\n", n, err, b)
       fmt.Printf("b[:n] = %q\n", b[:n])
       if err == io.EOF {
        break
       }
    }
}
```

2. 分析以下程序,写出程序运行结果。

```go
package main
import (
    "bufio"
    "fmt"
    "strings"
)
func main() {
    reader := bufio.NewReader(strings.NewReader("Reads and Writes on the pipe are matched
one to one"))
    line, _ := reader.ReadSlice('W')
    fmt.Printf("读入的切片内容:   %s\n", line)
    n, _ := reader.ReadString('\n')
    fmt.Printf("读入的字符串内容:   %s\n", n)
}
```

3. 分析以下程序,写出程序运行结果。

```go
package main
import (
    "fmt"
    "os"
)
func main() {
    file, err := os.Create("writeAt.txt")
    if err != nil {
        panic(err)
    }
    defer file.Close()
    file.WriteString("Reads and Writes on the pipe are matched one to one")
    n, err := file.WriteAt([]byte("管道上的读取和写入"), 10)
    if err != nil {
        panic(err)
    }
    fmt.Println(n)
    file, _ = os.Open("writeAt.txt")
    b := make([]byte, 12)
    file.ReadAt(b, 10)
    fmt.Printf("%q\n", b)
}
```

4. 分析以下程序,写出程序运行结果。

```go
package main
import (
    "bytes"
    "fmt"
    "os"
    "strings"
)
func main() {
```

```
    reader := bytes.NewReader([]byte("when multiple Reads"))
    reader.WriteTo(os.Stdout)
    fmt.Println()
    readstr := strings.NewReader("needed to consume")
    readstr.Seek(-16, os.SEEK_END)
    r, _, _ := readstr.ReadRune()
    fmt.Printf("%c\n", r)
    readstr.Seek(3, 0)
    b, _ := readstr.ReadByte()
    fmt.Printf("%c\n", b)
}
```

5. 分析以下程序，写出程序运行结果。

```go
package main
import (
    "bytes"
    "fmt"
)
func main() {
    var ch byte
    fmt.Println("请输入任意一个字节!")
    fmt.Scanf("%c\n", &ch)
    buffer := new(bytes.Buffer)
    err := buffer.WriteByte(ch)
    if err == nil {
      fmt.Println("用 buffer.ReadByte()读取该字节")
       newCh, _ := buffer.ReadByte()
      fmt.Printf("读取的字节为: %c\n", newCh)
    } else {
      fmt.Println("写入错误")
    }
}
```

6. 分析以下程序，写出程序运行结果。

```go
package main
import (
    "errors"
    "fmt"
    "io"
    "time"
)
func PipeWrite(pipeWriter *io.PipeWriter) {
    data := []byte("Go 语言中文网")
    for i := 1; i <= 3; i++{
        pipeWriter.Write(data)
        if i == 3 {
        pipeWriter.CloseWithError(errors.New("输出 3 次后结束"))
        }
    }
}
```

```
func PipeRead(pipeReader *io.PipeReader) {
    var err error
    data := make([]byte, 100)
    for {
        _, err = pipeReader.Read(data)
        if  err != nil {
                fmt.Println("writer 端 closewitherror 后：", err)
            break
        }
        fmt.Printf("管道输出： %s\n",data)
    }
}
func main() {
    pipeReader, pipeWriter := io.Pipe()
    go PipeWrite(pipeWriter)
    go PipeRead(pipeReader)
    time.Sleep(time.Second)
}
```

四、简答题

1. 请说明 Reader、ReaderAt、ReaderFrom 三个接口的异同点。
2. 请说明 Writer、WriterAt、WriterTo 三个接口的异同点。
3. Stdin、Stdout 和 Stderr 分别实现了哪些接口？
4. Stdin、Stdout 和 Stderr 的数据类型是什么？
5. PipeReader 和 PipeWriter 类型分别实现了哪些接口？
6. Pipe 函数建立的通信管道是同步的还是异步的？
7. 请说明 Copy 函数及 CopyN 函数的异同点。
8. 文件的硬链接与软链接有什么区别？
9. 要读取文件的内容，可以采用哪些方法或函数？
10. 要往文件中写入内容，可以采用哪些方法或函数？
11. Seek 方法的接受者是什么类型？
12. Flush 方法的接受者是什么类型？
13. 系统默认的输入输出缓冲区有多少字节？
14. 如何获得当前缓冲区的可用大小？
15. Stdin 缓冲区中其剩余可读字节数总是比实际可读字节数多两个字节，为什么？
16. 用什么方法可以将输入缓冲区重定向到不同的数据源？
17. Flush 函数的作用是什么？
18. 如何获取当前工作目录？
19. 如何修改当前工作目录？
20. 什么是硬链接？
21. 什么是软链接？
22. Go 语言的软链接有什么特点？
23. 什么是管道？有什么特点？

24. 读取端关闭后写入端继续写入会出现什么情况?

25. 写入端关闭后读取端继续读取会出现什么情况?

26. 文件读写权限是如何定义的?

五、编程题

1. 编程实现从现有文件中间插入一个字符串。

2. 编程实现建立一个读写管道并读写 20 个数。

3. 编程实现通过符号链接来操作文件读写。

4. 编程实现在文件中删除一个单词。

5. 编程实现将键盘输入的任意字符存入一个文件 A,使用 ReadFrom 将文件 A 复制到文件 B;使用 WrtieTo 将文件 B 复制到文件 C;使用 Copy 将文件 C 复制到文件 D,最后显示输出文件 D 的内容。

6. 编程实现在当前目录下创建一个文件 file. txt,存入字符串"college stuent. ",将该文件移动到用 MkdirAll 函数创建的任意目录下,并更名为 file. back。

7. 编程实现从键盘输入一个字符存入一个读缓冲区,调用 bufio 的 ReadByte 读出该字符,再通过 WriteByte 将该字符显示在屏幕上。

8. 编程实现使用 bufio. NewReader 和 os. Open 函数打开文件并显示内容于屏幕上。

第10章 并发编程基础

随着互联网技术的发展,人们的日常生活已经与互联网息息相关。例如,云计算已经介入到人们的工作中;网上银行、网上购物、网上缴费等已经介入到人们的日常生活中;网络游戏、网络视频、网络社区、即时通信等已经介入到人们的休闲娱乐中。可以说,在人们的日常生活中,网络无处不在,网络无所不能。网络需要服务千千万万个普罗大众,网络的性能,服务的质量,处理的能力,已成为当下最热门的研究课题。

网络服务中关键的基础设施为众多的服务器,服务器都工作于后台,默默无闻地每时每刻处理成千上万的用户请求,提供质量高且可靠,响应快速及时的服务。用户的请求往往是随机的,巨量的请求可能同时发生,也可能不定时发生,人们把这种来自不同用户的随机发生的请求称为并发请求。服务器即时响应这些请求称为并发服务。服务器的并发处理能力越强,用户等待的时间就越短,意味着服务器的服务质量就越高,人们的体验就越好,这就是人们追求的目标。

提高服务器的并发处理能力,可以从硬件入手,例如采用多核CPU或多CPU、大内存、大缓存等。也可以从软件入手,例如多任务操作系统的多进程、多线程等。另外,还可以从编程语言方面提供更高层次的并发支持,例如Go语言就是一种原生支持并发的编程语言。

本章将重点讲述Go语言并发编程方面的语法知识,同时还捎带讲述了与并发编程相关的一些基本概念,下面就从这些基本概念说起。

10.1 基本概念

10.1.1 同步与异步通信

现代远距离通信都采用串行的数字数据通信技术,依据通信双方对比特位的定位方式不同,分为同步通信和异步通信。

同步通信:就是双方步调一致的通信。同步通信需要通信双方严格参照同一时钟信号,考虑到收发双方的通信设备可能采用不同的晶振频率,难以实现精确同步,因此,在实际应用中均由发送方发送时钟同步信号。也就是说,发送方在发送数据的同时,还要发送时钟信号。同步通信在发送正式数据之前一般都要先发送一些同步码,以协调后续的通信。一旦收发双方同步以后,发送方就可以连续发送数据,不必在发送的数据中提供分隔符。优点:可以实现高速度、大容量的数据传送。缺点:要求发送时钟和接收时钟保持严格同步,同时硬件复杂。

异步通信：就是指通信双方步调不一致的通信。异步通信不需要通信双方参照同一时钟信号，发送方与接收方并不协调通信时钟。发送方有数据需要发送时就对数据按字节序列，在字节前后加上起始位及结束位后就将数据发送出去。数据以帧为单位发送，每帧数据都有帧头帧尾作为分隔符。接收方根据起始位与结束位（即帧头帧尾）来分隔数据，实现数据正确接收。异步通信的优点是通信设备简单、便宜，缺点是信道利用率较低（因为开始位和停止位的开销所占比例较大）。

同步通信与异步通信的主要区别如下：

(1) 同步通信要求接收端时钟频率和发送端时钟频率一致，发送端发送连续的比特流，不必加上分隔符，适合发送海量数据；异步通信时不要求接收端时钟和发送端时钟同步，发送端发送完一帧数据后，可经过任意长的时间间隔再发送下一帧，适合发送数据量比较小的场合。

(2) 同步通信载荷大，效率高；异步通信载荷小，效率较低。

(3) 同步通信较复杂，要求双方时钟同步，误差较小；异步通信简单，双方时钟可不一致，允许一定误差。

(4) 同步通信可用于点对多点，异步通信只适用于点对点。

10.1.2 并行与并发

程序在计算机中的运行方式从宏观上来说可分为“并行”与“并发”两种方式。

并行方式类似于同步方式，表示同一时刻有多道程序独立运行，犹如齐头并进。并行方式基于多CPU或者多核CPU。多道程序独立地执行，程序之间没有影响。并行的方式也可以看作是平行的方式，各个执行流独立平行推进。各CPU顺序执行自身队列程序，不受其他队列影响。如果是单CPU也可以从宏观上营造出并行的效果，但其本质上是通过CPU的时间片轮转，在多道程序间来回切换实现的。实际上，在同一时刻只有一道程序在执行，可以称这种并行为“伪并行”，即宏观上是并行，微观上是串行。

并发方式类似于异步方式，多道程序先后执行，表现在同一时刻，可能有一道程序在运行，也可能有多道程序在运行，或者没有程序在运行。大多数情况下，是指在相同的时间间隔内有大量的程序在运行。例如，京东、淘宝等电子商务网站的后台服务器，每时每刻都要响应成千上万的服务请求，每一个请求都是随机发起的，数量众多的请求独立发送到服务器端，在服务器端看来，这些请求就是并发请求。服务器需要并发地响应这些请求，让用户几乎无须等待就可以及时获得所需信息及服务，就像服务器专门为他服务的一样，这样用户体验良好，顾客满意，网站就能留住顾客。服务器面对这种海量的请求需采用并发处理，因而并发处理能力就成为了服务器性能的瓶颈。

并发与并行也不完全是独立的概念，对于多CPU服务器而言，并发的请求及服务可以平均分配于多个CPU，多个CPU的执行就是并行的。因而，从宏观上来看是并发的，但从微观上是并行的。

10.1.3 进程线程与协程

进程是程序运行后的一种动态表示，也可以称为正在运行程序的实例。更为广义的定义是：进程是一个具有一定独立功能的程序关于某个数据集合的一次运行活动。它是操作系统动态执行的基本单元，也是操作系统对计算机资源分配的基本单位。

进程的概念主要表现在以下两个方面：

(1) 进程是一个实体，是计算机资源分配的基本单位。每一个进程都有它自己的地址空间及堆栈空间。计算机分配的资源一般包括文本区域、数据区域和堆栈区域。文本区域存储程序代码，数据区域存储变量和临时变量，堆栈区域存储活动过程调用的指令和本地变量。在操作系统中使用进程控制块(PCB)来描述进程的各种资源，即上下文。

(2) 进程是一个"执行中的程序"，是一个动态的概念，由操作系统创建。而程序是一个磁盘文件，是静态的、没有生命的实体。只有操作系统将它调入内存，并且处理器执行之后，它才能成为一个活动的实体，并赋予一个新的概念——进程。

进程是操作系统中最基本、重要的概念，是多任务操作系统出现后，才有多道程序的出现，进而为了刻画系统内部出现的动态情况，描述系统内部各道程序的活动规律，从而引进的一个概念。多个进程在处理器中呈现并发运行。

线程是 CPU 执行调度的最小单元，有时被称为轻量级进程，是程序执行流的最小单元。一个标准的线程由线程 ID、当前指令指针(PC)、寄存器集合和堆栈组成。

线程是进程中的一个实体，由进程创建，一个进程至少有一个线程，称为主线程。线程是被系统独立调度和分派的基本单位，线程自己不参与系统资源分配，与同属一个进程的其他线程共享进程所拥有的全部资源。一个线程可以创建和撤销另一个线程，同一进程中的多个线程之间可以并发执行。由于线程之间的相互制约，致使线程在运行中呈现出间断性，而且一个线程崩溃会导致整个进程崩溃。

线程也有就绪、阻塞和运行三种基本状态。就绪状态是指线程具备运行的所有条件，逻辑上可以运行，在等待处理机；运行状态是指线程占有处理机正在运行；阻塞状态是指线程在等待一个事件(如某个信号量)，逻辑上不可执行。

在单个进程中可以同时运行多个线程，以便独立完成不同的工作任务，称为多线程。现代计算机系统均以多线程的方式充分利用 CPU 资源，实现多任务并发处理。

协程最初在 1963 年被提出，源自 Simula 和 Modula-2 语言。目前，其他语言也有支持的。协程执行过程类似于子程序，犹如不带返回值的函数调用。一个程序可以包含多个协程，但不同于一个进程包含多个线程。一个进程中的多个线程相对独立，有自己的上下文，切换受系统控制；而协程也相对独立，有自己的上下文，但是其切换由自己控制，由当前协程切换到其他协程由当前协程来控制，不由系统根据资源情况进行切换。可见，协程是更高层次的概念，是函数与函数之间的调用与被调用关系，不参与 CPU 调度，但运行期间会参与资源分配，可看作轻量级进程。

10.2 Go 语言的并发编程元素

Go 语言是一种从语言层面就支持并发的语言，即对并发具有原生支持。Go 语言实现并发的关键是使用关键字"go"来创建并发程序"goroutine"。goroutine 是一种轻量级线程，对资源的消耗极少，比传统上的线程要少得多。一台服务器如果并发处理几百上千个传统的线程就会负荷过重，资源消耗极大；而同一台服务器可以并发处理成千上万个 goroutine 而不会资源紧张。其中一个根本原因是 goroutine 处于更高层次，由 Go 语言的 runtime 系统调度,不会过多占有系统硬件资源,才使得硬件系统核心资源可以轻松应付。下节我们深入分析 goroutine 的运行机制,以便更好地理解 Go 语言对并发的支持。

10.2.1 goroutine

根据前面对进程、线程及协程的讲述,我们知道,进程是资源分配单位,而线程是运行调度单位,均由系统控制,而协程拥有自己的寄存器上下文和栈。协程调度切换时,将寄存器上下文和栈保存到其他地方,在切回来的时候,恢复先前保存的寄存器上下文和栈。因此,协程能保留上一次调用时的状态(即所有局部状态的一个特定组合),每次过程重入时,就相当于进入上一次调用的状态,换种说法:进入上一次离开时所处逻辑流的位置。

可见,线程和进程的操作是由程序触发系统接口,最后的执行者是系统;协程的操作执行者则是用户自身程序。

因此,对比进程、线程及协程的定义及特点,Go 语言的 goroutine 更接近于协程的概念。goroutine 是 Go 语言独有的一种轻量级线程,它属于语言级别的协程,由运行时 runtime 系统创建并调度。所有 goroutine 不参与资源分配,而是共享底层核心线程资源。goroutine 的创建非常简单,仅用一个关键字 go 加在不带返回值的函数前面即可。Go 语言强大的并发能力来自于 runtime 系统的支持,runtime 对 goroutine 的执行调度构成了 Go 语言并发处理能力的核心。

1. goroutine 基本语法

goroutine 是由关键字“go”创建的,其基本语法格式如下:

```
go 函数表达式
```

函数表达式可以是命名函数,也可以是匿名函数。如果是匿名函数,则必须是调用状态。也就是说,在匿名函数的最后大括号右边加上一对小括号“()”,表示对该匿名函数的调用。

关键字“go”代表的意思就是函数调用,不管被调用的函数是否有返回值,调用结果该返回值都会被丢弃。因此,在实际编程中由 go 调用的函数就没必要设置返回值了。

当一个程序启动的时候,总是从 main 函数开始执行的。main 函数本身也是由一个 goroutine 执行的,称为主 goroutine。其他任何新的 goroutine 都是在主 goroutine 中通过 go 关键字创建的,一旦主 goroutine 退出,则其他所有子 goroutine 将被强制退出。

因此,为了确保所有子 goroutine 被正确执行完毕,主 goroutine 必须有某种延时等待机制,待所有子 goroutine 执行结束退出后,才能结束主 goroutine 运行,即退出主程序。

2. 程序示例

先看看创建一个 goroutine 的情况,程序如下所示:

```go
package main
import (
    "fmt"
)
func HelloWorld() {
    fmt.Println("子 goroutine 输出: Hello world!")
}
```

```
func main() { // 主 goroutine
    go HelloWorld() // 创建一个新的 goroutine
    fmt.Println("主 goroutine 输出:结束程序.")
}
```

运行结果:

```
主 goroutine 输出:结束程序.
```

程序分析:

上述程序有一个主函数 main,一个子函数 HelloWorld。

主函数 main 对应一个 goroutine(由操作系统创建,不需要用户使用 go 创建),在这个 goroutine 中使用关键字"go"创建了另外一个 goroutine(HelloWorld)。两个 goroutine 独立并发运行,不分主次。但是,为了描述问题方便,我们把 main 函数对应的 goroutine 称为主 goroutine,由它创建的 goroutine 都称为子 goroutine。尽管有主、子之分,但它们是相互独立,地位平等,并发运行的。

很显然,主 goroutine 是 main 函数,子 goroutine 是 HelloWorld 函数。创建 goroutine 就是用关键字 go 调用一个函数。如果用 go 调用自身,形成递归调用,有可能形成死锁。

子 goroutine 一旦被启动,将独立异步运行。主 goroutine 不会等待子 goroutine 的执行结束,而是直接执行后续语句。

程序运行结果显示,程序中创建的子 goroutine 并没有被执行,所以子函数并没有输出。问题出在哪呢?真实原因是,子 goroutine 还没开始执行,而主 goroutine 就已经执行完毕并退出了,导致子 goroutine 被强制退出。

因此,若希望子 goroutine 被正确执行完毕,则主 goroutine 必须等待一段时间。上述程序可以更改如下:

```
package main
import (
    "fmt"
    "time"
)

func HelloWorld() {
    fmt.Println("子 goroutine 输出: Hello world!")
}
func main() {                       // 主 goroutine
    go HelloWorld()                 // 创建一个新的 goroutine
    time.Sleep(1 * time.Second)     // 延时等待 1 秒钟
    fmt.Println("主 goroutine 输出:结束程序.")
}
```

输出结果:

```
子 goroutine 输出: Hello world!
主 goroutine 输出:结束程序.
```

程序分析:

在修改后的程序中引入了标准库中的"time"包,调用其中的 Sleep 函数用来产生延时一秒钟，time. Second 表示 1 秒钟，而 time. Millisecond 是 1 毫秒。具体需要延时多少时间，只能是个大概数据，只要比子 goroutine 的运行时间稍长就行，没有什么严格的标准，不同处理器的处理能力不同，goroutine 的执行时间也不同，因此，延时时间其实是很难估计的，取稍微大一点的数字即可。

下面再看看多个 goroutine 并发运行的情况，可以更清楚地了解并发的含义。

```
package main
import (
    "fmt"
    "time"
)
func Loop() {
    fmt.Println("子 goroutine1 的输出: ")
    for i := 1; i < 5; i++{
        time.Sleep(250 * time.Millisecond)          // 延时 250 毫秒
        for j := 0; j < i; j++{
        fmt.Printf(" * ")                           // 打印 i 个 * 号
        }
        fmt.Println()                               // 换行
    }
}
func Add(x, y int) {
    fmt.Printf("子 goroutine3 的输出: x + y = %d\n", x + y)
    return
}
func HelloWorld() {
    fmt.Println("子 goroutine2 的输出: Hello world!")
}
func main() {                                       // 主 goroutine
go Loop()                                           // 创建第一个新的 goroutine
go HelloWorld()                                     // 创建第二个新的 goroutine
go Add(3, 4)                                        // 创建第三个新的 goroutine
time.Sleep(5 * time.Second)                         // 延时 5 秒
fmt.Println("主 goroutine 的输出:结束程序.")
}
```

第一次运行结果：

```
子 goroutine3 的输出: x + y = 7
子 goroutine1 的输出:
子 goroutine2 的输出: Hello world!
 *
 **
 ***
 ****
主 goroutine 的输出:结束程序.
```

第二次运行结果：

```
子 goroutine2 的输出: Hello world!
子 goroutine1 的输出:
子 goroutine3 的输出: x + y = 7
```

```
*
**
***
****
主 goroutine 的输出:结束程序.
```

第三次运行结果：

```
子 goroutine3 的输出: x + y = 7
子 goroutine2 的输出: Hello world!
子 goroutine1 的输出:
*
**
***
****
主 goroutine 的输出:结束程序.
```

程序分析：

上述程序中设定了三个子函数，一个主函数。

系统中会有四个 goroutine 并发运行，除了主 goroutine 的执行流是确定的以外，其他三个 goroutine 的执行顺序是随机的。

尽管启动的时候是按 1,2,3 顺序启动的，但实际执行的顺序完全随机，可以从三次运行结果来看出，每次执行顺序都不同。

因此，并发程序是异步独立运行的，执行时间先后顺序是随机的。

从第一次和第二次运行结果可以看出，goroutine1 的输出中间被插入了 goroutine2 和 goroutine3 的输出。

因此，在多个 goroutine 并发执行的时候，千万不要根据其在主 goroutine 被创建的顺序预估哪个 goroutine 先执行，哪个 goroutine 后执行。

实际上被创建的时间是极短的，大量被创建的 goroutine 是在就绪队列里被随机地分配到某一个核心线程执行的，每次执行都可能被分配到不同的线程，因而其被执行顺序完全随机。

3. runtime 交互

Go 语言标准库中提供了一个 runtime 包，其中包含了一些函数作为用户接口，提供用户与 runtime 的互动，下面介绍其中几个主要的函数。

(1) Gosched 函数。

runtime. Gosched 函数用于让出 CPU 时间片，即让出当前 goroutine 的执行权限，当前 goroutine 重新进入就绪队列，等待下一次调度。调度器接着从就绪队列中选择下最靠前的一个任务运行。

请看以下程序示例：

```
package main
import (
    "fmt"
    "runtime"
)
func main() {
```

```
    go func(s string) {        // 创建一个匿名函数 goroutine
        for i := 0; i < 4; i++{
        fmt.Println(s)
        }
    }("子 goroutine")          // 小括号表示执行函数调用
    runtime.Gosched()
    fmt.Println("主 goroutine")
}
```

运行结果：

```
子 goroutine
子 goroutine
子 goroutine
子 goroutine
主 goroutine
```

程序分析：

在主 goroutine 中调用 runtime.Gosched 让出时间片，效果等同于前面程序所采用的延迟等待一段时间，这样做的好处就是保证子 goroutine 可以得到时间片执行。

出让的是一个时间片，可不保证子 goroutine 能被完全执行完毕。

在上述程序中子 goroutine 仅输出四行，容易得到执行。如果是几十行或更多，则在一个时间片内很难得到全部执行。多数情况下是得到部分执行，主 goroutine 退出后就被强制退出了。

(2) Goexit 函数。

runtime.Goexit 函数用于立即中断当前 goroutine 的执行，同时调度器会确保所有已注册的 defer 语句被正确执行。我们将上述程序稍加修改如下：

```
package main
import (
    "fmt"
    "runtime"
)
func main() {
    go func(s string) {        // 创建一个匿名函数 goroutine
        defer fmt.Println("退出 goroutine 后打印这句话.")
        for i := 0; i < 4; i++{
        fmt.Println(s)
        runtime.Goexit()
        }
    }("子 goroutine")          // 小括号表示执行函数调用
    runtime.Gosched()
    fmt.Println("主 goroutine")
}
```

运行结果：

```
子 goroutine
退出 goroutine 后打印这句话.
主 goroutine
```

程序分析：

在上个例子程序中的子 goroutine 中插入了两个语句：defer 语句和 Goexit 语句。

其中，defer 语句为滞后执行语句，在这里主要用来观察 Goexit 执行后 defer 语句是否还能被执行。

runtime. Goexit 函数的调用就是立即中断当前 goroutine 的执行。

因此，从运行结果中可以看出，循环语句本应该被执行 4 次的，结果执行一次后就被中断了，并且紧接着就执行了 defer 语句，打印输出提示内容。

显然，主 goroutine 执行 runtime. Gosched 让出时间片后，子 goroutine 执行了一次打印语句就碰到了 runtime. Goexit，直接中断了循环，后续打印语句也就无法继续执行了。

退出当前的子 goroutine 后，主 goroutine 接着执行打印语句输出提示信息。

执行 runtime. Goexit 函数后，当前的 goroutine 被终止运行，并被设置成 Gdead 状态放入调度器的自由 goroutine 列表里，调度器如果需要，还可以重新调度启用该 goroutine。

在主函数 main 的 goroutine 中调用 runtime. Goexit 函数，会终结该 goroutine，但不会让 main 函数返回，因为 main 函数没有返回。因此，程序会继续执行其他的 goroutine，如果所有其他的 goroutine 都退出了，程序就会崩溃。

（3）GOMAXPROCS 函数。

runtime. GOMAXPROCS 函数用来设置可以并行计算的 CPU 核心数的最大值，并返回之前的值。默认的情况是 1，目前最新版本的 Go 编译系统已经可以自动读取 CPU 的核心数，不需要用户自行设定。因此，实际编程中用户不需要再调用该函数。以下程序示例仅用于该函数设置不同数值时对程序的运行效果的影响。

如果一定要设置 GOMAXPROCS，建议在运行 Go 程序之前，在操作系统环境变量里设置 GOMAXPROCS，而不要在程序中调用 runtime. GOMAXPROCS 函数。runtime 系统对 GOMAXPROCS 值的设置有一定限制，其数值必须为 1～255。

参看以下程序：

```
package main
import (
    "fmt"
    "runtime"
)
func main() {
    runtime.GOMAXPROCS(1)
    for i := 0; i < 50; i++{
        go func(s string) {  //  创建一个匿名函数 goroutine
        fmt.Printf(s)
        }("*")               //  小括号表示执行函数调用
        //    runtime.Gosched()
        fmt.Printf("#")
    }
    fmt.Println()
}
```

运行结果：(单 CPU)

```
####################################################
将 runtime.GOMAXPROCS(1)设置成 runtime.GOMAXPROCS(2)时,运行结果如下:
##*##**####****##**###**###**#######*********####***##*##**##***###**
###########**#*********####
```

程序分析：

如果仅有一个处理器的时候，Go 语言默认所有 goroutine 在一个线程上运行，一个 goroutine 只要不被阻塞，它就会一直运行下去，不会出让 CPU 时间。

显然，上述只有主 goroutine 得到了执行并退出了程序，子 goroutine 还没得及执行，主 goroutine 就结束退出了。

而当有两个处理器的时候，基本上两个 goroutine 都能得到服务，不同的是得到服务的时间并不对称，显然主 goroutine 得到了更多的服务时间。

(4) Numgoroutine 函数。

函数 runtime. Numgoroutine 用来获取 runtime 系统当前活跃的 goroutine 数量，返回值为整数。

10.2.2 channel

上述程序中演示的所有 goroutine 都是独立异步运行的，相互之间没有任何交互。但是，在实际应用场合，多个 goroutine 之间需要相互配合来完成复杂的任务。各 goroutine 之间要相互协调，互相配合，某个 goroutine 的输出有可能作为另外一个 goroutine 的输入，因此，各 goroutine 之间存在依赖关系，这就牵涉 goroutine 间通信问题。

在 Go 语言中使用通道(channel)作为 goroutine 间唯一的通信管道。通道在 Go 语言并发编程中具有非常重要的地位。有了通道的存在，就省去了程序员为保护共享资源，而处处加锁及解锁等操作，这大大方便了编程工作的同时，也提高了程序的可读性。

1. 基本语法

在 Go 语言中，通道也是一种数据类型，和任何其他数据类型一样，可以作为参数传递。而且，通道类型和切片类型及映射类型一样，都属于引用类型。

但是，通道又与普通数据类型不一样，通道具有属性，它的属性取决于通道内传送的元素类型。显然，通道与接口类似，接口类型的值的类型是多样的，同样，通道类型传送的元素的类型也是多样的。

例如，如果通道用来传送整型数据，我们说该通道为整型通道，通道属性为整型。如果通道用来传送字符串，则称为字符串型通道，通道属性为字符串型。因此，在定义通道的时候，一定要标明其属性。

从以上描述可以看出，通道属性就是通道传递的元素的类型。通道可看作某一通道类型的值，是该类型的一个实例。

声明通道的基本语法如下：

```
var chanName chan elementType
```

chanName 为通道名称，可以任意设定，遵循 Go 语言变量命名规范即可。

chan 为通道标识关键字，有了这个关键字，才说明其性质为通道。

elementType 为通道传递的元素的类型，可看成通道的属性。

通道传递的元素可以是 Go 语言的基本数据类型，也可以是自定义类型，甚至包括通道本身。

需要注意的是，用通道来传送通道，并不表示通道的嵌套，仅仅说明通道内部传送的数据元素类型为通道类型而已。

下述通道定义都是合法的：

```
var ch1 chan int                // 整数型通道
var ch2 chan float64            // 浮点型通道
var ch3 chan string             // 字符串型通道
var ch4 chan [3]int             // 由 3 个整型元素组成的数组型通道
var ch5 chan map[int]string     // 键为 int 值为 string 型映射型通道
var ch6 chan []int              // 整数型切片型通道
var ch7 chan Student            // 自定义型结构体型通道
var ch8 chan intAdder           // 自定义型接口型通道
var ch9 chan (<-chan int)       // 单向读通道型通道
```

在前面章节中声明普通数据类型变量的时候，我们知道，编译系统会以默认的零值初始化变量，例如整型变量的零值为 0，字符串型变量的零值为空""。因此，对于值类型的变量经 var 关键字声明后可以不用初始化而直接使用。

但是，引用类型的变量用关键字 var 声明，其默认值均为 nil，编译系统不会像普通的值类型变量那样给它一个默认的零值。因此，作为引用类型的通道变量，如果使用 var 说明，则必须初始化后才能被使用。如果不初始化，通道不能正常使用，但可能也不会报错，用户需要谨慎使用 var 声明的通道。如果试图对一个未经初始化的通道进行发送或接收操作，会引起当前 goroutine 永久阻塞。

Go 语言认为，一个 nil 通道是通信未准备好的通道（A nil channel is never ready for communication.）。因此，用 var 声明的通道必须经初始化以后才能使用，或者干脆永不使用 var 来声明通道，直接用内置函数 make 来创建并初始化通道。

上述声明的通道初始化如下所示：

```
ch1 = make(chan int)
ch2 = make(chan float64)
ch3 = make(chan string)
ch4 = make(chan [3]int)
ch5 = make(chan map[int]string)
ch6 = make(chan []int)
ch7 = make(chan Student)
ch8 = make(chan intAdder)
ch9 = make(<-chan int)
```

可见，用 var 声明的通道均需用内置的 make 函数来初始化。

事实上，内置函数 make 创建通道的同时就已经初始化了通道。因而，习惯上都是使用 make 函数来创建并初始化通道，而不是使用关键字 var 声明。

用 make 函数创建通道的语法格式如下：

```
ch := make(chan elementType, capacity)
```

注意：用 make 函数创建通道须用短变量声明操作符":="，这意味着通道变量是个新的未声明过的变量。如果用 var 声明过了，就不能使用短变量声明操作符":="，而直接用赋值操作符即可。

capacity 为通道的缓冲区容量，以元素个数为单位。如果 capacity 为 1，则一次只能写入一个元素，继续写入会引起当前 goroutine 阻塞；如果 capacity 大于 1，意味着一次可以写入多个元素，写满后再继续写入才会引起当前 goroutine 阻塞。

带有 capacity 参数的通道称为缓冲通道，如果不写 capacity 参数，或写成 0，这样的通道称为非缓冲通道。

带缓冲和不带缓冲的通道各自有不同的作用，不带缓冲的通道通常称为同步通道；而带缓冲的通道通常称为异步通道，工程上需要根据实际场景选择。

2. 通道的阻塞

通道默认是双向的，可以用来发送数据，也可以用来接收数据，但不能在同一 goroutino 内收发，因此，准确来说应该是交替双向的。发送和接收都用操作符"<-"表示，区别是通道名称处于操作符的左边或右边。

一个发送通道 ch，可以用下式表示：

```
ch <- value
```

上式表示将数据 value 写入(发送)至通道 ch，通道处于接收状态。

同理，一个接收通道 ch，可以用下式表示：

```
x := <- ch
```

上式表示声明并初始化一个变量 x，从通道 ch 中取出(读取)数据，并将数据赋值给变量 x。

通道中的元素具有原子性，不能被分割，只能一次性写入或读出，已被读出的数据会立刻被删除。

如果通道的接收端在进行接收操作之前或者接收过程当中，通道在另一端被关闭了(一般只有发送端才需要关闭通道)，那么接收操作会立即结束，接收的变量会被赋予该通道元素类型的零值。

这里会出现一个问题，通道元素类型的零值也是可以作为有用的值写入通道被正常接收的。例如，整数型和浮点型通道的零值均为 0，然而数据 0 也是可以被正常写入通道传送的。那么，如果接收到了一个 0，到底表示通道关闭了还是正常数据 0 的传送？

为此，Go 语言提供了第二种方法用来接收数据，如下式所示：

```
x, ok := <- ch
```

上式中多了一个变量 ok，这是一个 bool 变量，如果其值为 true，则表示 x 的值为从通道中正常接收的值；如果 ok 的值为 false，则表示通道关闭，接收操作失败，x 的值是零值。

对于不带缓冲的通道，往空的通道里写入一个数据后会导致当前 goroutine 阻塞，直到数据在通道的另一端被读取为止。

同理，从一个空的通道里读取数据也会导致当前 goroutine 阻塞，直到通道的另一端有数据写入为止。

对于没有缓冲的通道,写入和读出都会导致阻塞。因此,通道的两端必须有两个不同的goroutine 并发运行。如果把读写端放在同一个 goroutine 内,会导致程序死锁。

通道的这种阻塞动作实质上是系统替用户对共享资源施加了互斥锁,这大大减轻了程序员的负担,使得程序员能够从烦琐的加锁、解锁事务中解放出来。

并发运行的各个 goroutine 本质上是独立异步运行的,但是,透过通道进行通信的两个goroutine 可以实现同步,这是使用通道的一大好处,同时也意味着不带缓冲的通道可以实现同步通信。大家还会看到,带缓冲的通道则可以实现异步通信。

由于通道的阻塞作用,使得通道可以实现一对多、多对一和多对多通信,可以用来完成多个 goroutine 之间的工作协调。

当有多个 goroutine 往同一个非缓冲通道写入数据时,只有第一个 goroutine 能够操作成功,其余的 goroutine 会因操作失败而进入阻塞状态,等待通道空闲而被重新唤醒。调度器对阻塞的 goroutine 的唤醒顺序是以最早被阻塞的 goroutine 被最先唤醒为原则。

同理,当多个 goroutine 从同一个非缓冲通道接收数据的时候,也是只有第一个请求的goroutine 能够操作成功,其余 goroutine 会被阻塞,待有数据进入通道时,运行时系统会首先唤醒最早被阻塞的 goroutine,让其能接收数据。

下面是多个 goroutine 协调工作的例子。

已知:

```
x = sin(20) + cos(30)
```

该如何操作,才能提高计算效率呢?

我们可以考虑创建两个子 goroutine 来分别计算 sin 函数和 cos 函数的值,而在主goroutine 里取其计算结果,然后再求和输出。程序示例如下:

```
package main

import (
        "fmt"
        "math"
        "runtime"
)

func CaSin(ch1 chan float64, a float64) {
        ch1 <- math.Sin(a)
        return
}
func CaCos(ch2 chan float64, b float64) {
        ch2 <- math.Cos(b)
        return
}
func main() {
        var (
                a = 20.0
                b = 30.0
                x float64
```

```
    )
    ch1 := make(chan float64)
    ch2 := make(chan float64)
    go CaSin(ch1, a)
    go CaCos(ch2, b)
    runtime.Gosched()
    m := <- ch1
    n := <- ch2
    x = m + n
    fmt.Printf("计算结果为: %.2f\n", x)
}
```

运行结果：

```
计算结果为: 1.07
```

程序分析：

上述程序中先定义了两个子函数 CaSin 和 CaCos，用来计算 sin 函数和 cos 函数的值，并将计算结果分别写入 ch1 通道和 ch2 通道。

在主 goroutine 中创建了两个 goroutine 去调用这两个函数。

由于主 goroutine 和子 goroutine 是并发运行的，为了确保子 goroutine 能顺利执行，主 goroutine 调用 runtime.Gosched 函数，出让时间片，延时等待片刻(事实上，由于同步通道的阻塞作用，主 goroutine 不执行 Gosched 也无妨)。

两个子 goroutine 执行完毕，将计算结果写入通道后将被阻塞，直到主 goroutine 取走数据后才能恢复。

需要注意的是，通过通道传送的是被传送值的副本，不是值本身。这与函数调用时的参数传递一样，传递的是变量的副本，这种传递方式称为值传递(区别于引用传递)。

通过通道来传送变量的值，传送的也是变量值的副本，在通道中生成了变量值的副本后，再修改变量的原值，不会影响通道中的副本。我们可以用下例程序验证：

```
package main

import (
    "fmt"
    "runtime"
)

func checks(ch1 chan int) {
    x, ok := <- ch1
    if ok {
        fmt.Println("通道内的副本为:", x)
    }
    return
}
func checkf(ch1 chan int, x int) {
    ch1 <- x
    return
}
```

```
func main() {
	x := 10
	ch1 := make(chan int)
	go checkf(ch1, x)
	runtime.Gosched()
	x = 20
	go checks(ch1)
	runtime.Gosched()
	fmt.Printf("修改后的原值为: %d\n", x)
}
```

运行结果：

```
通道内的副本为: 10
修改后的原值为: 20
```

程序分析：

上述程序中创建了两个子 goroutine 用来发送和接收一个变量 x 的值，在主 goroutine 中首先给变量赋初值，并且启用发送 goroutine，调用一次 runtime. Gosched 函数让出时间片，使得发送 goroutine 能够被顺利执行。

然后修改变量 x 的值，接着启用接收 goroutine，再次调用一次 runtime. Gosched 函数出让时间片，让接收 goroutine 可以顺利执行并输出接收到的值，最后打印原值被修改的变量值。

从运行结果可以看出，尽管在启用接收 goroutine 之前就修改了变量的值，但是，从通道里读出来的值却是变量的初值。

这就证明，通道传送的是值的副本，改变变量的原值，不影响副本。

3. 缓冲通道

上述所说的通道为非缓冲通道，只要写入一个数据就会导致阻塞。对于有大量数据需要传送的场合，这种方式传送浪费时间，影响程序运行效率。

改进的办法是为通道设置缓冲区，对于带有缓冲区的通道，只要缓冲区没填满，就可以连续写入。当缓冲区写满后将阻塞当前 goroutine，直到缓冲区内容被取出，腾出空间后才会被重新唤醒，继续写入操作。

带缓冲的通道用内置函数 make 创建，如下所示：

```
ch := make(chan int, 1024)
```

上式创建了一个容量为 1024 个元素的整型通道。

从一个带有缓冲的通道里读取数据，只要缓冲区里还有数据就不会引起阻塞，直至缓冲区被取空，只有从空的缓冲通道读取操作才会引起阻塞。

利用带有缓冲的通道，发送端和接收端均可以连续工作，犹如流水线一样，一端不断地发送，另一端不停地接收。发送端与接收端可以不同步，各自按照自己的节奏发送和接收。因此，利用带缓冲的通道可以实现异步通信。

对于通道类型，len 函数和 cap 函数也是适用的。len(ch)函数返回通道 ch 当前缓冲区中元素的个数，而函数 cap(ch)则返回当前缓冲区的容量。根据带有缓冲区的通道的定义，通道容量是固定不变的。因此，任何时候使用 cap 函数，其返回值是不变的。而 len 函数的返回值则会随着缓冲区的写入或读出而变化。

利用 cap(ch)可以判断通道是否带有缓冲，如果 cap(ch)返回值为 0，则该通道为非缓冲通道，大于 0 就是缓冲通道。

对于需要从通道中连续接收数据的情况，通常使用 for…range 循环语句来实现，range 子句会不断地从通道中读取数据，每读取成功一个元素就将该元素赋值给迭代变量，并执行后续操作。迭代一次完成一次循环，一直迭代循环下去，直至通道关闭及缓冲区为空，循环才结束。

对于带缓冲的通道，即使通道关闭，只要缓冲区中仍有数据，range 子句仍然会继续迭代循环下去，直至缓冲区中数据完全被读出为止。

如果开始迭代读取时通道为空，则当前 goroutine 会阻塞于 range 子句处，等待通道被写入数据；如果读取的通道没有被初始化，则会导致当前 goroutine 永久阻塞。

需要注意的是，for…range 不适用于发送通道，如果使用会导致编译错误。

以下程序示例演示 len 函数和 cap 函数的使用情况：

```
package main

import (
	"fmt"
	"time"
)

func recv(ch1 chan int, rDone chan bool) {
	for x := range ch1 {
		fmt.Printf("接收数据 x = %d   缓冲区长度 len = %d   缓冲区 cap = %d\n",
x, len(ch1), cap(ch1))
		time.Sleep(800 * time.Millisecond)
	}
	rDone <- true
	return
}
func send(ch1 chan int, sDone chan bool) {
	for i := 1; i < 5; i++{
		ch1 <- i
		fmt.Printf("写入数据 i = %d   缓冲区长度 len = %d   缓冲区 cap = %d\n",
i, len(ch1), cap(ch1))
		time.Sleep(200 * time.Millisecond)
	}
	close(ch1) // 关闭发送通道
	sDone <- true
	return
}
func main() {
	sDone := make(chan bool)
	rDone := make(chan bool)
	ch1 := make(chan int, 4)
	go send(ch1, sDone)
	go recv(ch1, rDone)
```

```
        s1 := <- sDone
        fmt.Printf("发送结束 s1 = %t\n", s1)
        s2 := <- rDone
        fmt.Printf("接收结束 s2 = %t\n", s2)
        fmt.Printf("当前缓冲区长度 len = %d   缓冲区 cap = %d\n", len(ch1), cap(ch1))
}
```

运行结果：

```
写入数据 i = 1   缓冲区长度 len = 0   缓冲区 cap = 4
接收数据 x = 1   缓冲区长度 len = 0   缓冲区 cap = 4
写入数据 i = 2   缓冲区长度 len = 1   缓冲区 cap = 4
写入数据 i = 3   缓冲区长度 len = 2   缓冲区 cap = 4
写入数据 i = 4   缓冲区长度 len = 3   缓冲区 cap = 4
接收数据 x = 2   缓冲区长度 len = 2   缓冲区 cap = 4
发送结束 s1 = true
接收数据 x = 3   缓冲区长度 len = 1   缓冲区 cap = 4
接收数据 x = 4   缓冲区长度 len = 0   缓冲区 cap = 4
接收结束 s2 = true
当前缓冲区长度 len = 0   缓冲区 cap = 4
```

程序分析：

上述程序中首先建立了两个子函数：一个发送函数和一个接收函数。

每个函数都带有两个通道参数：一个代表发送或接收数据通道，另一个代表信息反馈通道。

信息反馈通道的作用是：当发送函数完成数据发送任务，或接收函数完成接收任务后，均往信息反馈通道中发送布尔值 true，表示发送或接收工作完成。

发送函数每隔 200 毫秒发送一个数据，连续发送 4 个数据后结束，调用内置函数 close(ch1)关闭发送通道。如果不关闭，则接收函数的 range 子句会一直处于阻塞状态，等待发送端写入数据。接着往信息反馈通道 sDone 写入布尔值 true，写入后该函数对应的 goroutine 会处于阻塞状态，直到主 goroutine 读取该通道为止。

接收函数每隔 800 毫秒接收一个数据，连续循环迭代接收数据，直到通道被关闭，再没有数据可读为止，结束数据接收循环(range 会自动判断通道关闭情况)。然后往信息反馈通道 rDone 中写入布尔值 true，写入后该函数对应的 goroutine 会处于阻塞状态，直到主 goroutine 读取该通道为止。

主 goroutine 对应的 main 函数首先定义两个布尔型信息反馈通道 sDone 和 rDone，分别用来反馈发送端和接收端的状态。这两个通道为非缓冲型通道，可以用来同步收发 goroutine 与主 goroutine 的动作。只要子 goroutine 的动作还没有完成，则主 goroutine 就处于阻塞状态，等待子 goroutine 动作完成，从而实现了同步。

主函数中接着定义了两个缓冲区容量为 4 的整数型通道，用于发送和接收数据。接着创建两个子 goroutine，分别用于执行发送数据和接收数据子函数。

子 goroutine 创建后，主 goroutine 就处于等待状态，等待接收两个子 goroutine 动作完成的信息。在子 goroutine 动作完成之前，sDone 通道和 rDone 通道均为空，读取动作(s1:=<-sDone 或 s2:=<-rDone)都会导致主 goroutine 阻塞，直到两个子 goroutine 动作完成并往信息反馈通道写入信息后，主 goroutine 才会被唤醒，接着执行后续语句。

从程序运行结果可以看出，发送端和接收端可以不同速度地异步运行。由于通道有缓冲，发送端可以连续发送，接收端可以连续接收。

缓冲区长度 len 就是缓冲区中没被读取的元素个数，数值会随着写入及读出不断变化，而容量始终不变。发送结束，通道关闭后，接收端仍然在接收数据，直到所有数据被接收完毕为止。

4. 单向通道

无论是用关键字 var 声明的通道还是用 make 函数创建的通道，本质上都是双向的，每一端都可以写入数据，或者从该端读出数据，只不过需要交替进行而已。但是，某些场景下，则需对通道的使用进行限制，例如某些数据仅供查阅，不能修改。这种情况下，希望通道是单向的，只能读，不能写。反过来，有些场景对通道的使用是只能写，不能读。这在函数调用的场景中被广泛使用，本质上就是限制函数内对通道的使用。如果在被调函数内部通道被限定为只读，则在主调函数中，该通道必须为只写。这样就在主调和被调函数之间提供了一条安全通信管道。

为此，Go 语言中专门提供了单向通道的语法表示，例如：

```
单向写通道      chan<-
单向读通道      <-chan
```

上述式子仅用于通道声明时的数据类型。

单向通道可以用关键字 var 声明，也可以用内置函数 make 定义，以下格式都是合法的：

```
var ch1 <-chan int            // 单向读通道
var ch2 chan<- int            // 单向写通道
ch3 := make(<-chan int)       // 单向读通道
ch4 := make(chan<- int)       // 单向写通道
```

上述两种方式都可以定义单向通道，但是，如果一个通道只能读，则必然是空的，因为永远没有机会往里写数据。同理，如果一个通道只能写，写满后，永远没有机会被读出。因此，用上述方式定义的通道毫无意义。

切记！不要用 var 或 make 定义单向通道，那样定义的通道毫无意义，而应该定义成双向通道，使用类型转换的方式来强制转换成单向通道，如下所示：

```
var ch chan int               // ch 为双向通道
ch1 := (<-chan int)(ch)       // ch 强制转换为单向读通道
ch2 := (chan<- int)(ch)       // ch 强制转换为单向写通道
```

也可以不用强制转换，在函数调用的时候，将形参的通道类型设置成单向即可(参看以下程序示例)。需要注意的是，这种转换是不可逆的，也就是说，不能将一个单向的通道转换成双向通道。

被限定了方向的通道必须按照要求的方向使用，否则会引起编译错误。例如，修改一下上述程序，将发送函数的参数修改如下：

```
func send(ch1 chan int, sDone chan<- bool)
```

上式中指定 sDone 为只写通道，如果在函数中试图读取 sDone 通道，会引起编译错误信息提示：invalid operation：<-sDone (receive from send-only type chan<- bool)。原因是在函数调用时传递的参数被限定了方向。

将上例程序中信息反馈通道改成单向通道，运行结果是一样的，如下所示：

```go
package main

import (
	"fmt"
	"time"
)

func recv(ch1 chan int, rDone chan<- bool) {
	for x := range ch1 {
		fmt.Printf("接收数据 x = %d   缓冲区长度 len = %d   缓冲区 cap = %d\n", x, len(ch1), cap(ch1))
		time.Sleep(800 * time.Millisecond)
	}
	rDone <- true
	return
}
func send(ch1 chan int, sDone chan<- bool) {
	for i := 1; i < 5; i++{
		ch1 <- i
		fmt.Printf("写入数据 i = %d   缓冲区长度 len = %d   缓冲区 cap = %d\n", i, len(ch1), cap(ch1))
		time.Sleep(200 * time.Millisecond)
	}
	close(ch1) // 关闭发送通道
	sDone <- true
	return
}
func main() {
	sDone := make(chan bool)
	rDone := make(chan bool)
	ch1 := make(chan int, 4)
	go send(ch1, sDone)
	go recv(ch1, rDone)
	chs := (<-chan bool)(sDone)
	s1 := <-chs
	fmt.Printf("发送结束 s1 = %t\n", s1)
	chr := (<-chan bool)(rDone)
	s2 := <-chr
	fmt.Printf("接收结束 s2 = %t\n", s2)
	fmt.Printf("当前缓冲区长度 len = %d   缓冲区 cap = %d\n", len(ch1), cap(ch1))
}
```

运行结果：

```
写入数据 i = 1 缓冲区长度 len = 0 缓冲区 cap = 4
接收数据 x = 1 缓冲区长度 len = 0 缓冲区 cap = 4
写入数据 i = 2 缓冲区长度 len = 1 缓冲区 cap = 4
```

```
写入数据 i = 3 缓冲区长度 len = 2 缓冲区 cap = 4
写入数据 i = 4 缓冲区长度 len = 3 缓冲区 cap = 4
接收数据 x = 2 缓冲区长度 len = 2 缓冲区 cap = 4
发送结束 s1 = true
接收数据 x = 3 缓冲区长度 len = 1 缓冲区 cap = 4
接收数据 x = 4 缓冲区长度 len = 0 缓冲区 cap = 4
接收结束 s2 = true
当前缓冲区长度 len = 0 缓冲区 cap = 4
```

程序分析：

上述程序被修改的地方是两个子函数的形参中第二个参数被修改成单向写通道，同时在主程序里相应的通道被强制转换成单向读通道。

显然，一个通道的两端必须是一端写入，一端读出。如果两端都被强制转换成只读或只写，那么这个通道就会成为一个死通道，毫无意义。

从程序运行结果来看，通道被强制转换成单向通道后并不影响执行结果。但是，很显然，在函数内被限制了行为，在子函数内，通道只能被写入，而不能被读出。这样做就提高了通道的安全性。

5. 关闭通道

数据发送结束，就应该关闭通道。如果不关闭通道，则接收端会一直处于等待状态，试图接收下一个数据。原则上说，在接收端和发送端都可以关闭通道，但是，如果在接收端关闭了通道，而发送端仍然有数据需要发送，那就会导致程序运行错误。因此，通常情况下都是由发送端关闭通道。即使发送端关闭了通道，也不影响接收端继续接收数据，只要通道的缓冲区中还有数据，接收端就不会关闭，直到全部数据接收完毕。

关闭通道使用Go语言内置函数close，语法格式如下：

```
close(ch)
```

在发送端，如果试图从一个关闭了的通道写入数据，会引起一个运行时错误(panic: send on closed channel)。

在接收端，如果是采用for…range循环读取数据的，当通道关闭后会继续迭代读出缓冲区内所有数据，然后自动退出循环；如果是采用普通的for循环读取数据，则判定通道关闭需要采用下述方式：

```
for {
        x, ok := <- ch
        if !ok {
            break
        }
        fmt.Printf("接收数据 x = %d \n", x)
}
```

通过变量ok的值来判断通道是否关闭，如果ok的值为true，则表示读取通道数据成功；如果ok的值为false，则表示读取失败，通道关闭。这时就要使用break语句退出循环。

以下程序演示发送端快速写入数据并关闭通道，而接收端缓慢读取数据，观察通道关闭后对接收端的影响。程序示例如下：

```go
package main
import (
    "fmt"
    "time"
)
func sendColor(color []string, ch1 chan string, Done chan <- bool) {
    for index, value := range color {
        ch1 <- value
        fmt.Printf("写入数据 index = %d   颜色 color = %s\n", index, value)
        time.Sleep(5 * time.Millisecond)
    }
    close(ch1) // 关闭发送通道
    fmt.Println("发送通道关闭.")
    Done <- true
    return
}
func recvColor(ch1 chan string, Done chan <- bool) {
    i := 1
    for x := range ch1 {
        fmt.Printf("接收数据 index = %d  颜色 color = %s\n", i, x)
        time.Sleep(10 * time.Millisecond)
        i++
    }
    Done <- true
    return
}
func main() {
    color := []string{"赤", "橙", "黄", "绿", "青", "蓝", "紫"}
    Done := make(chan bool)
    ch1 := make(chan string, 7)
    go sendColor(color, ch1, Done)
    go recvColor(ch1, Done)
    s1 := <- Done
    fmt.Printf("发送结束 s1 = %t\n", s1)
    s2 := <- Done
    fmt.Printf("接收结束 s2 = %t\n", s2)
}
```

运行结果：

```
接收数据 index = 1   颜色 color = 赤
写入数据 index = 0   颜色 color = 赤
写入数据 index = 1   颜色 color = 橙
接收数据 index = 2   颜色 color = 橙
写入数据 index = 2   颜色 color = 黄
写入数据 index = 3   颜色 color = 绿
写入数据 index = 4   颜色 color = 青
接收数据 index = 3   颜色 color = 黄
写入数据 index = 5   颜色 color = 蓝
接收数据 index = 4   颜色 color = 绿
写入数据 index = 6   颜色 color = 紫
```

```
发送通道关闭.
发送结束 s1 = true
接收数据 index = 5    颜色 color = 青
接收数据 index = 6    颜色 color = 蓝
接收数据 index = 7    颜色 color = 紫
接收结束 s2 = true
```

程序分析：

在上述程序中我们创建了两个 goroutine：一个用来发送数据，一个用来接收数据。发送端每隔 5 毫秒发送一个数据，接收端每隔 10 毫秒接收一个数据。

发送端很快就发送完毕并关闭了通道，而接收端还在接收，并不会因为发送端关闭了通道而停止接收。

主 goroutine 的工作是定义及初始化通道，生成待发送的切片数据，然后创建两个并发运行的 goroutine，然后就等待发送和接收工作完成。

主 goroutine 通过读取 Done 通道来同步发送和接收 goroutine。

从程序运行结果来看，很好地展示了发送和接收的时间顺序。同时也能看出，发送方关闭通道后，接收方仍然在接收，直到全部数据被接收完毕。

10.2.3 select…case

Go 语言为通道操作专门设计了一个多分支选择语句 select…case，从多个 case 中选择一个满足执行条件的 case 分支执行。select 语句形式上非常像 switch 语句，但含义差别很大，具体表现在以下几个方面：

(1) select 后面没有表达式，而是直接连大括号"{"；

(2) 所有 case 分支必须是通道读写操作，即 case 后面的表达式必须是

```
case value = <- ch:        //  通道读
case <- ch:                //  通道读
```

或者

```
case ch <- value:          //  通道写
```

这种通道的读或写表达式；

(3) 在选择其中一个 case 执行之前，所有 case 后的表达式均会被计算一遍；

(4) 当有多个 case 满足执行条件时，运行时系统会随机选择一个 case 执行。所谓满足执行条件，是指对该 case 分支表达式的计算执行后不会导致阻塞。例如，对于非缓冲通道，写入数据后没有被接收就会引起阻塞，直到数据被接收；同样，从一个空的通道接收数据也会引起阻塞，直到有数据写入。对于这种会引起阻塞的 case 分支就被称为不满足执行条件，不会被选择执行；

(5) 如果没有任何一个 case 满足条件，又没有 default 分支，则 select 会引起当前 goroutine 阻塞；

(6) 若有 default 分支，则执行 default 分支后直接退出 select 语句。

1. case 求值及选择

运行时系统计算 case 表达式的顺序是从上到下，从左到右，所有 case 都被计算一遍。如果有多个 case 满足执行条件，则执行一个随机算法，确定一个 case，执行该 case 后的所有

语句，而忽略掉其他所有可执行 case。若没有一个 case 满足执行条件，即所有读写动作均被阻塞，则执行 default 分支；如果没有 default 分支，则整个 select 语句阻塞，直到有某一分支满足执行条件。

为防止 select 阻塞，建议在 select 语句中加入 default 分支。default 分支的位置是任意的，可以放在所有 case 的最前面，也可以放在最后面。default 分支对应的语句块执行结束后将退出 select 语句。

在 case 表达式的写法中，以下式子也是合法的：

```
case value, ok := <- ch:
```

或

```
case value, ok = <- ch:
```

上述第一个式子采用短变量声明操作符":="，意味着变量 value 和 ok 是新的变量，之前没有声明过。而第二个式子直接用赋值符"="，说明变量 value 和 ok 已经是声明过的变量，在这里直接使用。

如果不需要结果，只是判断通道是否可读，也可以写成这样：

```
case <-  ch:
```

但是，如果只是判断通道是否可写，则不可以这么写：

```
case ch <- :
```

编译系统会报错，要求提供元素表达式。

不要求每个 case 后都对应不同的通道操作，相同通道也是允许的，例如：

```
case ch <-  1:
case ch <-  2:
case ch <-  3:
case ch <-  4:
```

或

```
case ch <-  1:
case ch <-  2:
case x = <- ch:
case y = <- ch:
```

都是合法的。

以下程序用于验证 case 表达式的计算顺序及分支选择情况：

```
package main
import (
    "fmt"
)
func selectChannel(c int, chs []chan string) chan string {
    fmt.Printf("选择通道: ch[%d]     ", c)
    return chs[c]
}
```

```
func selectColor(x int, color []string) string {
    fmt.Printf("选择颜色 color[%d]: %s\n", x, color[x])
    return color[x]
}
func main() {
    color := []string{"赤", "橙", "黄", "绿", "青", "蓝", "紫"}
    ch1 := make(chan string, 1)
    ch2 := make(chan string, 1)
    ch3 := make(chan string, 1)
    ch4 := make(chan string, 1)
    chs := []chan string{ch1, ch2, ch3, ch4}
    select {
    case selectChannel(0, chs) <- selectColor(2, color):
        fmt.Printf("发送通道为: %s      颜色为: %s\n", "ch1", color[2])
    case selectChannel(1, chs) <- selectColor(6, color):
        fmt.Printf("发送通道为: %s      颜色为: %s\n", "ch2", color[6])
    case selectChannel(2, chs) <- selectColor(1, color):
        fmt.Printf("发送通道为: %s      颜色为: %s\n", "ch3", color[1])
    case selectChannel(3, chs) <- selectColor(4, color):
        fmt.Printf("发送通道为: %s      颜色为: %s\n", "ch4", color[4])
    default:
        fmt.Println("选择 default")
    }
    fmt.Printf("程序结束\n")
}
```

运行结果：(第一次)

```
选择通道: ch[0]   选择颜色 color[2]: 黄
选择通道: ch[1]   选择颜色 color[6]: 紫
选择通道: ch[2]   选择颜色 color[1]: 橙
选择通道: ch[3]   选择颜色 color[4]: 青
发送通道为: ch3   颜色为: 橙
程序结束
```

运行结果：(第二次)

```
选择通道: ch[0]   选择颜色 color[2]: 黄
选择通道: ch[1]   选择颜色 color[6]: 紫
选择通道: ch[2]   选择颜色 color[1]: 橙
选择通道: ch[3]   选择颜色 color[4]: 青
发送通道为: ch2   颜色为: 紫
程序结束
```

运行结果：(第三次)

```
选择通道: ch[0]   选择颜色 color[2]: 黄
选择通道: ch[1]   选择颜色 color[6]: 紫
选择通道: ch[2]   选择颜色 color[1]: 橙
选择通道: ch[3]   选择颜色 color[4]: 青
发送通道为: ch4   颜色为: 青
程序结束
```

运行结果：(第四次)

```
选择通道：ch[0]    选择颜色 color[2]：黄
选择通道：ch[1]    选择颜色 color[6]：紫
选择通道：ch[2]    选择颜色 color[1]：橙
选择通道：ch[3]    选择颜色 color[4]：青
发送通道为：ch1    颜色为：黄
程序结束
```

程序分析：

在上述程序中，基本思路是设计 case 子句由通道表达式和元素表达式构成，运行时对 case 子句求值的时候，这两个表达式都需要计算。

我们用两个函数调用来代表两个表达式，以便在函数内部设置打印语句，显示程序执行流程。

程序中设计了两个子函数，其中一个用来选择通道，另一个用来选择颜色。通道和颜色均存储在切片中，根据索引选择。

在主程序中预先定义好通道切片和颜色切片内容，然后使用 select 语句来选择发送通道及颜色。

根据运行结果可以看出：case 的求值计算顺序为从上到下，从左到右，所有 case 子句的表达式均被计算一遍，然后随机选择一个可执行的 case，执行其后续语句。

从多次运行的结果可以看出，每次运行都是随机选择可执行的 case。

2. 通道超时处理

我们知道，非缓冲通道可以实现收发双方的同步通信，缓冲通道可以实现收发双方的异步通信。如果通信双方工作协调，则皆大欢喜，不会出现什么问题。但是，如果发送方数据已经准备好，而接收方迟迟不来收取数据，则发送方会被长久地阻塞在发送端。同理，如果接收方已经准备就绪，一直处于接收状态，而发送方迟迟不发送数据，也会造成接收方长时间阻塞在接收端。

为了避免这种空等待，造成计算机资源浪费，必须有一种超时机制来打破僵局。习惯做法是设置一个超时通道，让超时通道与正常的读写通道一起分布在 select 语句中的不同 case 分支中，当其他 case 分支都处于死锁状态时，超时通道所在的 case 分支总是可以得到执行的。这样就可以让执行读写的 goroutine 从死锁中解脱出来。

以下程序就是演示如何从读写死锁中利用超时机制脱离死锁状态。

```go
package main

import (
        "fmt"
        "time"
)

func recv(ch2 chan int, rDone chan bool, recvTimeout chan bool) {
        select {
        case <- ch2:
                fmt.Printf("数据接收成功!")
        case <- recvTimeout:
```

```
		fmt.Println("超时,数据接收失败!")
	}
	rDone <- true
	return
}
func send(ch1 chan int, sDone chan bool, sendTimeout chan bool) {
	select {
	case ch1 <- 12:
		fmt.Println("数据发送成功!")
	case <- sendTimeout:
		fmt.Println("超时,数据发送失败!")
	}
	sDone <- true
	return
}
func main() {
	sendTimeout := make(chan bool)
	recvTimeout := make(chan bool)
	sDone := make(chan bool)
	rDone := make(chan bool)
	ch1 := make(chan int)
	ch2 := make(chan int)
	go send(ch1, sDone, sendTimeout)
	go recv(ch2, rDone, recvTimeout)
	go func() {
		time.Sleep(5 * time.Second)
		sendTimeout <- true
	}()
	go func() {
		time.Sleep(10 * time.Second)
		recvTimeout <- true
	}()
	s1 := <- sDone
	fmt.Printf("发送结束 s1 = %t\n", s1)
	s2 := <- rDone
	fmt.Printf("接收结束 s2 = %t\n", s2)
	fmt.Println("超时测试成功!")
}
```

运行结果：

```
超时,数据发送失败!
发送结束 s1 = true
超时,数据接收失败!
接收结束 s2 = true
超时测试成功!
```

程序分析：

上述程序中，我们建立了两个超时通道：sendTimeout 通道用于设定发送超时，recvTimeout 通道用于设定接收超时。同时设计了两个匿名函数用来计时，这两个计时器被放置在两个 goroutine 中并发运行。

在发送函数和接收函数中，采用 select…case 语句，将读写通道和超时通道分别置于不同的 case 分支中。

当读写通道死锁无法执行时，超时通道是可以正确执行的。一旦定时器时间到，将退出 goroutine，而不管读写是否成功。为保证读写能正确执行，超时定时器要设得稍长一些。

正如前面小节内容所述，rDone 和 sDone 这两个通道是用来同步主 goroutine 和收发子 goroutine 的。

10.3 锁与同步

无论是多进程还是多线程并发编程模式，对共享资源的访问都牵涉同步问题。共享资源具有排他性，会拒绝两个线程对该共享资源的同时写操作。也就是说，对于共享资源，写操作必须串行地进行。Go 语言对于共享资源的操作推荐使用通道的方式，但是，对于熟悉传统编程工具的程序员而言，还是习惯采用锁的方式来实现线程同步。为此，Go 语言也提供了传统的同步工具，用于并发编程。它们都在 Go 语言标准库代码包 sync 和 sync/atomic 中，编程中直接引用即可。

10.3.1 基本概念

在并发编程中经常会碰到以下几个概念，先了解一下它们的基本含义。

竞态状况(race condition)：当有多个进程或线程对某个共享资源进行访问或控制的时候，会造成相互竞争，这种相互竞争的情况就称为竞态状况。

互斥(mutual exclusion)：对于共享资源的写操作往往是排他的，这种排他性就称为互斥。

临界区(critical section)：只能被串行化地访问或执行的某个资源或代码段称为临界区。

原子操作(atomic operation)：在执行过程中不能被打断的操作称为原子操作。

锁(lock)：一种对共享资源的访问标识，被打上该标识的资源具有排他性。

解锁(unlock)：对被打上锁标识的共享资源去除标识，恢复自由访问状态。

互斥量(mutex object)：利用互斥锁对共享资源进行锁定，处于锁定状态的对象就称为互斥对象，简称互斥量。

条件变量(conditional variable)：条件变量绑定于互斥量，当互斥量状态发生变化时，条件变量用于通知那些因访问互斥量而被阻塞的进程。

10.3.2 sync.Mutex

Go 语言标准库中的 sync 包提供了几个用于线程底层同步的工具，便于 goroutine 之间实现资源共享与同步。通过共享来通信不是 Go 语言推荐的方式，Go 语言推崇利用更高层次的消息通信来实现共享，也就是 Go 语言特有的 channel 通信。

sync 包中为 Mutex(互斥锁)提供了专门数据类型 type Mutex，如下所示：

```
type Mutex struct {
    // 包含隐藏或非导出字段
}
```

结构体类型的 Mutex 是一个互斥锁，它还可以成为其他结构体的字段。Mutex 的零值为解锁状态，即开放自由状态，任何线程都可以访问控制。Mutex 类型的锁和具体线程无关，可以由不同的线程加锁和解锁。

针对 Mutex 类型，sync 包提供了两个可导出型方法，如下所示：

1. func（ * Mutex）Lock 方法

```
func (m *Mutex) Lock()
```

Lock 方法锁住实例 m，如果 m 已经被某一个 goroutine 加锁，则任何其他的 goroutine 试图对 m 进行加锁都会导致阻塞，直到 m 被占有者解锁。

2. func（ * Mutex）Unlock 方法

```
func (m *Mutex) Unlock()
```

Unlock 方法用于解锁 m，加锁和解锁一定要成对出现，否则会导致资源的死锁。如果试图对一个未加锁的资源 m 解锁，会导致 runtime 致命错误（fatal error：sync：unlock of unlocked mutex）。

共享资源一旦被某一个 goroutine 加锁成功，则该 goroutine 就称为共享资源的占有者，可以全权处理该共享资源，只要不解锁，就一直占有，任何其他的 goroutine 都无法使用该共享资源。这也就意味着，共享资源只能被占有者解锁，其他人是无权解锁的。如果非占有者试图解锁共享资源，将导致运行时致命错误，程序崩溃。

因此，加锁和解锁必须成对出现，且被同一个拥有者操作。在 Go 语言中解锁动作往往由 defer 语句完成，程序如下所示。

```
package main

import (
	"fmt"
	"runtime"
	"sync"
)

var sum, counter = 0, 0
var mutex = &sync.Mutex{}

func Add(x, y int) {
	mutex.Lock()
	defer mutex.Unlock()
	counter++
	sum = sum + x + y
	return
}
func main() {
	go Add(12, 34)
	go Add(10, 20)
	go Add(55, 62)
	for {
		mutex.Lock()
```

```
            if counter == 3 {
                fmt.Printf("求和结果 sum = %d\n", sum)
                break
            }
            mutex.Unlock()
            runtime.Gosched()
        }
}
```

运行结果：

```
求和结果 sum = 193
```

程序分析：

上述程序中设计了一个求和程序，使用三个 goroutine 来并发地完成，模仿分布式计算。每个 goroutine 都试图修改 sum 及 counter，相互之间竞争形成竞态状况。如果不解决这种相互干扰的竞态状况，最终结果无法预料。

很显然，在上述程序中，sum 和 counter 是共享资源，不能被同时修改，但需要同时计算，因此必须置于同一个临界区中，通过加锁成为被保护资源。在上述程序中 Lock 和 Unlock 之间的程序段就构成了一个临界区。

需要注意的是，共享资源必须是全局性变量，应该在 main 函数之前定义。锁也是全局性的，但是锁不依赖于线程，所有 goroutine 都可以加锁和解锁。因而，可以不设置成全局变量，只需在创建 goroutine 之前定义好就行，前提是只能定义一次。不过创建 goroutine 时要将锁作为参数传入子 goroutine，同时在子函数中需要设置锁类型的形参，这样做比较麻烦，还是建议把锁设计成全局性变量。

主 goroutine 使用一个无限 for 循环来读取计数器 counter 的值，以判断三个 goroutine 的计算是否完成。由于 counter 为共享资源，因此，在主 goroutine 中也必须加锁才能读取，在读取完毕后还必须解锁释放，否则其他 goroutine 无法对该计数器进行修改。

下面再看一个例子：

求：1!+2!+3!+4!+5!+6!+7!+8!+9!+10!

要求用 10 个 goroutine 来分别求取每一个自然数的阶乘，然后加到一个累加器里。主 goroutine 负责打印输出结果。

我们将上述的求和程序稍加修改，如下所示：

```
package main

import (
        "fmt"
        "runtime"
        "sync"
)

func Multi(x int) int {
        mul := 1
        for i := 1; i <= x; i++{
                mul = mul * i
```

```
    }
    mutex.Lock()
    counter++
    sum = sum + mul
    defer mutex.Unlock()
    return sum
}

var sum, counter = 0, 0        //  全局变量
var mutex = &sync.Mutex{}      //  全局变量
func main() {
    for i := 1; i <= 10; i++{
        go Multi(i)
    }
    for {
        mutex.Lock()
        if counter == 10 {
            fmt.Printf("求和结果 sum = %d    counter = %d\n", sum, counter)
            break
        }
        mutex.Unlock()
        runtime.Gosched()
    }
}
```

运行结果：

```
求和结果 sum = 4037913    counter = 10
```

程序分析：

求阶乘的算法程序比较简单，通过循环多个自然数连乘即可。

注意加锁和解锁的位置，一般在临界区的前面加锁，在临界区的结束处解锁（此时，可以不用 defer 语句）。该临界区内即为共享资源，被锁很好地保护起来了。

如果不用底层锁结构，而使用上层的消息结构（channel），该如何改写上述程序呢？我们再来改造一下上述程序，使用 Go 语言的通道来完成。

我们设计一个非缓冲通道传递 sum，而不再使用计数器 counter。由于非缓冲通道的阻塞性质，每次都只能有一个 goroutine 能够占用通道写入数据，其余的 goroutine 即使已经计算完毕，也只能等待。主 goroutine 循环读出每个 goroutine 的计算结果进行累加。如果通道为空，则会阻塞而等待数据写入，这表示各 goroutine 还没计算完毕。主 goroutine 每成功读取一次数据，表示有一个 goroutine 计算完毕。当循环次数达到 10 时就表示 10 个 goroutine 已经计算完毕。参考程序如下：

```
package main

import (
    "fmt"
)

func Multi(x int, sum chan int) {
```

```
        mul := 1
        for i := 1; i <= x; i++{
                mul = mul * i
        }
        sum <- mul
        return
}
func main() {
        sum := make(chan int)
        for i := 1; i <= 10; i++{
                go Multi(i, sum)
        }
        x := 0
        for j := 1; j <= 10; j++{
                x += <- sum
        }
        fmt.Printf("求和结果 sum = %d \n", x)
}
```

运行结果：

```
求和结果 sum = 4037913
```

程序分析：

比较用锁及解锁，显然用通道方式程序更加精炼、易读、易懂。

因此，在实际编程工作中应该尽可能多使用通道来进行消息传递，而不是使用锁来进行数据共享。

10.3.3 sync.RWMutex

上节提到的互斥锁对共享资源的锁定具有独占性，一个 goroutine 获得了共享资源就拥有了绝对访问权限，完全排斥其他 goroutine 的访问。事实上，如果是读取共享资源的话，由于获得的是其副本，对原值并没有影响，完全可以支持多个 goroutine 并发地读取相同的资源，而不必互相排斥。但是，互斥锁却做不到让多个 goroutine 共享读取同一资源。

为此，Go 语言专门提供了一种读写锁(sync.RWMutex)来满足这种场景的应用。读写锁类型定义如下所示：

```
type RWMutex struct {
    // 包含隐藏或非导出字段
}
```

sync.RWMutex 称为读写锁，专门用来对读写操作的锁定。读写锁不同于互斥锁，在读写锁管辖的范围内，允许任意个读操作同时进行。但是，同一时刻，只允许有一个写操作在进行。

不过，在写操作的进行过程中，读操作也是不被允许的。也就是说，读写锁控制下的多个写操作之间都是互斥的，并且写操作与读操作之间也是互斥的。

但是，多个读操作之间却不存在互斥关系。

sync.RWMutex 读写锁也可以被创建为其他结构体的字段。另外，读写锁的零值为解锁状态，即未对任何读写操作加锁。RWMutex 类型的锁也和线程无关，可以由不同的线程加锁和解锁。由于读写锁不同于互斥锁，其对读写操作的控制规律也不一样，因此，RWMutex 类型提供了 4 个方法分别用于写入和读取操作，如下所示。

1. func（*RWMutex）Lock 方法

```
func (rw *RWMutex) Lock()
```

Lock 方法将 rw 锁定为写入状态，禁止其他线程读取或写入。

2. func（*RWMutex）Unlock 方法

```
func (rw *RWMutex) Unlock()
```

Unlock 方法解除 rw 的写入锁状态，如果 rw 未加写入锁会导致运行时错误（fatal error：sync：Unlock of unlocked RWMutex）。

3. func（*RWMutex）RLock 方法

```
func (rw *RWMutex) RLock()
```

RLock 方法将 rw 锁定为读取状态，禁止其他线程写入，但不禁止其他线程读取。

4. func（*RWMutex）RUnlock 方法

```
func (rw *RWMutex) RUnlock()
```

RUnlock 方法解除 rw 的读取锁状态，如果 rw 未加读取锁会导致运行时错误（fatal error：sync：RUnlock of unlocked RWMutex）。

需要特别注意的是：

（1）写解锁在进行的时候会试图唤醒所有因欲进行读锁定而被阻塞的 goroutine。

（2）读解锁在进行的时候只会在无任何读锁定的情况下试图唤醒一个因欲进行写锁定而被阻塞的 goroutine。

（3）施加于读写锁上的读锁定可以有多个，但必须有相同数量的读解锁，才能够让某一个相应的写锁定获得进行的机会。

读写锁更多地应用于文件读写这样的 I/O 操作场合，举例如下：

假设有两个 goroutine 对文件进行写操作，有另外两个 goroutine 对文件进行读操作，该如何协调各 goroutine 之间的工作呢？

为简单起见，假设各个 goroutine 完全独立，各写各的，各读各的。读可以从文件起始处开始读，但是，写必须在文件的末尾追加。同时假设：

```
goroutine1 写入字符串 str1;
goroutine2 写入字符串 str2;
goroutine3 读入字节切片 red1;
goroutine4 读入字节切片 red2;
```

我们设计一个函数用于写入，一个函数用于读出。程序示例如下：

```
package main

import (
        "fmt"
```

```
        "os"
        "sync"
        "time"
)

func Write(str string, sfile * os.File) {
        rw.Lock()
        sfile.Write([]byte(str))
        rw.Unlock()
        return
}
func Read(red []byte, sfile * os.File) {
        rw.RLock()
        sfile.ReadAt(red, 0)
        rw.RUnlock()
        return
}

var red1 []byte = make([]byte, 30)
var red2 []byte = make([]byte, 30)
var rw = &sync.RWMutex{}

func main() {
        str1 := "I am a teacher."
        str2 := "I am a student."
        sfile, err := os.Create("d:/test.txt")
        if err != nil {
                fmt.Println("文件创建失败!")
                return
        }
        go Write(str1, sfile)
        go Write(str2, sfile)
        go Read(red1, sfile)
        go Read(red2, sfile)
        time.Sleep(1 * time.Second)
        fmt.Printf("文件读取内容为: red1 = %s\n", red1)
        fmt.Printf("文件读取内容为: red2 = %s\n", red2)
}
```

运行结果:(第一次)

```
文件读取内容为: red1 = I am a student. I am a teacher.
文件读取内容为: red2 = I am a student.
```

运行结果:(第二次)

```
文件读取内容为: red1 = I am a student.
文件读取内容为: red2 = I am a student.
```

运行结果:(第三次)

```
文件读取内容为: red1 = I am a teacher.
文件读取内容为: red2 = I am a teacher.
```

运行结果：(第四次)

```
文件读取内容为: red1 = I am a student.
文件读取内容为: red2 = I am a student.
```

运行结果：(第五次)

```
文件读取内容为: red1 = I am a teacher. I am a student.
文件读取内容为: red2 = I am a teacher.
```

运行结果：(第六次)

```
文件读取内容为: red1 =
文件读取内容为: red2 =
```

运行结果：(第七次)

```
文件读取内容为: red1 = I am a student.
文件读取内容为: red2 = I am a student. I am a teacher.
```

程序分析：

在程序中创建了两个 goroutine 用于执行写函数，每个 goroutine 带入不同的被写内容(str)。写 goroutine 之间由写入锁进行互斥，谁先获得控制权是随机的，可以通过多次运行进行验证。

另外两个 goroutine 用于读取，尽管读取的时候也有读取锁锁定，但是，由于控制规则允许多个读取锁叠加，这就意味着读取操作可以同时进行，因而常常会读到相同的内容，但也有可能不同，我们可以通过多次运行来验证。

从多次运行结果来看，str1 和 str2 到底是哪一个被先写入，完全是随机的。读取的情况也一样，可能读到相同的内容，也可能读到不同的内容，也很随机。这就是并发程序执行的特点，由调度器随机调度，每个 goroutine 每次被调度的时间先后顺序都不同。

第六次运行结果什么都没读到，说明主 goroutine 延时 1 秒太短，读文件 goroutine 还没被调度运行时，主 goroutine 就运行结束退出来了。或者写 goroutine 还没有执行完毕呢，读 goroutine 已经执行完毕并退出了。

10.3.4 sync.Cond

无论是互斥锁还是读写锁，在有些场合会导致程序运行效率低下，甚至还会引起死锁。例如，一个 goroutine 通过竞争获得了共享资源并锁定成功，在进行读写操作时发现条件不满足，读写操作无法进行下去。这时它就会循环查询该条件，直到条件发生变化，满足了读写操作要求，才会完成读写操作，解锁退出。如果改变条件的另一个 goroutine 想要去操作，就必须先锁定该共享资源，由于共享资源被前一个 goroutine 锁定，导致后一个 goroutine 锁定失败而阻塞，修改条件操作无法完成。结果就是，前一个 goroutine 占有资源，因条件不足而空转；后一个 goroutine 因修改条件失败而阻塞，最终陷入死锁。

改变上述僵局的方法就是使用条件变量，而条件变量必须与某一个互斥量绑定。当互斥量锁定的资源因条件不足而使得操作无法进行的时候，执行该条件变量相应的方法，解锁该共享资源，并阻塞当前 goroutine，等待通知。

设定条件变量的目的就是当共享资源的状态发生变化时能迅速通知被条件变量阻塞的 goroutine。通过条件变量的使用，就可以避免前面所述那种死锁情况的出现，并且能大大改善程序的运行效率。

在 Go 语言标准库的 sync 包中，定义了一个条件变量数据类型 Cond，以及作用在其上的几种方法或函数，分别如下所示：

1. type Cond 类型定义

```
type Cond struct {
    // 在观测或更改条件时 L 会冻结
    L Locker
    // 包含隐藏或非导出字段
}
```

sync.Cond 类型实现了一个条件变量，其作用就是一个 goroutine 集合地，可以提供 goroutine 等待或者宣布某事件的发生，由作用其上的方法完成。类型中有一个可导出字段 L，为锁类型字段。

每个 sync.Cond 实例都有一个相关的锁（一般是 * Mutex 或 * RWMutex 类型的值）与之绑定，它必须在改变条件时或者调用 Wait 方法时保持锁定。

sync.Cond 可以创建为其他结构体的字段，sync.Cond 在开始使用后不能被复制。

2. func NewCond 创建条件变量

```
func NewCond(lock Locker) * Cond
```

NewCond 函数使用锁 lock 创建一个 sync. * Cond 类型的条件变量。该函数的返回值就是一个绑定了锁 lock 的条件变量。lock 可以是互斥锁 Mutex 也可以是读写锁 RWMutex。条件变量本质上是一种数据类型，Go 语言为该类型设置了三种可导出方法：

（1）Wait 方法：该方法的功能为等待通知。执行 Wait 方法后，首先解锁与该条件变量绑定的锁，释放共享资源。其次使当前的 goroutine 处于阻塞状态，等待唤醒。一旦该方法收到通知，首先执行再上锁动作，以达到再次占用共享资源的目的。其次，唤醒被它阻塞的 goroutine，恢复执行读写操作。如果再上锁动作失败，则继续等待下一次通知，而不会去唤醒被它阻塞的 goroutine。

（2）Signal 方法：该方法的功能为单发通知。该方法用于通知并唤醒某一个被阻塞的 goroutine。通知只发送一次，而且时间极短，瞬间完成。

（3）Broadcast 方法：该方法的功能为广播通知，用于向所有因访问该共享资源失败而阻塞的 goroutine。当然，最终只有一个 goroutine 能够成功占有资源并锁定，其他的 goroutine 则继续处于阻塞状态。三种方法的定义如下所示：

① func（* Cond）Wait 方法。

```
func (c * Cond) Wait()
```

Wait 方法，由占用共享资源又运行条件不足的 goroutine 调用执行，执行该方法后会自行解锁共享资源并阻塞当前 goroutine。在之后收到通知 goroutine 恢复执行时，Wait 方法会在返回前先锁定共享资源。

和其他系统不同，Wait 方法除非被 Broadcast 方法或者 Signal 方法唤醒，否则，不会主动返回（不会主动唤醒被它阻塞的 goroutine）。

因为 goroutine 中 Wait 方法是第一个恢复执行的，而此时共享资源未加锁。调用者不应假设 Wait 恢复时条件已满足，就直接执行读写操作。相反，调用者应先判断一下执行条件，只有满足以后才可以执行后续读写操作。

② func（*Cond）Signal 方法。

```
func (c *Cond) Signal()
```

Signal 方法通知唤醒等待 c 的一个 goroutine（如果存在），即给 c 发通知，告知共享资源操作状态已发生变化。调用者在调用本方法时，建议（但并非必须）保持共享资源的锁定。

③ func（*Cond）Broadcast 方法。

```
func (c *Cond) Broadcast()
```

Broadcast 方法广播通知所有等待共享资源而被阻塞的 goroutine，唤醒所有等待 c 的 goroutine。调用者在调用本方法时，建议（但并非必须）保持共享资源的锁定。

下面举一个快递柜存放包裹的例子，看看如何使用条件变量。

假设快递柜里一次只能存放一个包裹，只要前一个包裹没被取走，就无法存放下一个包裹。无论是快递员存包裹，还是用户取包裹，都需要独占快递柜，这里快递柜就成了一个共享资源。当快递员需要往快递柜里存放包裹时，首先要独占快递柜，也就是给共享资源上锁，独占快递柜后发现快递柜已满，无法继续存放包裹，这时快递员会一直等待用户取走包裹后，才能存放下一个包裹。快递员也不能总守着快递柜呀，所以，他就设定一个条件变量，一旦快递柜为空，就通知他过来存放包裹。这就是条件变量的一个应用场景，下面我们用程序来实现上述应用。

存放包裹等同于写操作，取走包裹等同于读操作，因此，用两个读写函数就可以表达存取动作。由于快递柜为共享资源，因此，存取前均需要加锁。加锁后再读取快递柜状态，如果满就不能存入；如果空就不能取出。由于不确定是读操作还是写操作首先获得资源锁定成功，因此需要再设定两个条件变量分别代表读写状态。如果存先锁定成功，而快递柜状态 m 为满 1，则执行其绑定的条件变量 mail1 的 wait 方法，释放资源；如果取先锁定成功，而快递柜状态 m 为空 0，则执行其绑定的条件变量 mail2 的 wait 方法，释放资源。一旦 wait 方法被唤醒后，都要单发通知对方执行各自的操作。

需要注意的是，互斥锁及各种状态变量均须设置成全局变量。程序示例如下：

```
package main

import (
        "fmt"
        "sync"
        "time"
)

func Write() {
        lock.Lock()
        fmt.Println("写锁定成功.")
        for mailstat == 1 {
                mail1.Wait()
                fmt.Println("写 wait 成功.")
```

```
        }
        fmt.Printf("写前 mailstat = %d\n", mailstat)
        mailstat = 1
        fmt.Printf("存入包裹成功.mailstat = %d\n", mailstat)
        mail2.Signal()
        lock.Unlock()
        return
}
func Read() {
        lock.Lock()
        fmt.Println("读锁定成功.")
        for mailstat == 0 {
                mail2.Wait()
                fmt.Println("读 wait 成功.")
        }
        fmt.Printf("读前 mailstat = %d\n", mailstat)
        mailstat = 0
        mail1.Signal()
        fmt.Printf("取出包裹成功.mailstat = %d\n", mailstat)
        lock.Unlock()
        return
}

var lock = &sync.Mutex{}              // 共享资源互斥锁
var mailstat int = 0                  // 模拟快递柜状态：0 表示空,1 表示满
var mail1 = sync.NewCond(lock)        // 写条件变量
var mail2 = sync.NewCond(lock)        // 读条件变量
func main() {
        go Write()
        go Read()
        time.Sleep(1 * time.Second)
        fmt.Printf("程序运行结束!mailstat = %d\n", mailstat)
}
```

运行结果：(初始状态为空的情况)

```
写锁定成功.
写前 mailstat = 0
存入包裹成功.mailstat = 1
读锁定成功.
读前 mailstat = 1
取出包裹成功.mailstat = 0
程序运行结束!mailstat = 0
```

运行结果：(初始状态为满的情况)

```
写锁定成功.
读锁定成功.
读前 mailstat = 1
取出包裹成功.mailstat = 0
写 wait 成功.
写前 mailstat = 0
存入包裹成功.mailstat = 1
程序运行结束!mailstat = 1
```

程序分析：

在上述程序中，定义了一个写函数和一个读函数。用一个全局变量 mailstat 代表快递柜状态，0 表示柜空，1 表示柜满。全局性变量必须用关键字 var，在 main 函数体外定义。存入包裹的时候将 mailstat 置 1，取出包裹的时候将 mailstat 清 0。mailstat 就成了竞争的共享资源。

在写函数中，先要对共享资源上锁，如果上锁失败会阻塞(资源被读函数占有)，直到上锁成功。然后用一个无限循环来判断写入条件：快递柜状态为空，即 mailstat 为 0。如果不满足，就执行写条件变量 mail1. Wait 方法，在该方法中先解锁共享资源，然后阻塞当前 goroutine 于 wait 处，等待 mail1 的通知 mail1. Signal。实质上该通知信号将由读函数取出包裹，清零 mailstat 后发出。如果写函数被唤醒后，写条件满足了，就存入包裹，将快递柜状态置 1，并向读函数发送通知 mail2. Signal，唤醒读函数过来取包裹。

在读函数中，也要考虑条件不满足需要使用条件变量的问题。函数一开始的时候也要给共享资源上锁，如果上锁失败会阻塞(资源被写函数占有)，直到上锁成功。接着循环判断取包裹条件：快递柜状态为满，即 mailstat 为 1。如果条件不满足，就执行读条件变量的 mail2. Wait 方法，解除读锁定，阻塞读 goroutine，直到写函数发来通知 mail2. Signal，重新唤醒执行。如果条件满足，就取出包裹，清零 mailstat，并通知写函数 mail1. Signal，表示快递柜已空，可以存入包裹了。

主函数的工作比较简单，就是创建写入 goroutine 和读取 goroutine，让这两个 goroutine 并发地执行，然后主 goroutine 延时等待一段时间，让两个 goroutine 充分执行即可。

10.3.5 sync. WaitGroup

在多个 goroutine 工作协调方面，采用消息机制，利用非缓冲通道实现同步通信是一个很好的方法。但是，在 goroutine 数量不太多，业务不太复杂的场合，使用通道可能会显得开销过大。这个时候采用 Go 语言提供的另一种同步协调机制 sync. WaitGroup 会更加简捷有效。

sync. WaitGroup 类型本质上是一个共享计时器，表示在等待一组 goroutine 完成工作。由相互协调工作的众多 goroutine 调用相应的方法对该计时器进行操作，计时时间到就开始同步工作。有关 sync. WaitGroup 类型的定义及其方法介绍如下。

1. type WaitGroup 类型定义

```
type WaitGroup struct {
    // 包含隐藏或非导出字段
}
```

WaitGroup 类型主要用于等待一组 goroutine 的结束，以实现同步。主 goroutine 调用该类型的 Add 方法来设定应等待的 goroutine 的数量。每个被等待的 goroutine 在结束时应调用该类型的 Done 方法。同时，在主 goroutine 中调用该类型的 Wait 方法，阻塞至所有 goroutine 结束。

2. func（* WaitGroup）Add 方法

```
func (wg * WaitGroup) Add(delta int)
```

WaitGroup 类型 Add 方法的功能是向内部计数器加上数值 delta,delta 可以是负数,但要保证计数器的值相加结果为大于等于 0,否则,会引起 runtime 错误(panic: sync: negative WaitGroup counter)。如果内部计数器变为 0,因执行 Wait 方法而阻塞等待的所有 goroutine 都会被唤醒。

注意:Add 加上正数的调用应在调用 Wait 方法之前,否则 Wait 可能只会等待很少的 goroutine。一般来说,Add 方法应在创建新的 goroutine 或者其他应等待的事件之前调用。

3. func（* WaitGroup）Done 方法

```
func (wg * WaitGroup) Done()
```

Done 方法的功能减少 WaitGroup 计数器的值,每调用一次,计数器的值减 1(等同执行 Add(−1))。该方法应在 goroutine 的最后执行。

4. func（* WaitGroup）Wait 方法

```
func (wg * WaitGroup) Wait()
```

Wait 方法的功能是阻塞调用该方法的 goroutine 直到 WaitGroup 计数器减为 0。计数器被 Add 方法再次充值后又会启用另一个计数周期,被继续使用。

WaitGroup 类型的使用非常简单,下面的例子描述某一位候选人的票数统计。

假设选举分 10 个选区,各选区单独计票,最后统一汇总公布票数。我们使用 10 个 goroutine 来模拟 10 个选区的计票工作。计票工作简化成选民总数乘以得票率,选民总数与得票率用两个数组表示,每个选区的计票结果也存回选民总数数组中,用于最后汇总。程序示例如下:

```
package main

import (
	"fmt"
	"sync"
)

var sumNum = [10]float64{425, 258, 123, 457, 561, 485, 854, 542, 726, 214}
// 存放 10 个选区的选民总数及得票数返回值
var rate = [10]float64{0.512, 0.318, 0.841, 0.785, 0.692, 0.852, 0.526, 0.745, 0.631, 0.875}
// 存放 10 个选区的得票率
func main() {
	lock := &sync.Mutex{}          // 共享资源互斥锁
	wg := sync.WaitGroup{}         // 计数器设定
	wg.Add(10)
	sum := 0.0
	for i := 0; i < 10; i++{
		sum += sumNum[i]
	}
	for i := 0; i < 10; i++{
```

```
            go func(index int) {
                lock.Lock()
                sumNum[index] = sumNum[index] * rate[index]
                lock.Unlock()
                defer wg.Done()
                return
            }(i)
        }
        wg.Wait()
        fmt.Println("各选区计票完毕.")
        sum1 := 0.0
        for i := 0; i < 10; i++{
            sum1 += sumNum[i]
        }
        fmt.Printf("选民总数 = %4.0f    得票数 = %4.0f\n", sum, sum1)
}
```

运行结果：

```
各选区计票完毕.
选民总数 = 4645 得票数 = 3062
```

程序分析：

在上述程序中创建了 10 个匿名函数来统计各区的得票数，在主函数 main 中定义互斥锁，以防止对共享资源 sumNum 和 rate 的竞争干扰。同时定义一个 WaitGroup 型变量 wg 来协调各 goroutine 工作，保证所有 goroutine 都统计完毕后，主 goroutine 才开始汇总得票数。

如果不使用匿名函数的方式，也可以使用下述命名函数的方式，不同的地方要使用全局变量 wg，修改后的程序如下：

```
package main

import (
        "fmt"
        "sync"
)

func Count(index int) {
        lock.Lock()
        defer wg.Done()
        sumNum[index] = sumNum[index] * rate[index]
        lock.Unlock()
        return
}

var sumNum = [10]float64{425, 258, 123, 457, 561, 485, 854, 542, 726, 214}
// 存放 10 个选区的选民总数及得票数返回值
var rate = [10]float64{0.512, 0.318, 0.841, 0.785, 0.692, 0.852, 0.526, 0.745, 0.631, 0.875}
// 存放 10 个选区的得票率
var wg = sync.WaitGroup{}               // 计数器设定
```

```
var lock = &sync.Mutex{}                // 共享资源互斥锁
func main() {
        wg.Add(10)
        sum := 0.0
        for i := 0; i < 10; i++{
                sum  += sumNum[i]
        }
        for i := 0; i < 10; i++{
                go Count(i)
        }
        wg.Wait()
        fmt.Println("各选区计票完毕.")
        sum1 := 0.0
        for i := 0; i < 10; i++{
                sum1  += sumNum[i]
        }
        fmt.Printf("选民总数 = %4.0f     得票数 = %4.0f\n", sum, sum1)
}
```

运行结果：

```
各选区计票完毕.
选民总数 = 4645 得票数 = 3062
```

程序执行结果一样。

需要注意的是，主 goroutine 和各个子 goroutine 之间都是并发运行的，地位平等。各 goroutine 用到的变量 wg 和 lock 必须为全局变量，为所有 goroutine 共享，才能被正确访问或修改。

上机训练

一、训练内容

1. 请编程实现经典生产者—消费者问题。以面包店为例，假设生产者张三每 2 秒钟生产一个面包，消费者李四每 5 秒钟消费一个面包。生产者没生产好的时候，消费者需要等待；同理，消费者还没消费完毕，生产者不能继续生产，必须等待。要求生产者生产 10 个面包，消费者也必须消费完毕 10 个面包，程序才能结束。

2. 请编程实现一个整数累加器，让 10 个 goroutine 并发地各自循环 10 次往累加器里添加数据。被添加的数据由随机发生器发生，而且自定义随机发生器的种子。要求累加器用一个带锁的结构体表示，为该结构体添加两个安全方法：Add 和 Get。将最后累加器的值打印输出。

二、参考程序

1. 生产者—消费者参考程序。

<table>
<tr><td>参考程序</td><td>

```
package main
import (
    "fmt"
    "sync"
    "time"
)
type Producer struct {
    Name string
}
func (p *Producer) Produce(product string, consumChan chan string) {
    fmt.Printf("%s 开始生产: %s    ", p.Name, product)
    consumChan <- product
}
type Consumer struct {
    Name string
}
func (c *Consumer) Consume(consumChan chan string) {
    product := <- consumChan
    fmt.Printf("%s 开始消费: %s\n", c.Name, product)
}
func main() {
    var waitGroup sync.WaitGroup
    waitGroup.Add(2)
    times := 10
    consumChan := make(chan string)
    producer := Producer{"张三"}
    consumer := Consumer{"李四"}
    go func() {
        defer waitGroup.Done()
    for i := 0; i < times; i++{
        time.Sleep(2 * time.Second)
        producer.Produce("面包", consumChan)
    }
    }()
    go func() {
        defer waitGroup.Done()
    for i := 0; i < times; i++{
        time.Sleep(5 * time.Second)
        consumer.Consume(consumChan)
    }
    }()
    waitGroup.Wait()
    fmt.Println("10 个面包生产消费完毕,程序结束.")
}
```

</td></tr>
<tr><td>运行结果</td><td>张三 开始生产: 面包 李四 开始消费: 面包
张三 开始生产: 面包 李四 开始消费: 面包
张三 开始生产: 面包 李四 开始消费: 面包
张三 开始生产: 面包 李四 开始消费: 面包
张三 开始生产: 面包 李四 开始消费: 面包</td></tr>
</table>

运行结果	张三 开始生产：面包 李四 开始消费：面包 张三 开始生产：面包 李四 开始消费：面包 张三 开始生产：面包 李四 开始消费：面包 张三 开始生产：面包 李四 开始消费：面包 张三 开始生产：面包 李四 开始消费：面包 10 个面包生产消费完毕,程序结束.

2. 累加器参考程序。

参考程序

```
package main
import (
    "fmt"
    "math/rand"
    "sync"
    "time"
)
type Acc struct {
    acclock sync.Mutex
    value   int
}
func (a *Acc) Add(n int) {
    a.acclock.Lock()
    a.value += n
    a.acclock.Unlock()
}
func (a *Acc) Get() int {
    a.acclock.Lock()
    n := a.value
    a.acclock.Unlock()
    return n
}
func main() {
    var acc Acc
    var wg sync.WaitGroup
    for i := 0; i < 10; i++{
        wg.Add(1)
        go func() {
      defer wg.Done()
      newseed := rand.NewSource(30)
      for j := 0; j < 10; j++{
         ran := rand.New(newseed)
         acc.Add(ran.Int() % 20 + 1)
         time.Sleep(100 * time.Millisecond)
      }
        }()
    }
    wg.Wait()
    fmt.Printf("累加器当前值为: %d\n", acc.Get())
}
```

续

运行结果	累加器当前值为：1050

习　题

一、单项选择题

1. 关于进程以下说法正确的是(　　)。
   A. 进程是内存资源分配的单位　　B. 多进程之间是可以共享内存资源的
   C. 进程是 CPU 运行调度的单位　　D. 以上都对
2. 关于线程以下说法正确的是(　　)。
   A. 线程是内存资源分配的单位　　B. 多线程之间是独享内存资源
   C. 线程是 CPU 运行调度的单位　　D. 以上都对
3. 关于并发运行以下说法正确的是(　　)。
   A. 只有多 CPU 才能实现并发运行
   B. 只有多进程才能实现并发运行
   C. 同一时刻有多道程序运行就称为并发运行
   D. 同一时间段内有多道程序运行就称为并发运行
4. 程序的并发运行类似于通信方面的(　　)。
   A. 同步通信　　B. 异步通信　　C. 单工通信　　D. 双工通信
5. Go 语言的 goroutine 类似于传统意义上的(　　)。
   A. 进程　　B. 线程　　C. 协程　　D. 以上都是
6. 用关键字 go 创建了 ABCD 四个 goroutine，它们的执行顺序是(　　)。
   A. 按队列方式　　B. 按堆栈方式　　C. 按代码长短决定　　D. 不确定
7. 通道是一种数据类型，属于 Go 语言的(　　)。
   A. 值类型　　B. 引用类型　　C. 匿名类型　　D. 以上都不对
8. 用关键字 var 声明一个通道变量后其缺省初值是(　　)。
   A. 0　　B. ""　　C. nil　　D. 不确定
9. 用内置函数 make 创建一个通道后其缺省初值是(　　)。
   A. 0　　B. ""
   C. nil　　D. 通道元素的零值
10. 用内置函数 make 创建一个通道，其中通道容量的单位是(　　)。
    A. 字节 byte　　B. 字 word　　C. 元素个数　　D. 位 bit
11. 要实现两个 goroutine 的同步通信，可以使用(　　)。
    A. 非缓冲通道　　B. 容量为 0 的缓冲通道
    C. 容量为 1 的缓冲通道　　D. 以上都对

12. 互斥锁由(　　)类型定义。

A. sync.RWMutex　　B. sync.Mutex
C. sync.WaitGroup　　D. sync.Cond

13. 读写锁由(　　)类型定义。

A. sync.RWMutex　　B. sync.Mutex
C. sync.WaitGroup　　D. sync.Cond

14. goroutine 等待计数器由(　　)类型定义。

A. sync.RWMutex　　B. sync.Mutex
C. sync.WaitGroup　　D. sync.Cond

15. 条件变量属于(　　)类型。

A. sync.RWMutex　　B. sync.Mutex
C. sync.WaitGroup　　D. sync.Cond

16. 类型 sync.WaitGroup 提供了(　　)方法。

A. Add　　B. Get　　C. Signal　　D. Write

17. 类型 sync.Cond 提供了(　　)方法。

A. Add　　B. Get　　C. Signal　　D. Write

18. 类型 sync.WaitGroup 的(　　)方法会导致阻塞。

A. Add　　B. Get　　C. Signal　　D. Wait

19. 已知 ch 为一个双向通道,(　　)是其单向读通道。

A. <-ch　　B. ch<-
C. chan<- int(ch)　　D. <-chan int(ch)

20. 单向写通道声明正确的是(　　)。

A. var ch chan<- int　　B. var ch int chan<-
C. var ch <-chan int　　D. var ch int <-chan

二、判断题

1. 并发程序是基于多 CPU 或者多核 CPU 的。(　　)
2. 并行程序是基于多 CPU 或者多核 CPU 的。(　　)
3. 只有多任务操作系统才支持程序并发运行。(　　)
4. 一个进程至少包括一个线程。(　　)
5. 同一进程的多个线程共享该进程的内存空间。(　　)
6. 同一进程的多个线程各自有自己独立的栈空间。(　　)
7. Go 语言的线程创建依赖于标准库函数。(　　)
8. Go 语言程序的并发依赖于关键字 go。(　　)
9. go 关键字创建的 goroutine 被调度执行顺序是随机的。(　　)
10. var 关键字声明的通道必须经初始化后才能使用。(　　)
11. 内置函数 make 创建的通道不必再初始化,可以直接使用。(　　)
12. 通道的长度 len(ch)及容量 cap(ch)会随着通道的读写而动态变化。(　　)
13. 非缓冲通道通信结束不必关闭。(　　)

14. 缓冲通道通信结束必须关闭。(　　)
15. select 语句的所有 case 子句必须是通道操作。(　　)
16. select 语句后面可以带有表达式。(　　)
17. 不带 default 子句的 select 语句有可能引起阻塞。(　　)
18. 通道可以用来传送映射类型或者结构体类型。(　　)
19. 通道可以用来传送通道类型。(　　)
20. 通道一般由发送方关闭。(　　)
21. 发送方关闭通道后接收方仍然可以继续接收数据。(　　)
22. 发送方关闭通道发送端后,接收方接收完数据后也要关闭接收端。(　　)
23. 互斥锁仅用于对共享资源的独占访问。(　　)
24. 对共享资源只有共享的各方都施加同一把锁才能有效锁定。(　　)
25. 不带锁的任何一方都可以自由访问共享资源。(　　)
26. 写入锁可以被多重叠加,但是只有第一个能锁定成功。(　　)
27. 读取锁可以被多重叠加,所有锁均有效。(　　)
28. 互斥锁适合于任何类型的操作。(　　)
29. 读写锁仅适合于读写类的操作。(　　)
30. 条件变量比较适合于生产者消费者场合。(　　)
31. 条件变量的 wait 方法和 signal 方法必须分别处于两个不同的 goroutine 中。(　　)
32. WaitGroup 的 wait 方法和 Done 方法必须分别处于两个不同的 goroutine 中。(　　)

三、分析题

1. 试分析以下程序的运行结果。

```go
package main
import (
    "fmt"
    "sync"
    "time"
)
func EchoNumber(i int) {
    time.Sleep(3e9)
    fmt.Println(i)
}
func main() {
    var wg sync.WaitGroup
    for i := 0; i < 5; i = i + 1 {
        wg.Add(1)
        go func(n int) {
            defer wg.Done()
            EchoNumber(n)
        }(i)
    }
    wg.Wait()
}
```

2. 分析以下程序段的运行结果。

```
package main
import (
    "fmt"
    "sync"
)
var waitgroup sync.WaitGroup
func Afunction(shownum int) {
    fmt.Println(shownum)
    waitgroup.Done()}
func main() {
    for i := 0; i < 10; i++{
       waitgroup.Add(1)
       go Afunction(i)
    }
    waitgroup.Wait()
}
```

3. 分析以下程序段的运行结果。

```
package main
import (
   "fmt"
   "time"
)
func timer(d time.Duration) <- chan int {
    c := make(chan int)
    go func() {
        time.Sleep(d)
       c <- 1
    }()
     return c
}
func main() {
    for i := 0; i < 5; i++{
       c := timer(1 * time.Second)
       <- c
       fmt.Println("当前时间: ", time.Now())
    }
}
```

4. 以下程序运行出现 runtime 错误,请找出原因并加以改进,写出程序运行结果。

```
package main
import (
    "fmt"
    "sync"
)
func wr1(i int) {
    defer wg.Done()
    fmt.Printf("Hello,Go.    This is %3d\n", i)
```

```
}
func wr2(i int) {
    defer wg.Done()
    fmt.Printf("Hello,World.      This is %3d\n", i)
}
var wg sync.WaitGroup
var i int
func main() {
    for i := 0; i < 10; i++{
       wg.Add(1)
         go wr1(i)
       go wr2(i)
    }
    wg.Wait()
    fmt.Printf("Program is end.\n")
}
```

5. 以下程序运行出现 runtime 错误，请找出原因并加以改进，写出程序运行结果。

```
package main
import (
    "fmt"
)
func wr() {
    for i := 0; i < 5; i++{
       exch <- i
    }
    Done <- true
    return
}
func rd() {
    for i := range exch {
        fmt.Printf("The number is %d\n", i)
    }
    Done <- true
    return
}
var exch chan int = make(chan int, 5)
var Done chan bool = make(chan bool)
func main() {
    go wr()
    go rd()
    <-Done
    <-Done
    fmt.Printf("Program is end.\n")
}
```

6. 分析以下程序，写出程序运行结果。

```
package main
import (
    "fmt"
```

```
    "runtime"
    "sync"
)
func incCounter(id int) {
    defer wg.Done()
    for count := 0; count < id; count++{
        mutex.Lock()
      {
        value := counter
        runtime.Gosched()
        value++
        counter = value
      }
      mutex.Unlock()
    }
}
var (
    counter int
    wg       sync.WaitGroup
    mutex   sync.Mutex
)
func main() {
    wg.Add(2)
    fmt.Println("Create Goroutines")
    go incCounter(1)
    go incCounter(2)
    fmt.Println("Waiting To Finish")
    wg.Wait()
    fmt.Println("Final Counter:", counter)
}
```

7. 试分析以下程序，写出运行结果。

```
package main
import (
    "fmt"
    "sync"
    "time"
)
var counter = 0
func Add(mu *sync.Mutex) {
    fmt.Println("add begin to lock ")
    mu.Lock()
    defer mu.Unlock()
    time.Sleep(2 * time.Second)
    counter = 100
    return
}
func Get(mu1 *sync.Mutex) {
    fmt.Println("get begin to lock ")
    mu1.Lock()
```

```
        fmt.Println("counter1 = ", counter)
        mu1.Unlock()
        return
    }
    func main() {
        var mutex = &sync.Mutex{}
        go Add(mutex)
        go Get(mutex)
        time.Sleep(3 * time.Second)
        fmt.Println("counter2 = ", counter)
    }
```

8. 试分析以下程序，找出错误并改正，写出运行结果。

```
    package main
    import (
        "fmt"
        "sync"
    )
    func Add() {
        x := 12
        y := 324
        z := x + y
        fmt.Printf(" z = %d\n", z)
        waitGroup.Done()
    }
    func main() {
        var waitGroup sync.WaitGroup
        waitGroup.Add(1)
        go Add()
        waitGroup.Wait()
        fmt.Println("main DONE!!!")
    }
```

四、简答题

1. 什么是进程？进程有什么特点？
2. 什么是线程？线程有什么特点？
3. 什么是协程？协程有什么特点？
4. Go 语言的 goroutine 属于线程还是协程？为什么？
5. 什么是同步通信？
6. 什么是异步通信？
7. 何谓程序的并发运行模式？
8. 何谓程序的并行运行模式？
9. 利用内存共享来进行通信有什么不足？
10. 利用消息传递来通信有什么好处？
11. 非缓冲通道有什么特点？

12. 使用缓冲通道有什么好处？
13. 容量为 0 的缓冲通道和非缓冲通道效果一样吗？
14. 互斥锁与读写锁有什么区别？
15. 条件变量适用于哪些场景？
16. 对互斥锁多次上锁会出现什么情况？
17. 对读写锁的写入锁多次加锁会出现什么情况？
18. 对读写锁的读取锁多次加锁会出现什么情况？
19. 条件变量的 wait 方法和 signal 方法必须成对出现吗？
20. 同一个条件变量的 wait 方法和 signal 方法可以在同一个 goroutine 内出现吗？
21. WaitGroup 的 Add 方法可以添加负数吗？
22. WaitGroup 的 Add(−1)方法和 Done 方法等价吗？
23. WaitGroup 的 Add 方法和 Done 方法可以放在同一个 goroutine 吗？
24. 如何判断一个通道是否关闭？
25. 单向通道可以应用于同一个 goroutine 吗？
26. 非缓冲通道是否会阻塞？
27. select 语句中的 default 子句可否包含通道操作？
28. select 语句中的 case 子句可否不包含通道操作？

五、编程题

1. 请编程实现并发运行 10 个 goroutine，并打印输出各 goroutine 的运行顺序。要求至少运行两遍，对比其执行顺序的变化。

2. 试编程实现建立 10 个缓冲容量为 1 的整数型通道，并向每个通道写入任意一个数，创建 10 个 goroutine 来接收数据，每个 goroutine 都可以接收任一通道的数据，并打印输出。

3. 试编程实现建立 1 个缓冲容量为 1 的整数型通道，并持续向通道写入数据，创建 10 个 goroutine 接收数据，再创建 1 个 goroutine 定时关闭通道，将接收到的数据打印输出。

4. 试编程实现建立一个通道，并持续向通道写入若干数据数据，当通道关闭后仍能接收数据直到全部数据接收完毕，并将接收结果打印出来。

5. 试编程实现两个 goroutine 分别打印输出 0 到 9 数字和 A 到 Z 英文字母，要求每个数字及字母均打印输出。

6. 试编程实现建立 10 个 goroutine，用来过滤并产生素数，并用另外一个 goroutine 产生数字序列，结果打印输出。

7. 试编写程序 利用互斥锁实现对一个共享变量的并发存取。

8. 试编写程序，使用互斥锁及 WaitGroup 同步，实现 1000 个 goroutine 对一个累加器进行加 1 操作，并打印结果。

附录 A　ASCII 表

ASCII表

(American Standard Code for Information Interchange　美国标准信息交换代码)

高四位 / 低四位		ASCII控制字符												ASCII打印字符												
		0000						0001						0010		0011		0100		0101		0110		0111		
		0						1						2		3		4		5		6		7		
		十进制	字符	Ctrl	代码	转义字符	字符解释	十进制	字符	Ctrl	代码	转义字符	字符解释	十进制	字符	十进制	字符	十进制	字符	十进制	字符	十进制	字符	十进制	字符	Ctrl
0000	0	0		^@	NUL	\0	空字符	16	►	^P	DLE		数据链路转义	32		48	0	64	@	80	P	96	`	112	p	
0001	1	1	☺	^A	SOH		标题开始	17	◄	^Q	DC1		设备控制 1	33	!	49	1	65	A	81	Q	97	a	113	q	
0010	2	2	☻	^B	STX		正文开始	18	↕	^R	DC2		设备控制 2	34	"	50	2	66	B	82	R	98	b	114	r	
0011	3	3	♥	^C	ETX		正文结束	19	‼	^S	DC3		设备控制 3	35	#	51	3	67	C	83	S	99	c	115	s	
0100	4	4	♦	^D	EOT		传输结束	20	¶	^T	DC4		设备控制 4	36	$	52	4	68	D	84	T	100	d	116	t	
0101	5	5	♣	^E	ENQ		查询	21	§	^U	NAK		否定应答	37	%	53	5	69	E	85	U	101	e	117	u	
0110	6	6	♠	^F	ACK		肯定应答	22	▬	^V	SYN		同步空闲	38	&	54	6	70	F	86	V	102	f	118	v	
0111	7	7	•	^G	BEL	\a	响铃	23	↨	^W	ETB		传输块结束	39	'	55	7	71	G	87	W	103	g	119	w	
1000	8	8	◘	^H	BS	\b	退格	24	↑	^X	CAN		取消	40	(	56	8	72	H	88	X	104	h	120	x	
1001	9	9	○	^I	HT	\t	横向制表	25	↓	^Y	EM		介质结束	41	)	57	9	73	I	89	Y	105	i	121	y	
1010	A	10	◙	^J	LF	\n	换行	26	→	^Z	SUB		替代	42	*	58	:	74	J	90	Z	106	j	122	z	
1011	B	11	♂	^K	VT	\v	纵向制表	27	←	^[	ESC	\e	溢出	43	+	59	;	75	K	91	[	107	k	123	{	
1100	C	12	♀	^L	FF	\f	换页	28	∟	^\	FS		文件分隔符	44	,	60	<	76	L	92	\	108	l	124	|	
1101	D	13	♪	^M	CR	\r	回车	29	↔	^]	GS		组分隔符	45	-	61	=	77	M	93	]	109	m	125	}	
1110	E	14	♫	^N	SO		移出	30	▲	^^	RS		记录分隔符	46	.	62	>	78	N	94	^	110	n	126	~	
1111	F	15	☼	^O	SI		移入	31	▼	^-	US		单元分隔符	47	/	63	?	79	O	95	_	111	o	127	⌂	^Backspace 代码：DEL

注：表中的ASCII字符可以用"Alt + 小键盘上的数字键"方法输入。　2013/08/08

注：图片来源网络，链接如下。

https://baike.baidu.com/pic/ASCII/309296/0/c2fdfc039245d688c56332adacc27d1ed21b2451?fr=lemma&ct=single#aid=0&pic=c2fdfc039245d688c56332adacc27d1ed21b2451

附录 B 习题参考答案

由于篇幅所限，本附录仅提供每章习题中的选择题和判断题参考答案，分析题、简答题及编程题等请参考配套教材《Go 语言基础教程习题解答与上机指导》。

第 1 章 习题

一、单项选择题

1	2	3	4	5	6	7	8	9	10	11	12	13	14	15
D	C	B	C	C	B	C	A	C	B	D	B	D	B	B

二、判断题

1	2	3	4	5	6	7	8	9	10	11	12
√	√	×	×	√	×	×	×	√	√	×	×

第 2 章 习题

一、单项选择题

1	2	3	4	5	6	7	8	9	10	11	12
B	B	A	B	C	C	C	D	B	C	A	C

二、判断题

1	2	3	4	5	6	7	8	9	10	11	12	13	14
√	√	√	×	√	√	×	√	×	×	√	×	√	×

第 3 章 习题

一、单项选择题

1	2	3	4	5	6	7	8	9	10
A	C	C	C	D	C	C	B	A	D

二、判断题

1	2	3	4	5	6	7	8	9	10	11	12	13	14	15	16	17	18
×	√	×	×	√	√	√	√	√	√	×	×	√	√	×	×	√	√
19	20	21	22	23	24												
×	×	√	√	×	√												

第4章　习题

一、单项选择题

1	2	3	4	5	6	7	8	9	10	11	12	13	14	15	16	17	18
C	B	A	B	A	C	B	A	B	A	A	B	C	D	A	D	D	C
19	20																
B	C																

二、判断题

1	2	3	4	5	6	7	8	9	10	11	12	13	14	15	16	17	18
√	√	×	×	√	×	√	×	√	√	√	√	√	×	×	√	√	√
19	20	21	22	23	24	25	26	27	28	29	30	31	32	33	34	35	36
√	√	×	√	×	×	×	×	√	√	×	√	√	√	√	√	×	√

第5章　习题

一、单项选择题

1	2	3	4	5	6	7	8	9	10	11	12	13	14	15	16
B	C	D	C	D	C	B	C	C	A	B	D	B	C	A	C

二、判断题

1	2	3	4	5	6	7	8	9	10	11	12	13	14	15	16	17	18
√	√	√	√	√	×	×	×	×	√	√	×	×	√	√	√	√	√
19	20	21	22	23	24	25	26	27	28	29	30	31	32	33	34	35	36
×	√	×	×	×	×	√	√	×	√	×	×	×	×	×	×	×	√
37	38																
×	√																

第6章　习题

一、单项选择题

1	2	3	4	5	6	7	8	9	10	11	12	13	14	15	16	17	18
D	D	B	C	B	B	D	D	D	C	B	B	B	C	C	B	B	C
19	20																
C	D																

二、判断题

1	2	3	4	5	6	7	8	9	10	11	12	13	14	15	16	17	18
×	√	√	×	×	×	√	√	√	×	×	√	√	×	√	×	√	×
19	20																
√	√																

第 7 章 习题

一、单项选择题

1	2	3	4	5	6	7	8	9	10	11	12	13	14	15	16
C	C	D	C	C	B	C	D	D	A	A	D	C	B	C	C

二、判断题

1	2	3	4	5	6	7	8	9	10	11	12	13	14	15	16	17	18
×	√	×	√	√	√	√	√	×	×	√	√	√	√	√	√	×	√
19	20	21	22	23	24	25	26	27	28	29	30	31	32	33	34	35	36
×	×	√	×	√	√	×	×	√	×	√	×	√	×	√	×	×	√
37	38	39	40														
√	√	√	×														

第 8 章 习题

一、单项选择题

1	2	3	4	5	6	7	8	9	10	11	12	13	14	15	16	17	18
B	A	C	C	C	C	C	A	B	C	B	C	D	D	B	B	B	D
19	20																
C	B																

二、判断题

1	2	3	4	5	6	7	8	9	10	11	12	13	14	15	16	17	18
×	√	√	√	×	×	×	×	√	×	√	√	√	√	√	×	×	×
19	20	21	22	23	24	25	26	27	28	29	30						
×	√	×	√	√	×	√	√	√	×	√	√						

第 9 章 习题

一、单项选择题

1	2	3	4	5	6	7	8	9	10	11	12	13	14	15	16
A	C	D	D	B	B	A	D	B	C	B	B	B	B	A	B

二、判断题

1	2	3	4	5	6	7	8	9	10	11	12	13	14	15	16	17	18
×	×	×	×	×	×	√	×	√	√	√	×	×	√	×	×	×	×
19	20	21	22	23	24	25	26										
×	×	√	√	√	√	√	×										

第10章　习题

一、单项选择题

1	2	3	4	5	6	7	8	9	10	11	12	13	14	15	16	17	18
A	C	D	B	C	D	B	C	D	C	A	B	A	C	D	A	C	D
19	20																
A	A																

二、判断题

1	2	3	4	5	6	7	8	9	10	11	12	13	14	15	16	17	18
×	√	√	√	√	√	×	√	√	√	√	×	×	√	√	×	√	√
19	20	21	22	23	24	25	26	27	28	29	30	31	32				
√	√	√	×	√	√	√	×	√	√	√	√	√	√				

参考文献

[1] Mark Summerfield. Go 语言程序设计[M]. 许式伟，等译. 北京：人民邮电出版社，2013.

[2] 樊虹剑. Go 语言 云动力[M]. 北京：人民邮电出版社，2012.

[3] 许式伟，吕桂华，等. Go 语言编程[M]. 北京：人民邮电出版社，2012.

[4] 黄靖钧. Go 语言编程入门与实战技巧[M]. 北京：电子工业出版社，2018.

[5] 郝林. Go 并发编程实战[M]. 北京：人民邮电出版社，2015

[6] https://blog.csdn.net/tianlongtc/article/details/80166076

[7] https://studyGolang.com/articles/15145? fr=sidebar

[8] https://Golang.Google.cn/ref/spec#An_example_package

[9] https://Golang.Google.cn/doc/cmd

[10] https://Golang.Google.cn/ref/spec

图书资源支持

感谢您一直以来对清华版图书的支持和爱护。为了配合本书的使用，本书提供配套的资源，有需求的读者请扫描下方的“书圈”微信公众号二维码，在图书专区下载，也可以拨打电话或发送电子邮件咨询。

如果您在使用本书的过程中遇到了什么问题，或者有相关图书出版计划，也请您发邮件告诉我们，以便我们更好地为您服务。

我们的联系方式：

地　　址：北京市海淀区双清路学研大厦 A 座 714

邮　　编：100084

电　　话：010-83470236　010-83470237

客服邮箱：2301891038@qq.com

QQ：2301891038（请写明您的单位和姓名）

资源下载：关注公众号“书圈”下载配套资源。

资源下载、样书申请

书圈

获取最新书目

观看课程直播